普通高等教育"十一五"国家级规划教材
教育部普通高等教育精品教材

系 统 工 程

第 6 版

主编　汪应洛
主审　齐二石

机械工业出版社

本书是结合近年来系统工程理论和方法的新发展、课程思政新要求以及读者的意见和建议，在保持第 5 版《系统工程》结构框架和对各章内容进行更新的基础上编写而成的。全书共八章，主要内容包括：系统工程概述、系统工程方法论、系统模型与模型化、系统仿真及系统动力学方法、系统评价方法、决策分析方法、战略研究与管理、系统工程应用实例。各章都融入了新的内容，并全面更新了实例。

本书是"普通高等教育'十一五'国家级规划教材"、首批国家级精品课程"系统工程"的主教材，被教育部评选为普通高等教育精品教材。本书主要作为管理类各专业的本科生、研究生教材，也可供其他相关专业的学生使用，还可作为有关人员的培训教材和自学参考书。

图书在版编目（CIP）数据

系统工程/汪应洛主编 . —6 版 . —北京：机械工业出版社，2024.4
（2025.7 重印）

普通高等教育"十一五"国家级规划教材　教育部普通高等教育精品教材
ISBN 978-7-111-75311-7

Ⅰ.①系…　Ⅱ.①汪…　Ⅲ.①系统工程–高等学校–教材　Ⅳ.①N945

中国国家版本馆 CIP 数据核字（2024）第 052008 号

机械工业出版社（北京市百万庄大街 22 号　邮政编码 100037）
策划编辑：曹俊玲　　　　　　责任编辑：曹俊玲　赵晓峰
责任校对：张雨霏　刘雅娜　　封面设计：张　静
责任印制：郜　敏
三河市宏达印刷有限公司印刷
2025 年 7 月第 6 版第 3 次印刷
184mm×260mm · 20.75 印张 · 475 千字
标准书号：ISBN 978-7-111-75311-7
定价：63.80 元

电话服务　　　　　　　　　　网络服务
客服电话：010-88361066　　机 工 官 网：www.cmpbook.com
　　　　　010-88379833　　机 工 官 博：weibo.com/cmp1952
　　　　　010-68326294　　金 书 网：www.golden-book.com
封底无防伪标均为盗版　　机工教育服务网：www.cmpedu.com

前　言

本书系 1986 年首次出版的高等学校试用教材《系统工程》的第 6 版，是"普通高等教育'十一五'国家级规划教材"、首批国家级精品课程"系统工程"的主教材，被教育部评选为普通高等教育精品教材。本书曾获得 1992 年第二届全国高等学校机电类专业优秀教材一等奖。

系统工程作为 20 世纪中期开始兴起的一门交叉学科，是从总体出发，合理开发、运行和革新一个大规模复杂系统（特别是管理系统）所需思想、程序、方法的体系，属于一门综合性的技术方法和重要方法论。世界百年未有之大变局和中华民族伟大复兴的战略全局呼唤系统观念、系统工程和系统管理，党的二十大把"必须坚持系统观念"要求提到了一个前所未有的高度。在此背景下，需要及时反映学科及其环境的新发展、新变化，体现课程思政和因材施教新要求，阐释和展示系统工程思想、方法论和模型方法在社会、经济发展中的新应用。本书就是为适应这些新的变化和要求，在第 5 版的基础上，结合近几年教学与研究的实践而修订的。

本书基本保持了第 5 版的结构框架，但在内容上各章都进行了更新。全书共八章。第一章全面介绍了系统工程的产生、发展及应用，系统和系统工程的概念与特点及学科性质等，并结合中国的发展实际介绍了一些新的应用。第二章阐述了系统工程方法论，建立起了系统分析及本课程内容的逻辑框架，并介绍了初步系统分析的有关方法和创新分析方法，增加了对部分相关新内容的介绍。第三章围绕系统模型化及分析方法，重点介绍了结构模型化技术、主成分分析与聚类分析方法、状态空间模型等，并补充了部分应用实例。作为系统工程模型化新进展，特别介绍了基于模型的系统工程（MBSE）。第四章作为第三章的延续，在对系统仿真及其发展做简要介绍的基础上，重点介绍了系统动力学模型化原理及其仿真分析方法，更新了专用软件及其应用的内容。第五章介绍了系统评价原理及关联矩阵法、层次分析法、网络分析法、模糊综合评判法及数据包络分析法等常用方法。第六章针对决策分析，重点介绍了风险型决策分析、管理博弈及冲突分析方法。第七章作为对管理系统问题综合分析的延展、提升和应用，分不同层次介绍了战略研究与管理的相关内容。第八章通过八个具有一定广泛性和代表性的实例，介绍了系统工程在各领域的应用，并结合教学要求，在每个实例后都增加了思考题。

《系统工程》第1、2版由西安交通大学汪应洛教授主编，哈尔滨工业大学姚德民教授、原上海机械学院赵永昌教授、西安交通大学陶谦坎教授参加编写。第3版由汪应洛院士主编，西安交通大学袁治平教授、孙林岩教授、李垣教授等参加编写。第4版由汪应洛院士主编，袁治平教授协编，孙林岩教授、李垣教授、吴锋教授等参加编写。第5版由汪应洛院士主编，袁治平教授、吴锋教授、刘树林教授、李刚教授等参加编写。本书仍然由汪应洛院士主编，袁治平教授协编，参加编写工作的有西安交通大学吴锋教授、刘树林教授、李刚教授、孙静春教授、郭雪松教授、杨臻副教授、吕绚丽博士，西北大学许振宇副教授，西安理工大学侯琳娜博士。天津大学齐二石教授担任本书主审，在此表示感谢。另外，编写过程中参考或引用了部分专家的研究成果，在此一并致谢。

我们根据多年来的教学经验，制作了与本书配套的电子课件。使用本书作为教材的教师，可登录机械工业出版社教育服务网（www.cmpedu.com）注册后免费下载。

系统工程涉及的知识面和应用领域越来越广泛，仍是一门在快速发展中的交叉学科。限于我们的水平，书中不妥和错漏之处在所难免，恳请广大读者批评指正。

编　者

目　　录

V

第一章
系统工程概述

第一节　系统工程的产生与发展

一、系统思想的产生与发展

社会实践的需要是系统工程产生和发展的动因。系统工程作为一门学科，虽形成于20世纪50年代，但系统思想及其初步实践可以追溯到古代。了解系统思想的产生与发展过程，有助于加深对系统概念、系统工程产生背景和系统科学全貌的认识。

1. 朴素的系统思想及其初步实践

自从人类有了生产活动，由于不断地和自然界打交道，客观世界的系统性便逐渐反映到人的认识中来，从而自发地产生了朴素的系统思想。这种朴素的系统思想反映到哲学上，主要是把世界当作统一的整体。

古希腊的唯物主义哲学家德谟克利特曾提出"宇宙大系统"的概念，并最早使用"系统"一词；辩证法奠基人之一的赫拉克利特认为"世界是包括一切的整体"；后人把亚里士多德的名言归结为"整体大于部分的总和"，这是系统论的基本原则之一。

在古代中国，春秋末期的思想家老子曾阐明了自然界的统一性；西周时代，出现了世界构成的"五行说"（金、木、水、火、土）；东汉时期张衡提出了"浑天说"。

虽然古代没有提出一个明确的系统概念，没有也不可能建立一套专门的、科学的系统方法论体系，但对客观世界的系统性及整体性却已有了一定程度的认识，并能把这种认识运用到改造客观世界的实践中去，中国在这方面尤为突出。

中国人做事善于从天时、地利、人和中进行整体分析，主张"大一统""和为贵"。例如中医诊病讲究神、形、色、气、态综合辨证，中国人吃饭讲究集色、香、味、鲜、形于一体。

中国古代著名的军事家孙武在他的《孙子兵法》中，阐明了不少朴素的系统思想和运筹方法。该书共十三篇，讲究打仗要把道（义）、天（时）、地（利）、将（才）、法（治）五个要素结合起来考虑。

中国古代著名的医学典籍《黄帝内经》包含着丰富的系统思想。它根据阴阳五行的朴素辩证法，把自然界和人体看成由金、木、水、火、土五种要素相生相克、相互制约而形成的有秩序、有组织的整体。人与天地自然又是相应、相生而形成的更大系统。《易经》也被认为是朴素系统思想的结晶。

在古代的工程建设上，都江堰最具代表性和系统性。都江堰于公元前256年由蜀郡太守李冰及其儿子组织建造，至今仍发挥着重要作用。该工程由鱼嘴（岷江分流）、飞沙堰（分洪排沙）和宝瓶口（引水）三大设施组成，整个工程具有总体目标优化、选址合理、自动分级排沙、充分利用地形并自动调节水量、就地取材及经济方便等特点。

另外，宋真宗年间的皇宫修复工程、中国古代铜的冶炼方法、万里长城的修建等，也都较好地体现了系统思想和运用了系统的方法。

以系统思想为重要标志之一的中国优秀传统文化及其丰富实践，为系统工程在我国的发展提供了丰厚的土壤，奠定了深厚的基础。

2. 科学系统思想的形成

古代朴素的系统思想用自发的系统概念考察自然现象，其理论是想象的，有时是凭灵感产生出来的，没有也不可能建立在对自然现象具体剖析的基础上，因而这种关于整体性和统一性的认识是不完全和难以用实践加以检验的。早期的系统思想具有"只见森林"和比较抽象的特点。

15世纪下半叶以后，力学、天文学、物理学、化学、生物学等相继从哲学的统一体中分离出来，形成了自然科学。从此，古代朴素的唯物主义哲学思想就逐步让位于形而上学的思想。这时的系统思想具有"只见树木"和具体化的特点。

19世纪自然科学取得了巨大成就，尤其是能量守恒与转化定律、细胞学说、生物进化论这三大发现，使人类对自然过程相互联系的认识有了质的飞跃，为辩证唯物主义的科学系统观奠定了物质基础。这个阶段的系统思想具有"先见森林、后见树木"的特点。

辩证唯物主义认为，世界是由无数相互关联、相互依赖、相互制约和相互作用的过程所形成的统一整体。这种普遍联系和整体性的思想，就是科学系统思想的实质。恩格斯对此曾有过精辟的论述。

3. 坚持系统观念，强化系统思维

"必须坚持系统观念"及"不断提高系统思维能力"是党的二十大报告提出的新要求，这是科学系统思想与我国现实和中国优秀传统文化有机结合的结果，也是对我们党和国家历史及实践经验的总结与升华。

从毛泽东《中国革命战争的战略问题》《实践论》《矛盾论》《党委会的工作方法》《论十大关系》等，到邓小平始终把建设中国特色社会主义作为一个系统问题来考察，再到"三个代表"重要思想和强调以人为本、全面协调可持续发展的科学发展观等，都贯穿和体现着马克思主义唯物辩证法的系统思想和科学的思维方式、系统方法。

党的十八大以来，面对世界百年未有之大变局和中华民族伟大复兴战略全局，以

习近平同志为核心的党中央坚持系统谋划、统筹推进党和国家各项事业。习近平总书记反复强调坚持系统观念和运用战略思维、历史思维、辩证思维、系统思维等科学思维方式来分析问题、指导工作。比如，从全面深化改革、全面依法治国、创新发展、高质量发展、生态环境建设，以及优化经济治理方式、推动军民融合发展、加快实施自由贸易区战略、巩固提高一体化国家战略体系和能力，到中国式现代化等，均是复杂的系统性工作或"系统工程"；统揽"四个伟大"；统筹推进"五位一体"总体布局、协调推进"四个全面"战略布局；统筹发展与安全；全面推进新时代党的建设新的伟大工程；加强前瞻性思考、全局性谋划、战略性布局、整体性推进等。

历史及实践表明，坚持系统观念是我们党领导革命、建设、改革的基础性思想方法和工作方法。强化、提高系统思维等能力是坚持系统观念、掌握科学系统思想与方法的基本要求。

二、系统理论的形成与发展

从古希腊和中国古代的哲学家、军事家到近现代许多伟大的思想家，都有过关于系统思想的深刻论述。但从系统思想发展到运筹学、（一般）系统论、控制论、信息论等系统理论，是和近现代科学技术的兴起与发展，和社会经济的快速发展与变化紧密联系的，直到20世纪中叶才开始实现。

运筹学是近代应用数学的分支和优化理论及方法的代表，主要包括规划论、图与网络理论、排队论、存储论、博弈论等。

系统论或狭义的一般系统论，是研究系统的模式、原则和规律，并对其功能进行数学描述的理论。其代表人物为奥地利理论生物学家贝塔朗菲。

控制论是研究各类系统的控制和调节的一般规律的综合性理论，"信息"与"控制"等是其核心概念。它是继一般系统论之后，由数学家维纳在20世纪40年代创立的。

信息论是研究信息的提取、变换、存储与流通等特点和规律的理论。

从20世纪60年代末期开始，国际上又出现了许多新的系统理论，如耗散结构理论（Prigogine，1969）、协同学（Haken，1971）、突变论（Thom，1972），以及超循环理论（Eigen，1972）、分型理论（Mandelbrot，1973）、混沌理论（Yorke&Li，1975）等。我国著名科学家钱学森对系统理论、系统科学和系统工程的发展有独到的贡献。

20世纪下半叶以来，系统理论对管理科学与工程实践产生了深刻的影响。系统工程学的创立，则是发展了系统理论的应用研究，它为组织管理系统的规划、研究、设计、制造、试验和使用提供了一种有效的科学方法。系统工程取得的积极成果，又为系统理论的进一步发展提供了丰富的实践材料和广阔的应用天地。

三、系统工程的发展概况

从国际上来看，系统工程的产生与发展概况见表1-1。

表 1-1 系统工程的产生与发展概况

阶段	年代（份）	重大（工程）实践或事件	重要理论与方法贡献
I（第二次世界大战前后）	1930 年	美国发展与研究广播电视系统	正式提出系统方法（Systems Approach）的概念
	1940 年	美国实施彩电开发计划	采用系统方法，并取得巨大成功
		美国贝尔（Bell）电话公司开发微波通信系统	正式使用系统工程（Systems Engineering）一词
	第二次世界大战期间	英、美等国的反空袭等军事行动	产生军事运筹学（Military Operational Research），即军事系统工程
	20 世纪 40 年代	美国研制原子弹的"曼哈顿计划"	运用系统工程，并推动了其发展
	1945 年	美国空军建立研究与开发（R&D）机构，此即兰德（RAND）公司的前身	提出系统分析（Systems Analysis）的概念，强调了其重要性
	20 世纪 40 年代后期到 50 年代初	运筹学的广泛运用与发展、控制论的创立与应用、电子计算机的出现，为系统工程奠定了重要的学科基础	
II（20 世纪 50 年代中期至 70 年代）	1957 年	古德（H. Good）和马克尔（R. E. Machol）发表第一部名为《系统工程》的著作	系统工程学科形成的标志
	1958 年	美国研制北极星导弹潜艇	提出 PERT（计划评审技术），这是较早的系统管理技术
	20 世纪 60 年代	研究企业系统和各类经济、社会系统要素动态变化及其相互作用的规律	《工业动力学》（Industrial Dynamics）（1961）、《系统原理》（1968）等出版
	1965 年	马克尔编著《系统工程手册》	表明系统工程的实用化和规范化
		美国自动控制学家查德（L. A. Zadeh）提出"模糊集合"的概念	为现代系统工程奠定了重要的数学基础
	1961 年—1972 年	美国实施"阿波罗"登月计划	使用多种系统工程方法并获得巨大成功，极大地提高了系统工程的地位
	1972 年	国际应用系统分析研究所（IIASA）在维也纳成立	系统工程的应用重点开始从工程领域进入社会经济领域，并发展到了一个重要的新阶段
	20 世纪 70 年代	系统工程的广泛应用在国际上达到高潮	
III（20 世纪 80 年代及 20 世纪 90 年代至今）	20 世纪 80 年代	系统工程在国际上稳定发展 系统工程在中国的研究与应用开始达到高潮	
	20 世纪 90 年代以来	系统工程在国内外呈现出多样化、特色化、专业化、集成化、精细化、实用化等特点	

20 世纪 50 年代至 60 年代，我国的一些研究机构和著名学者为系统工程的研究与应用做了理论上的探讨、应用上的尝试和技术方法上的准备。其主要标志和集中代表是钱学森的《工程控制论》、许国志的《运筹学》，以及华罗庚的优选法、统筹法。我国于 1960 年—1970 年成功实施"两弹一星"重大工程计划，是 20 世纪下半叶中华民族创建的辉煌伟业，也是系统工程的成功实践。

我国大规模地研究与应用系统工程是从 20 世纪 70 年代末 80 年代初开始的。1978 年 9 月 27 日，钱学森、许国志、王寿云在《文汇报》上发表了题为《组织管理的技术——系统工程》的长篇文章；从 1978 年起，西安交通大学、天津大学、清华大学、华中科技大学（原华中工学院）、大连理工大学（原大连工学院）等国内著名大学开始招收第一批系统工程专业硕士研究生；1980 年 11 月，中国系统工程学会在北京成立；1980 年 10 月至 1981 年 1 月，中国科协、中央电视台同中国系统工程学会、中国自动化学会联合举办"系统工程电视普及讲座（45 讲）"，取得了良好的社会效果。

20 世纪 80 年代，应用系统工程理论和方法来研究与解决中国经济、社会发展的重大现实问题，在许多领域和方面取得了较好的效果，如人口问题的定量研究及应用（始于1978 年）、2000 年中国的研究（1983 年—1985 年）、全国和地区能源规划（始于 1980 年）、全国人才和教育规划（始于 1983 年）、农业系统工程（始于 1980 年）、区域发展战略（始于 1982 年）、投入产出表的应用（始于 20 世纪 60 年代和 1976 年）、军事系统工程（始于 1978 年）、水资源的开发利用（始于 1978 年）等。1986 年 7 月，召开全国软科学研究工作座谈会，强调重视决策民主化、科学化。在第一届国际系统科学与系统工程会议（北京，1988 年 7 月）上，中国系统工程在工业、农业、军事、人口、能源、资源、社会经济等领域的成功运用得到了高度评价。

20 世纪 90 年代以来，系统工程在国内外的发展及应用出现了许多新的特点：研究与应用的范围越来越广，对象系统的种类越来越多、规模越来越大，并继续朝着"巨系统"发展，社会经济等新的问题领域出现了越来越多的"复杂的系统工程"；各类专门系统工程日益形成自己的特色，如特有的方法论、模型体系及专用分析软件等；系统工程在企业改革与发展中初步得到有效运用，现代工业工程（IE）就是系统工程在企业生产系统和社会经济系统中运用的结果；系统工程与计算机及信息网络系统的结合变得异常紧密，如常用系统工程软件及其广泛运用等；系统工程方法论有新的发展，通过集成化、专业化等途径，不断形成新的技术应用综合体；关注并着力于系统工程工作成果的真正和有效实施；决策科学化问题引起重视。

近年来，系统工程在与经济转型升级、国际化及应对经济与金融危机结合，与新一代信息及大数据等技术结合，与贯彻新发展理念、实施可持续发展战略结合，与"四个全面"战略布局和中国特色社会主义国家治理体系建设结合，与思维科学、复杂性科学结合等方面，已经展现出了新的发展和较好的前景。

2020 年 8 月，为纪念《系统工程理论与实践》创刊 40 周年，中国系统工程学会理事会以及《系统工程理论与实践》编辑部通过定向约稿等方式，编纂并出版《系统工程理论与实践》创刊 40 年纪念专辑。该专辑以学科发展方向为主题，以学科发展的回顾和展望、学科发展综述、理论分析等形式，进行总结和探讨，为两个百年变局和全局下的系统科学、系统工程及管理科学与工程领域的发展，起到引航指向的作用。该专辑内容包括系统工程学科发展大势、运筹与决策理论、大数据与智能技术、能源与环境保护、生产与运营管理、供应链与物流管理、经济与金融管理等内容。同年10月，国家自然科学基金委管理科学部公布了"十四五"优先发展领域，包括：复杂系统管理理论，混合智能管理系统理论与方法，决策智能理论与方法，企业的数字化转型与管理，数字经济的新规律，城市管理的智能化转型，智慧健康医疗管理，中国企业管理的理论，国际秩序演化下的中国企业全球化，中国经济发展规律，中国背景的政府治理及其规律，中国扶贫与乡村发展机理与效应，全球变局下的风险管理，巨变中的全球治理，全球性公共卫生危机管理新问题，能源转型与管理，人口结构变化与社会经济发展，区域社会经济的协调发展管理。这些对我们了解系统工程的最新发展与应用有一定帮助。

四、系统化时代呼唤系统工程创新发展

当今社会具有复杂、动态、模糊、互联，以及适应、平衡、融合、协同等突出特点，这些时代特点给系统性或系统化赋予了新的时代内涵。为此，在系统工程的创新发展中关注、把握和处理好以下各对关系就显得尤为重要：

（1）**整体与总体**。系统作为一个整体，越来越受到复杂的环境因素和相关系统的影响，这就需要从更大范围内和更高层次上，或从总体上来考虑系统问题。与此相关联，体系工程等也在学术研究和工程实践中开始被大家重视。从新时代中国特色社会主义发展实践来看，中华民族伟大复兴战略全局和世界百年未有之大变局紧密联系、相互作用。全局性谋划、整体性推进，需要立足整体、着眼总体、关注个体，并落实在体系化和机制化建设上。在党的二十大报告中，"体系"一词出现百余次，且几乎遍及全文各部分。

（2）**有形与无形**。第四次工业革命基于网络物理系统（工业控制、智能电网、自动驾驶、医疗监控、机器人技术等）的发展，生物、物理和数字技术的融合将改变我们今天所处、所知的世界。与此相适应，信息、人、管理等系统无形要素的地位和作用日益突出，政治、社会、心理等软环境因素对实体系统的影响越来越明显。在这类关系中，物流与信息流、价值流，信息化与数智化，人本化（包括与此相关的人机交互方式等新的突破与挑战），人与自然、社会，层次（结构）与网络（结构）等值得关注。

（3）**有界与无界**。从传统意义上来说，系统都是有边界的。与前两对关系相关联，从发展来看，有界是相对的。边界模糊、动态、柔性等问题，在系统工程研究开发中无法回避。在全球化和逆全球化交织的现实背景下，处理好系统与环境、自主与开放等关系十分重要，也空前复杂。打破思维定式、人为界限和传统壁垒，实现技术与管理间、不同专业技术间、产业链供应链创新链不同节点间的有机结合，在许多领域实现有效的跨界融合，在创新路径上实现综合创造，符合系统新思维和社会新趋势。

（4）**确定与不确定**。不确定的（Uncertainty）和易变的（Volatility），也是我们当今面临的"热词"，同样给系统工程研究和现实社会生活带来了较大挑战。快速变化成为社会常态，"灰犀牛""黑天鹅"成为常客，如何应对突变和危机成为热点和难题。"善于在危机中育先机、于变局中开新局""统筹好发展与安全的关系，确保不发生系统性风险""用我们自身的确定性有效应对外部的不确定性"等，都是党中央在这方面的重要思想和重大部署，需要我们从学理上去研究和实现。

（5）**简单与复杂**。对系统及其研究来说，简单与复杂是相对的且可以相互转化的。系统简单化及其易识别、易表达、可预测、可调控等，是我们所追求的状态，但由于系统边界日益扩大和模糊、软要素影响和系统动态性凸显等，复杂性成为当今各类系统问题的重要特征。以社会系统为例，表现在属性与功能多样、内部结构与行为复杂、系统与环境关系问题突出、学习与自适应特征明显等诸多方面。大规模复杂管理系统理论及方法研究意义重大。现实中，对复杂问题不能简单分析处理，对简单问题也不能人为复杂化。

（6）**战略与策略**。在统筹好"两个大局"的背景和要求下，系统的战略及策略问题变得越来越重要和突出。战略决策是系统工程的基本问题，企业战略固然是战略研究的基础和主战场之一，但产业及行业、国家和全球等战略更具有全局性、长远性和根本性，也是系统工程研究的薄弱环节。前瞻性思考、战略性布局是党中央提出坚持系统观念的重要内涵。在党的二十大报告中，"战略"一词多次出现。策略是实现战略的路径和手段，战略的坚定性和策略的灵活性需要有机统一，各项策略及政策的协同性需要大大增强。

（7）**效率与质效**。效率、有效性、效能、质量等，都是不同类型系统和处在寿命周期不同阶段系统所追求的目标，效率是运行管理的量化目标和基本指标。综合来看，对以各项目标、指标为基础，特别是建立在质量、效能基础上的质效问题，更具现实意义和研究价值。党的二十大报告提出坚持以推动高质量发展为主题，还要着力提升社会治理效能等。持续提高系统的质量与效能，虽源于各类组织特别是现代企业的运营管理，但已成为国家、社会发展和治理的基本价值取向，更能体现发展的可持续性和系统性。

（8）**管理与治理**。从《组织管理的技术——系统工程》到"推进中国式现代化是一个系统工程"等，系统观念和管理系统工程的思想与方法不断深入人心，在治理问题中的重要性也日益凸显。在系统化时代，研究管理与治理的关系会关联、引申出微观组织与宏观系统、相对封闭与内外开放、组织与自组织、秩序与活力、集中与民主、层次与网络等一系列问题。无论是管理还是治理，重在"理"，而不在"管"和"治"，系统或体系化机制设计是基础和重点。

（9）**工作与工程**。工程既指具体的实体系统（工程项目）和一类专门技术（电气工程等），也引申到了社会及工作系统，还与"创造""发明""设计"有渊源。工程的概念在实体系统、信息系统和各类新的复合系统中的内涵不断丰富，同时社会（系统）工程问题日益广泛和突出，复杂的系统性工作的工程化、项目化、集成化成为一种趋势。在党的二十大报告中，"工程"一词多次出现，不仅出现在对产业、生态问题的论述中，也与法治、文化、党建等连在一起，并赋予了新的意义。

第二节 系统工程的研究对象

一、系统的概念及特点

系统工程的研究对象是组织化的大规模复杂系统。而"系统"作为系统理论、系统工程和整个系统科学的基本研究对象，需要被正确理解和深刻认识。

1. 系统的定义

系统是由两个及以上有机联系、相互作用的要素组成，具有特定功能、结构和环境的整体。系统的定义有以下四个要点：

（1）系统及其要素。系统是由两个及以上要素组成的整体，构成这个整体的各个要素可以是单个事物（元素），也可以是一群事物组成的分系统、子系统等。系统与其构成要素是一组相对的概念，取决于所研究的具体对象及其范围。

（2）系统和环境。任一系统又是它所从属的一个更大系统（环境或超系统）的组成部分，并与其相互作用，保持较为密切的输入输出关系。系统连同其环境成超系统一起形成系统总体。系统与环境也是两个相对的概念。

（3）系统的结构。在构成系统的诸要素之间存在着一定的有机联系，这样在系统的内部形成一定的结构和秩序。结构即组成系统的诸多要素之间相互关联的方式。

（4）系统的功能。任何系统都应有其存在的作用与价值，有其运作的具体目的，也都有其特定的功能。系统功能的实现受到其环境和结构的影响。

2. 系统的一般属性

（1）整体性。整体性是系统最基本、最核心的特性，是系统性最集中的体现。具有相对独立功能的系统要素以及要素间的相互关联，根据系统功能依存性和逻辑统一性的要求，协调存在于系统整体之中。系统的构成要素和要素的机能、要素的相互联系和作用要服从系统整体的目的和功能，在整体功能的基础上展开各要素及相互之间的活动，这种活动的总和形成了系统整体的有机行为。在一个系统整体中，即使每个要素并不都很完善，但它们也可以协调、综合成为具有良好功能的系统；反之，即使每个要素都是良好的，但作为整体却不具备某种良好的功能，也就不能称之为完善的系统。任何一个要素都不能离开整体去研究，要素间的联系和作用也不能脱离整体的协调去考虑。

集合的概念就是把具有某种属性的一些对象作为一个整体而形成的结果，因而系统集合性是整体性的具体体现。

（2）关联性。构成系统的要素是相互联系、相互作用的；同时，所有要素均隶属于系统整体，并具有互动关系。关联性表明这些联系或关系的特性，并且形成了系统结构问题的基础。

（3）环境适应性。系统的开放性及环境影响的重要性是当今系统问题的新特征，日益引起人们的关注。任何一个系统都存在于一定的环境之中，并与环境产生物质、能量和信息的交换。环境的变化必然会引起系统功能及结构的变化。系统必须首先适应环境的变化，并在此基础上使环境得到持续改善。管理系统的环境适应性要求更高，通常应区分不同的环境类（技术环境、经济环境、社会环境等）和不同的环境域（外部环境、内部环境等）。

除以上三个基本属性之外，很多系统还具有目的性、层次性等特征。

根据系统的属性，可以归纳出若干系统的思想或观点。比如，综合系统的整体性和目的性，可以归纳出整体最优的思想等。

3. 大规模复杂系统的特点

系统工程研究对象系统的复杂性主要表现在：①系统的功能和属性多样，由此而带来的多重目标间经常会出现相互消长或冲突的关系；②系统通常由多维且不同质的要素所构成；③一般为人-机系统，而人及其组织或群体表现出固有的复杂性；④由要素间相互作用关系所形成的系统结构日益复杂化和动态化。大规模复杂系统还具有规模庞大及经济性、社会性突出等特点。

二、系统的类型

认识系统的类型，有助于人们在实际工作中对系统工程对象系统的性质有进一步的了解并进行分析。

1. 自然系统与人造系统

自然系统是主要由自然物（动物、植物、矿物、水资源等）自然形成的系统，如海洋系统、矿藏系统等；人造系统是根据特定的目标，通过人的主观努力所建成的系统，如生产系统、管理系统等。实际上，大多数系统是自然系统与人造系统的复合系统。近年来，系统工程越来越注意从自然系统的关系中探讨和研究人造系统。

2. 实体系统与概念系统

凡是以矿物、生物、机械和人群等实体为基本要素所组成的系统称为实体系统，凡是由概念、原理、原则、方法、制度、程序等概念性的非物质要素所构成的系统称为概念系统。在实际生活中，实体系统和概念系统在多数情况下是结合在一起的。实体系统是概念系统的物质基础；而概念系统往往是实体系统的中枢神经，指导实体系统的行动或为之服务。系统工程通常研究的是这两类系统的复合系统。

3. 动态系统和静态系统

动态系统是指系统的状态随时间而变化的系统；静态系统则是表征系统运行规律的模型中不含有时间因素，即模型中的量不随时间而变化，它可视作动态系统的一种特殊情况，即状态处于稳定的系统。实际上多数系统都是动态系统，但由于动态系统中各种参数之间的相互关系非常复杂，要找出其中的规律性有时是非常困难的，这时为了简化起见而假设系统是静态的，或使系统中的各种参数随时间变化的幅度很小，而视同静态的。也可以说，系统工程研究的是在一定时期、一定范围内和一定条件下具有某种程度稳定性的动态系统。

4. 封闭系统与开放系统

封闭系统是指该系统与环境之间没有物质、能量和信息的交换，因而呈现封闭状态的系统；开放系统是指系统与环境之间具有物质、能量与信息交换的系统。这类系统通过系统内部各子系统的不断调整来适应环境变化，以保持相对稳定状态，并谋求发展。开放系统一般具有自适应和自调节的功能。系统工程研究有特定输入、输出的相对孤立系统。

三、管理系统问题举例

现代工业企业及其生产经营活动具有许多系统性特征。第一，工业企业及其生产经营过程是一个由人、财、物、信息等基本要素构成的整体系统。生产管理与经营管理相互交织，形成了一个有机的系统工作过程。第二，**工业企业是一个投入-产出系统**。因为工业企业生产的基本含义就是把生产要素转换为社会财富，从而产生效益的过程。企业生产经营管理就是对企业投入、转换、产出全过程的筹划与管理。第三，**工业企业是一个开放系统**。企业的生存和发展与企业所处的环境条件息息相关，其生产经营活动要能主动适应外部环境的变化，特别应注意在国际化进程中培育自己的核心竞争能力。第四，**工业企业及其生产经营过程应形成一个具有自适应能力的动态系统过程**。这就要求对企业生产经营活动进行闭环管理和有效控制，注重信息反馈，以保持企业外部环境、内部条件和经营目标三者之间的动态平衡。为适应以上要求，工业企业生产经营活动的过程如图1-1所示。

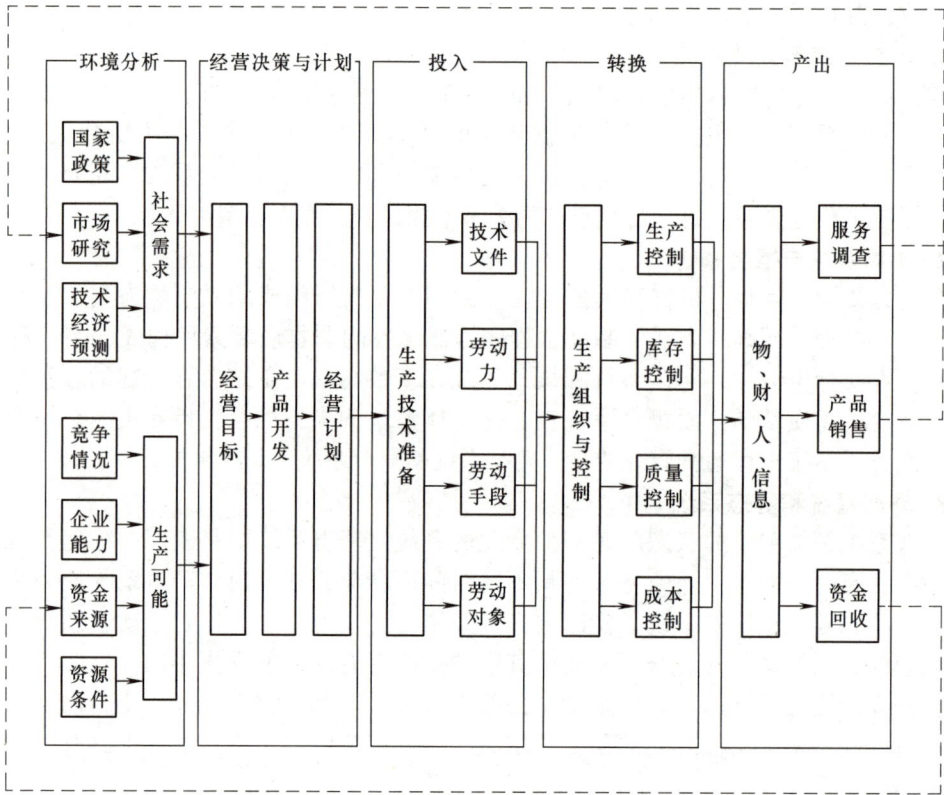

图1-1　工业企业生产经营活动的过程

现代金融系统是一类复杂性系统。它是有关资金的流动、集中和分配的一个经济体系，是由资金流动的工具（金融资产）、市场参与者（中介机构或金融企业）和交易方式等各金融经济要素构成的综合体。从宏观经济管理上也可将其分为金融组织体系、金融市场体系、金融调控体系、金融监管体系、金融环境体系等。现代金融体系具有多重功能，如清算和支付功能、融资和资源配置功能、风险管控功能、财富管理功能、信息和激励功能等，已成为现代化经济体系的核心。将金融经济体系看作一类复杂性系统，以高度动态、突变的内外环境条件为基础，适应信息化、网络化、智能化及绿色化等趋势，坚持宏观与微观有机结合，从系统内部的结构及系统与环境的相互作用考察系统的特性，揭示金融经济体系演化的规律与金融风险形成的机理，深化金融体制改革，建设现代中央银行制度，加强和完善现代金融监管。通过加强现代金融体系系统化治理，规避金融风险，降低融资成本，持续提高投资管理和经济运行效能，确保社会经济健康发展和总体安全。

生态文明与生态系统。早在 2013 年，习近平总书记就运用系统思维和中国哲学理念，创造性地提出"山水林田湖是一个生命共同体，人的命脉在田，田的命脉在水，水的命脉在山，山的命脉在土，土的命脉在树"，必须对山水林田湖进行统一保护、统一修复。此后，他又多次强调，要"统筹山水林田湖草系统治理"，要"坚持山水林田湖草沙冰一体化保护和系统治理"等。这些重要论述所深刻揭示的，是自然生态系统通过物质流、信息流和能量流所形成的复杂关系。他还强调，"我们要按照生态系统的内在规律，统筹考虑自然生态各要素，从而达到增强生态系统循环能力、维护生态平衡的目标。"特别是"绿水青山就是金山银山"这一重大科学论断，从自然生态范畴出发，指出绿水青山既是生态财富、自然财富，也是经济财富、社会财富，要求我们在具体实践中做好生态产品的创造性转化，本质上就是正确处理好发展和保护的关系。习近平生态文明思想遵循生态系统的整体性、系统性及其内在规律，科学地揭示了自然要素之间、自然要素和社会要素之间通过物质变换构成的生态系统的性质和多重共生关系，丰富和发展了马克思主义的系统自然观、人化自然观和生态自然观，既体现了中华民族处理人与自然关系的传统智慧，也与现代生态学等理论研究的最新成果具有一致性。

树立正确、系统的网络安全观。理念决定行动。当今的网络安全，有几个主要的系统性特点。一是网络安全是整体的而不是割裂的。在信息时代，网络安全对国家安全牵一发而动全身，同许多其他方面的安全都有着密切关系。二是网络安全是动态的而不是静态的。信息技术变化越来越快，过去分散独立的网络变得高度关联、相互依赖，网络安全的威胁来源和攻击手段不断变化，那种依靠装几个安全设备和安全软件就想永保安全的想法已不合时宜，需要树立动态、综合的防护理念。三是网络安全是开放的而不是封闭的。只有立足开放环境，加强对外交流、合作、互动、博弈，吸收先进技术，网络安全水平才会不断提高。四是网络安全是相对的而不是绝对的。没有绝对的安全，要立足基本国情保安全，避免不计成本追求绝对安全，那样不仅会背上沉重负担，甚至可能顾此失彼。五是网络安全是共同的而不是孤立的。网络安全为人民，网络安全靠人民，维护网络安全是全社会共同的责任，需要政府、企业、社会组织、广大网民共同参与，共筑网络安全防线。

"四个全面"战略布局是中国特色治国理政的重大系统问题。党的十八大以来，以习近平同志为核心的党中央，在推进具有许多新的历史特点的伟大斗争的新实践中，提出了"四个全面"（全面建成小康社会/全面建设社会主义现代化国家、全面深化改革、全面依法治国、全面从严治党）的战略思想和战略布局。"四个全面"战略布局是科学的系统思想和系统方法的集中体现。从"四个全面"各自内涵来看，共同的关键词是"全面"，充分体现了系统思想。例如，从全面建成小康社会到全面建设社会主义现代化国家，在建设内容上体现经济建设、政治建设、文化建设、社会建设、生态文明建设"五位一体"的全面性要求，在惠及对象上充分体现覆盖人群的全面性要求等；全面深化改革，注重从经济基础和上层建筑的方方面面调整完善政策制度，以创新思维和系统思维推进国家治理体系和治理能力现代化；全面依法治国，着眼建设社会主义法治国家，致力于科学立法、严格执法、公正司法、全民守法，形成完备的法律规范体系、高效的法治实施体系、严密的法治监督体系；全面从严治党，立足于全面推进党的建设新的伟大工程和全面提高党的建设科学化水平，全面加强党的政治建设、思想建设、组织建设、作风建设、纪律建设和制度建设，深入推进反腐败斗争。从"四个全面"的相互关系来看，它们不是简单的并列、平行关系，而是一个有机联系、环环相扣的整体，形成了一个科学体系，相辅相成，相互促进，相得益彰。具体来说，全面建设社会主义现代化国家是新阶段的奋斗目标，全面深化改革、全面依法治国、全面从严治党是三大战略举措，为全面建设社会主义现代化国家提供动力源泉、法制保障和政治保证。全面深化改革、全面依法治国如鸟之两翼、车之两轮，是重要的动力系统和稳定系统。全面从严治党，是推进"四个全面"战略布局的基础和关键，全面建设社会主义现代化国家、全面深化改革、全面依法治国，都必须坚持党的领导，加强党的建设。

当然，全面深化改革，既为全面建设社会主义现代化国家提供强大动力，也是全面依法治国、全面从严治党的需要；全面依法治国，本身就是全面建设社会主义现代化国家的重要内容，同时又为全面建设社会主义现代化国家提供法治保障，全面深化改革需要在法制的轨道上、框架下来进行，全面从严治党也强调依法依规。"四个全面"的相互关系如图1-2所示（图中虚线表示辅助作用）。

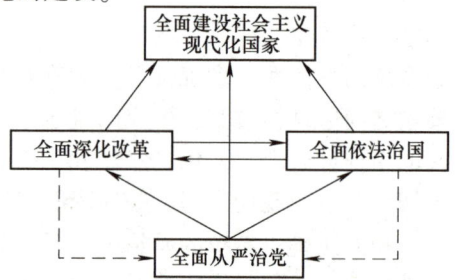

图1-2　"四个全面"的相互关系

第三节　系统工程的概念与特点

一、系统工程的概念

用定量与定性相结合的系统思想和方法处理大型复杂系统的问题，无论是系统的设计或组织建立，还是系统的运营管理，都可以统一地看成一类工程实践，统称为系统工程。

我国著名科学家钱学森认为：系统工程是组织管理系统的规划、研究、设计、制造、试验和使用的科学方法，是一种对所有系统具有普遍意义的科学方法。系统工程是一门组织管理的技术。

美国著名学者切斯纳（Chestnut）表示：系统工程认为虽然每个系统都是由许多不同的特殊功能部分所组成，而这些功能部分之间又存在着相互关系，但每一个系统都是完整的整体，每一个系统都要求有一个或若干个目标。系统工程则是按照各个目标进行权衡，全面求得最优解（或满意解）的方法，并使各组成部分能够最大限度地互相适应。

日本工业标准（JIS）将系统工程界定为：系统工程是为了更好地达到系统目标，而对系统的构成要素、组织结构、信息流动和控制机制等进行分析与设计的技术。

日本学者三浦武雄认为：系统工程与其他工程学的不同之处在于它是跨越许多学科的科学，而且是填补这些学科边界空白的边缘学科。因为系统工程的目的是研究系统，而系统不仅涉及工程学领域，还涉及社会、经济和政治等领域。为了圆满解决这些交叉领域的问题，除了需要某些纵向的专门技术以外，还要有一种技术把它们横向组织起来。这种横向技术就是系统工程，也就是研究系统所需的思想、技术、方法和理论等体系化的总称。

综上所述，系统工程是从整体出发，合理开发、运行和革新一个大规模复杂系统所需思想、理论、方法论、方法与技术的总称，属于一门综合性的工程技术。它是按照问题导向的原则，根据总体协调的需要，把自然科学、社会科学、数学、管理学、工程技术等领域的相关思想、理论、方法等有机地综合起来，应用定量分析和定性分析相结合的基本方法，采用现代信息技术等技术手段，对系统的功能配置、构成要素、组织结构、环境影响、信息交换、反馈控制、行为特点等进行系统分析，最终达到使系统合理开发、科学管理、持续改进、协调发展的目的。

二、系统工程是一门交叉学科和一种通用方法

系统工程最初是一门工程技术，但它与机械工程、电子工程、水利工程等其他工程学的性质不尽相同。各工程学都有其特定的工程特质对象，而系统工程的对象则不限定于某种特定的工程物质，任何一种复杂系统都能成为它的研究对象，而且还不只限于物质系统，它可以包括自然系统、社会经济系统、组织管理系统、军事指挥系统等，因而更具有横向性和通用性。由于系统工程处理的对象主要是信息，并着重为决策服务，国内外很多学者认为系统工程是一门"软科学"。

系统工程在自然科学与社会科学之间架设了一座沟通的桥梁。现代数学方法和计算机技术等通过系统工程为社会科学研究增加了极为有用的量化方法、模型方法、模拟方法和优化方法。系统工程也为从事自然科学的工程技术人员和从事社会科学的研究人员的相互合作开辟了广阔的道路。

钱学森曾提出了一个清晰的现代科学技术的体系结构，认为从应用实践到基础理论，现代科学技术可以分为几个层次：首先是工程技术这一层次，其次是基础科学这一层次，最后通过进一步综合、提炼达到最高概括的马克思主义哲学。在此基础上，他又进一步提出了一个系统科学的体系结构。他认为，系统科学是由系统工程的工程技术、系统工程的理论方法（如运筹学、大系统理论）等一类技术科学组成的新兴科学。

人们比较一致的看法和共同的认识是，系统工程学是以大规模复杂系统问题为研究对象，在运筹学、系统理论、管理科学等学科的基础上逐步发展和成熟起来的一门交叉学科和一种通用方法，且常常具有方法论意义。系统工程的理论基础是由一般系统论及其发展、大系统理论、经济控制论、运筹学、管理科学、社会科学等学科相互渗透、交叉发展而形成的。

三、系统工程方法的特点

系统工程既具有广泛而厚实的理论和方法论基础，又具有很明显的实用性特征。

在运用系统工程方法来分析与解决现实复杂系统问题时，需要确立系统的观点（系统工程工作的前提）、总体最优及平衡协调的观点（系统工程的目的）、综合运用方法与技术的观点（系统工程解决问题的手段）、问题导向和反馈控制的观点（系统工程有效性的保障）。这些集中体现了系统工程方法的思想及应用要求。

系统工程作为开发、改造和管理大规模复杂系统的一般方法，与各类专门的工程学（如机械工程、电气工程、环境工程等）相比，有许多明显的差异，表现了相应的特征，主要有：①系统工程一般采用先决定整体框架，后进入内部详细设计的程序。②系统工程试图通过将构成事物的要素加以适当配置来提高整体功能，其核心思想是"综合即创造"。③系统工程属于"软科学"。软科学的基本特征是人（用户、决策者、分析人员等）和信息的重要作用，多次反馈和反复协商，科学性与艺术性的二重性及其有机结合等。④系统工程成为一门综合、横向、通用的科学方法，重要性日益凸显。基本上经历了从工程项目优化方法，到一般组织管理技术，再到系统管理和治理（包括治国理政）方法论的发展和变革。

总体来看，系统工程方法具有如下比较明显的特点及相应的要求：科学性与艺术性兼容，这与系统工程主要作为组织管理的方法论和基本方法，在逻辑上是一致的；多领域、多学科的理论、方法与技术的集成；定性分析与定量分析有机结合；需要各有关方面（人员、组织等）的协作。

第四节 系统工程的应用领域

目前，系统工程的应用领域已十分广阔，主要有：

（1）社会系统工程。始于钱学森社会主义建设总体设计部思想，其研究对象是整个社会，是一个开放的复杂巨系统。它具有多层次、多方面、多阶段、开放式、高度综合等特点，如研究全面建设社会主义现代化国家、全面深化改革、全面依法治国、全面从严治党战略思想与战略布局，中国特色社会主义国家治理体系与治理能力现代化，以及从新公共管理到整体性治理等。包括中国特色社会主义"五位一体"建设系统工程、国家及社会治理系统工程、改革系统工程、危机管理系统工程、法治系统工程、党的建设系统工程（新时代党的建设新的伟大工程及全面从严治党体系、党的组织体系、组织工作系统化等）等。

（2）宏观经济系统工程。运用系统工程思想和方法研究宏观经济系统的问题，如社会经济发展战略、经济高质量发展、综合发展规划、综合经济指标体系、投入产出分析、积累与消费分析、产业结构分析、消费结构分析、价格系统分析、投资决策分析、资源合理配置、经济政策分析、综合国力分析、世界经济模型等。

（3）金融系统工程。运用系统科学原理和系统工程方法来研究现代金融经济系统的宏观特性、动态特征和演化规律，涉及经济金融环境动态分析、投资组合决策与公司治理、金融风险分析与防范、金融稳定保障体系构建、金融市场系统特征与联动关系、国际金融与汇率制度、财政与货币政策、金融监管系统性及有效性、金融机构体系优化完善等。

（4）区域发展系统工程。运用系统工程原理和方法研究区域可持续协调发展战略、区域经济布局和国土空间体系、区域综合发展及开放开发规划、主体功能区建设战略规划、不同区域开发振兴崛起等政策体系的协同及有效性、以人为核心的新型城镇化战略规划、区域投入产出分析、区域资源合理配置、区域人流–物流–信息流–资金流一体化等。

（5）农业系统工程。研究中国特色现代农业发展战略规划、农业及"三农"问题政策分析、乡村振兴系统工程、粮食安全系统工程、多元化食物供给体系、农业科技和装备支撑体系、农业支持保护制度体系、农产品生产系统分析、农业投入产出分析、农业区域规划及农作物合理布局、农业系统多层次开发模型等。

（6）交通运输系统工程。研究包括铁路、公路、水路、航空和管道等多种运输方式的综合运输发展战略及规划，铁路运输、公路运输、航运、空运等调度系统，综合运输优化模型，综合运输效益分析，交通强国战略规划及效能评价等。

（7）能源系统工程。研究能源合理结构、能源需求预测、能源开发规模预测、能源产供储销体系建设及能源安全战略规划、能源清洁低碳高效利用及其转型发展战略规划、能源生产优化模型、能源合理利用模型、新型电力系统规划、节能规划、能源数据库、油藏管理系统工程等。

（8）水资源系统工程。研究河流湖泊湿地综合开发利用保护规划、流域发展战略规划、南水北调等跨域调（济）水系统工程、多层次国家水网系统工程、农田灌溉系统规划与设计、城市供水系统优化模型、水能利用规划、水污染系统控制与治理等。

（9）生态环境系统工程。研究大气生态系统、大地生态系统、流域生态系统、森林与生物生态系统、城市生态系统等系统分析、规划、建设、防治等方面的问题，以及环境检测系统、环境计量预测模型、环境在线监控（领域）物联网等的开发建设，完善支持绿色发展的政策体系和标准体系等。

（10）工程项目（管理）系统工程。研究工程项目的总体设计、可行性系统分析与评价、国民经济评价、环境与社会效益评价、工程进度管理、工程质量管理、风险投资分析、可靠性分析、工程项目绿色运营管理、数字化与精细化管理等。中国载人航天系统工程等是极具代表性和影响力的工程项目（管理）系统工程。

（11）生产系统工程。基于产业及行业创新发展，研究生产战略与决策、生产系统环境分析与规划设计、系统全生命周期及其总体优化管理、系统信息化数字化、生产系统价值流及综合评价、制造服务业发展、与现代化产业体系相适应的供应链/价值链/创新链一体化等，可包括或涉及人–机–环境系统工程、过程系统工程、质量管理系统工程、制造系统工程、现代工业工程等。

（12）企业系统工程。研究企业环境及竞争力战略、专精特新发展策略、国际化战略、企业绿色发展战略策略、企业信息化/数字化/智能化、企业生产管理系统、供应链管理及库存控制、全面质量管理、企业主导的产学研深度融合战略策略、企业组织系统变革、人力资源开发与管理、企业党建工程等。

（13）物流系统工程。以供应链和社会经济系统结构优化及高效运营为基础，研究企业物流系统、社会物流系统及其集成系统的战略、规划、优化、控制、管理，基于现代物流的物流、商流、信息流、价值流、人工流一体化，物联网及高效流通体系建设运行，绿色物流战略策略及政策等。

（14）科学技术系统工程。研究基于"四个面向"的创新驱动发展战略与规划、科学技术发展规划、科学技术预测、优先发展领域、科学技术及科技投入效能评价、科学技术政策、科学技术人才规划、关键核心技术攻坚战略与策略、创新链/产业链/资金链/人才链深度融合战略与政策、科学技术管理系统及科技管理体制机制改革等。

（15）人才系统工程。研究人才强国战略、人才中长期规划、专门人才工程计划、人才分类管理及整体优化、拔尖人才与创新团队、人才合理流动系统优化、中国特色人才管理体制机制、人才政策体系等。

（16）人口系统工程。研究人口总目标、人口参数、人口指标体系、人口系统数学模型、人口系统动态特性、人口政策的优化调整、人口区域规划、人口系统均衡性与稳定性、生育支持政策体系、应对人口老龄化战略与策略等。

（17）教育系统工程。研究人才需求、人才与教育规划、人才结构、教育公平与均衡发展、教育资源优化、教育政策、教育投资评估与管理、教育数字化战略策略与政策、人才培养体系集成化、各类学校治理结构与系统管理等。

（18）卫生健康系统工程。适应中国式现代化及全面深化改革的要求，研究健康中国战略与大健康理念的系统化路径、医药卫生改革发展目标体系、中国特色医药卫生体制机制及其各种关系、医药卫生四大体系（公共卫生服务体系、医疗服务体系、医疗保障体系、药品供应保障体系）一体化建设、各类医疗机构布局及建设规划、医药卫生信息化建设方案、医院系统化管理、重大疫情防控救治体系和应急能力建设系统工程等。

（19）军事系统工程。研究新形势下的国防战略，作战模拟、情报、通信与指挥自动化系统，先进武器装备发展规划，综合保障系统，国防力量合理规模与结构，国防经济学，军事运筹学，研究军民融合系统工程，研究和建立一体化国家（军事）战略体系和能力系统工程等。军事系统工程对系统工程学科的确立和发展发挥了基础作用。

（20）信息系统工程。新一轮科技革命带动数字技术、智能技术等强势崛起，云计算、大数据、物联网、人工智能、区块链等信息系统技术迅猛发展，信息化、数字化、智能化、网联化等对社会经济、社会生活、社会治理的影响广泛而深刻。在传统信息系统研究开发运用的同时，运用系统工程理论与方法研究这些新的变化、趋势、影响和应对策略，跟进研究和主动适应快速、持续性变化对系统工程和管理科学与工程的影响等，是信息系统工程面临的重要任务。

从以上举出的20个领域来看，社会系统工程处于总体和引领地位；社会经济类（宏观经济、金融、区域发展、农业、交通运输、能源、水资源、生态环境等）系统工程和生产类［工程项目（管理）、企业、物流，以及人-机-环境、过程、质量管理等］系统工程处于核心和主体地位，前者偏宏观，后者偏微观；基础能力类（科学技术、人才、人口、教育、卫生健康、军事、信息等）系统工程处于基础和保障地位，新一代信息技术与信息系统工程的发展及影响值得关注。

思考题

1. 选择一个你所熟悉的系统问题说明：①系统的功能及其要素；②系统的环境及输入、输出；③系统的结构（最好用框图表达）；④系统的功能与结构、环境的关系。

2. 说明系统一般属性的含义，并据此归纳出若干系统思想或观点。

3. 管理系统有何特点？为什么说现代管理系统是典型的（大规模）复杂系统？

4. 请总结系统工程（学）的特点。

5. 请总结说明（图示）系统科学体系及系统工程的理论基础。

6. 请针对每类或每个（也可是感兴趣的一部分）系统工程应用领域，查找至少一个应用实例，阅读研究后写出 300~500 字的评语。

7. 结合系统工程应用领域，说明系统工程在你所学专业领域的可能应用及其前景。

8. 党中央为什么强调"必须坚持系统观念"？党的十八大以来是如何坚持系统观念的（可举例说明）？

系统工程方法论（Methodology）就是分析和解决系统开发、运作及管理实践中的问题所应遵循的工作程序、逻辑步骤和基本方法。它是系统工程思考问题和处理问题的一般方法与总体框架。

第一节　系统工程的基本工作过程

一、霍尔三维结构

霍尔三维结构是由美国学者 A. D. 霍尔（A. D. Hall）等人在大量工程实践的基础上，于 1969 年提出的。其内容反映在可以直观展示系统工程各项工作内容的三维结构图中，具体如图 2-1 所示。霍尔三维结构集中体现了系统工程方法的系统化、综合化、最优化、程序化和标准化等特点，是系统工程方法论的重要基础内容。

1. 时间维

时间维表示系统工程的工作阶段或进程。系统工程工作从规划到更新的整个过程或生命周期可分为以下七个阶段：

（1）规划阶段：根据总体方针和发展战略制定规划。

（2）设计阶段：根据规划提出具体计划方案。

（3）分析或研制阶段：实现系统的研制方案，分析、制订出较为详细而具体的生产计划。

（4）运筹或生产阶段：运筹各类资源及生产系统所需要的全部"零部件"，并提出详细而具体的实施和"安装"计划。

（5）实施或"安装"阶段：把系统"安装"好，制订出具体的运行计划。

（6）运行阶段：系统投入运行，为预期用途服务。

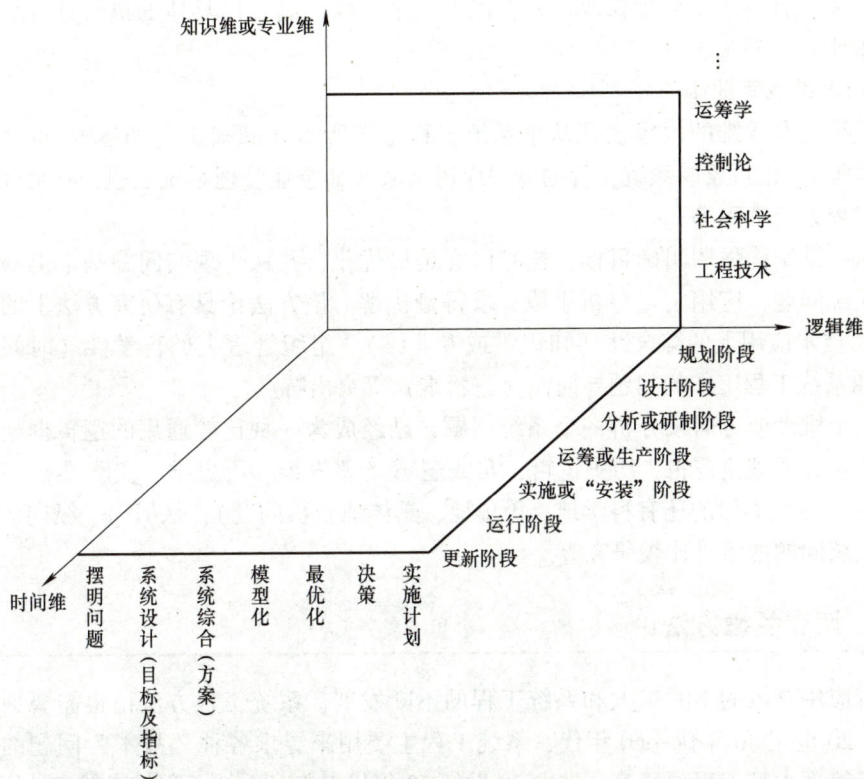

图 2-1　霍尔三维结构示意图

（7）更新阶段：改进或取消旧系统，建立新系统。

其中，规划、设计与分析或研制阶段共同构成系统的开发阶段。

2. 逻辑维

逻辑维是指系统工程每阶段工作所应遵从的逻辑顺序和工作步骤，一般分为以下七步：

（1）摆明问题。同提出任务的单位对话，明确所要解决的问题及其确切要求，全面收集和了解有关问题历史、现状和发展趋势的资料。

（2）系统设计。确定目标并据此设计评价指标体系。确定任务所要达到的目标或各目标分量，拟定评价标准。在此基础上，用系统评价等方法建立评价指标体系，设计评价算法。

（3）系统综合。设计能完成预定任务的系统结构，拟订政策、活动、控制方案和整个系统的可行方案。

（4）模型化。针对系统的具体结构和方案类型建立分析模型，并初步分析系统各种方案的性能、特点、对预定任务能实现的程度以及在目标和评价指标体系下的优劣次序。

（5）最优化。在评价目标体系的基础上生成并选择各项政策、活动、控制方案和整个系统方案，尽可能达到最优、次优或合理，至少能令人满意。

（6）决策。在分析、优化和评价的基础上由决策者做出裁决，选定行动方案。

（7）实施计划。不断地修改、完善以上六个步骤，制订出具体的执行计划和下一阶段的工作计划。

3. 知识维或专业维

知识维或专业维的内容表征从事系统工程工作所需要的知识（如运筹学、控制论、管理科学等），也可反映系统工程的专门应用领域（如企业管理系统工程、社会经济系统工程、工程系统工程等）。

霍尔三维结构强调明确目标，核心内容是最优化，并认为现实问题基本上都可归纳成工程系统问题，应用定量分析手段，求得最优解。该方法论具有研究方法上的整体性（三维）、技术应用上的综合性（知识维或专业维）、组织管理上的科学性（时间维与逻辑维）和系统工程工作的问题导向性（逻辑维）等突出特点。

从三个维度或方向来分析一个系统问题，已经成为一种比较通用的逻辑框架或方法论。例如：按照理论逻辑、历史逻辑、实践逻辑（理论维、历史维、实践维）来系统地认知问题（与此类似的还有科学地、历史地、具体地分析问题）；从横向、纵向、靶向开展社会系统问题的多维比较研究等。

二、切克兰德方法论

随着应用领域的不断扩大和系统工程的不断发展，系统工程方法论也需要加以发展和创新。20世纪40年代—60年代，系统工程主要用来寻求各种"战术"问题的最优策略、组织管理大型工程项目等。进入20世纪70年代以来，系统工程越来越多地用于研究社会经济的发展战略和组织管理问题，涉及的人、信息和社会等因素相当复杂，使得系统工程的对象系统软化，并导致其中的许多因素又难以量化。为适应这种发展，从20世纪70年代中期开始，许多学者在霍尔三维结构的基础上，进一步提出了各种软系统工程方法论。其中，在20世纪80年代中前期由英国兰卡斯特大学的P. 切克兰德（P. Checkland）教授提出的软系统工程方法论比较系统且具有代表性。

P. 切克兰德认为，完全按照解决工程技术问题的思路来解决社会问题或"软科学"问题，会碰到很多问题。他提出的软系统工程方法论的主要内容和工作过程如图2-2所示。

1. 认识问题

收集与问题有关的信息，表达问题现状，寻找构成或影响因素及其关系，以便明确系统问题的结构、现存过程及其相互之间的不适应之处，确定有关的行为主体和利益主体。

2. 根底定义

根底定义是该方法中较具特色的阶段。其目的是弄清系统问题的关键要素，为系统的发展及其研究确立各种基本的看法，并尽可能地选择最合适的基本观点。根底定义所确立的观点要能经得起实际问题的检验。

3. 建立概念模型

概念模型是来自根底定义、通过系统化语言对问题抽象描述的结果，其结构及要素必须符合根底定义的思想，并能实现其要求。

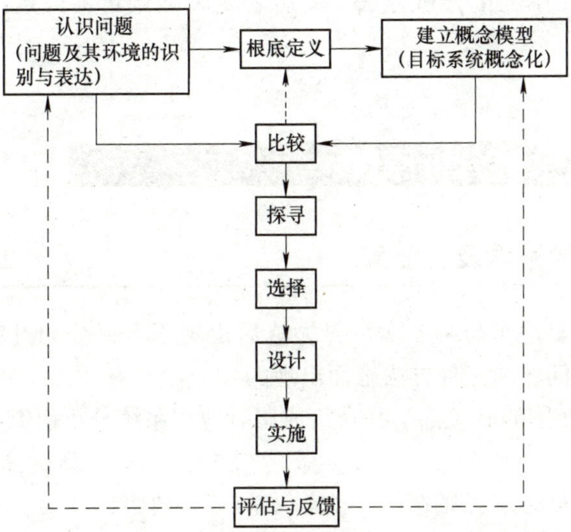

图 2-2 切克兰德提出的软系统工程方法论的主要内容和工作过程

4. 比较及探寻

将第一步所明确的现实问题（主要是归纳的结果）和第三步所建立的概念模型（主要是演绎的结果）进行对比。有时通过比较，也需要对根底定义的结果进行适当修正。

5. 选择

针对比较的结果，考虑有关人员的态度及其他社会、行为等因素，选择现实可行的改善方案。

6. 设计与实施

通过详尽和有针对性的设计，形成具有可操作性的方案，并使得有关人员乐于接受和愿意为方案的实现竭尽全力。

7. 评估与反馈

根据在实施过程中获得的新认识，修正问题描述、根底定义及概念模型等。

切克兰德方法论的核心是"比较"与"探寻"，它强调从"理想"模式（概念模型）与现实状况的比较中探寻改善现状的途径，使决策者满意（化）。

通过认识与概念化、比较与学习、实施与再认识等过程，对社会经济等问题进行分析研究，是一般软系统工程方法论的共同特征。

三、两种方法论比较

霍尔三维结构与切克兰德方法论均为经典的系统工程方法论，均以问题为起点，具有相应的逻辑过程。在此基础上，两种方法论主要存在以下不同点：

1）霍尔三维结构主要以工程系统为研究对象，而切克兰德方法论更适合对社会经济和经营管理等"软系统"问题进行研究。

2）前者的核心内容是优化分析，而后者的核心内容是比较学习。

3）前者更多地关注定量分析方法，而后者比较强调定性或定性与定量有机结合的方法。

第二节　系统分析原理

一、系统分析的概念及其要素

系统分析一词最早是作为第二次世界大战后由美国兰德公司开发的研究大型工程项目等大规模复杂系统问题的一种方法论而出现的。

1972年，欧美12国的有关部门联合组成国际应用系统分析研究所（IIASA），从而使得系统分析的应用扩大到社会、经济、生态等领域，并有了新的意义。从狭义上理解，系统分析的重要基础是霍尔三维结构中逻辑维的基本内容，并与切克兰德方法论等有相通之处；从广义上理解，有时把系统分析作为系统工程的同义语使用。

1. 系统分析的定义及内容

系统分析是运用建模及预测、优化、仿真、评价等技术对系统的各有关方面进行定性与定量相结合的分析，为选择最优或满意的系统方案提供决策依据的分析研究过程。

在进行系统分析时，系统分析人员对与问题有关的要素进行探索和展开，对系统的目的与功能、环境、费用、效果等进行充分的调查研究，并分析处理有关的资料和数据，据此对若干备选的系统方案建立必要的模型，进行优化计算或仿真实验，把计算、实验、分析的结果同预定的任务或目标进行比较和评价，最后把少数较好的可行方案整理成完整的综合资料，作为决策者选择最优或满意的系统方案的主要依据。

2. 系统分析的要素

系统分析有以下六个基本要素：

（1）问题。在系统分析中，问题一方面代表研究的对象，或称对象系统，需要系统分析人员和决策者共同探讨与问题有关的要素及其关联状况，恰当地定义问题；另一方面，问题表示现实状况（现实系统）与希望状况（目标系统）的偏差，这为系统改进方案的探寻提供了线索。

（2）目的及目标。目的是对系统的总要求，目标是系统目的的具体化。目的具有整体性和唯一性，目标具有从属性和多样性。目标分析是系统分析的基本工作之一，其任务是确定和分析系统的目的及其目标，分析和确定为达到系统目标所必须具备的系统功能和技术条件。目标分析可采用目标树等结构分析的方法，并要注意对冲突目标的协调和处理。

（3）方案。方案即达到目的及目标的途径。为了达到预定的系统目的，可以制订若干备选方案。例如，改造一条生产线可以有重新设计、从国外引进和在原有设备的基础上改造三种方案。通过对备选方案的分析和比较，可以从中选择出最优系统方案。这是系统分析中必不可少的一环，需要以系统观念和创新思维等为基础。

（4）模型。模型是由说明系统本质的主要因素及其相互关系构成的。模型是研究与解决问题的基本框架，可以起到帮助认识系统、模拟系统和优化与改造系统的作用，是对实际系统问题的描述、模仿或抽象。在系统分析中常常通过建立相应的结构模型、数学模型或仿真模型等来规范分析各种备选方案。

（5）评价。评价即评定不同方案对系统目的的达到程度。它是在考虑实现方案的综合投入（费用）和方案实现后的综合产出（效果）后，按照一定的评价标准，确定各种待选方案优先顺序的过程。进行系统评价时，不仅要考虑投资、收益这样的经济指标，还必须综合评价系统的功能、费用、时间、可靠性、环境、社会等方面的因素。

（6）决策者。决策者作为系统问题中的利益主体和行为主体，在系统分析中自始至终具有重要作用，是一个不容忽视的重要因素。实践证明，决策者与系统分析人员的有机配合是保证系统分析工作成功的关键。

二、系统分析的程序

按照系统分析的定义、内容及要素，参照系统工程的基本工作过程，可将系统分析的基本过程归结为图 2-3 所示的几个步骤。

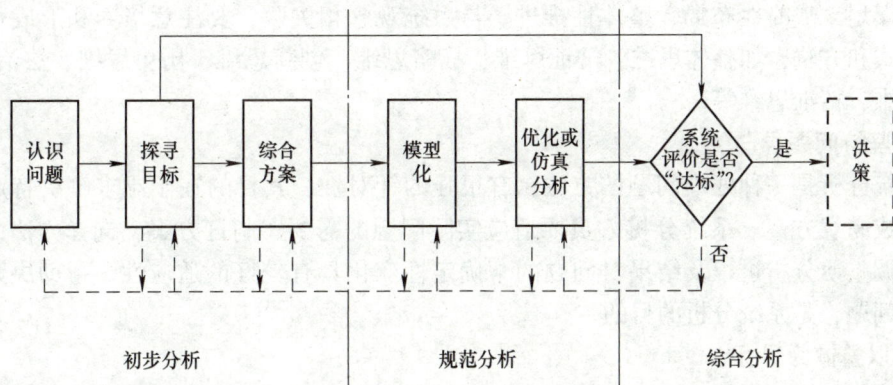

图 2-3　系统分析的基本过程

认识问题、探寻目标及综合方案构成了初步的系统分析。在初步系统分析阶段，为了尽快明确问题的总体框架，通常需要采用创造性技术，至少围绕以下六个方面的问题来展开：①What：研究什么问题，对象系统（问题）的要素是什么（问题与哪些因素有关）；②Why：为什么要研究该问题，目的或希望的状态是什么；③Where：系统边界和环境如何；④When：分析的是什么时候的情况；⑤Who：决策者、行动者、所有者等关键主体是谁（问题与谁有直接关系）；⑥How：如何实现系统的目标状态。这些既是使系统分析走上正轨的过程，又是使系统分析人员与决策者一起进入"角色"的过程。

环境分析几乎贯穿于系统分析的全过程，具有重要的作用。第一，在认识问题阶段，只有正确区分出各种环境要素，才能划定系统边界；第二，在探寻目标阶段，要根据环境对系统的要求建立系统的目标结构，以求得系统对环境的最优和最大输出；第三，在综合方案阶段，要考虑环境条件及其变化对方案可行性的影响，选择能适应环境变化的切实可行的行动方案；第四，在模型化及其分析阶段，要充分而正确地考虑各主要环境条件（如人、财、物、政策等）对系统优化的约束；第五，在评价与决策阶段，要通过灵敏度分析和风险分析等途径，降低环境变化对最佳决策方案的影响，提高政策与策略的相对稳定性和环境适应性。

还需要指出的是，并非对所有问题进行系统分析的过程都要完全履行图 2-3 所示的几个环节，而是要根据实际问题的需要有所侧重或只涉及其中的一部分环节。但认识问题、综合方案、系统评价等过程通常是必不可少的。

三、应用系统分析的原则

系统分析适应实际问题的需要，坚持系统观念及问题导向、着眼整体、权衡优化、方法集成等基本原则。其主要特点及相应的要求如下：

1. 坚持系统观念

坚持系统观念，客观地而不是主观地、发展地而不是静止地、全面地而不是片面地、系统地而不是零散地、普遍联系地而不是孤立地观察事物，是马克思主义唯物辩证法的内在要求，也是系统分析的思想基础和首要原则。坚持系统观念要求加强前瞻性思考、全局性谋划、战略性布局、整体性推进。与系统观念相关联，要注意培养和形成科学的思维方式和方法，如整体思维、辩证思维、战略思维、创新思维、历史思维、法治思维、底线思维、精准思维等。

2. 坚持问题导向

系统分析是一种处理问题的方法，有很强的针对性，其目的在于寻求解决特定问题的最优或满意方案。系统分析人员要适应实际问题的需要，制订方案，选择方法，并通过适时调整使分析过程及结果对问题的不确定性变化具有较好的适应性。帮助决策者解决实际问题，是系统分析的目的。

3. 以整体为目标

系统分析是把问题作为一个整体来处理的，全面考虑各主要因素及其相互影响，强调以最少的综合投入和最良好的总体效果来完成预定任务。系统中的各组成部分都具有各自特定的功能和目标，只有相互分工协作，才能发挥出系统的整体效能。系统分析既要从系统整体出发，考虑系统中所要解决的各种问题及其多重因素，防止顾此失彼，又要注意不拘泥于细节，抓住主要矛盾，致力于提出解决主要矛盾的方法和措施，避免因小失大。以整体最优为核心的系统观点是系统分析的前提条件。

4. 多方案模型分析和选优

根据实际问题的需要和系统目标的要求收集各种信息，寻找多个方案，并对其进行模型化及优化或仿真计算，尽可能求得定量化的分析结果，这是系统分析的核心内容，首先需要有创新思维和创新分析方法。

系统方案综合（设计）中应注意的几个问题：①要搞多方案，但不要过多，通常以 3~4 个为宜；②方案要满足基本的合目的性（可替代性）、能实现性（方案详细可分）、可识别性（能评价系统目的、功能的达成度或优劣）等要求；③在方案产生过程中要注意采用各种创造性技术。

5. 定量分析与定性分析相结合

系统分析采用定量分析与定性分析相结合的基本方法。分析中既要利用各种定量资料和模型化及优化或仿真计算的结果，使方案的优劣以定量分析为基础，又要同时充分利用分析者、决策者与其他有关人员的直观判断和经验，进行综合分析与判定。这是系统分析的基本手段。唯经验判断和唯定量分析，都是与系统分析的要求相违背的。

6. 多次反复进行

对复杂系统问题的分析，往往不是一次可以圆满完成的。它需要根据对象系统及其所处环境的可能变化，通过反复与决策者对话，适时、不断地修正分析的过程及其结果，形成分析过程中的多次及多重反馈，逐步得到与系统目标要求最接近、令决策者较为满意的系统方案。这是系统分析成功的重要保障。

第三节　创新思维与创新分析方法

一、创新方案的价值

多方案模型分析和选优，是系统分析的基本原则和核心内容，而探索、筛选、综合多种可行方案，需要应用创新思维和创新分析方法等。下面以美国阿拉斯加原油运输问题作为引例来具体说明。

美国阿拉斯加盛产石油，所生产的原油需要向美国本土运送。阿拉斯加普拉德霍湾油田与美国本土中间有加拿大相隔，原油运输可以经由普拉德霍湾通过油轮向美国本土运送，也可以通过加拿大陆地借助管道运输。这两个方案对一般的原油运输问题而言均为可行方案，油轮运输与管道运输都是成熟的原油运输方式。然而，在这个案例中，由于阿拉斯加地处北极圈内，问题变得复杂化。

本项目的任务和环境：要求每天运送原油 200 万桶。油田处于北极圈内，海湾长年处于冰封状态，陆地也是长年处于冰冻状态，最低温度达 -50℃。为了解决气候原因带来的问题，最初提出了两个解决方案：方案一，由海路用运油船运输；方案二，用带加温设施的油管运送原油。

方案一的优点是每天仅需 4~5 艘超级油轮就可满足运送量的需要，比铺设油管省钱。问题有：①要用破冰船引航，需要增加费用，同时还有安全问题；因为油轮触及冰山或被冰块撞击可能导致沉船，或原油泄漏造成环境污染；②起点和终点都要建造大型油库，这又额外增加了一笔巨大开支，而且为了保证供应，考虑到海运容易受海上风暴的影响，油库的储量应在油田日产量的 10 倍以上。

方案二的优点是，可以利用成熟的管道输油技术。管道输油已广泛应用于世界其他地区。然而，由于北极圈内常年低温，存在的问题有：①要在沿途设加热站，这样一来管理复杂，又要供给燃料；②加热后的输油管不能简单地铺在冻土里，因为冻土受热溶化后会引起管道变形，甚至造成断裂。为避免这种危险，有一半管道需要用底架支撑，这样架设管道的成本比地下油管的成本高出三倍。

两个方案各有千秋，同时又各有缺陷。经过初步的系统分析与评价，考虑到安全和稳定供油，决定先选择方案二。同时进一步请系统分析人员开动脑筋继续提出其他竞争方案。

方案二的主要问题是油管加温带来的成本增加问题。有什么方法可以解决原油在低温状态下的流动性呢？利用创新思维方法，提出了新的设想——方案三，其原理是把海水浓缩到含盐量为 10%~20% 以后加入到原油中去，从而降低原油低温下的黏性，这样就可以用普通的输油设备完成运输工作了。这一原理并非创新，因为在此之前，在寒冷的地区，汽车防冻液就是利用这一原理来实现汽油防冻的，而且申请了专利。但用到输油工程却是独创。这也体现了系统工程"综合就是创造"的思想。

正当人们对方案三赞不绝口的时候，地质工程师马斯登和胡克又进一步提出了方案四。作为专业人员，这两个人对石油的生成和变化有丰富的知识。他们知道埋在地下的石油原来是油气合一的，这时它们的熔点很低，经过漫长岁月后，油气才逐渐分开。他们提出将天然气转换为甲醇以后再加到原油中去，以降低原油的熔点，增加其流动性，从而用普通管道可以同时输送原油和天然气。与方案三相比，方案四不仅不需要运送无用的附加混合剂——浓缩海水，而且也不必另外铺设支架型天然气管道了。由于采用了这一方案，仅管道铺设就节省了 64 亿美元，比方案三节省了一半的费用。

这个例子首先说明了创新方案的价值。试想一下，如果当初没有进行创新方案的挖掘，选择方案二后的工作可能就是进行管道规划与设计，进一步优化管径与加温设施的结构以及燃料库的选址以及输送路径。这样的话，无论如何都不会产生方案四的效果。这个例子说明，创造性设想及好的方案源自良好的专业素养、正确的思维方式与分析方法，以及适宜的创新环境。

二、系统工程与创新思维

系统工程是一门对社会经济等大规模复杂系统进行组织管理的综合技术。系统工程的工作过程是一个综合创造的过程。创新居于我们党在新时代提出的五大新发展理念（创新、协调、绿色、开放、共享）之首，创新思维与创新分析方法是认识系统问题，探寻行动方案，分析、设计、解决大规模复杂系统问题的思想和方法基础。实际上，在系统工程萌芽初期，有人称之为创造性工程。如果把系统工程理解为设计，那么它不同于常规设计，而更适用于研究发展新产品与系统；如果把它用于管理，需要经常改进管理系统与工作程序以提高效率。因此，系统工程需要的是高度的创造性。

随着自然科学与工程技术的发展，发明即创造已被人们所认识、崇尚与追求，发明创造已日益成为推动某项技术进步的重要途径。近几十年来，世界新技术革命浪潮汹涌，科学技术知识呈现"爆炸"和融合的趋势，社会经济竞争日益激烈，创造力的实现不仅仅局限于个人范围和技术发明领域，而已逐步成为集体、社会范围内的，推动包括管理和决策民主化、科学化在内的整个社会技术进步的综合创新过程。综合即创造，已逐渐引起了人们的关注和重视，并成为现代创造活动的基本特征之一。

多年来，人们总结创造实践的规律，提出了关于创造活动程序的各种模式，其中与现代创造性思维及活动相适应、主要适用于工程技术及系统管理方面的创造过程占有重要地位。该过程一般由明确问题、确定目标、探寻方案、系统综合、验证、实施六个阶段构成。对系统目标的认定和对系统方案的探寻与综合是现代创造活动的主要环节，并常常需要反复进行。因此，系统思想与系统分析方法是现代创造性思维及活动的重要基础，创造性思维及活动的过程就是系统分析的过程。

与对创新活动规律的认识与探索相适应，随着发明学、创造工程、系统工程和管理科学的发展，人们已经先后提出了100多种具体的创新分析方法，其中比较常用的也有20种之多。这里选择最常用、最基本的综合创新分析方法做扼要介绍，即提问法、头脑风暴法、德尔菲法、情景分析法、定性研究方法、数据挖掘方法等。

三、创新分析方法

1. 提问法（检核表法）

提问法是针对需要研究的对象，列出有关的问题，形成检核表，然后一个个核对讨论，从而发掘出解决问题的大量设想的创造性技术。提问法按检核表内容的抽象程度和适用范围可分为两类：一类是对各种场合及各种对象普遍适用的提问法，主要是5W1H法；另一类是针对某种特定要求制定的检核表法，如新产品设计用检核表法、降低成本用检核表法等。

（1）5W1H法。5W1H法是对某件事情从目的（Why）、对象（What）、时间（When）、场所（Where）、人员（Who）、手段（How）六个方面提出问题，看其是否合理，并找出改进之处的方法。5W1H法是美国陆军提出的方法。由于对任何事物都可以从这六个方面发问（如初步的系统分析），因此5W1H法至今被广泛应用。

以企业新产品开发为例，逐步提问的过程见表2-1。

表2-1 新产品开发5W1H法

方面	现状	原因	改善	决定
目的（Why）	为什么要进行新产品开发	为什么是这样	有无别的原因和要求	对产品开发应有什么样的要求
对象（What）	开发什么产品	为什么开发该产品	可否开发其他更好的产品	到底应开发哪种产品
时间（When）	何时开发该产品，何时投产	为什么这样安排	有无调整的必要与可能	应有什么样的时间安排
场所（Where）	产品市场及原料供应地在哪里	为什么在这些地方	有无别的市场及更好的原料来源	划分市场和选择原料来源的结果如何
人员（Who）	产品开发与生产的任务由谁来承担	为什么由他们来承担	有无更好的承担者	应该由谁来承担
手段（How）	怎样开发与生产该产品	为什么要这样做	有无更好的方式或手段	应采取什么样的开发与生产方式

（2）新产品设计用检核表法。用于新产品设计的检核表很多，其中最著名的是奥斯本（Alex Osborn）提出的检核表法。其主要的提问内容如下：

1）是否可以用于其他方面？例如我国从事舰船设备研究的某所将自己研制的弹药输送机用于食品厂的食品装运，制成了自动、高效、安全的饼干运输系统。

2）是否有其他方法也适用于同一问题，怎样才能移植过来？这个问题和前一个问题是相对应的。前者要首先发现一种事实，然后想象这一事实能起什么作用。这里则是目标确定后，寻找实现目标的手段，并且越多越好。这样提出问题，还会提醒人们积极利用其他领域的新技术。

3）可否扩大？例如可否扩大尺寸，可否延长时间，可否添加附件，可否提高强度等。

4）可否缩小？例如可否减小尺寸，可否简化结构，可否压缩等。

5）可否重新组合？组合是按照一定的技术原理，将两个或两个以上分立的技术因素巧妙地结合或重组，以获得具有统一整体功能的新产品、新材料、新工艺和新技术的过程。组合设计是构造新产品系统的重要途径之一。组合法也是一种常用的创造技法。

6）可否改变制法、形状、颜色、气味甚至替换等？这是因为对已有产品或事物的任何改变都可能发生重大变革。

2. 头脑风暴法

头脑风暴法也称智力激励法，是美国 BBDO 广告公司的奥斯本提出的一种创造性技术。头脑风暴（Brain Storming）原是精神病理学上的术语，是指精神病患者精神错乱时的胡思乱想；这里指无拘无束、自由奔放地联想。具体地说，头脑风暴法是针对一定问题，召集由有关人员参加的小型会议，在融洽轻松的会议气氛中，与会者敞开心扉，各抒己见，自由联想，畅所欲言，互相启发，互相激励，使创造性设想起连锁反应，从而获得众多解决问题的方法。

这种会议由 10 位左右有关专家参加，设一名记录员。主持人应对要解决的问题十分了解，并口齿清晰，思路敏捷，作风民主，既善于营造活跃的气氛，又善于启发诱导。其他人当中最好有几名知识面广、思想活跃的人，以防止会议气氛沉闷。会议时间一般不超过一小时。布置会场要考虑到光线、噪声、室温等因素，做到环境适宜，给人以轻松舒适的感觉。

与会者要严格遵守下述规则：

1）讨论的问题不宜太小，不得附加各种约束条件。

2）强调提新奇设想，越新奇越好。

3）提出的设想越多越好。

4）鼓励结合他人的设想提出新设想。

5）不允许私下交谈。

6）与会者不分职务高低，一律平等相待。

7）不允许对提出的创造性设想做判断性结论。

8）不允许批评或指责别人的设想。

9）不得以集体或权威意见的方式妨碍他人提出设想。

10）提出的设想不分好坏，一律记录下来。

会议结束后，将提出的设想分析整理，分别进行严格的审查和评价，从中筛选出有价值的提案。

头脑风暴法有两条基本原则：一是推迟判断，即不要过早地下断言、得结论，避免束缚人的想象力，熄灭创造性思想的火花；二是"数量提供质量"，人们越是提出更多的设想，就越有可能走上解决问题的轨道。

3. 德尔菲法

头脑风暴法有一个缺陷来自它的假设条件，即"与会者不分职务高低，一律平等相待"。事实上，在小组讨论过程中，与会者的地位往往是不平等的，成员中会有权威的存在。由于采取面对面的讨论方式，与会者间的等级差别会影响讨论的结果。为了避免集体讨论存在的屈从于权威或盲目服从多数的缺陷，20世纪60年代初美国兰德公司开发出德尔菲法，以改善由于与会者地位不同而对讨论带来的负面影响。

德尔菲法为消除成员间的相互影响，采用匿名的方式反复多次征询专家的意见和进行背靠背的交流，以充分发挥专家的智慧、知识和经验，最后汇总得出一个能比较反映群体意志的预测结果。因此，德尔菲法有专家匿名发表意见、多次反馈和统计汇总等特点。

德尔菲法的一般工作程序如下：①确定调查目的，拟订调查提纲。首先应明确咨询主题，使熟悉该专题的专家能清晰地理解问题的性质、内容和范围。然后拟订出要求专家回答问题的详细提纲，并同时向专家提供有关的背景材料，包括预测目的、期限、调查表填写方法及其他要求等。②选择一批经验丰富且熟悉该专题的专家，一般10~20人，包括理论和实践等各方面专家，这一点尤为重要。很多人在使用德尔菲法时，由于在专家选择环节上过于草率而导致分析结果价值不大。③以通信的方式向选定的各个专家发出调查表，征询意见。专家通过匿名的方式单独表态，以免使其他人受权威意见影响而改变自己的意见。④经过一轮德尔菲活动后，把原始资料或专家意见汇总成图表反馈给参加咨询的专家，在一定期限内回收，再进行汇总分析，然后转入下一轮活动。经过多次反复可为专家提供了解舆论和修改意见的机会。对返回的意见进行归纳综合、定量统计分析后再寄给有关专家。如此往复，经过三四轮，意见比较集中后进行数据处理与综合，得出结果。每轮时间约为一周，总共约一个月即可得到大致结果。时间过短，因专家很忙难以反馈；时间过长，则外界干扰因素增多，影响结果的客观性。

德尔菲法主要消除了头脑风暴法面对面式讨论带来的害怕权威、随声附和，或固执己见，或因顾虑情面不愿与他人意见冲突等弊端。这种方法虽然是背靠背的方式，但由于其特殊的处理方法，又兼有会议讨论的效果，因此可以使大家发表的意见较快地收敛，参加者也易于接受结论，具有一定程度综合意见的客观性。其缺点是由于专家时间紧，他们的回答往往比较草率；同时由于预测主要依靠专家，因此归根到底仍属专家们的集体主观判断。此外，在选择合适的专家方面也较困难，征询意见的时间较长，对于需要快速判断的预测难以使用。

4. 情景分析法

情景分析法是在现代社会技术迅速发展，不确定性因素日益增长，技术系统和企业之外的社会、政治等外部不确定性因素越来越强烈地影响着未来的技术进步和企业发展的背景下产生的。

情景分析一般是在专家集体推测的基础上，对可能的未来情景的描述。对未来情景，既要考虑正常的、非突变的情景，又要考虑各种受干扰的、极端的情景。情景分析法就是通过一系列有目的、有步骤的探索与分析，设想未来情景以及各种影响因素的变化，从而更好地帮助决策者制定出灵活且富有弹性的战略规划、计划或对策的方法。它是一种灵活而富于创造性的辅助系统分析方法，是一种综合的、具有多功能的创造性技术。该方法对我们有效分析、应对"灰犀牛""黑天鹅"事件均有积极意义。

在进行情景分析时，尽管不同的分析者采取的具体步骤可能略有不同，但基本包括以下步骤：

（1）建立信息库。在充分调查、整理的基础上，建立一个内容充实的信息库是有效进行情景分析的基本前提。信息库应当是全面的，包括可能影响决策目标实现的各种内部和外部因素。信息库不仅要与现在的状态有关，而且要与影响未来的历史状态有关。

（2）确定主题目标。确定研究的目标，即明确需要解决什么问题，这是情景分析的重要步骤。由于参加讨论的专家来自不同的领域，具有不同的观点，因此需要对主题进行系统的讨论，统一对主题的认识，并确认与主题有关的各种因素。

（3）分析并构造影响区域。对影响情景主题的环境因素进行分析，并将这些因素分类构成影响区域；对这些影响区域及其与情景主题之间的关系再进行分析，确定有重大影响的区域；最后检查分析是否包括所有相关的方面。

（4）确定描述影响区域的关键变量。对每一影响区域确定关键变量，以便定性或定量地描述现有的状态和未来的情景。

（5）探寻各种可能的未来发展趋势。围绕每一个关键变量，探寻该影响区域未来可能的变化趋势。这些影响区域及其假设的变化趋势必须与情景分析的主题相符合。

（6）选择并解释环境情景。根据相符性、可能性和有代表性，选择3~5个假想的发展趋势，构作环境情景，并通过定量和定性的方法确定情景主题的未来状态、通往这些状态的路线以及设想的不同发展趋势之间的相互关系。

（7）引入"突发事件"，检验其对未来情景的影响。第（5）步与第（6）步中构作的可能的未来情景，会由于一些未曾预见的突发事件而发生根本性的变化。为了使决策者能有所准备，就要预先在未来情景中引入可能发生并具有重大影响的突发事件，研究其效应。如果引入这些突发事件使未来情景发生了极有意义的变化，就需要分析这一新的情景。

（8）详细阐明主题情景。系统地评价环境情景对主题的各种影响，整理所有情景预测的结果，在此基础上找出解决问题的可能途径。

经过上面的一系列步骤后，系统分析人员和决策者们就可以获得新的系统方案。由于这些方案充分考虑了未来各种可能的环境变化，因而在执行时可以更迅速有效地适应和处理各种突发性事件。

在情景分析的过程中，还常常用到前已述及的各种创造性技术。与其他创造性方法相比，情景分析法具有灵活性、系统性和定性与定量研究相结合等特点，在管理系统分析、战略研究等方面具有较好的应用前景。

5. 定性研究方法

定性研究（Qualitative Research）是与定量研究（Study on Measurement，Quantitative Research）相对的概念，也称为质化研究，是社会科学领域的一种基本研究范式，也是科学研究的重要步骤和方法之一。定性研究是指通过发掘问题、理解事件现象、分析人类的行为与观点以及回答提问来获取敏锐的洞察力。定性研究是研究者用来定义问题或处理问题的途径之一。具体目的是深入研究对象的具体特征或行为，进一步探讨其产生的原因。如果说定量研究解决"是什么"的问题，那么定性研究解决"为什么"的问题。定性研究通过分析无序信息探寻某个主题的"为什么"，而不是"怎么办"，这些信息包括各类信息，如历史记录、会谈记录脚本和录音、注释、反馈表、照片以及视频等。与定量研究不同，定性研究并不仅仅依靠统计数据或数字来得出结论，研究者不使用数字测度，仅根据研究目标对研究对象做详尽描述。定性研究重在挖掘真实的内在逻辑，提出新的创见。定性研究和定量研究的比较见表 2-2。

表 2-2　定性研究和定量研究的比较

研究的角度	定性研究	定量研究
目的	描述性研究，找出一般性的研究目的	验证假设或具体的研究问题
方法	观察和解释说明	测度和验证
数据收集方法	形式自由，没有固定结构	为结构化的回答提供分类
研究人员独立性	研究人员深入参与研究，研究结果主观	研究人员不参与观察，研究结果客观
样本	样本小，取样背景简单	样本大，归纳出结果
使用范围	探索性研究	描述性研究和因果性研究

定性研究一般选定较小的样本对象进行深度的、非正规的访谈，从而进一步弄清问题，发掘内涵，为随后的正规调查做准备。常见的定性研究方法主要有：

（1）观察法。观察法是指研究者有目的、有计划地在自然情景下，通过感官或借助于一定的科学仪器，对人们行为的各种资料进行收集的系统过程。观察法包括自然观察法、设计观察法、掩饰观察法和机器观察法等。观察法具有获取资料直接、真实、生动、及时以及能收集到一些无法言表的材料等优点。同时，该方法受到观察时间、观察对象、观察者本身等因素的限制，并且具有只能观察外表现象，不能应用于大面积的调查等缺点。

（2）焦点小组访谈法。焦点小组访谈法是由访谈员根据研究所确定的要求与目的，按照访谈提纲或问卷，通过个别面谈或集体交谈的方式系统而有计划地收集资料的一种方法。与日常访谈的目的性和计划性、访谈提纲的引领性和单向性等特点不同，焦点小组访谈法是一种无固定形式的自由访谈，小组成员一般为 6~10 人，由经过训练的人主持，主持人需灵活地促进受访者之间的交谈。其目的是了解和理解人们心中的想法及其原因，其关键是使参与者对主题进行充分和详尽的讨论，在了解消费者对公司形象、产品和品牌的看法与建议等问题领域被广泛应用。该方法的主要步骤是：选择小组访谈设施、招募小组访谈参加者、选择主持人、准备讨论提纲、实施小组访谈、准备小组访谈报告。

（3）自由联想技巧。自由联想技巧是记录受访者第一认知反应（脑海中的第一印象）的技巧。罗夏测验是使用自由联想法的典型。采访员请受访者看一张墨汁图（见图2-4），然后询问他们对图片的第一印象。由于受访者一般不知道测试的真实目的，他们的反应行为可以把内心的一些隐蔽的东西表现出来，减少受访者伪装自己的可能性。

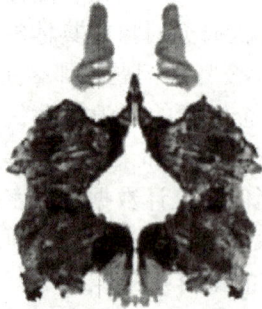

图 2-4　自由联想技巧墨汁图

该方法还包括句子故事完成法、词语联想测试法和投射法等具体应用方法。

6. 数据挖掘方法

数据挖掘（Data Mining）一般是指从大量的数据中通过算法搜索隐藏于其中信息的过程。利用数据挖掘方法能够从大量的数据中抽取出潜在的、不为人知的有用信息、模式和趋势。随着大数据、云计算、物联网等技术的快速发展，人们的思维方式面临巨大的变革，大数据的量变使得知识发现方法随之发生质变，人们不必过多地关注因果关系，相关关系显得更为重要，数据挖掘方法在知识发现领域将发挥日益重要的作用。

数据挖掘方法的主要步骤如下：①数据选择：从数据库中提取与分析任务相关的数据；②数据预处理：数据变换或统一成适合挖掘的形式，包括标准化、离散化和属性约简等操作；③数据挖掘：这是基本步骤，使用智能方法提取数据模式；④模式评估：根据某种兴趣度度量，识别提供知识的真正有用的模式；⑤知识表示：使用可视化和知识表示技术，向用户提供挖掘的知识。

下面介绍几个常见的数据挖掘方法：

（1）分类（Classification）。分类是基于已有的类别数据构造一个分类函数或分类规则集合（分类器），该分类器能把潜在的数据项映射到某一个给定类别。常见的方法有：k-近邻算法分类（k Nearest Neighbors，kNN）、决策树（Decision Trees）、粗糙集（Rough Set）、贝叶斯分类（Bayes Classifier）、关联分类（Associative Classification）等。一个完整的数据分类过程如图2-5所示。

（2）聚类（Clustering）。聚类就是将对象集合分成多个类（Cluster）的过程。

聚类分析是一种重要的人类活动。人在孩提时代，就通过不断改进下意识中的聚类模式来学会如何区分猫和狗、动物和植物。

本着类内对象相似性尽可能大、类间对象相似性尽可能小的基本原则，聚类分析的基本过程如下：①选择合理的相似度计算方法；②计算个体之间的距离或相似度，构建距离矩阵或相似度矩阵；③基于相似性，采取某种聚类方法进行聚类；④对不同类别的对象特征进行分析。

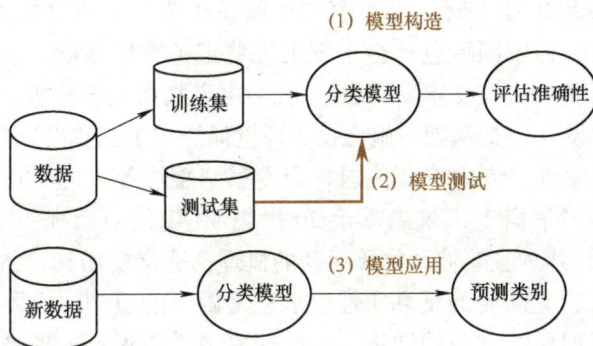

图 2-5 数据分类过程

常用的方法有：基于层次的聚类方法、基于划分的聚类方法和基于密度的聚类方法等。

（3）关联分析（Association Analysis）。关联分析的主要方法是关联规则挖掘。关联规则是反映一个事件和其他事件之间依赖或关联的知识。如果两个事件之间存在关联，那么就可以基于一个事件对另一个事件的取值进行预测。关联规则挖掘始称购物篮分析，通过关联规则挖掘，超市可以获得产品、产品类别与顾客信息之间的关联关系。在销售配货、商店商品的陈列设计、超市购物路线设计和促销等方面得到广泛应用。"啤酒和尿布"的故事是关联规则挖掘的重要案例。目前常用 Apriori 算法来实现。

第四节　系统工程方法论的新发展

系统工程方法论一直是系统工程研究开发及应用的重要内容，近二十年来不断有所创新和发展，并日益引起大家的高度重视。以霍尔、切克兰德等方法论及系统分析方法为基础，以东方文化与西方文明等多方面的结合为重要特征，对系统工程方法论的研究与应用在国内外取得了不少新的成果，值得关注。

中国科学家钱学森等针对开放复杂巨系统问题，于 20 世纪 90 年代初提出了从定性到定量的综合集成系统方法论。其主要特点有：①根据开放的复杂巨系统的复杂机制和变量众多的特点，把定性研究与定量研究有机地结合起来，从多方面的定性认识上升到定量认识；②按照人-机结合的特点，将专家群体（各方面有关专家）、数据和各种信息与计算机技术有机结合起来；③由于系统的复杂性，把科学理论与经验知识结合起来，把人对客观事物星星点点的知识综合集中起来，力求问题的有效解决；④根据系统思想，把多种学科结合起来进行研究；⑤根据复杂巨系统的功能与结构特点，把宏观研究与微观研究统一起来；⑥强调对知识工程及数据挖掘技术等的应用。与该方法论相适应，复杂系统研究方法近年来得到学术界的重视，如复杂系统建模，复杂网络，软优化计算，复杂系统的集成、控制与协调、管理与实施等。该方法论及其他许多新的方法在社会、经济系统工程等领域已得到了成功应用。钱学森系统科学思想、系统科学体系（特别是复杂巨系统科学体系及其方法论）也为国家管理和社会主义建设提供了一套科学思想、科学方法和实践方式，为中国特色社会系统工程奠定了重要基础，开辟了广阔前景，如有中国特色的"社会主义建设总体设计部"、社会主义物质文明建设、政治文明建设、精神文明建设和地理建设（包括基础设施建设、环境保护和生态建设）等。

在中国科学家钱学森、许国志及美国华裔专家李耀滋等人的工作基础上，中国系统工程专家顾基发和英国华裔专家朱志昌于 20 世纪 90 年代中期提出了物理-事理-人理（WSR）系统方法论。物理主要涉及物质运动的机理，通常要用到自然科学知识，主要回答这个"物"是什么，它需要的是真实性；事理是做事的道理，主要解决如何去安排这些事务，通常用到管理科学方面的知识，主要回答怎样去做；人理是做人的道理，处理任何事和物都离不开人去做，以及由人来判断这些事和物是否得当，通常要用到人文社会科学方面的知识，主要回答应当如何。WSR 系统方法论作为一个统一的工作过程，可由理解领导意图、调查分析、形成目标、建立模型、协调关系、提出建议六个步骤构成。在应用 WSR 系统方法论时通常还需要遵循参与、综合集成、人-机结合且以人为主、迭代和学习等主要原则。WSR 系统方法论的主要内容见表 2-3。该方法论已在水资源管理、商业标准体系制定、商业综合自动化评价、海军武器系统评价、高技术开发区评价、飞行器安全性、劳动力市场评估、科研周转金评价等系统分析问题中得到应用。

表 2-3　WSR 系统方法论的主要内容

比较内容	物理	事理	人理
道理	物质世界法则、规则的理论	管理和做事的理论	人、纪律、规范的理论
对象	客观物质世界	组织、系统	人、群体、关系、智慧
着重点	是什么？（功能分析）	怎样做？（逻辑分析）	应当怎样做？（人文分析）
原则	诚实、追求真理，尽可能正确	协调、有效率，尽可能平滑	人性、有效果，尽可能灵活
需要的知识	自然科学	管理科学、系统科学	人文知识、行为科学

20 世纪 90 年代，日本系统科学学者提出西那雅卡那系统方法论，它吸取了切克兰德等人的思想，针对日本文化的特点形成了一种软硬结合、刚柔相济的系统方法论。中国系统工程专家提出了旋进原则方法论，强调在系统工程工作中，系统分析、系统策划、系统实施具有旋进式三角循环关系。21 世纪初，中国系统工程专家还总结提出了 TEI@I ["Text mining" + "Econometrics" + "Intelligence（Intelligent algorithms）"@"Integration"] 方法论，主张通过计量方法（线性分析）、人工神经网络（ANN，非线性分析）技术、Web 文本挖掘（异常事件影响分析）等的有效综合或集成，提高预测等系统分析的精度，并已在国内外得到运用。近年来，为适应社会、经济、科技及其管理的诸多新变化，面向各种具体问题的系统工程方法论或其应用成果越来越多，并将继续朝着特色化及实用化方向发展。

对复杂系统管理理论及方法论的研究，是当前和未来一段时间内管理系统工程研究的重要方向和重点、热点、难点之一，主要有以下八个方面的科学问题：复杂系统结构和功能的涌现机制及其演化、进化规律；复杂群体系统的行为机制、建模与调控（群体行为建模及其支撑理论，如提出一个更加普适的理论框架和系统方法，包括多智体系统在不同场合中的行为机制和特性，模拟群体行为的大型、高效软件平台，群体行为协调与控制的系统方法等）；复杂网络的结构功能性质及其作用（复杂网络基本结构的性质及其度量方法，复杂网络结构的产生机理及其建模，复杂网络结构与功能之间的关系以及改善网络功能的有效方法等）；复杂性研究方法及方法论（复杂网络、复杂系统建模方法，挖掘方法，复杂系统软优化计算方法，复杂系统集成方法，复杂系统综合集成研讨厅，复杂系统的控制与协调，复杂系统的管理与实施等）；复杂系统计算机仿真和模拟；大型集成系统的体系结构；复杂任务的规划、调度与决策理论方法；复杂供应链的理论及应用。

随着中国特色社会主义进入新时代及新阶段，国家治理体系和治理能力现代化步伐加快，系统化特征日益明显，以习近平同志为核心的党中央统揽"两个大局"，带领全党、全国人民在实践中逐步形成了系统的、有效的治国理政科学方法论，需要我们不断学习、总结和运用。

思考题

1. 什么是霍尔三维结构？它有何特点？
2. 霍尔三维结构与切克兰德方法论有何异同？
3. 什么是系统分析？它与系统工程有何关系？
4. 系统分析的要素有哪些？并简述各自的含义。
5. 如何正确理解系统分析的程序？
6. 初步系统分析有何意义？如何做好这项工作？
7. 系统方案及其获取、综合有何意义和要求？它在系统分析过程中是如何演变的？
8. 进行系统分析的原则有哪些？为什么？
9. 请通过一实例，说明应用系统分析的原理。
10. 请列表比较常用创新分析方法的具体功能、适用条件、特色、局限性等。
11. 请总结近年来系统工程方法论的新发展及其特点。
12. 你对复杂系统管理理论及方法论研究有何初步认识或思考？

第三章
系统模型与模型化

第一节　系统模型与模型化概述

一、模型及模型化

模型可以说是现实系统的替代物。模型应反映系统的主要组成部分、各部分之间的相互作用，以及在运用条件下的因果作用及相互关系。利用模型可以用较少的时间和费用对实际系统做研究和实验，可以重复演示和研究，因此更易于洞察系统的行为。建立模型是科学和艺术的结合，不仅需要科学理论和工程技术知识，也需要实践的经验和技艺。模型是现实系统的理想化抽象或简洁表示，描绘了现实系统的某些主要特点，是为了客观地研究系统而发展起来的。

模型有三个特征：①它是现实世界部分的抽象或模仿；②它是由那些与分析的问题有关的因素构成的；③它表明了有关因素间的相互关系。

模型是为了描述现实世界的一个抽象。由于模型要描述现实世界，因此它必须反映实际；由于它的抽象特征，因此又应高于实际。在构造模型时，要兼顾它的现实性和易处理性。考虑到现实性，模型必须包含现实系统中的主要因素。考虑到易处理性，模型要采取一些理想化的办法，即去掉一些外在的影响并对一些过程做合理的简化。当然，这样会使模型的现实性有所牺牲。一个好的模型要兼顾到现实性和易处理性。偏重哪一方面，都不是一个好的模型。

模型化就是为描述系统的构成和行为，对实体系统的各种因素进行适当筛选，用一定的方式（数学、图像等）表达系统实体的方法，简而言之就是构造模型的过程。

模型化的本质是利用模型与原型之间某方面的相似关系，在研究过程中可以用模型来代替原型，通过对模型的研究得到关于原型的一些信息。这里的相似关系是指两事物不论其自身结构如何不同，其某些属性是相似的。

模型化的作用主要体现在：①模型本身是人们对客体系统一定程度研究结果的表达。这种表达是简洁的、形式化的。②模型提供了脱离具体内容的逻辑演绎和计算的基础，这会导致对科学规律、理论、原理的发现。③利用模型可以进行"思想"试验。

总之，模型研究具有经济、方便、快速和可重复的特点，它使得人们可以对某些不允许进行实验（如社会、经济）的系统进行模拟实验研究，快速显示它们在各种条件下漫长的反映过程，并很经济，可重复进行。

模型的本质决定了它的作用的局限性。它不能代替对客观系统内容的研究，只有在和客体系统内容研究相配合时，模型的作用才能充分发挥。模型是对客体的抽象，由它得到的结果必须再拿到现实中去检验。

系统模型（化）的作用与地位可如图 3-1 所示。

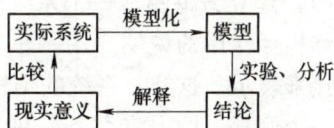

图 3-1　系统模型（化）的作用与地位

二、模型的分类

一般说来，模型可按图 3-2 进行分类。

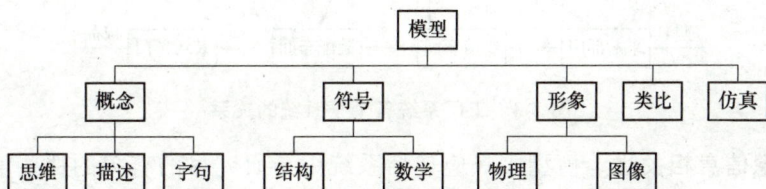

图 3-2　模型的分类

概念模型是通过人们的经验、知识和直觉形成的。它们在形式上可以是思维的、字句的或描述的。当人们试图系统地想象某一系统时，就用到这种模型。思维模型通常不好定义，不容易交流（传送）。字句模型在结构上比前者好些，但仍难于传送。描述模型表示了高度的概念化，并可以传送。

符号模型用符号来代表系统的各种因素和它们间的相互关系。这种模型是抽象模型。它通常采用图示或数学形式，一般分为结构模型和数学模型。结构模型多采用图（如有向图）、表（如矩阵表）等基本形式，其优点是比较直观、便捷。数学模型采用数学表示式的形式，其优点是准确、简洁和易于操作。

形象模型是把现实的东西的尺寸进行改变（如放大或缩小）后的表示。这种模型有物理模型和图像模型。物理模型是由具体的、明确的材料构成的。图像模型是客体的图像。这些模型是描述的而不是解释的。

类比模型和实际系统的作用相同。这种模型利用一组参数来表示实际系统的另一组参数。

仿真模型是用计算机对系统进行模拟分析时所使用的模型。

当然，模型分类的方式很多，可按它们的不同功能、特征等进行归类，如分析模型、仿真模型、博弈模型、判断模型，这里不再一一列举。

图 3-2 中的结构模型、数学模型和仿真模型等在管理系统分析中较为常用，本章及第四章择其代表做详细介绍。另外，规划论等经典模型方法会在运筹学等相关课程中系统介绍；网络类模型方法（如 Petri 网、超网络）集成了结构模型、数学模型，甚至仿真模型，得到了越来越多的运用。

三、建构模型的一般原则和基本步骤

1. 建构模型的一般原则

（1）**建立方框图**。一个系统是由许多子系统组成的。建立方框图的目的是简化对系统内部相互作用的说明。用一个方框代表一个子系统。系统作为一个整体，可用子系统的连接来表示。这样，系统的结构就很清晰了。图 3-3 所示的工厂系统，就是用方框图表示的一个例子。图中将每个车间（子系统）用一个方框来表示。每个方框有自己的输入和输出。图 3-3 清楚地表明了工厂系统各个子系统的关系。

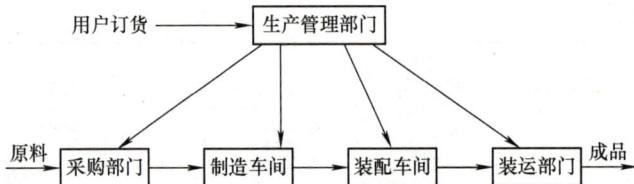

图 3-3　工厂系统各个子系统的关系

（2）**考虑信息相关性**。模型中只应包括系统中与研究目的有关的那些信息。例如，在工业管理中，研究工艺流程对生产效率的影响时，就不需要考虑工人的工资。与研究目的无关的信息包括在模型中虽然不会有什么害处，但它会增加模型的复杂性。所以，模型中只应包括有关的信息。

（3）**考虑准确性**。建模时，对所收集的用以建模的信息应考虑其准确性。例如，在飞机系统中，飞行的精度是靠机身运动的表达式来描述的。建模时，可以充分地认为机身是刚体，而且在结构上，机身的挠度也在许可的振动范围内。这样，就可在控制翼面运动和飞行方向间推导出很简单的关系，也可利用它估算燃料的消耗量。如果要考虑旅客对舒适的要求，就需要考虑机身的振动，需要对机身做详细的描述。

（4）**考虑结集性**。建模时需要进一步考虑的因素是把一些个别的实体组成更大实体的程度。例如，在工厂系统中，图 3-3 所示的描述形式能满足厂长的工作需要，但是它不能满足车间管理人员的需要，因为车间管理人员是把车间的每个工段作为一个单独实体的。对于活动的表示，也应考虑到结集性。例如，在导弹防护系统的研究中，有的项目并不需要对每次导弹发射进行详细计算，只要用概率函数表示多次发射所得到的结果就够了。

2. 建构模型的基本步骤

对于建模，很难给出一个严格的步骤。建模主要取决于对问题的理解，建模人员的洞察力、受到的训练和掌握的建模技巧。建模的基本步骤如下：

1）明确建模的目的和要求，使模型满足实际要求，不致产生太大偏差。

2）对系统进行一般语言描述。因为系统的语言描述是进一步确定模型结构的基础。

3）弄清楚系统中的主要因素（变量）及其相互关系（结构关系和函数关系），使模型准确地表示现实系统。

4）确定模型的结构。这一步决定了模型定量方面的内容。

5）估计模型的参数。用数量来表示系统中的因果关系。

6）实验研究。对模型进行实验研究，进行真实性检验，以检验模型与实际系统的符合性。

7）必要修改。根据实验结果，对模型做必要的修改。

四、模型化的基本方法

模型化是一种艺术性很强的工作。归纳和演绎虽然有助于建模，但还必须靠创新性思考和观察。

1. 分析法

分析解剖问题，深入研究客体系统内部的细节（如结构形式、函数关系等）。

利用逻辑演绎法，从公理、定律导出系统模型。

例如，利用如图3-4所示的力学装置，研究某物体的运动规律，即

$$\begin{cases} f = ma \\ f = -(Bv + kx) + F(t) \end{cases}$$

整理得

$$m\frac{\mathrm{d}^2 x}{\mathrm{d}t^2} + B\frac{\mathrm{d}x}{\mathrm{d}t} + kx = F(t)$$

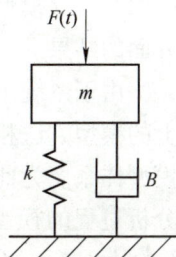

图 3-4 力学装置

2. 实验法

通过对实验结果的观察和分析，利用逻辑归纳法导出系统模型。数理模型方法是典型代表。

实验法包括三类：①模拟法；②统计数据分析；③实验分析。

3. 综合法

这种方法既重视实验数据又承认理论价值，将实验数据与理论推导统一于建模之中。实验数据与理论不可分割。没有实验就建立不了理论，没有理论指导则难以得到有用的数据。在实际工作中本方法是最常用的方法。通常利用演绎法从已知定理中导出模型，对于某些不详之处，则利用实验方法来补充，再利用归纳法从实验数据中搞清楚关系，建立模型。

例如，从经济理论得知，由劳动力 A 和资本投入 P 可以得出产值 Y，因此可知

$$Y = f(A, P)$$

这一步即是由理论推出模型结构。假设是相加（广义）关系，则

$$Y = cA^\alpha P^\beta$$

这里 c、α、β 都是未知系数，利用统计数据就可以得出 c、α、β 的值，得到一个柯布-道

格拉斯（Cobb-Douglas）生产函数模型。

4. 老手法

老手法主要有德尔菲（Delphi）法等。Delphi 是古希腊的一个地名，在这个地方人们常祈求太阳神的神谕，以解决自己的困难。

对于复杂的系统，特别是有人参与的系统，要利用前面三种方法建模是十分困难的。其原因就在于人们对于这样的系统认识不足，因此就必须采用德尔菲等方法。即通过专家们之间启发式的讨论，逐步完善对系统的认识，构造出模型来。这在社会系统规划、决策中是常用的方法。这种方法的本质在于集中了专家们对于系统的认识（包括直觉、印象等不肯定因素）及经验。通过实验修正，往往可以得到较好的效果。

5. 辩证法

辩证法基本的观点是：系统是一个对立统一体，是由矛盾的两个方面构成的。矛盾双方相互转化与统一乃是真实情景。同时现象不是本质，形式不是内容。因此必须构成两个相反的分析模型。相同数据可以通过两个模型来解释。这样关于未来的描述和预测是两个对立模型解释的辩证发展的结果。因此这种方法可以防止片面性，其结果优于单方面的结果。

由于系统工程的研究对象多为大规模复杂系统，在分析实际问题时常常需要两种以上的模型方法相互配合使用才能奏效，即常常需要建立由两种以上模型方法有机形成的模型体系。为此，可在运用实践中总结归纳、探索形成各种混合模型，如：①基于系统分析过程的模型体系：在系统分析的初步分析、规范分析、综合分析三大阶段，均会（或尽可能）用到适宜的模型方法，从而完成整个系统的分析过程，并形成相应的模型体系，一般在形式上属于链式结构。其中，通常以规范分析阶段使用的模型最为常见、集中和标准，如预测模型、优化模型、仿真模型等。②基于主模型的模型体系：这里的主模型指的是分析研究某复杂系统问题所需要的主体模型方法。这类模型体系是由主模型及在实际应用中与这些主模型相互配合使用来分析和解决问题的其他模型所共同形成的模型体系，属于主从结构。如系统动力学模型结合运用计量经济模型、时间序列模型、专家评估法、软计算方法等。③基于不同功能的模型体系：系统分析中的模型方法根据功能的不同可以分为因素分析、预测、优化控制、仿真、评价和决策等几类。这些功能在一个实际的系统分析过程中通常是需要的（一般至少两种以上），且还会使用不同模型方法来验证性、高质量完成同一功能（如集成预测等）。这类模型体系可将其看作一种多维结构。

五、模型的简化和求解

模型的简化是经常会遇到的问题。其基本做法是：①减少变量，减去次要变量。例如物理学中对碰撞的研究，假设物体是刚体，忽略了形变损失的能量。②改变变量性质。例如变常数、连续变量离散化、离散变量连续化等变换方法。③合并变量（集结）。例如在做投入产出分析时，把各行业合并成工、农等产业部门。④改变函数关系。例如去掉影响不显著的函数关系（去耦、分解），将非线性化转化成线性化或用其他函数关系代替。⑤改变约束条件。通过增加、修改或减少约束来简化模型。

随着越来越多的复杂系统、非线性系统、离散系统和具有不精确性与不确定性的系统问题的出现，求解问题的规模越来越大，其所包含的变量越来越多，对计算的效率以及结果质量均提出了较高的要求。模型的求解主要涉及以下两类方法：

1. "硬"计算方法

这类方法比较有代表性的有：适合多变量复杂系统，特别是大规模线性规划问题求解的列生成（Column Generation）法；求解整数或者混合整数规划的割平面算法（Cutting Plane Method）；切割-分解（Cut-and-Solve）方法，它是一种复杂问题的分解策略，一种精确算法的框架，能有效缓解因求解问题规模不断扩大而带来的内存溢出问题，针对但不限于混合整数规划问题的求解。

2. "软"计算方法

Zadeh 提出的软计算（Soft Computing）是一类方法的集合，主要包括：模糊逻辑控制（Fuzzy Logic Control）、神经网络（Neural Network）、近似推理以及一些具有全局优化性能且通用性强的元启发式（Meta-Heuristic）算法，如遗传算法（Genetic Algorithms）、模拟退火（Simulated Annealing）算法、禁忌搜索（Tabu Search）算法、蚁群（Ant System）算法、核搜索（Kernel Search）算法等。这些方法更多地借鉴了生物原理和人的思维，因此也称作"拟人"方法，更适于解决管理、经济等复杂系统问题。在软计算方法集合中，每一种方法具有其特点。通过它们的协同工作，可以保证软计算有效地利用人类知识，处理不精确以及不确定的情况，对位置或变化的环境进行学习和调节以提高性能。

第二节 系统结构模型化技术

一、系统结构模型化基础

（一）结构分析的概念和意义

任何系统都是由两个及以上有机联系、相互作用的要素组成的，是具有特定功能与结构的整体。结构即组成系统诸要素之间相互关联的方式，包括各类社会组织现代企业等在内的大规模复杂系统具有要素及其层次众多、结构复杂和社会性突出等特点。在研究和解决这类系统问题时，往往要通过建立系统的结构模型，进行系统的结构分析，以求得对问题全面和本质的认识。

结构模型是定性表示系统构成要素以及它们之间存在着的本质上相互依赖、相互制约和关联情况的模型。结构模型化即建立系统结构模型的过程。该过程注重表现系统要素之间相互作用的性质，是系统认识、准确把握复杂问题并对问题建立数学模型、进行定量分析的基础。阶层性是大规模复杂系统的基本特性，在结构模型化的过程中，对递阶结构的研究是一项重要工作。

结构分析是一个实现系统结构模型化并加以解释的过程。其具体内容包括：对系统目的–功能的认识；系统构成要素的选取；对要素间的联系及其层次关系的分析；系统整体结构的确定及其解释。系统结构模型化是结构分析的基本内容。

结构分析是系统分析的重要内容，是系统优化分析、设计与管理的基础。尤其是在分析与解决社会经济系统问题时，对系统结构的正确认识与描述更具有数学模型和定量分析所无法替代的作用。

（二）系统结构的基本表达方式

系统的要素及其关系形成系统的特定结构。在通常情况下，可采用集合、有向图和矩阵三种相互对应的方式来表达系统的某种结构。

1. 系统结构的集合表达

设系统由 $n(n \geq 2)$ 个要素 $(S_1, S_2, \cdots, S_n)$ 组成，其集合为 S，则有

$$S = \{S_1, S_2, \cdots, S_n\}$$

系统的诸多要素有机地联系在一起，并且一般都是以两个要素之间的二元关系为基础的。所谓二元关系，是根据系统的性质和研究的目的所约定的一种需要讨论的、存在于系统中的两个要素 $(S_i、S_j)$ 之间的关系 R_{ij} （简记为 R）。通常有影响关系、因果关系、包含关系、隶属关系以及各种可以比较的关系（如大小、先后、轻重、优劣等）。二元关系是结构分析中所要讨论的系统构成要素间的基本关系，一般有以下三种情形：①S_i 与 S_j 间有某种二元关系 R，即 $S_i R S_j$；②S_i 与 S_j 间无某种二元关系 R，即 $S_i \bar{R} S_j$；③S_i 与 S_j 间的某种二元关系 R 不明，即 $S_i \tilde{R} S_j$。

在通常情况下，二元关系具有传递性，即若 $S_i R S_j$、$S_j R S_k$，则有 $S_i R S_k$（$S_i、S_j、S_k$ 为系统的任意构成要素）。传递性二元关系反映两个要素的间接联系，可记作 R^t（t 为传递次数），如将 $S_i R S_k$ 记作 $S_i R^2 S_k$。

有时，对系统的任意构成要素 S_i 和 S_j 来说，既有 $S_i R S_j$，又有 $S_j R S_i$，这种相互关联的二元关系叫强连接关系。具有强连接关系的各要素之间存在替换性。

以系统要素集合 S 及二元关系的概念为基础，为便于表达所有要素间的关联方式，把系统构成要素中满足某种二元关系 R 的要素 $S_i、S_j$ 的要素对 (S_i, S_j) 的集合，称为 S 上的二元关系集合，记作 R_b，即有

$$R_b = \{(S_i, S_j) \mid S_i, S_j \in S, S_i R S_j, i, j = 1, 2, \cdots, n\}$$

且在一般情况下，(S_i, S_j) 和 (S_j, S_i) 表示不同的要素对。

这样，"要素 S_i 和 S_j 之间是否具有某种二元关系 R"，也就等价于"要素对 (S_i, S_j) 是否属于 S 上的二元关系集合 R_b"。

至此，就可以用系统的构成要素集合 S 和在 S 上确定的某种二元关系集合 R_b 来共同表示系统的某种基本结构。

例 3-1 某系统由七个要素 $(S_1, S_2, \cdots, S_7)$ 组成。经过两两判断认为：S_2 影响 S_1，S_3 影响 S_4，S_4 影响 S_5，S_7 影响 S_2，S_4 和 S_6 相互影响。这样，该系统的基本结构可用要素集合 S 和二元关系集合 R_b 来表达，其中

$$S = \{S_1, S_2, S_3, S_4, S_5, S_6, S_7\}$$
$$R_b = \{(S_2, S_1), (S_3, S_4), (S_4, S_5), (S_7, S_2), (S_4, S_6), (S_6, S_4)\}$$

2. 系统结构的有向图表达

有向图（D）是由节点和连接各节点的有向弧（箭线）组成的，可用来表达系统的结构。具体方法是：用节点表示系统的各构成要素，用有向弧表示要素之间的二元关系。从节点 $i(S_i)$ 到 $j(S_j)$ 的最小（少）的有向弧数称为 D 中节点间的通路长度（路长），即要素 S_i 与 S_j 间二元关系的传递次数。在有向图中，从某节点出发，沿着有向弧通过其他某些节点各一次可回到该节点时，形成回路。呈强连接关系的要素节点间具有双向回路。

例 3-1 给出的系统要素及其二元关系的有向图如图 3-5 所示。其中 S_3 到 S_5、S_3 到 S_6 和 S_7 到 S_1 的路长均为 2。另外，S_4 和 S_6 间具有强连接关系，S_4 和 S_6 相互到达，在其间形成双向回路。

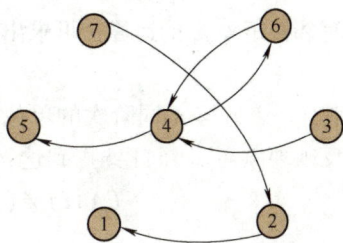

图 3-5　例 3-1 的有向图

3. 系统结构的矩阵表达

（1）邻接矩阵。邻接矩阵（A）是表示系统要素间基本二元关系或直接联系情况的方阵。若 $A = (a_{ij})_{n \times n}$，则其定义式为

$$a_{ij} = \begin{cases} 1, & S_i R S_j \text{ 或} (S_i, S_j) \in R_b (S_i \text{ 对 } S_j \text{ 有某种二元关系}) \\ 0, & S_i \bar{R} S_j \text{ 或} (S_i, S_j) \notin R_b (S_i \text{ 对 } S_j \text{ 没有某种二元关系}) \end{cases}$$

有了表达系统结构的集合 (S, R_b) 或有向图 (D)，就可以很容易地将 A 写出，反之亦然。与例 3-1 和图 3-5 对应的邻接矩阵为

$$A = \begin{array}{c} \\ S_1 \\ S_2 \\ S_3 \\ S_4 \\ S_5 \\ S_6 \\ S_7 \end{array} \begin{array}{c} \begin{array}{ccccccc} S_1 & S_2 & S_3 & S_4 & S_5 & S_6 & S_7 \end{array} \\ \left(\begin{array}{ccccccc} 0 & 0 & 0 & 0 & 0 & 0 & 0 \\ 1 & 0 & 0 & 0 & 0 & 0 & 0 \\ 0 & 0 & 0 & 1 & 0 & 0 & 0 \\ 0 & 0 & 0 & 0 & 1 & 1 & 0 \\ 0 & 0 & 0 & 0 & 0 & 0 & 0 \\ 0 & 0 & 0 & 1 & 0 & 0 & 0 \\ 0 & 1 & 0 & 0 & 0 & 0 & 0 \end{array} \right) \end{array}$$

很明显，A 中"1"的个数与例 3-1 中 R_b 所包含的要素对数目和图 3-5 中有向弧的条数相等，均为 6。

在邻接矩阵中，若有一列（如第 j 列）元素全为 0，则 S_j 是系统的输入要素，如上述矩阵中的 S_3 和 S_7；若有一行（如第 i 行）元素全为 0，则 S_i 是系统的输出要素，如上述矩阵中的 S_1 和 S_5。

（2）可达矩阵。若在要素 S_i 和 S_j 间存在着某种传递性二元关系，或在有向图上存在着由节点 i 至 j 的有向通路时，则称 S_i 是可以到达 S_j 的，或者说 S_j 是 S_i 可以到达的。所谓可达矩阵（M），就是表示系统要素之间任意次传递性二元关系或有向图上两个节点之间通过任意长的路径可以到达情况的方阵。若 $M = (m_{ij})_{n \times n}$，且在无回路条件下的最大路长或传递次数为 r，即有 $0 \leqslant t \leqslant r$，则可达矩阵的定义式为

$$m_{ij} = \begin{cases} 1, & S_i R^t S_j \quad \text{（存在着 } i \text{ 至 } j \text{ 的路长最大为 } r \text{ 的通路）} \\ 0, & S_i \bar{R}^t S_j \quad \text{（不存在 } i \text{ 至 } j \text{ 的通路）} \end{cases}$$

当 $t=1$ 时，表示基本的二元关系，M 即为 A；当 $t=0$ 时，表示 S_i 自身到达，或 $S_i R S_i$，也称反射性二元关系；当 $t \geq 2$ 时，表示传递性二元关系。

矩阵 A 和 M 的元素均为 "1" 或 "0"，是 $n \times n$ 阶 0-1 矩阵，且符合布尔代数的运算规则，即 $0+0=0$，$0+1=1$，$1+0=1$，$1+1=1$，$0 \times 0=0$，$0 \times 1=0$，$1 \times 0=0$，$1 \times 1=1$。通过对邻接矩阵 A 的运算，可求出系统要素的可达矩阵 M。其计算公式为

$$M = (A+I)^r \tag{3-1}$$

其中，I 为与 A 同阶次的单位矩阵（即其主对角线元素全为 "1"，其余元素全为 "0"），反映要素零步（自身）到达；r 为最大传递次数（路长），根据下式确定

$$(A+I) \neq (A+I)^2 \neq (A+I)^3 \neq \cdots \neq (A+I)^{r-1} \neq (A+I)^r$$
$$= (A+I)^{r+1} = \cdots = (A+I)^n \tag{3-2}$$

以与例 3-1 和图 3-5 对应的邻接矩阵为例，有

$$A+I = \begin{array}{c} \\ S_1 \\ S_2 \\ S_3 \\ S_4 \\ S_5 \\ S_6 \\ S_7 \end{array} \begin{array}{ccccccc} S_1 & S_2 & S_3 & S_4 & S_5 & S_6 & S_7 \\ \left(\begin{array}{ccccccc} 1 & 0 & 0 & 0 & 0 & 0 & 0 \\ 1 & 1 & 0 & 0 & 0 & 0 & 0 \\ 0 & 0 & 1 & 1 & 0 & 0 & 0 \\ 0 & 0 & 0 & 1 & 1 & 1 & 0 \\ 0 & 0 & 0 & 0 & 1 & 0 & 0 \\ 0 & 0 & 0 & 1 & 0 & 1 & 0 \\ 0 & 1 & 0 & 0 & 0 & 0 & 1 \end{array}\right) \end{array}$$

其中，主对角线上的 "1" 表示诸要素通过零步（自身）到达的情况（单位矩阵 I），其余的 "1" 表示要素间通过一步（直接）到达的情况（邻接矩阵 A）。

$$(A+I)^2 = A^2+A+I = \begin{array}{c} \\ S_1 \\ S_2 \\ S_3 \\ S_4 \\ S_5 \\ S_6 \\ S_7 \end{array} \begin{array}{ccccccc} S_1 & S_2 & S_3 & S_4 & S_5 & S_6 & S_7 \\ \left(\begin{array}{ccccccc} 1 & 0 & 0 & 0 & 0 & 0 & 0 \\ 1 & 1 & 0 & 0 & 0 & 0 & 0 \\ 0 & 0 & 1 & 1 & ① & ① & 0 \\ 0 & 0 & 0 & 1 & 1 & 1 & 0 \\ 0 & 0 & 0 & 0 & 1 & 0 & 0 \\ 0 & 0 & 0 & 1 & ① & 1 & 0 \\ ① & 1 & 0 & 0 & 0 & 0 & 1 \end{array}\right) \end{array}$$

其中带圆圈的 "1" 表示要素间通过两步（间接）到达的情况（矩阵 A^2）。按照前述布尔代数的运算规则，在原式 $(A+I)^2$ 的展开中利用了 $A+A=A$ 的关系。

进一步计算发现：$(A+I)^3 = (A+I)^2$。由式（3-2）即有 $r=2$。

这样，根据式（3-1），与例 3-1 和图 3-5 对应的可达矩阵为

$$M = (A + I)^2 = \begin{array}{c} \\ S_1 \\ S_2 \\ S_3 \\ S_4 \\ S_5 \\ S_6 \\ S_7 \end{array} \begin{array}{c} \begin{array}{ccccccc} S_1 & S_2 & S_3 & S_4 & S_5 & S_6 & S_7 \end{array} \\ \left(\begin{array}{ccccccc} 1 & 0 & 0 & 0 & 0 & 0 & 0 \\ 1 & 1 & 0 & 0 & 0 & 0 & 0 \\ 0 & 0 & 1 & 1 & 1 & 1 & 0 \\ 0 & 0 & 0 & 1 & 1 & 1 & 0 \\ 0 & 0 & 0 & 0 & 1 & 0 & 0 \\ 0 & 0 & 0 & 1 & 1 & 1 & 0 \\ 1 & 1 & 0 & 0 & 0 & 0 & 1 \end{array} \right) \end{array}$$

（3）其他矩阵。在邻接矩阵和可达矩阵的基础上，还有其他表达系统结构并有助于实现系统结构模型化的矩阵形式，如缩减矩阵、骨架矩阵等。

1）缩减矩阵。根据强连接要素的可替换性，在已有的可达矩阵 M 中，将具有强连接关系的一组要素看作一个要素，保留其中的某个代表要素，删除其余要素及其在 M 中的行和列，即得到该可达矩阵 M 的缩减矩阵 M'。如例 3-1 的可达矩阵的缩减矩阵为

$$M' = \begin{array}{c} \\ S_1 \\ S_2 \\ S_3 \\ S_4 \\ S_5 \\ S_7 \end{array} \begin{array}{c} \begin{array}{cccccc} S_1 & S_2 & S_3 & S_4 & S_5 & S_7 \end{array} \\ \left(\begin{array}{cccccc} 1 & 0 & 0 & 0 & 0 & 0 \\ 1 & 1 & 0 & 0 & 0 & 0 \\ 0 & 0 & 1 & 1 & 1 & 0 \\ 0 & 0 & 0 & 1 & 1 & 0 \\ 0 & 0 & 0 & 0 & 1 & 0 \\ 1 & 1 & 0 & 0 & 0 & 1 \end{array} \right) \end{array}$$

2）骨架矩阵。对于给定系统，A 的可达矩阵 M 是唯一的，但实现某一可达矩阵 M 的邻接矩阵 A 可以有多个。把实现某一可达矩阵 M、具有最小二元关系个数（"1"元素最少）的邻接矩阵叫作 M 的最小实现二元关系矩阵，或称为骨架矩阵，记作 A'。

系统结构的三种基本表达方式相互对应，各有特色：用集合来表达系统结构概念清楚，在各种表达方式中处于基础地位；有向图形式较为直观，易于理解；矩阵形式便于通过逻辑运算，用数学方法对系统结构进行分析处理。以它们为基础和工具，通过采用各种技术，可实现复杂系统结构的模型化。

（三）常用系统结构模型化技术

系统结构模型化技术是以各种创造性技术为基础的系统整体结构的决定技术。它们通过探寻系统构成要素、定义要素间关联的意义、给出要素间以二元关系为基础的具体关系，并且将其整理成图、矩阵等较为直观、易于理解和便于处理的形式，逐步建立起复杂系统的结构模型。常用的系统结构模型化技术有：关联树法、解释结构模型化技术、系统动力学结构模型化技术等，其中解释结构模型化（ISM）技术是最基本和最具特色的系统结构模型化技术。

ISM 技术是美国 J. N. 沃菲尔德（J. N. Warfield）教授于 1973 年作为分析复杂的社会

经济系统结构问题的一种方法而开发的。其基本思想是：通过有关创新分析方法，提取问题的构成要素，利用有向图、矩阵等工具和计算机技术，对要素及其相互关系等信息进行处理，最后用文字加以解释说明，明确问题的层次和整体结构，提高对问题的认识和理解程度。该技术由于具有不需高深的数学知识、模型直观且有启发性、可吸收各种有关人员参加等特点，因而广泛适用于认识和处理各类社会经济系统的问题。ISM 的基本工作原理如图 3-6 所示。

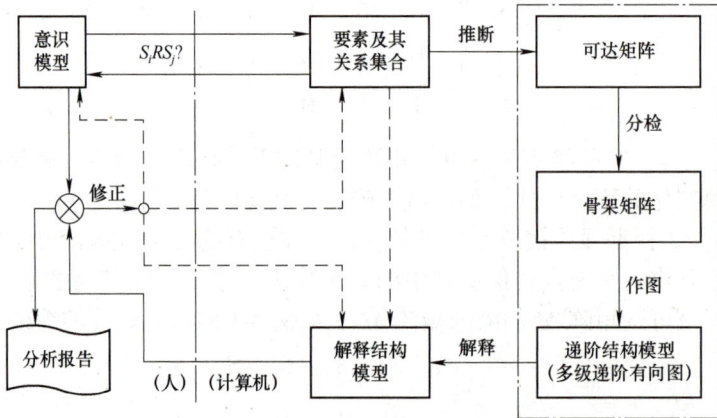

图 3-6 ISM 的基本工作原理

由图 3-6 可知，实施 ISM 技术，首先是提出问题，组建 ISM 实施小组。接着采用集体创新分析方法，搜集和初步整理问题的构成要素，并设定某种必须考虑的二元关系（如因果关系），经小组成员及与其他有关人员的讨论，形成对问题初步认识的意识（构思）模型。在此基础上，实现意识模型的具体化、规范化、系统化和结构模型化，即进一步明确定义各要素，通过人-机对话，判断各要素之间的二元关系情况（即 S_iRS_j?），形成某种形式的"信息库"。根据要素间关系的传递性，通过对邻接矩阵的计算或逻辑推断，得到可达矩阵。将可达矩阵进行分解、缩约和简化处理，得到反映系统递阶结构的骨架矩阵，据此绘制要素间的多级递阶有向图，形成递阶结构模型。通过对要素的解释说明，建立起反映系统问题某种二元关系的解释结构模型。最后，将解释结构模型与人们已有的意识模型进行比较，如不符合，一方面可对有关要素及其二元关系和解释结构模型的建立进行修正；更重要的是，人们通过对解释结构模型的研究和学习，可对原有的意识模型有所启发并进行修正。经过反馈、比较、修正、学习，最终得到一个令人满意，具有启发性和指导意义的结构分析结果。

通过对可达矩阵的处理，建立系统问题的递阶结构模型，这是 ISM 技术的核心内容。根据问题规模和分析条件，可在掌握基本原理及其规范方法的基础上，采用多种手段，选择不同的方法来完成此项工作。

二、建立递阶结构模型的规范方法

建立反映系统问题要素间层次关系的递阶结构模型，可在可达矩阵 M 的基础上进行，且一般要经过区域划分、级位划分、骨架矩阵提取和多级递阶有向图绘制四个阶段。这是建立递阶结构模型的基本方法。现以例 3-1 所示问题为例说明。与图 3-5 对应的可达矩阵（其中将 S_i 简记为 i）为

$$
M = \begin{array}{c} \\ 1 \\ 2 \\ 3 \\ 4 \\ 5 \\ 6 \\ 7 \end{array}
\begin{array}{c} \begin{array}{ccccccc} 1 & 2 & 3 & 4 & 5 & 6 & 7 \end{array} \\
\left(\begin{array}{ccccccc}
1 & 0 & 0 & 0 & 0 & 0 & 0 \\
1 & 1 & 0 & 0 & 0 & 0 & 0 \\
0 & 0 & 1 & 1 & 1 & 1 & 0 \\
0 & 0 & 0 & 1 & 1 & 1 & 0 \\
0 & 0 & 0 & 0 & 1 & 0 & 0 \\
0 & 0 & 0 & 1 & 1 & 1 & 0 \\
1 & 1 & 0 & 0 & 0 & 0 & 1
\end{array}\right) \end{array}
$$

1. 区域划分

区域划分是将系统的构成要素集合 S 分割成关于给定二元关系 R 的相互独立的区域的过程。

为此，需要首先以可达矩阵 M 为基础，划分与要素 $S_i(i=1,2,\cdots,n)$ 相关联的系统要素的类型，并找出在整个系统（所有要素集合 S）中有明显特征的要素。有关要素集合的定义如下：

（1）可达集 $R(S_i)$。系统要素 S_i 的可达集是在可达矩阵或有向图中由 S_i 可到达的诸要素所构成的集合，记为 $R(S_i)$。其定义式为

$$R(S_i) = \{S_j | S_j \in S,\ m_{ij}=1,\ j=1,2,\cdots,n\} \qquad (i=1,2,\cdots,n)$$

如在给出的可达矩阵中有：$R(S_1)=\{S_1,\}$，$R(S_2)=\{S_1,S_2\}$，$R(S_3)=\{S_3,S_4,S_5,S_6\}$，$R(S_4)=R(S_6)=\{S_4,S_5,S_6\}$，$R(S_5)=\{S_5\}$，$R(S_7)=\{S_1,S_2,S_7\}$。

（2）先行集 $A(S_i)$。系统要素 S_i 的先行集是在可达矩阵或有向图中可到达 S_i 的诸系统要素所构成的集合，记为 $A(S_i)$。其定义式为

$$A(S_i) = \{S_j | S_j \in S,\ m_{ji}=1,\ j=1,2,\cdots,n\} \qquad (i=1,2,\cdots,n)$$

如在给出的可达矩阵中有：$A(S_1)=\{S_1,S_2,S_7\}$，$A(S_2)=\{(S_2,S_7)\}$，$A(S_3)=\{S_3\}$，$A(S_4)=A(S_6)=\{S_3,S_4,S_6\}$，$A(S_5)=\{S_3,S_4,S_5,S_6\}$，$A(S_7)=\{S_7\}$。

（3）共同集 $C(S_i)$。系统要素 S_i 的共同集是 S_i 在可达集和先行集的共同部分，即交集，记为 $C(S_i)$。其定义式为

$$C(S_i) = \{S_j | S_j \in S,\ m_{ij}=1,\ m_{ji}=1, j=1,2,\cdots,n\} \qquad (i=1,2,\cdots,n)$$

如：$C(S_1)=\{S_1\}$，$C(S_2)=\{S_2\}$，$C(S_3)=\{S_3\}$，$C(S_4)=C(S_6)=\{S_4,S_6\}$，$C(S_5)=\{S_5\}$，$C(S_7)=\{S_7\}$。

系统要素 S_i 的可达集 $R(S_i)$、先行集 $A(S_i)$、共同集 $C(S_i)$ 之间的关系如图 3-7 所示。

（4）起始集 $B(S)$ 和终止集 $E(S)$。系统要素集合 S 的起始集是在 S 中只影响（到达）其他要素而不受其他要素影响（不被其他要素到达）的要素所构成的集合，记为 $B(S)$。系统要素集合 S 的终止集是在 S 中，只受其他要素

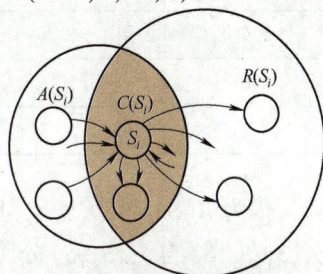

图 3-7 可达集、先行集、共同集之间的关系

影响（被其他要素到达）而不影响（到达）其他要素的要素构成的集合，记为 $E(S)$。$B(S)$ 中的要素在有向图中只有箭线流出，而无箭线流入，是系统的输入要素。其定义式为

$$B(S) = \{ S_i \mid S_i \in S, \ C(S_i) = A(S_i), \ i = 1, 2, \cdots, n \}$$

如在与图 3-5 所对应的可达矩阵中，$B(S) = \{ S_3, S_7 \}$。

当 S_i 为 S 的起始集（终止集）要素时，相当于使图 3-7 中的阴影部分 $C(S_i)$ 覆盖到了整个 $A(S_i) [R(S_i)]$ 区域。

这样，要区分系统要素集合 S 是否可分割，只要研究系统起始集 $B(S)$ 中的要素及其可达集要素（或系统终止集 $E(S)$ 中的要素及其先行集要素）能否分割（是否相对独立）就行了。利用起始集 $B(S)$ 判断区域能否划分的规则如下：

在 $B(S)$ 中任取两个要素 b_u、b_v：

1）如果 $R(b_u) \cap R(b_v) \neq \varnothing$（$\varnothing$ 为空集），则 b_u、b_v 及 $R(b_u)$、$R(b_v)$ 中的要素属同一区域。若对所有 u 和 v 均有此结果（均不为空集），则区域不可分。

2）如果 $R(b_u) \cap R(b_v) = \varnothing$，则 b_u、b_v 及 $R(b_u)$、$R(b_v)$ 中的要素不属同一区域，系统要素集合 S 至少可被划分为两个相对独立的区域。

利用终止集 $E(S)$ 来判断区域能否划分，只要判定 "$A(e_u) \cap A(e_v)$"（e_u、e_v 为 $E(S)$ 中的任意两个要素）是否为空集即可。

区域划分的结果可记为：$\Pi(S) = P_1, P_2, \cdots, P_k, \cdots, P_m$（其中 P_k 为第 k 个相对独立区域的要素集合）。经过区域划分后的可达矩阵为块对角矩阵（记作 $\boldsymbol{M}(P)$）。

为对给出的与图 3-5 所对应的可达矩阵进行区域划分，可列出任一要素 S_i（简记作 i，$i = 1, 2, \cdots, 7$）的可达集 $R(S_i)$、先行集 $A(S_i)$ 和共同集 $C(S_i)$，并据此写出系统要素集合的起始集 $B(S)$ 和终止集 $E(S)$，见表 3-1。

表 3-1　可达集、先行集、共同集、起始集和终止集例表

S_i	$R(S_i)$	$A(S_i)$	$C(S_i)$	$B(S)$	$E(S)$
1	1	1, 2, 7	1		1
2	1, 2	2, 7	2		
3	3, 4, 5, 6	3	3	3	
4	4, 5, 6	3, 4, 6	4, 6		
5	5	3, 4, 5, 6	5		5
6	4, 5, 6	3, 4, 6	4, 6		
7	1, 2, 7	7	7	7	

因为 $B(S) = \{ S_3, S_7 \}$，且有 $R(S_3) \cap R(S_7) = \{ S_3, S_4, S_5, S_6 \} \cap \{ S_1, S_2, S_7 \} = \varnothing$，所以 S_3, S_4, S_5, S_6 与 S_1, S_2, S_7 分属两个相对独立的区域，即有 $\Pi(S) = P_1, P_2 = \{ S_3, S_4, S_5, S_6 \}$，$\{ S_1, S_2, S_7 \}$。

这时的可达矩阵 $\boldsymbol{M}$ 变为如下块对角矩阵

$$M(P) = \begin{array}{c} \\ \\ P_1 \left\{ \begin{array}{c} 3 \\ 4 \\ 5 \\ 6 \end{array} \right. \\ \\ \\ \\ P_2 \left\{ \begin{array}{c} 1 \\ 2 \\ 7 \end{array} \right. \end{array} \begin{array}{c} \begin{array}{ccccccc} 3 & 4 & 5 & 6 & 1 & 2 & 7 \end{array} \\ \left(\begin{array}{cccc:ccc} 1 & 1 & 1 & 1 & & & \\ 0 & 1 & 1 & 1 & & \mathbf{O} & \\ 0 & 0 & 1 & 0 & & & \\ 0 & 1 & 1 & 1 & & & \\ \hdashline & & & & 1 & 0 & 0 \\ & \mathbf{O} & & & 1 & 1 & 0 \\ & & & & 1 & 1 & 1 \end{array} \right) \end{array}$$

2. 级位划分

区域内的级位划分，即确定某区域内各要素所处层次地位的过程。这是建立多级递阶结构模型的关键工作。

设 P 是由区域划分得到的某区域要素集合，若用 $L_1, L_2, \cdots, L_l$ 表示从高到低的各级要素集合（其中 l 为最大级位数），则级位划分的结果可写成：$\Pi(P) = L_1, L_2, \cdots, L_l$。

某系统要素集合的最高级要素即该系统的终止集要素。级位划分的基本做法是：找出整个系统要素集合的最高级要素（终止集要素）后，可将它们去掉，再求剩余要素集合（形成部分图）的最高级要素。以此类推，直到确定出最低一级要素集合（即 L_l）。

为此，令 $L_0 = \varnothing$（最高级要素集合为 L_1，没有零级要素），则有

$$L_1 = \{ S_i \mid S_i \in P - L_0,\ C_0(S_i) = R_0(S_i), i = 1, 2, \cdots, n \}$$
$$L_2 = \{ S_i \mid S_i \in P - L_0 - L_1,\ C_1(S_i) = R_1(S_i),\ i < n \}$$
$$\vdots$$
$$L_k = \{ S_i \mid S_i \in P - L_0 - L_1 - \cdots - L_{k-1},\ C_{k-1}(S_i) = R_{k-1}(S_i),\ i < n \} \tag{3-3}$$

式（3-3）中的 $C_{k-1}(S_i)$ 和 $R_{k-1}(S_i)$ 是由集合 $P - L_0 - L_1 - \cdots - L_{k-1}$ 中的要素形成的子矩阵（部分图）求得的共同集和可达集。

经过级位划分后的可达矩阵变为区域块三角矩阵，记为 $M(L)$。

对 $P_1 = \{ S_3, S_4, S_5, S_6 \}$ 进行级位划分的过程示于表 3-2 中。

表 3-2　级位划分过程

要素集合	S_i	$R(S_i)$	$A(S_i)$	$C(S_i)$	$C(S_i) = R(S_i)$	$\Pi(P_1)$
$P_1 - L_0$	3	3, 4, 5, 6	3	3		
	4	4, 5, 6	3, 4, 6	4, 6		
	5	5	3, 4, 5, 6	5	✓	$L_1 = \{ S_5 \}$
	6	4, 5, 6	3, 4, 6	4, 6		
$P_1 - L_0 - L_1$	3	3, 4, 6	3	3		
	4	4, 6	3, 4, 6	4, 6	✓	$L_2 = \{ S_4, S_6 \}$
	6	4, 6	3, 4, 6	4, 6	✓	
$P_1 - L_0 - L_1 - L_2$	3	3	3	3	✓	$L_3 = \{ S_3 \}$

对该区域进行级位划分的结果为

$$\Pi(P_1) = L_1, \ L_2, \ L_3 = \{S_5\}, \ \{S_4, S_6\}, \ \{S_3\}$$

同理可得对 $P_2 = \{S_1, S_2, S_7\}$ 进行级位划分的结果为

$$\Pi(P_2) = L_1, \ L_2, \ L_3 = \{S_1\}, \ \{S_2\}, \ \{S_7\}$$

这时的可达矩阵为

$$
M(L) =
\begin{array}{c}
L_1 \\
L_2 \\
\\
L_3 \\
\\
L_1 \\
L_2 \\
L_3
\end{array}
\begin{array}{c}
5 \\
\left\{\begin{array}{c}4 \\ 6\end{array}\right. \\
3 \\
\\
1 \\
2 \\
7
\end{array}
\begin{array}{c}
\begin{array}{ccccccc}
5 & 4 & 6 & 3 & 1 & 2 & 7
\end{array} \\
\left(
\begin{array}{cccc:ccc}
1 & 0 & 0 & 0 & & & \\
1 & 1 & 1 & 0 & & & \\
1 & 1 & 1 & 0 & & \boldsymbol{O} & \\
1 & 1 & 1 & 1 & & & \\
\hdashline
 & & & & 1 & 0 & 0 \\
 & \boldsymbol{O} & & & 1 & 1 & 0 \\
 & & & & 1 & 1 & 1
\end{array}
\right)
\end{array}
$$

3. 骨架矩阵提取

骨架矩阵提取，是通过对可达矩阵 $M(L)$ 的缩约和检出，建立起 $M(L)$ 的最小实现矩阵，即骨架矩阵 A'。这里的骨架矩阵，也即 M 的最小实现多级递阶结构矩阵。对经过区域和级位划分后的可达矩阵 $M(L)$ 的缩约和检出共分以下三步：

第一步，检查各层次中的强连接要素，建立可达矩阵 $M(L)$ 的缩减矩阵 $M'(L)$。

对原例 $M(L)$ 中的强连接要素集合 $\{S_4, S_6\}$ 做缩减处理（把 S_4 作为代表要素，去掉 S_6）后的新矩阵为

$$
M'(L) =
\begin{array}{c}
L_1 \\
L_2 \\
L_3 \\
\\
L_1 \\
L_2 \\
L_3
\end{array}
\begin{array}{c}
5 \\
4 \\
3 \\
\\
1 \\
2 \\
7
\end{array}
\begin{array}{c}
\begin{array}{cccccc}
5 & 4 & 3 & 1 & 2 & 7
\end{array} \\
\left(
\begin{array}{ccc:ccc}
1 & 0 & 0 & & & \\
1 & 1 & 0 & & \boldsymbol{O} & \\
1 & 1 & 1 & & & \\
\hdashline
 & & & 1 & 0 & 0 \\
 & \boldsymbol{O} & & 1 & 1 & 0 \\
 & & & 1 & 1 & 1
\end{array}
\right)
\end{array}
$$

第二步，去掉 $M'(L)$ 中已具有邻接二元关系的要素间的越级二元关系，得到经进一步简化后的新矩阵 $M''(L)$。

在原例的 $M'(L)$ 中，已有第二级要素 (S_4, S_2) 到第一级要素 (S_5, S_1) 和第三级要素 (S_3, S_7) 到第二级要素的邻接二元关系，即 $S_4 R S_5$、$S_2 R S_1$ 和 $S_3 R S_4$、$S_7 R S_2$，故可去掉第三级要素到第一级要素的越级二元关系 "$S_3 R^2 S_5$" 和 "$S_7 R^2 S_1$"，即将 $M'(L)$ 中 3→5 和 7→1 的 "1" 改为 "0"，得

$$
M''(L) = \begin{array}{c} \\ 5 \\ 4 \\ 3 \\ \\ 1 \\ 2 \\ 7 \end{array}
\begin{array}{c} \begin{array}{cccccc} 5 & 4 & 3 & 1 & 2 & 7 \end{array} \\
\left(\begin{array}{ccc:ccc}
1 & 0 & 0 & & & \\
1 & 1 & 0 & & \textbf{\textit{O}} & \\
0 & 1 & 1 & & & \\
\hdashline
& & & 1 & 0 & 0 \\
& \textbf{\textit{O}} & & 1 & 1 & 0 \\
& & & 0 & 1 & 1
\end{array}\right)
\end{array}
$$

第三步，进一步去掉 $M''(L)$ 中自身到达的二元关系，即减去单位矩阵，将 $M''(L)$ 主对角线上的 "1" 全部变为 "0"，得到经简化后具有最少二元关系个数的骨架矩阵 A'。

如对原例有

$$
A' = M''(L) - I = \begin{array}{c} \\ 5 \\ 4 \\ 3 \\ \\ 1 \\ 2 \\ 7 \end{array}
\begin{array}{c} \begin{array}{cccccc} 5 & 4 & 3 & 1 & 2 & 7 \end{array} \\
\left(\begin{array}{ccc:ccc}
0 & 0 & 0 & & & \\
1 & 0 & 0 & & \textbf{\textit{O}} & \\
0 & 1 & 0 & & & \\
\hdashline
& & & 0 & 0 & 0 \\
& \textbf{\textit{O}} & & 1 & 0 & 0 \\
& & & 0 & 1 & 0
\end{array}\right)
\end{array}
$$

4. 多级递阶有向图 $D(A')$ 绘制

根据骨架矩阵 A'，绘制出多级递阶有向图 $D(A')$，即建立系统要素的递阶结构模型。绘图一般分为如下三步：

第一步，分区域从上到下逐级排列系统构成要素。

第二步，同级加入被删掉的与某要素（如原例中 S_4）有强连接关系的要素（如 S_6），及表征它们相互关系的有向弧。

第三步，按 A' 所示的邻接二元关系，用级间有向弧连接成有向图 $D(A')$。

据此，建立起原例的递阶结构模型，如图 3-8 所示。

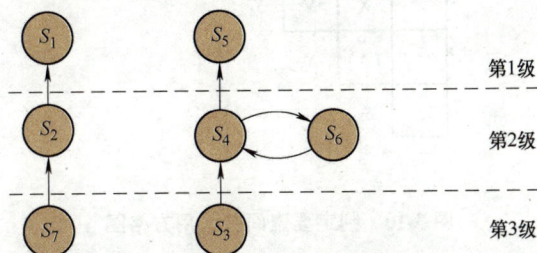

图 3-8 递阶结构模型例图

综上所述，以可达矩阵 M 为基础，以矩阵变换为主线的递阶结构模型的建立过程如图 3-9 所示。

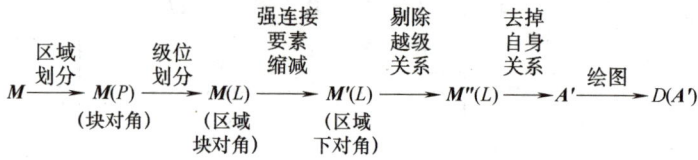

图 3-9　递阶结构模型建立过程示意图

三、建立递阶结构模型的实用方法

按照规范方法所显示的递阶结构模型化基本原理，在系统结构并不十分复杂的情况下，建模工作可采用较为简便的方法来完成。其主要过程如下：

1. 判定二元关系，建立可达矩阵及其缩减矩阵

在问题设定之后，首先由分析小组或分析人员个人寻找与问题有某种关系的要素，经集中后，根据要素个数绘制如图 3-10 所示的方格图，并在每行右端依次注上各要素的名称。在此基础上，通过两两比较，直观地确定各要素之间的二元关系，并在两要素交汇处的方格内用符号 V、A 和 X 加以标识。其中，V 表示方格图中的行（或上位）要素直接影响到列（或下位）要素，A 表示列要素对行要素有直接影响，X 表示行列两要素相互影响（称之为强连接关系）。进而根据要素间二元关系的传递性，逻辑推断出要素间各次递推的二元关系，并用加括号的标识符表示。最后，再加入反映自身到达关系的单位矩阵，建立起系统要素的可达矩阵。

作为方法举例，现根据例 3-1 给出的系统结构分析问题，绘制出帮助建立可达矩阵的方格图，如图 3-10 所示。

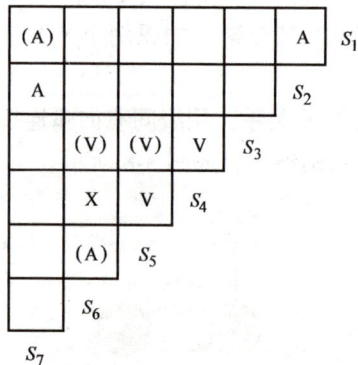

图 3-10　判定要素间关系用方格图

根据图 3-10，并加入单位矩阵，可写出如下可达矩阵（其中将 S_i 简记为 i）

$$M = \begin{array}{c} \\ 1 \\ 2 \\ 3 \\ 4 \\ 5 \\ 6 \\ 7 \end{array} \begin{array}{ccccccc} 1 & 2 & 3 & 4 & 5 & 6 & 7 \\ \left(\begin{array}{ccccccc} 1 & 0 & 0 & 0 & 0 & 0 & 0 \\ 1 & 1 & 0 & 0 & 0 & 0 & 0 \\ 0 & 0 & 1 & 1 & 1 & 1 & 0 \\ 0 & 0 & 0 & 1 & 1 & 1 & 0 \\ 0 & 0 & 0 & 0 & 1 & 0 & 0 \\ 0 & 0 & 0 & 1 & 1 & 1 & 0 \\ 1 & 1 & 0 & 0 & 0 & 0 & 1 \end{array}\right) \end{array}$$

2. 对可达矩阵的缩减矩阵进行层次化处理

根据要素级位划分的思想,在具有强连接关系的要素(S_4 与 S_6)中去除 S_6(即去除可达矩阵中"6"所对应的行和列),可得到缩减(可达)矩阵 M'。在 M' 中按每行"1"元素的多少,由少到多顺次排列,调整 M' 的行和列,得到 $M'(L)$。最后在 $M'(L)$ 中,从左上角到右下角,依次分解出最大阶数的单位矩阵,并加注方框。每个方框表示一个层次。

对例 3-1 可达矩阵的缩减矩阵进行层次化处理的结果为

$$M'(L) = \begin{array}{c} \\ 1 \\ 5 \\ 2 \\ 4 \\ 7 \\ 3 \end{array} \begin{array}{cccccc} 1 & 5 & 2 & 4 & 7 & 3 \\ \left(\begin{array}{cccccc} \boxed{1} & 0 & 0 & 0 & 0 & 0 \\ 0 & 1 & 0 & 0 & 0 & 0 \\ 1 & 0 & 1 & 0 & 0 & 0 \\ 0 & 1 & 0 & 1 & 0 & 0 \\ 1 & 0 & 1 & 0 & 1 & 0 \\ 0 & 1 & 0 & 1 & 0 & 1 \end{array}\right) \end{array}$$

可见,该例中的要素分为三个层次:S_1 和 S_5 属第一层次,S_2、S_4 及 S_6 属第二层次,S_7、S_3 属第三层次。

事实上,只要掌握了要素级位划分的基本原理,就可以归结出各种对可达矩阵或其缩减矩阵进行层次化处理的简易方法。

3. 根据 $M'(L)$ 绘制多级递阶有向图

首先把所有要素按已有层次排列,然后按照 $M'(L)$ 中两方框(单位矩阵)交汇处的"1"元素,画出表征不同层次要素间直接联系的有向弧,形成多级递阶有向图。

如根据例 3-1 中第二层到第一层间的 S_2RS_1、S_4RS_5 和第三层到第二层间的 S_7RS_2、S_3RS_4,并补充进被缩约的 S_6,即可绘制出与图 3-8 相同的多级递阶有向图。

最后,可根据各要素的实际意义,将多级递阶有向图直接转化为解释结构模型。

这种建立递阶结构模型的方法以规范方法为基础,简便、实用,有助于人们实现对多要素问题认识与分析的层次化、条理化和系统化。

四、应用实例

社会系统及其管理问题一般具有多因素、多层次等特征，因而为解释结构模型化方法提供了实用场景。现以"影响组织执行力因素分析"为例简要说明。

提高组织执行力是个系统性工作，与组织使命（目标任务）、组织结构及工作流程、组织文化、工作计划、领导能力、组织成员素质、组织的激励和约束、组织内部的有效控制、组织的制度与规范、组织成员间的协调与配合等多重因素有关。运用 ISM 实用化方法做简要分析的主要过程及结果如下：

（1）因素间关系用方格图，如图 3-11 所示。

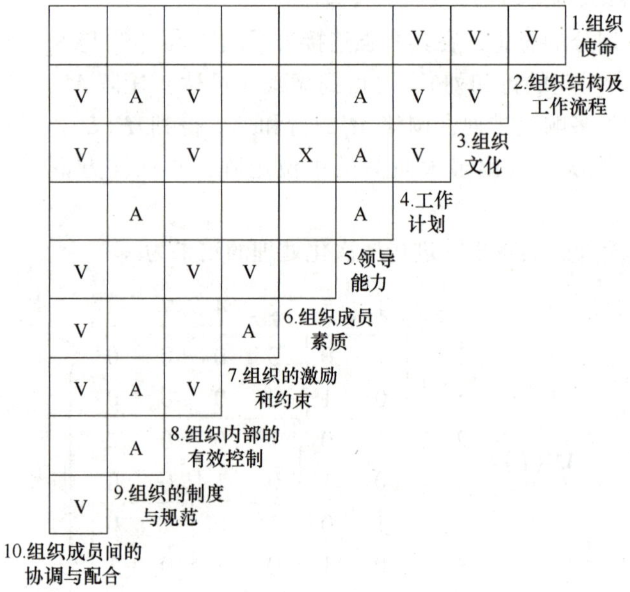

图 3-11　组织执行力因素间关系用方格图

（2）形成如下因素间关系可达矩阵

$$M = \begin{array}{c} \\ 1 \\ 2 \\ 3 \\ 4 \\ 5 \\ 6 \\ 7 \\ 8 \\ 9 \\ 10 \end{array} \begin{array}{cccccccccc} 1 & 2 & 3 & 4 & 5 & 6 & 7 & 8 & 9 & 10 \\ \left(\begin{array}{cccccccccc} 1 & 1 & 1 & 1 & 0 & 1 & 0 & 1 & 0 & 1 \\ 0 & 1 & 1 & 1 & 0 & 1 & 0 & 1 & 0 & 1 \\ 0 & 0 & 1 & 1 & 0 & 1 & 0 & 1 & 0 & 1 \\ 0 & 0 & 0 & 1 & 0 & 0 & 0 & 0 & 0 & 0 \\ 0 & 1 & 1 & 1 & 1 & 1 & 1 & 1 & 0 & 1 \\ 0 & 0 & 1 & 1 & 0 & 1 & 0 & 1 & 0 & 1 \\ 0 & 0 & 1 & 1 & 0 & 1 & 1 & 1 & 0 & 1 \\ 0 & 0 & 0 & 0 & 0 & 0 & 0 & 1 & 0 & 0 \\ 0 & 1 & 1 & 1 & 0 & 1 & 1 & 1 & 1 & 1 \\ 0 & 0 & 0 & 0 & 0 & 0 & 0 & 0 & 0 & 1 \end{array} \right) \end{array}$$

（3）考虑3和6之间的强连接关系，得到如下缩减矩阵

$$
M' =
\begin{array}{c}
 \\
1 \\
2 \\
3 \\
4 \\
5 \\
7 \\
8 \\
9 \\
10
\end{array}
\begin{array}{c}
\begin{array}{cccccccccc}
1 & 2 & 3 & 4 & 5 & 7 & 8 & 9 & 10
\end{array} \\
\left(
\begin{array}{cccccccccc}
1 & 1 & 1 & 1 & 0 & 0 & 1 & 0 & 1 \\
0 & 1 & 1 & 1 & 0 & 0 & 1 & 0 & 1 \\
0 & 0 & 1 & 1 & 0 & 0 & 1 & 0 & 1 \\
0 & 0 & 0 & 1 & 0 & 0 & 0 & 0 & 0 \\
0 & 1 & 1 & 1 & 1 & 1 & 1 & 0 & 1 \\
0 & 0 & 1 & 1 & 0 & 1 & 1 & 0 & 1 \\
0 & 0 & 0 & 0 & 0 & 0 & 1 & 0 & 0 \\
0 & 1 & 1 & 1 & 0 & 1 & 1 & 1 & 1 \\
0 & 0 & 0 & 0 & 0 & 0 & 0 & 0 & 1
\end{array}
\right)
\end{array}
\begin{array}{c}
(6) \\
(5) \\
(4) \\
(1) \\
(7) \\
(5) \\
(1) \\
(7) \\
(1)
\end{array}
$$

（4）进一步对缩减矩阵做层次化处理，得到如下矩阵

$$
M'(L) =
\begin{array}{c}
 \\
4 \\
8 \\
10 \\
3 \\
2 \\
7 \\
1 \\
5 \\
9
\end{array}
\begin{array}{c}
\begin{array}{cccccccccc}
4 & 8 & 10 & 3 & 2 & 7 & 1 & 5 & 9
\end{array} \\
\left(
\begin{array}{ccccccccc}
1 & 0 & 0 & 0 & 0 & 0 & 0 & 0 & 0 \\
0 & 1 & 0 & 0 & 0 & 0 & 0 & 0 & 0 \\
0 & 0 & 1 & 0 & 0 & 0 & 0 & 0 & 0 \\
1 & 1 & 1 & 1 & 0 & 0 & 0 & 0 & 0 \\
1 & 1 & 1 & 1 & 1 & 0 & 0 & 0 & 0 \\
1 & 1 & 1 & 1 & 0 & 1 & 0 & 0 & 0 \\
1 & 1 & 1 & 1 & 1 & 0 & 1 & 0 & 0 \\
1 & 1 & 1 & 1 & 1 & 1 & 0 & 1 & 0 \\
1 & 1 & 1 & 1 & 1 & 1 & 0 & 0 & 1
\end{array}
\right)
\end{array}
$$

（5）得到解释结构模型，如图3-12所示。

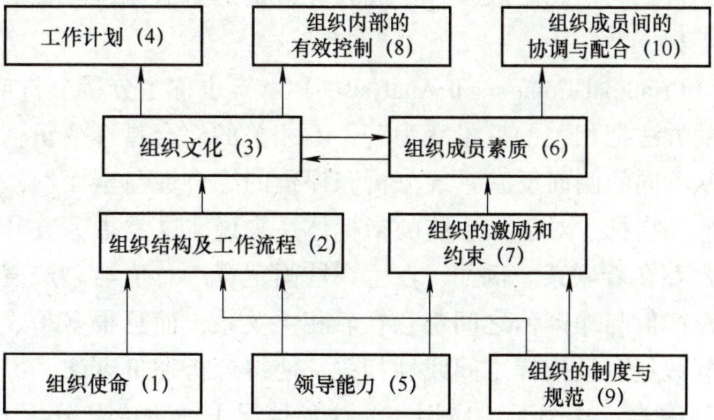

图3-12　组织执行力因素解释结构模型

（6）结果分析。通过上述分析，我们认为一个组织执行力的提高，从长期性和根本上来说，取决于这个组织的使命或任务（因素1）、制度与规范的建设能力（因素9）和领导者的素质、修养及能力（因素5）；从现实来看，与工作计划（因素4）、有效控制

（因素8）和组织成员间的相互配合与协调能力（因素10）等要素直接相关，而组织文化（因素3）与组织成员素质（责任心等）（因素6）则直接影响以上三个因素（因素4、8、10）；组织结构及工作流程（因素2）和以激励和约束为主要内容的机制建设（因素7）既承上启下，又具有一定的基础性作用。据此可提出根据组织使命任务，加强组织文化建设，提高组织成员素质，优化结构与流程，加强机制建设，全面提高组织执行力的整体思路。

第三节 主成分分析和聚类分析

解释结构模型作为系统结构模型的典型代表，主要是对系统问题多要（因）素间层次关系的一种逻辑分析。按照定性与定量结合和分析应逐步细化、实化、简化、深化的要求，需要进一步通过多元统计分析等方法，来分析因素间的关联性质及程度等，明晰因素间主次关系和亲疏关系，确定主要因素和因素类别。主成分分析和聚类分析分别是分析解决这两类问题的代表性模型方法。

一、主成分分析

在对实际系统问题的研究中，为了全面、系统地分析问题，我们必须考虑众多影响因素。这些涉及的因素一般称为指标，在多元统计分析中也称为变量。因为每个变量都在不同程度上反映了所研究问题的某些信息，并且指标之间彼此有一定的相关性，因而所得到的统计数据反映的信息在一定程度上有重叠。在用统计方法研究多变量问题时，变量太多会增加计算量并增加分析问题的复杂性。人们希望在进行定量分析的过程中，涉及的变量较少，得到的信息量较多。主成分分析正是为适应这一要求产生的，是解决这类问题的理想工具。

主成分分析（Principal Component Analysis，PCA）也称主分量分析或矩阵数据分析。它通过变量变换的方法把相关的变量变为若干不相关的综合指标变量。比如，建立一个指标体系，为了从不同的侧面反映系统分析和评价的综合性与全面性，在指标体系中要设立若干个（n个）指标。对于大系统的指标体系来说，这类指标数量往往很大，而且这些指标之间常常存在着联系。例如，在生产性固定资产总值与总产值之间、职工人数与总产值之间、总产值与净产值之间都存在着相关关系，而且很多是线性相关的。由于实际中存在的指标数量多且指标之间线性相关，使得分析评价方法，特别是定量方法的应用面临着很大的困难，甚至无法应用。在这种情况下，主成分分析方法的这一特点，即能将众多的线性相关指标转换为少数线性无关的指标，就显示出其应用价值。这里说的主成分是指通过转换后所找到的线性无关的变量。由于线性无关，分析与评价指标变量时，就可切断相关的干扰，找出主导因素，做出更准确的估量。

（一）主成分的概念、性质及其计算

1. 主成分的定义

如果将描述系统的 n 个指标看作 n 维空间的 n 个随机变量（由于运行情况不断变化，故其取值是随机的），则有如下的主成分定义：

设 $\boldsymbol{a}=(a_1,a_2,\cdots,a_n)$ 为 n 维空间 $\boldsymbol{R}_n$ 的单位向量，并记所有单位向量集合为

$$\boldsymbol{R}_0=\{\boldsymbol{a}\mid \boldsymbol{a}\boldsymbol{a}^{\mathrm{T}}=1\}$$

即 n 个线性相关的随机变量为

$$\boldsymbol{X}=(X_1,X_2,\cdots,X_n)^{\mathrm{T}}$$

记 $D(X_i)$ 为 X_i 的方差，$z_i=a_i\boldsymbol{X}$，$a_i\in\boldsymbol{R}_0$，则有如下定义：

若 $D(z_1)=\max\limits_{a_i\in\boldsymbol{R}_0}\{a_i\boldsymbol{X}\}$，称 z_1 为 $\boldsymbol{X}$ 的第一主成分，记为：$z_1=\beta_1\boldsymbol{X}$，$\beta_1\in\boldsymbol{R}_0$。

一切形如 $\boldsymbol{Z}=\boldsymbol{a}\boldsymbol{X}$ 中，且与 z_1 不相关，使方差达到极大值者，称为 $\boldsymbol{X}$ 的第二主成分，记为：$z_2=\beta_2\boldsymbol{X}$，$\beta_2\in\boldsymbol{R}_0$。

类似地，假设前 $k-1$ 个主成分已知，一切形如 $\boldsymbol{Z}=\boldsymbol{a}\boldsymbol{X}$ 中，且与 $z_1,z_2,\cdots,z_{k-1}$ 不相关，使方差达到最大值者，称为 $\boldsymbol{X}$ 的第 k 个主成分，记为：$z_k=\beta_k\boldsymbol{X}$，$\beta_k\in\boldsymbol{R}_0(k=1,2,\cdots,n)$。

定义中 $\boldsymbol{X}$ 的第 k 个主成分 $z_k=\beta_k\boldsymbol{X}$ 的线性系数如何确定呢？这由下面的定理来回答：

定理　设 $E(\boldsymbol{X})=0$，$E(\boldsymbol{X}\boldsymbol{X}^{\mathrm{T}})=\sigma$（可以证明 σ 是实对称的非负定的 n 阶协方差矩阵）；σ 的 n 个不同的特征根记为 $\lambda_1\geq\lambda_2\geq\cdots\geq\lambda_n\geq0$，则 $\boldsymbol{X}$ 的第 k 个主分量 $z_k=\beta_k\boldsymbol{X}$ 的线性系数 β_k 为 λ_k 的单位化的特征向量（证明略）。

至此，n 维空间的 n 个主成分已定义。为了便于理解，下面仅以二维空间为例，直观地说明主成分的含义。

设两个随机变量取值的一组样本如图 3-13 所示，在二维空间内，根据这组样本可以确立两个主成分，如图 3-13 中的 z_1 和 z_2。z_1 为第一主成分，其指标取值（样本）沿 z_1 方向分布范围最大，即方差最大。此时沿 z_1 方向对样本的区分能力最大，即 z_1 可在很大程度上综合由原来 X_1、X_2 两个指标反映的信息。与 z_1 不相关（即垂直）且使沿该方向样本分布范围最大者为 z_2，故 z_2 为第二主成分。

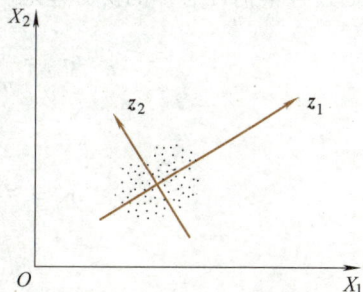

图 3-13　二维空间的主成分示意图

2. 主成分的计算

设 $\boldsymbol{X}$ 为 n 维空间的随机变量，且 $E(\boldsymbol{X})=0$，$\sigma=E(\boldsymbol{X}\boldsymbol{X}^{\mathrm{T}})$，则

$$\sigma=E(\boldsymbol{X}\boldsymbol{X}^{\mathrm{T}})=E(\boldsymbol{X})E(\boldsymbol{X}^{\mathrm{T}})+\mathrm{cov}(\boldsymbol{X}\boldsymbol{X}^{\mathrm{T}})=\mathrm{cov}(\boldsymbol{X}\boldsymbol{X}^{\mathrm{T}})$$

即 σ 为一实对称的 n 阶协方差矩阵，可以证明 σ 具有 n 个大于零的特征根，记为：$\lambda_1>\lambda_2>\cdots>\lambda_n>0$，则 $\boldsymbol{X}$ 的第 k 个主成分 $z_k=\beta_k\boldsymbol{X}$ 的线性系数 β_k 为 σ 的第 k 个特征根 λ_k 的单纯化特征向量，如此可求得 n 个主成分。

3. 样本的主成分计算

设 n 个随机变量（n 个指标）取值的一组样本见表 3-3。

表 3-3 n 个指标取值的一组样本数据

样本	指标			
	X_1	X_2	$\cdots$	X_n
1	Y_{11}	Y_{12}	$\cdots$	Y_{1n}
2	Y_{21}	Y_{22}	$\cdots$	Y_{2n}
$\vdots$	$\vdots$	$\vdots$		$\vdots$
m	Y_{m1}	Y_{m2}	$\cdots$	Y_{mn}

（1）对样本进行标准化处理。其计算式为

$$X_{ij} = \frac{Y_{ij} - \overline{Y}_j}{S_j}$$

其中

$$\overline{Y}_j = \frac{1}{m} \sum_{i=1}^{m} Y_{ij} \qquad (j = 1, 2, \cdots, n)$$

$$S_j^2 = \frac{1}{m-1} \sum_{i=1}^{m} (Y_{ij} - \overline{Y}_j)^2 \qquad (j = 1, 2, \cdots, n)$$

标准化处理的作用有：①消除原来各指标的量纲，使各指标之间具有可比性；②使标准化后的样本满足 $E(\boldsymbol{X}) = 0$。可以证明，标准化后的样本满足 $E(\boldsymbol{X}) = 0$，$D(\boldsymbol{X}) = 1$。

（2）利用标准化后的样本估计 $\boldsymbol{\sigma}$。由 $\boldsymbol{\sigma} = E(\boldsymbol{XX}^{\mathrm{T}}) = \mathrm{cov}(\boldsymbol{XX}^{\mathrm{T}})$ 可知，此处的工作就是通过样本估计总体的协方差矩阵。可以证明下述两种估计都是无偏估计

$$\sigma_{ij} = \frac{1}{m-1} \sum_{k=1}^{m} X_{ki} X_{kj} \qquad (i, j = 1, 2, \cdots, n)$$

$$\sigma_{ij} = \frac{\sum\limits_{k=1}^{m} X_{ki} X_{kj}}{\sqrt{\sum\limits_{k=1}^{m} X_{ki}^2 \sum\limits_{k=1}^{m} X_{kj}^2}} \qquad (i, j = 1, 2, \cdots, n)$$

于是，得到一个实对称的协方差矩阵 $\boldsymbol{\sigma}$。

（3）计算各主成分。根据前面得到的协方差矩阵 $\boldsymbol{\sigma}$ 即可得到 n 个非负特征根 $\lambda_1 > \lambda_2 > \cdots > \lambda_n > 0$，从而得到 n 个单位化特征向量，构成一个正交矩阵，记为 $\boldsymbol{a}$，则

$$\boldsymbol{a} = \begin{pmatrix} a_{11} & a_{12} & \cdots & a_{1n} \\ a_{21} & a_{22} & \cdots & a_{2n} \\ \vdots & \vdots & & \vdots \\ a_{n1} & a_{n2} & \cdots & a_{nn} \end{pmatrix}$$

a_{ij} 中的 i 为第 i 个主分量，j 为第 j 个主分量。

对于 m 个样本中的第 k 个样本，根据 $\boldsymbol{Z}_k = a_k \boldsymbol{X}$，则可得到 n 个主成分如下

$$\begin{pmatrix} Z_{k1} \\ Z_{k2} \\ \vdots \\ Z_{kn} \end{pmatrix} = \begin{pmatrix} a_{11} & a_{12} & \cdots & a_{1n} \\ a_{21} & a_{22} & \cdots & a_{2n} \\ \vdots & \vdots & & \vdots \\ a_{n1} & a_{n2} & \cdots & a_{nn} \end{pmatrix} \begin{pmatrix} X_{k1} \\ X_{k2} \\ \vdots \\ X_{kn} \end{pmatrix}$$

对于全部的 m 个样本则有

$$\begin{pmatrix} Z_{11} & Z_{12} & \cdots & Z_{m1} \\ Z_{12} & Z_{22} & \cdots & Z_{m2} \\ \vdots & \vdots & & \vdots \\ Z_{1n} & Z_{2n} & \cdots & Z_{mn} \end{pmatrix} = \begin{pmatrix} a_{11} & a_{12} & \cdots & a_{1n} \\ a_{21} & a_{22} & \cdots & a_{2n} \\ \vdots & \vdots & & \vdots \\ a_{n1} & a_{n2} & \cdots & a_{nn} \end{pmatrix} \begin{pmatrix} X_{11} & X_{12} & \cdots & X_{m1} \\ X_{12} & X_{22} & \cdots & X_{m2} \\ \vdots & \vdots & & \vdots \\ X_{1n} & X_{2n} & \cdots & X_{mn} \end{pmatrix}$$

即
$$Z_0^{\mathrm{T}} = a X_0^{\mathrm{T}}$$

整理得
$$Z_0 = X_0 a^{\mathrm{T}}$$

式中　Z_0——样本主成分；

　　　X_0——标准化的样本。

至此，可以把由原来研究 X_0 转化为研究 Z_0 的问题，并且 Z_0 中的各主成分是线性无关的。但是 Z_0 只是将原来的线性相关的一组随机变量转化为线性无关的随机变量，其主成分仍为 n 个，并没有减少指标的数量。下面介绍如何减少主成分的个数，将多指标分析转化为少数指标分析的问题，并且在研究少数指标的变化规律后，再通过这少数几个指标将原始样本的 n 个指标计算出来，达到分析的目的。

（二）样本主成分选择及原指标对主成分的回归

1. 主成分选择

为了合理地选择少数几个主成分来有效地描述原来 n 个指标所构成的一组样本，要引入主成分贡献率的概念及其计算方法。

若 λ_i 为协方差矩阵 σ 的第 i 个特征根，则 $\lambda_k / \sum\limits_{i=1}^{n} \lambda_i$ 为第 k 个主成分的贡献率；$\sum\limits_{i=1}^{r} \lambda_i /$ $\sum\limits_{i=1}^{n} \lambda_i$ 为第 r 个主成分的累计贡献率。

样本前 r 个主成分的累计贡献率表明了前 r 个主成分能够反映原样本信息量的程度。当其达到一定水平时，说明采用前 r 个主成分来描述原样本所包含的信息量已经可以达到要求。例如，当 $n=5$，$\lambda_1=3.0$，$\lambda_2=1.5$，$\lambda_3=0.3$，$\lambda_4=0.15$，$\lambda_5=0.05$ 时，$(\lambda_1+\lambda_2)/\sum\limits_{i=1}^{5}\lambda_i=$ $(3.0+1.5)/(3.0+1.5+0.3+0.15+0.05)=0.9$，说明前两个主成分即能反映 90% 原来 5 个指标的信息量，从而在一定水平下可将多个指标转换成用少数几个指标来处理分析、研究、预测和评价的工作，并得到有关总体的结论。但是有时运用这个研究结果时，还必须知道它们所对应的原始的 n 个指标的取值，因此，还要给出根据已知主成分求原始指标的方法。

2. 原指标对主成分的回归

设 X 为原指标列向量，Z 为主成分列向量，则原指标对主成分的回归问题即为在 $X = BZ$ 中如何确定回归系数矩阵 B 的问题。

由 $Z = aX$ 可得 $a^{\mathrm{T}}Z = a^{\mathrm{T}}aX$，因 a 为正交矩阵，故 $a^{\mathrm{T}} = a^{-1}$，即 $a^{\mathrm{T}}a = a^{-1}a = I$，所以上式变为：$X = a^{\mathrm{T}}Z$，即回归系数矩阵 $B = a^{\mathrm{T}}$，于是可以根据主成分反求原指标。

当取其前 r 个主成分时，上式为

$$\begin{pmatrix} X_1 \\ X_2 \\ \vdots \\ X_n \end{pmatrix} = \begin{pmatrix} a_{11} & a_{21} & \cdots & a_{r1} \\ a_{12} & a_{22} & \cdots & a_{r2} \\ \vdots & \vdots & & \vdots \\ a_{1n} & a_{2n} & \cdots & a_{rn} \end{pmatrix} \begin{pmatrix} Z_1 \\ Z_2 \\ \vdots \\ Z_r \end{pmatrix}$$

综上所述，将多个线性相关的随机变量转换成少数线性无关的随机变量来研究，使被研究的问题简化而实用，且又能根据研究结果推算原指标的取值。

（三）主成分分析的应用

例 3-2　为了全面分析某城市制造类企业的经济效益，选择了 8 个不同的利润指标以及 14 家企业。这些企业关于这 8 个指标的统计数据见表 3-4，为了评估各企业效益高低，试进行主成分分析。

表 3-4　14 家企业利润指标的统计数据

企业序号	利润指标							
	净产值利润率（%）x_{i1}	固定资产利润率（%）x_{i2}	总产值利润率（%）x_{i3}	销售收入利润率（%）x_{i4}	产品成本利润率（%）x_{i5}	物耗利润率（%）x_{i6}	人均利润/（千元/人）x_{i7}	流动资金利润率（%）x_{i8}
1	40.4	24.7	7.2	6.1	8.3	8.7	2.442	20.0
2	25.0	12.7	11.2	11.0	12.9	20.2	3.542	9.1
3	13.2	3.3	3.9	4.3	4.4	5.5	0.578	3.6
4	22.3	6.7	5.6	3.7	6.0	7.4	0.176	7.3
5	34.3	11.8	7.1	7.1	8.0	8.9	1.726	27.5
6	35.6	12.5	16.4	16.7	22.8	29.3	3.017	26.6
7	22.0	7.8	9.9	10.2	12.6	17.6	0.847	10.6
8	48.4	13.9	10.9	9.9	10.9	13.9	1.772	17.8
9	40.6	19.1	19.8	19.0	29.7	39.6	2.449	35.8
10	24.8	8.0	9.8	8.9	11.9	16.2	0.789	13.7
11	12.5	9.7	4.2	4.2	4.6	6.5	0.874	3.9
12	1.8	0.6	0.7	0.7	0.8	1.1	0.056	1.0
13	32.3	13.9	9.4	8.3	9.8	13.3	2.126	17.1
14	38.5	9.1	11.3	9.5	12.2	16.4	1.327	11.6

解：样本均值向量为

$$\bar{x} = (27.979 \quad 10.950 \quad 9.100 \quad 8.543 \quad 11.064 \quad 14.614 \quad 1.552 \quad 14.686)^T$$ 样本协方差矩阵为

$$S = \begin{pmatrix} 168.333 & 60.357 & 45.757 & 41.215 & 57.906 & 71.672 & 8.602 & 101.620 \\ & 37.207 & 16.825 & 15.505 & 23.535 & 29.029 & 4.785 & 44.023 \\ & & 24.843 & 24.335 & 36.478 & 49.278 & 3.629 & 39.410 \\ & & & 24.423 & 36.283 & 49.146 & 3.675 & 38.718 \\ & & & & 56.046 & 75.404 & 5.002 & 59.723 \\ & & & & & 103.018 & 6.821 & 74.523 \\ & & & & & & 1.137 & 6.722 \\ & & & & & & & 102.707 \end{pmatrix}$$

由于 S 中主对角线元素差异较大，因此从样本相关矩阵 R 出发进行主成分分析。样本相关矩阵 R 为

$$R = \begin{pmatrix} 1 & 0.76266 & 0.70758 & 0.64281 & 0.59617 & 0.54426 & 0.62178 & 0.77285 \\ & 1 & 0.55341 & 0.51434 & 0.51538 & 0.46888 & 0.73562 & 0.71214 \\ & & 1 & 0.98793 & 0.9776 & 0.97409 & 0.68282 & 0.78019 \\ & & & 1 & 0.98071 & 0.9798 & 0.69735 & 0.77306 \\ & & & & 1 & 0.99235 & 0.62663 & 0.78718 \\ & & & & & 1 & 0.6303 & 0.72449 \\ & & & & & & 1 & 0.62202 \\ & & & & & & & 1 \end{pmatrix}$$

矩阵 R 的特征值及相应的特征向量见表3-5。

表 3-5　矩阵 R 的特征值及相应的特征向量

特征值	特征向量							
6.1366	0.32113	0.29516	0.38912	0.38472	0.37955	0.37087	0.31996	0.35546
1.0421	-0.4151	-0.59766	0.22974	0.27869	0.31632	0.37151	-0.27814	-0.15684
0.43595	-0.45123	0.10303	-0.039895	0.053874	-0.037292	0.075186	0.77059	-0.42478
0.22037	-0.66817	0.36336	-0.22596	-0.11081	0.14874	0.069353	-0.13495	0.55949
0.15191	-0.038217	0.62435	0.12273	-0.036909	0.15928	0.21062	-0.43006	-0.58105
0.0088274	-0.10167	0.13584	-0.15811	0.86226	-0.25204	-0.34506	-0.13934	-0.026557
0.0029624	0.1596	-0.061134	-0.53966	0.046606	0.7609	-0.27809	0.06203	-0.13126
0.0012238	0.19295	-0.031987	-0.64176	0.11002	-0.25397	0.68791	-0.006045	-0.0054031

R 的特征值及贡献率见表3-6。

表 3-6　**R** 的特征值及贡献率

特征值	贡献率	累计贡献率
6.1366	0.76708	0.76708
1.0421	0.13027	0.89734
0.43595	0.054494	0.95184
0.22037	0.027547	0.97938
0.15191	0.018988	0.99837
0.0088274	0.0011034	0.99948
0.0029624	0.0003703	0.99985
0.0012238	0.00015297	1

前 3 个标准化样本主成分累计贡献率已达到 95.184%，故只需取前三个主成分即可。

前 3 个标准化样本主成分中各标准化变量 $x_i^* = (x_i - \bar{x}_i)/\sqrt{s_{ii}}\ (i=1,2,\cdots,8)$ 前的系数即为对应的特征向量，由此得到 3 个标准化样本主成分

$$\begin{cases} y_1 = 0.32113x_1^* + 0.29516x_2^* + 0.38912x_3^* + 0.38472x_4^* + 0.37955x_5^* + 0.37087x_6^* + \\ \quad 0.31996x_7^* + 0.35546x_8^* \\ y_2 = -0.4151x_1^* - 0.59766x_2^* + 0.22974x_3^* + 0.27869x_4^* + 0.31632x_5^* + 0.37151x_6^* - \\ \quad 0.27814x_7^* - 0.15684x_8^* \\ y_3 = -0.45123x_1^* + 0.10303x_2^* - 0.039895x_3^* + 0.053874x_4^* - 0.037292x_5^* + \\ \quad 0.075186x_6^* + 0.77059x_7^* - 0.42478x_8^* \end{cases}$$

注意到，y_1 近似是 8 个标准化变量 $x_i^* = (x_i - \bar{x}_i)/\sqrt{s_{ii}}\ (i=1,2,\cdots,8)$ 的等权重之和，是反映各企业总效益大小的综合指标，y_1 的值越大，则企业的效益越好。由于 y_1 的贡献率高达 76.708%，故若用 y_1 的得分值对各企业进行排序，能从整体上反映企业之间的效益差别。将 **S** 中 s_{ii} 的值及 $\bar{x}$ 中各 $\bar{x}_i$ 的值以及各企业关于 x_i 的观测值代入 y_1 的表达式中，可求得各企业 y_1 的得分及其按得分由小到大的排序结果，见表 3-7。

表 3-7　企业效益得分

企业序号	得分	企业序号	得分
12	-0.97354	5	0.016879
4	-0.64856	8	0.17711
3	-0.62743	13	0.18925
11	-0.48558	1	0.29351
10	-0.21949	2	0.65315
7	-0.189	6	0.85566
14	-0.004803	9	0.96285

由表 3-7 可知，第 9 家企业的效益最好，第 12 家企业的效益最差。

二、聚类分析

物以类聚、人以群分，这句话反映了事物某些本质属性的内在联系。按照事物属性的内在联系规律和一定的要求，对事物进行分类研究的方法叫作聚类分析。聚类分析可将样本或变量按亲疏的程度进行分类。描述亲疏程度通常用两种方法：一是把样本或变量看成 p 维空间的一个点，定义点与点之间的距离；另一种是用样本间的相似系数来描述其亲疏程度。有了距离和相似系数就可定量地对样本进行分组，根据分类函数将差异最小的两类归成一组，组和组之间再按分类函数进一步归类，直到所有样本归成一类为止。

在聚类分析过程中，首先应对原始数据进行处理。样本的不同指标一般有不同量纲和数量级，因此，在比较时先要对数据进行变换处理。

设样本数为 n，变量数为 m，则原始观测数据 x_{ij} 表示第 i 个样本的第 j 个指标变量，用矩阵 x 表示样本矩阵，则有

$$x = \begin{pmatrix} x_{11} & x_{12} & \cdots & x_{1m} \\ x_{21} & x_{22} & \cdots & x_{2m} \\ \vdots & \vdots & & \vdots \\ x_{n1} & x_{n2} & \cdots & x_{nm} \end{pmatrix}$$

对原始数据进行标准化变换，即取

$$x_{ij}' = \frac{x_{ij} - \overline{x}_j}{S_j} \quad (i=1,2,\cdots,n; \ j=1,2,\cdots,m)$$

其中
$$\overline{x}_j = \frac{1}{n} \sum_{i=1}^{n} x_{ij}$$

$$S_j = \sqrt{\frac{1}{n-1} \sum_{i=1}^{n} (x_{ij} - \overline{x}_j)^2} \quad (j=1,2,\cdots,m)$$

如用 d_{ij} 表示第 i 个样本和第 j 个样本间的距离，则 d_{ij} 有多种表示方式，常用的有闵可夫斯基（Minkowski）距离。即

$$d_{ij}(q) = \sqrt[q]{\sum_{k=1}^{m} (x_{ik} - x_{jk})^q}$$

当 $q=2$ 时，得欧氏距离，其在聚类分析中有广泛的应用。

$$d_{ij}(2) = \sqrt{\sum_{k=1}^{m} (x_{ik} - x_{jk})^2} \quad (i,j=1,2,\cdots,n)$$

在聚类分析中，也可以使用欧氏平方距离（即欧氏距离的平方）来计算样本间的距离，以减少计算量。

下面通过实例来说明聚类分析的过程。

例3-3 世界各国资源分布很不均匀，通过调查 22 个国家的森林和草原等分布状况，可用 4 个指标变量来进行聚类分析。其原始数据见表3-8。

经标准化处理后，得出每列数据的均值为 0、方差为 1 的变换结果，见表3-9。由于进行了标准化处理，使不同量纲和不同数量级的原始数据可放在一起进行比较，并且数据分布具有一定的稳定性。

表 3-8　原始数据

序号	国别	森林面积/万 ha	森林覆盖率（%）	林木蓄积量/亿 m³	草原面积/万 ha
1	M1	11978	12.5	93.5	31908
2	M2	28446	30.4	202.0	23754
3	M3	2501	67.2	24.8	58
4	M4	732	29.4	10.5	475
5	M5	210	8.6	1.5	1147
6	M6	1458	26.7	16.0	1283
7	M7	635	21.1	3.6	514
8	M8	32613	32.7	192.8	2385
9	M9	10700	13.9	10.5	45190
10	M10	92000	41.1	841.5	37370
11	M11	296	27.30	3.50	124
12	M12	458	35.8	8.9	168
13	M13	868	27.80	11.4	405
14	M14	161	17.4	2.5	129
15	M15	929	36.30	11.4	640
16	M16	634	26.7	11.3	447
17	M17	385	34.70	2.5	200
18	M18	6748	20.50	29.0	1200
19	M19	12180	84.00	33.7	1200
20	M20	1490	16.1	0.8	2090
21	M21	4850	24.6	32.6	7450
22	M22	57500	67.6	238.0	15900

（资料来源：罗积玉，邢瑛. 经济统计分析方法及预测 [M]. 北京：清华大学出版社，1985：158. 有改动）

表 3-9　标准化变换后的结果

序号	1	2	3	4
1	−0.0085	−1.0303	0.0678	1.7454
2	0.7152	−0.0810	0.6572	1.1523
3	−0.4250	1.8707	−0.3053	−0.5712
4	−0.5027	−0.1340	−0.3830	−0.5408
5	−0.5257	−1.2372	−0.4319	−0.4920
6	−0.4708	−0.2772	−0.3531	−0.4817
7	−0.5070	−0.5742	−0.4205	−0.5380
8	0.8983	0.0410	0.6072	−0.4019
9	−0.0647	−0.9561	−0.3830	2.7114

（续）

序号	1	2	3	4
10	3.5082	0.4865	4.1309	2.1426
11	−0.5219	−0.2454	−0.4210	−0.5664
12	−0.5148	0.2054	−0.3917	−0.5632
13	−0.4968	−0.2189	−0.3781	−0.5459
14	−0.5278	−0.7704	−0.4265	−0.5660
15	−0.4941	0.2319	−0.3781	−0.5288
16	−0.5070	−0.2772	−0.3787	−0.5429
17	−0.5180	0.1471	−0.4265	−0.5608
18	−0.2383	−0.6060	−0.2825	−0.4881
19	0.0004	2.7617	−0.2570	−0.4881
20	−0.4694	−0.8394	−0.4357	−0.4234
21	−0.3218	−0.3886	−0.2630	−0.0335
22	1.9921	1.8919	0.8527	0.5811

求取以上 22 个样本的欧氏距离，可得 $d_{ij}(2)=d_{ji}(2)$，因此，距离矩阵是对称矩阵，而且 $d_{ii}(2)=0$。故距离矩阵的计算结果可用表 3-10 列出。

表 3-10 距离矩阵的计算结果

	1	2	3	4	5	6	7	8	9	10	11	12	13	14	15	16	17	18	19	20	21
2	1.46																				
3	3.75	3.00																			
4	2.55	2.33	2.01																		
5	2.36	2.60	3.11	1.10																	
6	2.43	2.27	2.15	0.17	0.96																
7	2.43	2.40	2.45	0.45	0.66	0.32															
8	2.62	1.57	2.44	1.73	2.18	1.70	1.85														
9	1.07	2.21	4.35	3.38	3.25	3.29	3.30	3.55													
10	5.60	4.60	6.67	6.64	6.86	6.59	6.72	5.09	5.96												
11	2.54	2.38	2.12	0.10	0.99	0.14	0.33	1.78	3.39	6.70											
12	2.71	2.37	1.67	0.35	1.45	0.49	0.78	1.75	3.50	6.64	0.45										
13	2.52	2.33	2.09	0.10	1.02	0.10	0.36	1.73	3.37	6.64	0.00	0.42									
14	2.43	2.48	2.65	0.64	0.47	0.51	0.20	1.95	3.32	6.78	0.53	0.97	0.56								
15	2.68	2.34	1.64	0.36	1.47	0.51	0.81	1.99	3.48	6.60	0.48	0.00	0.45	1.00							
16	2.50	2.34	2.15	0.14	0.96	0.10	0.30	1.75	3.35	6.65	0.00	0.48	0.00	0.50	0.51						
17	2.69	2.38	1.73	0.28	1.39	0.44	0.72	1.76	3.48	6.66	0.39	0.00	0.37	0.92	0.10	0.42					
18	2.31	2.18	2.49	0.56	0.71	0.41	0.30	1.58	3.22	6.45	0.49	0.87	0.48	0.37	0.88	0.44	0.82				
19	4.41	3.48	0.99	2.94	4.04	3.08	3.38	2.99	4.91	6.61	3.06	2.61	3.02	3.58	2.58	3.08	2.67	3.38			
20	2.28	2.38	2.72	0.72	0.41	0.57	0.30	1.93	3.16	6.71	0.62	1.06	0.63	0.14	1.08	0.57	0.99	0.37	3.64		
21	1.94	1.85	2.33	0.61	1.00	0.49	0.59	1.60	2.82	6.28	0.61	0.83	0.58	0.71	0.82	0.57	0.79	0.51	3.20	0.64	
22	3.81	2.43	2.92	3.62	4.35	3.65	3.90	2.38	4.29	4.18	3.72	3.46	3.66	4.05	3.42	3.71	3.51	3.69	2.66	4.02	3.49

$d_{ij}(2)$ 数值越大，表明 i 样本和 j 样本的差别越大。例如 M10 的林木资源最丰富，因此，表 3-10 中第 9 行第 5 列的数值相对较大，最大距离是 $d_{9,5}(2)$，表明 M10 与 M5 的差

别最大。表 3-10 中最小元素为 0，表明相比较的两个国家这一指标无差别，可归为一类。然后由小到大逐步归类，这是一种有效的聚类方法。

聚类分析不仅可用于对样本进行分类，而且还可用于对指标变量进行分类，后者又可表示变量间的亲疏程度。不论是对样品还是对变量，均可用相关系数表示。例如要研究变量 y_i 和 y_j 的相似程度，如前所述，可用相关系数公式表示为

$$r_{ij} = \frac{\sum\limits_{k=1}^{n} (x_{ki}-\bar{x}_i)(x_{kj}-\bar{x}_j)}{\sqrt{\left[\sum\limits_{k=1}^{n}(x_{ki}-\bar{x}_i)^2\right]\left[\sum\limits_{k=1}^{n}(x_{kj}-\bar{x}_j)^2\right]}}$$

上式中，分子表示两个指标变量的协方差，分母为两个变量的标准差的积。r_{ij} 不受量纲的影响，而且 $r_{ij}(i=j)=1$，即 r_{ii} 为自相关系数。$r_{ij}(i \neq j)$ 的取值范围为 $-1 \sim 1$。相关系数又称相关相似系数。

用相关相似系数分析表 3-9 中的 22 个样本的相似程度，可列出表 3-11。

表 3-11　22 个样本间的相关相似系数矩阵

	1	2	3	4	5	6	7	8	9	10	11	12	13	14	15	16	17	18	19	20	21
2	0.941																				
3	-0.765	-0.936																			
4	-0.830	-0.960	0.959																		
5	0.697	0.885	-0.985	-0.895																	
6	-0.794	-0.893	0.850	0.964	-0.746																
7	0.103	0.335	-0.582	-0.330	0.713	-0.083															
8	-0.465	-0.139	-0.210	-0.081	0.275	-0.013	0.574														
9	0.967	0.841	-0.596	-0.722	0.499	-0.745	0.153	-0.631													
10	0.269	0.556	-0.807	-0.633	0.877	-0.450	0.905	0.668	0.023												
11	-0.855	-0.964	0.939	0.997	-0.865	0.975	-0.267	-0.019	-0.763	-0.577											
12	-0.794	-0.952	0.993	0.985	-0.957	0.906	-0.485	-0.168	-0.648	-0.746	0.972										
13	-0.859	-0.955	0.915	0.991	-0.831	0.985	-0.205	0.015	-0.783	-0.527	0.998	0.955									
14	0.452	0.686	-0.873	-0.700	0.942	-0.498	0.905	0.470	0.210	0.970	-0.652	-0.811	-0.602								
15	-0.781	-0.946	0.995	0.981	-0.963	0.898	-0.505	-0.189	-0.630	-0.763	0.966	1.000	0.948	-0.824							
16	-0.840	-0.922	0.863	0.971	-0.762	0.997	-0.095	0.045	-0.790	-0.443	0.984	0.916	0.993	-0.510	0.907						
17	-0.786	-0.948	0.996	0.979	-0.967	0.891	-0.515	-0.182	-0.633	-0.766	0.964	0.999	0.945	-0.830	1.000	0.902					
18	0.114	0.441	-0.727	-0.596	0.774	-0.470	0.782	0.821	-0.109	0.954	-0.539	-0.686	-0.498	0.860	-0.703	-0.440	-0.700				
19	-0.784	-0.939	0.993	0.932	-0.991	0.802	-0.625	-0.160	-0.609	-0.807	0.912	0.977	0.884	-0.893	0.979	0.822	0.983	-0.695			
20	0.757	0.924	-0.994	-0.925	0.996	-0.790	0.650	0.201	0.575	0.831	-0.902	-0.975	-0.872	0.909	-0.978	-0.809	-0.982	0.725	-0.999		
21	0.981	0.866	-0.649	-0.708	0.591	-0.665	0.048	-0.607	0.968	0.145	-0.738	-0.673	-0.722	0.355	-0.658	-0.722	-0.666	-0.046	-0.686	0.654	
22	-0.778	-0.679	0.540	0.453	-0.577	0.289	-0.395	0.504	-0.691	-0.280	0.459	0.501	0.436	-0.503	0.496	0.362	0.512	0.003	0.625	-0.603	-0.848

用相关相似系数进行变量聚类的步骤如下：

（1）找出相关相似系数矩阵中非对角线上的最大元素 R_{pq}，即

$$R_{pq} = \max_{\substack{x_i \in G_p \\ x_j \in G_q}} r_{ij}$$

式中　G_p、G_q——样本中选出的两个最相似类。

（2）将 G_p 和 G_q 归为一类，记为 G_r

$$G_r = \{G_p, G_q\}$$

（3）计算新类 G_r 与其他类的相关相似系数，求新的聚类。新的聚类系数可用下式求取

$$R_{rk} = \max_{\substack{x_r \in G_r \\ x_j \in G_k}} r_{rj} = \max\{R_{pk}, R_{qk}\}$$

式中 G_k——尚未聚类的样本。

R_{pk}、R_{qk} 有两种选法：一种选法是按最相似值取，即

$$R_{pk} = \max_{\substack{x_i \in G_p \\ x_j \in G_k}} r_{ij}; \quad R_{qk} = \max_{\substack{x_i \in G_q \\ x_j \in G_k}} r_{ij}$$

另一种选法是保留相关相似系数小的值，即取

$$R_{pk} = \min_{\substack{x_i \in G_p \\ x_j \in G_k}} r_{ij}; \quad R_{qk} = \min_{\substack{x_i \in G_q \\ x_j \in G_k}} r_{ij}$$

两种选法所得聚类结构相同，只是各类间的相似值不同。由 G_r 和 G_k 构成新的相似矩阵 $\boldsymbol{R}_1$。

（4）对 $\boldsymbol{R}_1$ 再进行上述步骤得到 $\boldsymbol{R}_2$，继续进行聚类，直到所有样本归为一类为止。

以上方法同样可对变量进行归类。表 3-8 中有四个变量：森林面积、森林覆盖率、林木蓄积量和草原面积。变量间的相关相似系数在-1 到+1 间取值，+1 表示变量变化关系一致，-1 表示相反。由于变量相似矩阵也是对称矩阵，因此只需标出下三角矩阵即可，即

$$\boldsymbol{R}_0 = \begin{array}{c} \\ x_1 \\ x_2 \\ x_3 \\ x_4 \end{array} \begin{array}{cccc} x_1 & x_2 & x_3 & x_4 \\ \left(\begin{array}{cccc} 1 & & & \\ 0.334 & 1 & & \\ 0.950 & 0.217 & 1 & \\ 0.597 & -0.117 & 0.569 & 1 \end{array}\right) \end{array}$$

可以看出，$\boldsymbol{R}_0$ 的最大元素 $R_{pq} = R_{31} = 0.950$，于是可先将 x_3、x_1 归为一类，称之为 G_5，用第二种算法计算 x_2、x_4 与 G_5 的最小相似值，即

$$R_{52} = \min\{r_{12}, r_{23}\} = \min\{0.334, 0.217\} = 0.217$$
$$R_{54} = \min\{r_{14}, r_{34}\} = \min\{0.597, 0.569\} = 0.569$$

可得到新的相似系数矩阵

$$\boldsymbol{R}_1 = \begin{array}{c} \\ G_5 \\ G_2 \\ G_4 \end{array} \begin{array}{ccc} G_5 & G_2 & G_4 \\ \left(\begin{array}{ccc} 1 & & \\ 0.217 & 1 & \\ 0.569 & -0.117 & 1 \end{array}\right) \end{array}$$

在 $\boldsymbol{R}_1$ 中找到最大元素 0.569，于是将 G_4 和 G_5 归为一类得 G_6，再求出 x_2 和 G_6 的相关相似系数最小值，即

$$R_{62} = \min\{r_{25}, r_{42}\} = \min\{0.217, -0.117\} = -0.117$$

于是得到新的相似系数矩阵

$$\boldsymbol{R}_2 = \begin{array}{c} \\ G_6 \\ G_2 \end{array} \begin{array}{cc} G_6 & G_2 \\ \left(\begin{array}{cc} 1 & \\ -0.117 & 1 \end{array}\right) \end{array}$$

最后将 G_2 和 G_6 合并得 G_7。这样得到的聚类谱系图如图 3-14 所示。从变量的含义上来看，

森林面积和林木蓄积量样本的相似性最大，也就是说，相关性最强，这是符合实际规律的。重视森林保护的国家，也常常重视草原建设，其相关性次之。而森林覆盖率与草原面积是互为矛盾的。因此，相关相似系数出现负值，在聚类谱系图上也是属于最后归类的变量。

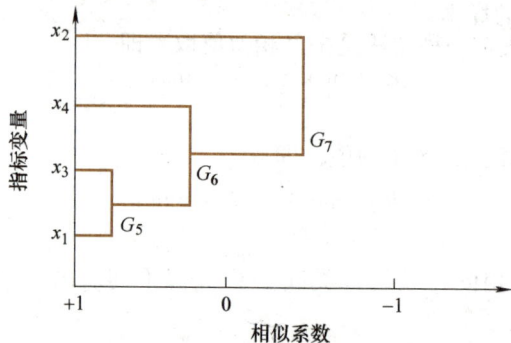

图 3-14　聚类谱系图

第四节　状态空间模型

对动态系统的定量分析是系统分析的基本问题，也是数学模型的主要用武之地。研究动态系统的行为，有两种既有联系又有区别的方法：输入-输出法和状态变量法。输入-输出法又称端部法，它只研究系统的端部特性，而不研究系统的内部结构。系统的特性用传递函数来表示。状态变量法在 20 世纪 60 年代才得到推广使用。它仍然是处理系统的输入和输出间的关系的。但是在这些关系中，还附加另一组变量，即状态变量。在物理系统中，典型的变量有：位置（与势能有关）、速度（与动能有关）、电容上的电压（与它们存储的电能有关）、电感上的电流（与它们存储的磁能有关）、温度（与热能有关）。状态变量法可用于线性的或非线性的、时变的或时不变的以及多输入或多输出的系统，并且更适合仿真和使用计算机，故得到广泛应用。

一、系统的状态和状态变量

（1）状态。状态是指为完全描述 $t \geqslant t_0$ 时系统行为所需变量的最小集合，该集合构成状态空间。完全描述的条件包括：①已知系统 $t \geqslant t_0$ 时的输入；②已知 t_0 时刻集合中所有变量的值（初始条件）。

（2）状态变量。上述最小变量集合中的每个变量称为状态变量。

例 3-4　一般力学装置由三种基本元件组成，即质量块、弹簧和阻尼器，如图 3-4 所示。根据元件的受力和力的平衡法则可以建立状态方程。根据力的平衡法则有

$$m \frac{\mathrm{d}^2 x}{\mathrm{d}t^2} + B \frac{\mathrm{d}x}{\mathrm{d}t} + kx = F(t)$$

因为
$$\frac{\mathrm{d}^2 x}{\mathrm{d}t^2} = -\frac{B}{m}\frac{\mathrm{d}x}{\mathrm{d}t} - \frac{k}{m}x + \frac{1}{m}F(t)$$

所以 $\mathrm{d}x/\mathrm{d}t$ 和 x 是完全描述系统行为的最小集合（状态）。

令
$$x_2 = \frac{\mathrm{d}x}{\mathrm{d}t}, \quad x_1 = x(x_1、x_2 \text{ 即为状态变量})$$

即
$$x_2 = \frac{\mathrm{d}x_1}{\mathrm{d}t}, \quad \dot{x}_2 = \frac{\mathrm{d}^2 x}{\mathrm{d}t^2} = -\frac{B}{m}x_2 - \frac{k}{m}x_1 + \frac{1}{m}F(t)$$

整理得
$$\begin{cases} \dot{x}_1 = x_2 \\ \dot{x}_2 = -\frac{k}{m}x_1 - \frac{B}{m}x_2 + \frac{1}{m}F(t) \end{cases}$$

故状态方程为
$$\dot{X} = \begin{pmatrix} \dot{x}_1 \\ \dot{x}_2 \end{pmatrix} = \begin{pmatrix} 0 & 1 \\ -\dfrac{k}{m} & -\dfrac{B}{m} \end{pmatrix} \begin{pmatrix} x_1 \\ x_2 \end{pmatrix} + \begin{pmatrix} 0 \\ \dfrac{1}{m} \end{pmatrix} F(t)$$

二、微分方程与连续变量的状态空间表达式

连续动态系统的数学模型是微分方程，刻画系统的动态变量（状态变量的导数或高阶导数）对状态变量的依存关系以及状态变量之间的相互影响。

例 3-5 $y^{(n)} + a_1 y^{(n-1)} + \cdots + a_{n-1} y' + a_n y = u$

令
$$\begin{cases} x_1 = y \\ x_2 = y' \\ \vdots \\ x_n = y^{(n-1)} \end{cases}$$

则
$$\begin{cases} \dot{x}_1 = x_2 \\ \dot{x}_2 = x_3 \\ \vdots \\ \dot{x}_n = y^{(n)} = -a_n x_1 - a_{n-1} x_2 - \cdots - a_1 x_n + u \end{cases}$$

故状态方程为
$$\dot{X} = \begin{pmatrix} \dot{x}_1 \\ \dot{x}_2 \\ \vdots \\ \dot{x}_n \end{pmatrix} = \begin{pmatrix} 0 & 1 & 0 & \cdots & 0 \\ 0 & 0 & 1 & \cdots & \vdots \\ \vdots & \vdots & \vdots & & 1 \\ -a_n & -a_{n-1} & -a_{n-2} & \cdots & -a_1 \end{pmatrix} \begin{pmatrix} x_1 \\ x_2 \\ \vdots \\ x_n \end{pmatrix} + \begin{pmatrix} 0 \\ 0 \\ \vdots \\ 1 \end{pmatrix} u = AX + BU$$

这里 $U=(u)$。

因为 $y=x_1$，故有输出方程

$$y=C^{\mathrm{T}}x=(1,\ 0,\ \cdots,\ 0)\begin{pmatrix}x_1\\x_2\\\vdots\\x_n\end{pmatrix}$$

线性连续动态系统的数学模型为线性常微分方程，既可以使用一元高阶方程，也可以使用多元一阶联立方程组来描述。其一般形式为

$$\begin{cases}\dot{X}=AX+BU\ （状态方程）\quad A_{n\times n}\ 为状态转移矩阵，B_{n\times m}\ 为输入分配矩阵\\Y=CX+DU\ （输出方程）\quad C_{r\times n}\ 为输出系数矩阵，D_{r\times m}\ 为输入输出矩阵\end{cases}$$

式中　X——n 维纵向量；

　　　U——m 维纵向量；

　　　Y——r 维纵向量。

若 $U=0$，即系统未加输入，则该系统为自由系统；否则为强制系统。若 A、B、C、D 矩阵中的元素有些或全部是时间的函数，则为线性时变系统；否则为线性定常系统。

上述变换将 n 阶一元微分方程转变为 n 维一阶微分方程，表达简洁，便于分析。

三、差分方程与离散变量的状态空间表达式

（1）连续变量的离散化。将

$$\dot{X}(t)\approx\frac{X(t+h)-X(t)}{h}=AX(t)+BU(t)\quad （U\ 在区间\ [t,t+h]\ 为定量）$$

$$X(t+h)=X(t)+hAX(t)+hBU(t)=(I+hA)X(t)+BhU(t)\quad （I\ 为单位矩阵）$$

改写为

$$X(t+h)=A^*X(t)+B^*U(t)$$

即将连续变量离散化。

对于线性定常离散系统（有 n 个状态变量、m 个输入和 r 个输出），可用下列矩阵方程来描述

$$\begin{cases}x(k+1)=Ax(k)+BU(k)\\y(k)=Cx(k)+DU(k)\end{cases}\quad （k=0,1,2,3,\cdots）$$

（2）差分方程导出离散变量。很多离散系统的输入输出关系可用差分方程来描述。应指出，差分方程的描述可以变为状态方程的描述。

例 3-6　$Y(t)+C_1Y(t-1)+C_2Y(t-2)+\cdots+C_rY(t-r)=U(t)$

令　　　$$\begin{cases}x_1(t)=y(t-r)\\x_2(t)=y(t-r+1)\\\vdots\\x_r(t)=y(t-1)\end{cases}$$

则可得下列状态方程

$$\begin{cases} x_1(t+1)=x_2(t) \\ x_2(t+1)=x_3(t) \\ \quad\vdots \\ x_{r-1}(t+1)=x_r(t) \\ x_r(t+1)=-c_r x_1(t)-c_{r-1}x_2(t)-c_1 x_r(t)+u(t) \end{cases}$$

即

$$X(t+1)=\begin{pmatrix} x_1(t+1) \\ x_2(t+1) \\ \vdots \\ x_r(t+1) \end{pmatrix}=\begin{pmatrix} 0 & 1 & 0 & \cdots & 0 \\ 0 & 0 & 1 & \cdots & 0 \\ \vdots & \vdots & \vdots & & \vdots \\ 0 & 0 & 0 & \cdots & 1 \\ -c_r & -c_{r-1} & -c_{r-2} & \cdots & -c_1 \end{pmatrix}X(t)+\begin{pmatrix} 0 \\ 0 \\ \vdots \\ 0 \\ 1 \end{pmatrix}U(t)$$

四、状态方程的应用

（一）宏观经济模型

考虑下列四个经济变量间的关系（所有单位为：元）：C——消费支出；P——价格水平；W——工资水平；M——货币供应。

用来描述以上四个变量间相互关系的典型方程组为

$$\begin{cases} C(k)=\alpha_1 C(k-1)+\alpha_2 P(k-1)+\alpha_3 W(k-1)+\alpha_4 W(k-2) \\ P(k)=\beta_1 P(k-1)+\beta_2 W(k-1)+\beta_3 W(k-2)+\beta_4 M(k-1) \\ W(k)=\gamma_1 P(k-3)+\gamma_2 C(k-1) \end{cases}$$

式中　α、β、γ——参数；

　　C、P、W——内生变量；

　　　　　M——外生（政策）变量，可用于研究政府货币供应对 C、P、W 的影响。

现在要用状态方程来表示上述三个典型方程式。在离散时间状态变量的表达式中，一般形式是下列向量差分方程

$$x(k+1)=f(x(k),\ u(k))$$

对于线性定常系统，应为 $x(k+1)=Ax(k)+Bu(k)$ 的形式。从直观角度来看，应选取 $C(k)$、$P(k)$、$W(k)$ 作为状态变量，但是上述三个方程式并不是这样的形式，如 $W(k-2)$ 出现在方程式的右端，$P(k-3)$ 出现在 $W(k)$ 式的右端。因为式 $x(k+1)=f(x(k),\ u(k))$ 只允许有一个时间滞后的状态变量出现在方程的右端，所以必须予以变换。

下面导出其状态方程，令

$$\begin{cases} u(k)=M(k) \\ x_1(k)=C(k) \\ x_2(k)=P(k) \\ x_3(k)=W(k) \\ x_4(k)=x_3(k-1)=W(k-1) \\ x_5(k)=x_2(k-1)=P(k-1) \\ x_6(k)=x_5(k-1)=P(k-2) \end{cases}$$

得
$$\begin{cases} x_1(k)=\alpha_1 x_1(k-1)+\alpha_2 x_2(k-1)+\alpha_3 x_3(k-1)+\alpha_4 x_4(k-1) \\ x_2(k)=\beta_1 x_2(k-1)+\beta_2 x_3(k-1)+\beta_3 x_4(k-1)+\beta_4 u(k-1) \\ x_3(k)=\gamma_2 x_1(k-1)+\gamma_1 x_6(k-1) \end{cases}$$

上述三个方程已具有状态变量表示式的正确结构，再加上

$$x_4(k)=x_3(k-1)$$
$$x_5(k)=x_2(k-1)$$
$$x_6(k)=x_5(k-1)$$

共六个状态变量，这样便可以得到状态变量的矩阵形式

$$\begin{pmatrix} x_1(k) \\ x_2(k) \\ x_3(k) \\ x_4(k) \\ x_5(k) \\ x_6(k) \end{pmatrix} = \begin{pmatrix} \alpha_1 & \alpha_2 & \alpha_3 & \alpha_4 & 0 & 0 \\ 0 & \beta_1 & \beta_2 & \beta_3 & 0 & 0 \\ \gamma_2 & 0 & 0 & 0 & 0 & \gamma_1 \\ 0 & 0 & 1 & 0 & 0 & 0 \\ 0 & 1 & 0 & 0 & 0 & 0 \\ 0 & 0 & 0 & 0 & 1 & 0 \end{pmatrix} \begin{pmatrix} x_1(k-1) \\ x_2(k-1) \\ x_3(k-1) \\ x_4(k-1) \\ x_5(k-1) \\ x_6(k-1) \end{pmatrix} + \begin{pmatrix} 0 \\ \beta_4 \\ 0 \\ 0 \\ 0 \\ 0 \end{pmatrix} u(k-1)$$

（二）人口模型

（1）人口过程分析。

对个体：人口经历出生→成长→死亡三个过程，可用图 3-15 表示。

对群体：涉及迁移、出生、存留问题。

图 3-15　对个体的过程描述

可采用下面的表达式和图形（图 3-16）进行描述：

t 年 i 岁人口数＝$t-1$ 年 $i-1$ 岁人口存留数－$[t-1,t]$ 年间迁出的该年龄的人口数＋$[t-1,t]$ 年间迁入的该年龄的人口数

t 年 1 岁人口数＝$[t-1,t]$ 年期间新出生人口数＋$[t-1,t]$ 年期间该年龄人口迁入迁出之差

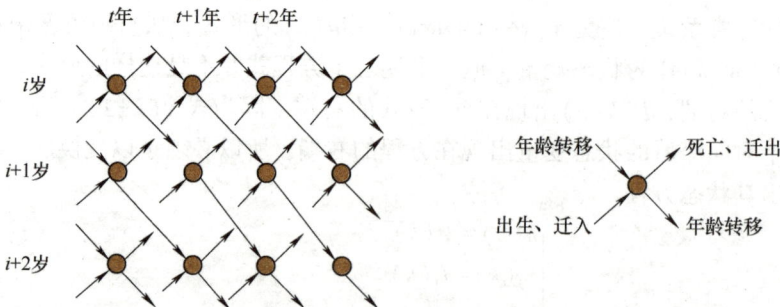

图 3-16　对某个群体的过程描述

影响人口出生的因素有：婚姻状况、育龄、胎数等；影响成长的因素有：健康状况、保健营养等。将这些因素抽象化，以便进行数量描述，可把它们抽象成女性比、育龄分布、胎数、死亡率、平均寿命等。

（2）人口数学模型。

$$X(t+1)=H(t)X(t)+\beta(t)B(t)X(t)+F(t)$$

其中

$$X(t)=\begin{pmatrix} x_1(t) \\ x_2(t) \\ \vdots \\ x_m(t) \end{pmatrix}$$，表示人口状态，m 值为最高年龄；

$$H(t)=\begin{pmatrix} 0 & 0 & \cdots & 0 & 0 \\ 1-\mu_1(t) & 0 & \cdots & 0 & 0 \\ 0 & 1-\mu_2(t) & \cdots & 0 & 0 \\ \vdots & \vdots & & \vdots & \vdots \\ 0 & 0 & \cdots & 1-\mu_{m-1}(t) & 0 \end{pmatrix}_{m\times m}$$，表示转移矩阵，且 $\mu_i(t)$ 为 i 岁死

亡率；

$\beta(t)$ 为综合生育率；

$$B(t)=\begin{pmatrix} 0 & 0 & \cdots & b_{r_1}(t) & b_{r_2}(t) & 0 & \cdots & 0 \\ 0 & 0 & \cdots & & & 0 & \cdots & 0 \\ \vdots & \vdots & & & & \vdots & & \vdots \\ 0 & 0 & \cdots & & & 0 & & 0 \end{pmatrix}$$，表示妇女生育矩阵，且 $b_{r_i}(t)=$

$k_i(t)h_i(t)$，$k_i(t)$ 为 i 岁女性比，$h_i(t)$ 为生育模式，$\sum_{i=b_{r_1}}^{b_{r_2}} h_i(t)=1$；

$F(t)$ 为干扰向量；

$\beta(t)$、$h_i(t)$ 为政策变量，而且它们为可控变量。

（3）人口常用统计指标。

人口总数 $P=\sum x_i$ 人口平均年龄 $=\dfrac{1}{m}\sum\limits_{i=1}^{m} ix_i(t)$

出生率 = 新生儿童 / 总人口   死亡率 = 死亡人数 / 总人口

自然增长率 $=P(t+1)/P(t)$ 劳动力指数 $=\sum\limits_{i=15}^{55} x_i \Big/ P=c$

抚养指数 $=\Big(\sum\limits_{i=0}^{14} x_i + \sum\limits_{i=56}^{m} x_i\Big)\Big/ P$ 老化系数 $=\sum\limits_{i=56}^{m} x_i \Big/ P$

（4）研究问题。利用模型可研究以下问题：

1）死亡率变化的影响。

2）人口扰动的影响。利用人口迁移达到一定的人口目标，如新的大型工程建设将会迁入大量的人口，可以用来研究迁入或迁出对人口数量、质量的影响。

3）计划生育的影响。①胎数。胎数上升导致人口上升（可能会使人口结构趋于年轻化）；胎数下降导致人口下降（可能会使人口结构趋于老龄化）。通过研究合理的胎数，可控制人口的数量和质量。②生育模式。在确定的胎数条件下，若平均生育年龄早，则

人口更新快，状态变化快，能较快地达到人口目标；若平均生育年龄迟，则人口更新慢，状态变化慢。

生育年龄区间对人口目标的影响表现为：若生育年龄区间宽，则人口状态平缓；若生育年龄区间窄，则人口状态波动明显。

因此综合研究的结论为：我国在将 $\beta(t)$ 控制在一定范围的条件下，尽量使生育年龄区间宽，平均生育年龄不宜过晚。

（三）预测产品销售量模型

表 3-12 的预测系统为一自由系统，因而可以确立如下状态转移方程

$$x(1) = Ax(0)$$
$$x(2) = Ax(1) = A^2 x(0)$$
$$\vdots$$
$$x(n+1) = A^n x(0)$$

所以只要知道 $x(0)$ 和 A 就能预测任意一年的销售情况。

由表 3-12 得到状态转移阵 A 及 $x(0)$ 如下

$$A = \begin{pmatrix} 0.4 & 0.6 & 0.6 \\ 0.3 & 0.3 & 0.1 \\ 0.3 & 0.1 & 0.3 \end{pmatrix}, \quad x(0) = \begin{pmatrix} 100 \\ 200 \\ 200 \end{pmatrix}$$

如预测下一年的销售情况，则

$$x(1) = \begin{pmatrix} 280 \\ 110 \\ 110 \end{pmatrix}$$

表 3-12   2023 年牙膏购买的产品类型转变概率

牙膏类型	生物型	药物型	普通型	购买数量
生物型	40%	60%	60%	100
药物型	30%	30%	10%	200
普通型	30%	10%	30%	200

当预测的时间较长时，A^n 计算起来很困难。但由 $T^{-1}AT = \Lambda$ 有 $A = T\Lambda T^{-1}$，则 A^n 可采用如下方法求得

$$A^n = (T\Lambda T^{-1})(T\Lambda T^{-1})(T\Lambda T^{-1}) \cdots (T\Lambda T^{-1})$$
$$= T\Lambda(T^{-1}T)\Lambda(T^{-1}T)\Lambda T^{-1} \cdots \Lambda T^{-1}$$
$$= T\Lambda\Lambda\Lambda \cdots \Lambda T^{-} = T\Lambda^n T^{-1}$$

这样可大大简化计算。

该模型可以用于平稳系统的预测，即总量基本不发生变化，只是结构发生变化。从短期看，牙膏、毛巾等消费品具有此类性质。

第五节　基于模型的系统工程

一、新形势下研究范式的变化[一]

1. 研究范畴和所依附的专业技术的变化

研究范畴要扩展到企业和企业链/生态系统，如图 3-17 所示。

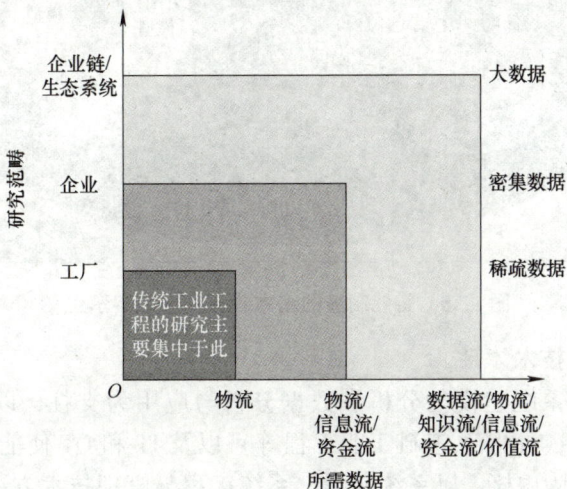

图 3-17　研究范畴扩展到企业和企业链/生态系统

所依附的专业技术的变化：数字化技术的发展，包括产品数字化、流程数字化、工厂数字化、资源数字化等，以及由此产生的 MBD、MBE 等；网络、通信与智能技术的发展，包括 5G、物联网、云计算、大数据、人工智能等技术，以及由此产生的智能制造等。智能制造的基本景象——数字孪生如图 3-18 所示。

2. 研究范式是"模型定义+数据驱动"

（1）模型定义。这里的模型是指由包括第一性原理的物理模型、数据模型、机理模型和量化优化模型构成的完整的系统模型，所有模型能够在统一环境中兼容和联合作用。模型定义是指，首先应用系统建模技术建立系统模型，然后运用软件技术建立一个"虚拟系统"，经过反复的迭代优化和仿真验证使其达到最佳状态，最后，根据"虚拟系统"的最佳状态需要，来配置和建立真实的物理系统。

（2）数据驱动。数字化企业的整个经营过程中会产生大量的产品生命周期数据（包括产品品种与结构、质量、成本、时间、人员、设备、物料、销售和售后服务等数据）

一　资料来源：吴爱华. 数智化时代工业工程学科研究范式和人才培养体系探索 [R]. 桂林：2020 年中国工业工程年会报告，2020.

和市场分析与预测、计划与控制、客户与供应商、资产与财务等管理数据。这些数据以及经营过程中出现的各种场景需要运用数据科学和人工智能的方法进行分析，进而形成各种科学决策，以及企业模型的优化重构建议。

图 3-18　智能制造的基本景象——数字孪生

3. 数智化企业的技术体系

企业技术体系以系统建模与分析和数据分析与应用为支柱，以工业工程核心技术（包括生产计划、质量、物流、基础工业工程等）以及 IT 和 OT 使能技术（包括云计算、大数据、物联网等）为内核，以系统科学、系统工程与管理技术方法和专业技术方法为基础形成企业模型定义和企业设计的架构，如图 3-19 所示。

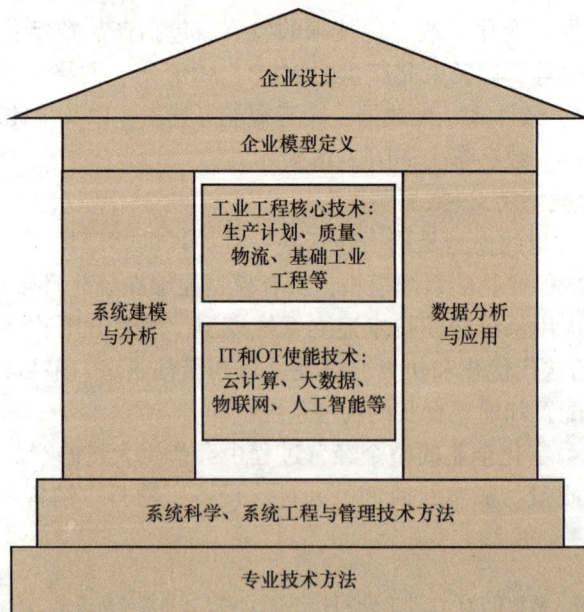

图 3-19　企业技术体系

二、基于模型的系统工程的架构

1. 传统基于文档的系统工程场景

传统基于文档的系统工程场景存在的问题包括：系统层无法建立模型，只有系统之下的专业系统（软件、硬件）才能建立模型；系统层只能用文档来表述，系统中的各种要素及其关系表达不清，易造成不同的理解；只能到整个工程物理实现后才能验证最初的设计方案是否正确；出现问题或工程更改无法进行追溯；系统的"涌现性"无法表达；不易复用过去的经验模型。

2. 基于模型的系统工程的组成与特点

基于模型的系统工程（Model-Based Systems Engineering，MBSE）于 2007 年的 IN-COSE（系统工程国际委员会）国际研讨会上首次提出。它由系统建模语言、系统建模方法和系统建模工具三部分组成，可以对一个复杂系统用多种视图予以描述，并通过需求分析、功能分析、逻辑设计、物理设计的基本方法论，实现对复杂系统内部各个层次和不同层次间各种要素之间的关联以及系统与外部的接口关系等进行详细的规划、设计、迭代优化与仿真验证。图 3-20 为系统工程 V 形模型，反映从需求开始，到系统架构，经过软件、机械与电子系统，再到系统综合与验证，最终到系统确认的过程。

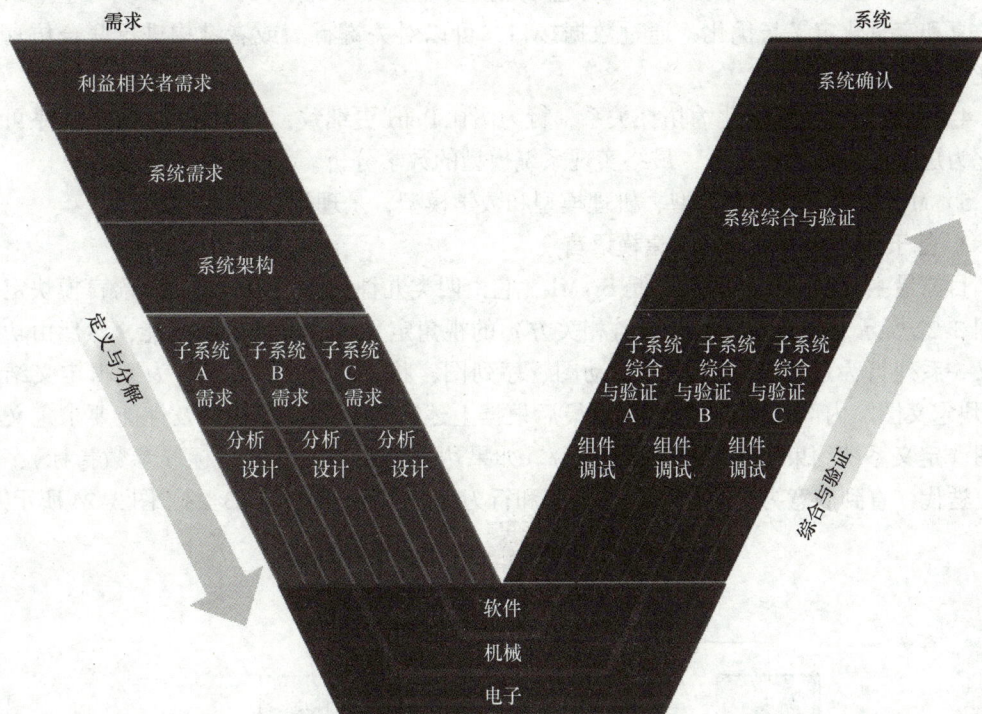

图 3-20　系统工程的 V 形模型

区别于基于文档的系统工程，MBSE 的模型管理系统的整个规范是一个互联的信息网络，而不是分散在各专业领域、需要专门的人员来管理的无法搜索、导航和应用的文档。

从基于文档到基于模型的系统工程如图 3-21 所示。

今天：通过立档相关的独立模式　　　　未来：具有多视角和与学科模型连接的共享系统模式

图 3-21　从基于文档到基于模型的系统工程

MBSE 的主要特点有：

1）MBSE 支持系统需求、分析、设计、确认和验证活动，这些活动从概念设计阶段开始，贯穿整个开发过程及后续的生命周期阶段。

2）MBSE 适用于真实物理系统、虚拟空间的数字模型、抽象的系统等一切对象系统，并且能够通过模型化的方法，实现对象的统一。

3）在描述系统结构和行为时，通过约束模块和参数图的定义，可以实现对整个系统的仿真和定量化定义与优化；通过数据接口，可以对关键行为或者结构进行联合仿真来验证系统机理。

4）系统结构可以转化为拓扑关系，行为图比 Petri 更细致，系统要素之间的关系可以转化为矩阵进行表达和分析，最终实现系统模型的数学分析。

5）MBSE 统一了物理模型、机理模型和数学模型，是理想的系统方法论。

3. 基于模型的系统工程的建模语言

目前最主流的系统建模语言是 SysML，它由四类九种视图组成，SysML 语言模块定义如图 3-22 所示。首先从用户（利益相关方）的视角定义需求的功能和性能，然后由功能定义一系列行为逻辑（用例图、活动图、序列图、状态机图），再由行为逻辑定义结构（模块定义图、内部模块图、包图），最后根据上述行为逻辑、结构以及性能要求定义参数图（定义系统约束，用数学模型优化）。如果达不到系统的性能目标（参数指标），则反复迭代，直到满意为止。结构静态视图和行为动态视图分别如图 3-23、图 3-24 所示。

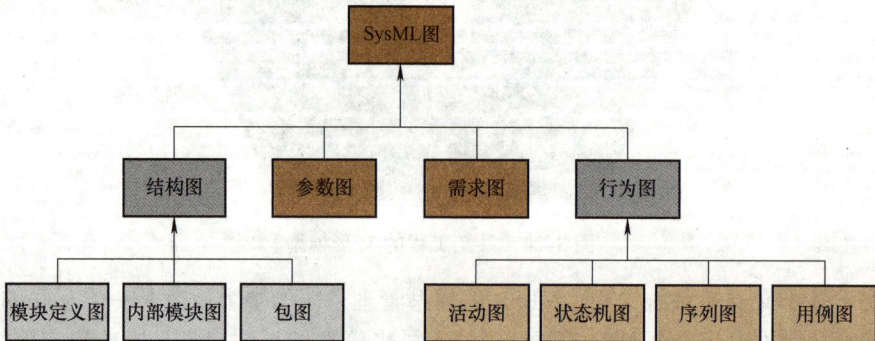

图 3-22　SysML 语言模块定义

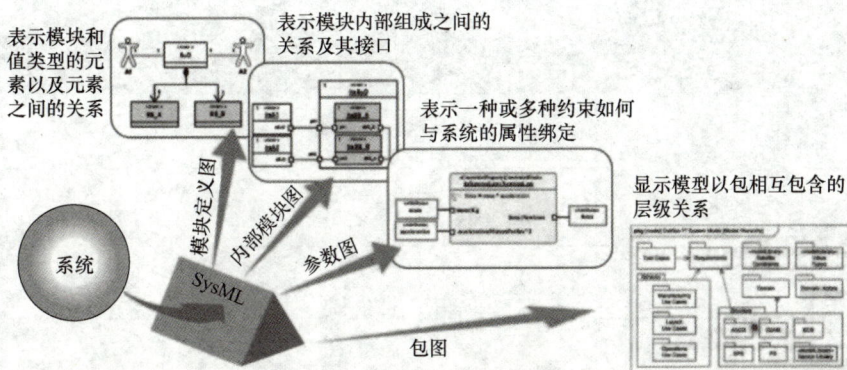

表示模块和值类型的元素以及元素之间的关系

表示模块内部组成之间的关系及其接口

表示一种或多种约束如何与系统的属性绑定

显示模型以包相互包含的层级关系

模块定义图

内部模块图

参数图

包图

系统

SysML

图 3-23 结构静态视图

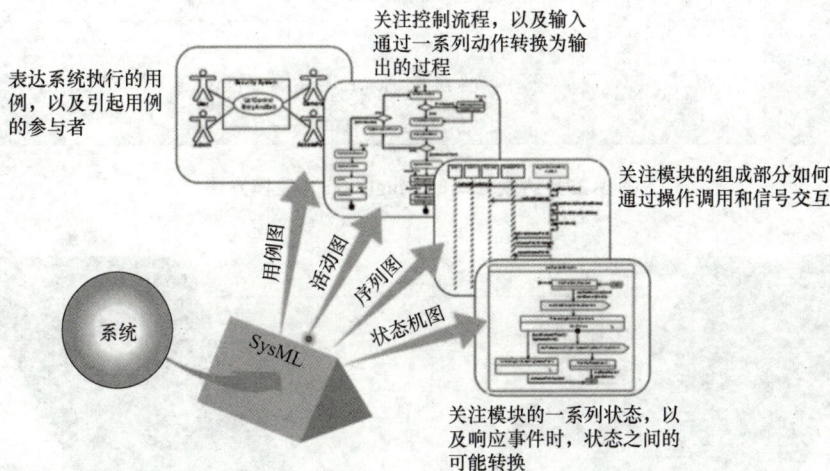

表达系统执行的用例，以及引起用例的参与者

关注控制流程，以及输入通过一系列动作转换为输出的过程

关注模块的组成部分如何通过操作调用和信号交互

用例图

活动图

序列图

状态机图

关注模块的一系列状态，以及响应事件时，状态之间的可能转换

系统

SysML

图 3-24 行为动态视图

三、基于模型的系统工程的方法论

MBSE 不是用 SysML 建立九种视图就结束了，其建模过程要遵循需求分析、功能分析、逻辑设计等思路和方法。达索公司的 Magic Grid 建模方法如图 3-25 所示。

MBSE 是更具系统性和先进性的建模方法和方法论，确保了其在建模和系统开发上的优势。其优势主要有：

1）提高设计质量。如一致的系统工程语言，需求问题的早期识别，增强了系统设计的完整性，改进了硬件和软件分配需求的规范，集成和测试过程中的错误更少等。

2）提高工作效率。如可追溯性改进工程变更的影响分析，改善跨多学科团队的互动，提高沟通效率，自动生成文档等。

3）降低风险。如早期、持续的需求验证和设计验证等。系统早期的迭代验证如图 3-26 所示。

4）便于实现真正的创新设计。如从需求背景开始的正向设计等。

域		核心				专业工程（安全性、保密性、人为因素）
		需求	行为	结构	参数	
问题域	黑盒	①B1-W1涉众需求	③ ④ B2用例 ②	⑤ B3系统环境	B4效能指标	
	白盒		⑥ W2功能分析	⑦ W3逻辑子系统通信	⑧ W4子系统效能指标	
解决域		⑨ S1系统需求	⑪ S2系统行为 ⑩	S3系统结构	⑫ S4系统参数	
		SS1子系统需求	…	…	…	
		⑮ C1部件需求	⑰ ⑱ C2部件行为 ⑯	C3部件结构	⑲ C4部件参数	
实现域		⑳ P1部件需求	数字模型（机械，电气，电子，软件，流体……）			

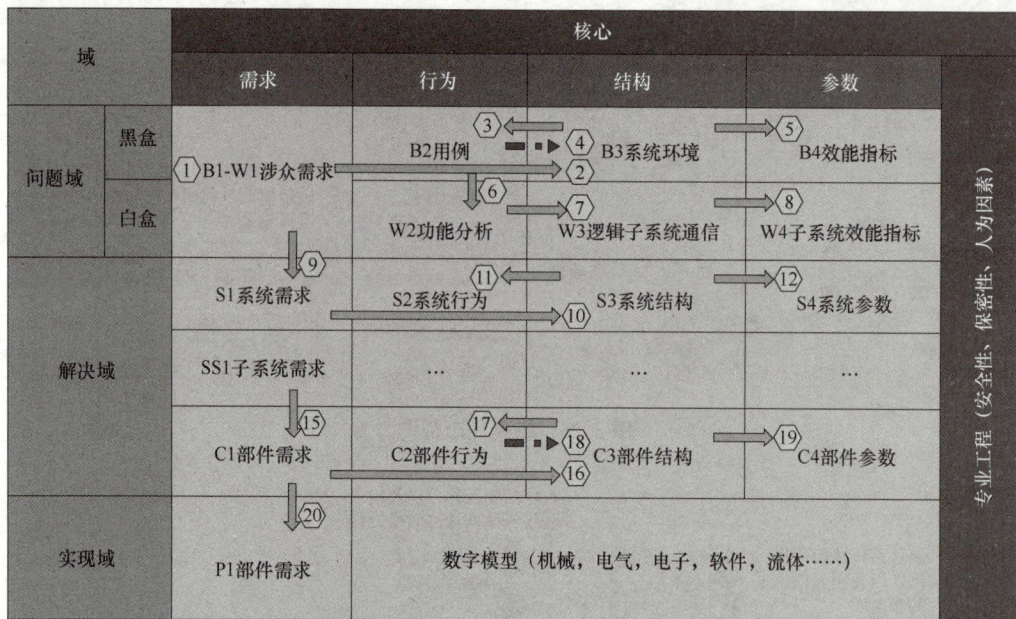

图 3-25 达索公司的 Magic Grid 建模方法

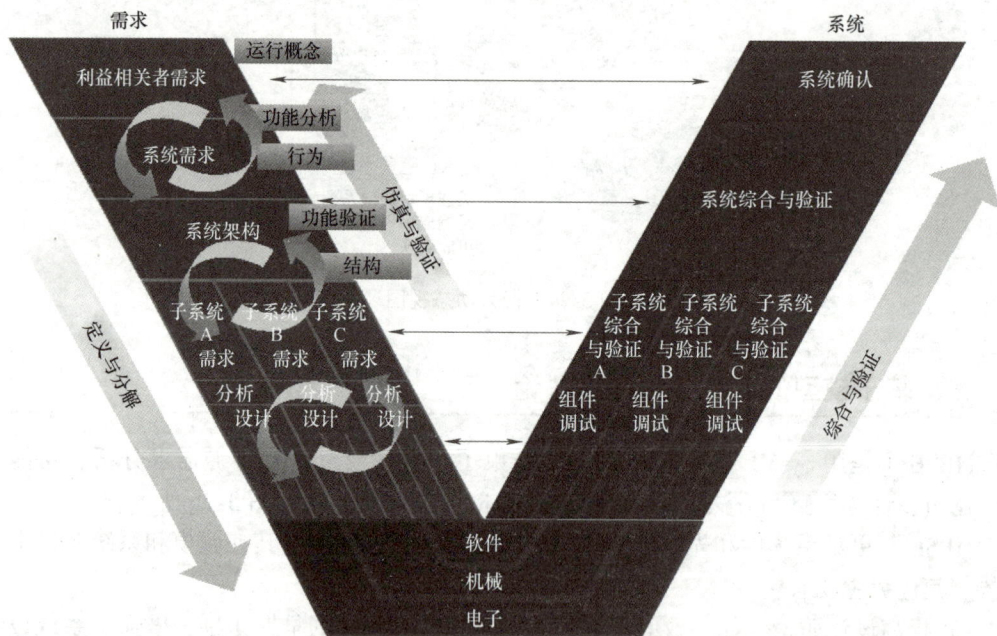

图 3-26 系统早期的迭代验证

四、基于模型的系统工程的工具链

MBSE 除了 SysML 外，还有一整套工具链，上可与描述企业架构的 TOGAF、DODAF 等体系架构的工具方法集成，下可与各种仿真优化工具、数据分析工具如 MATLAB 等连接集成，还可与领域设计工具如 CAD、CAE 等集成。把系统生命周期的数据统一到一个系统模型中，通过不同的视图按照研究需要进行呈现，但其内在是统一的。

五、基于模型的系统工程的相关案例⊖

随着新一代通信技术以及物联网、云计算、大数据、人工智能等新一代 IT 和 OT 的发展和广泛应用，数字孪生等技术作为以上技术的集大成者在工业、城市、军事等众多领域的数字化转型和智能化升级中得到了迅速广泛的应用，且仍有很大的发展空间。

1. 数字孪生是体系级的虚实映射

数字孪生涉及的技术内涵、业务逻辑、应用体系等方面相对繁杂。首先需要快速对这一领域有一个基本的认知。

数字孪生是体系级的虚实映射，它综合运用智能感知、计算、数据建模等信息技术，通过软件定义，对物理空间进行描述、诊断、预测和决策，进而实现物理空间与虚拟空间的交互映射，具体体现为：数据是基础，数据模型是核心，软件实现是载体。在实际生产中，生产的问题由人、机、料、法、环、测等因素共同作用，包括其内在因素和外部环境，是内外的失效机理共同作用的结果。在实现数字孪生系统的时候，不仅要考虑具体的物理实体，而且其所在的物理环境也要在虚拟空间中得以模拟仿真。数字孪生模型如图 3-27 所示。

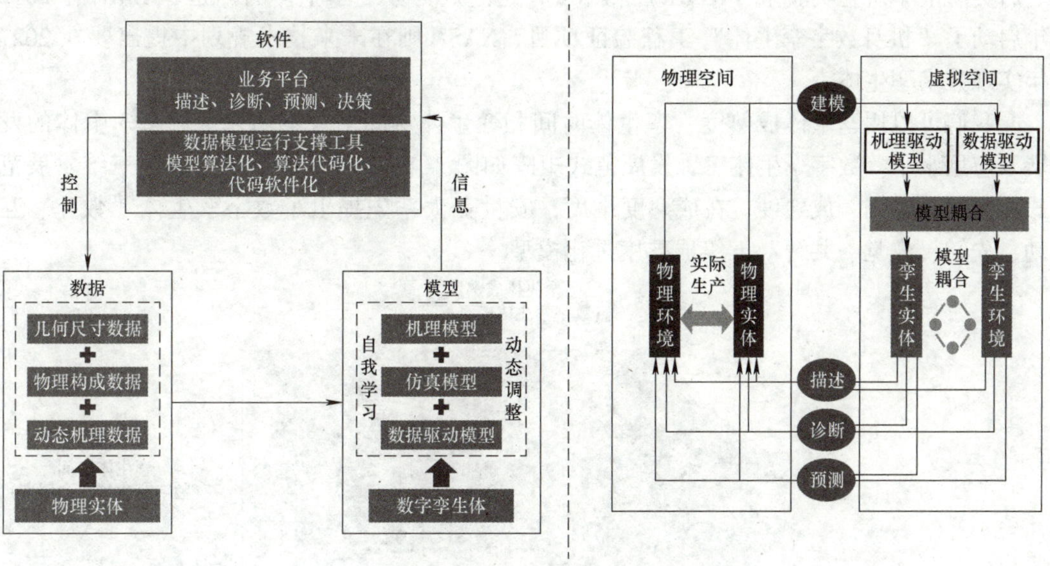

图 3-27 数字孪生模型

虚实之间到底在映射什么？

物理世界作为系统建设的基础和前提条件，首先就需要有一个针对这个物理世界的

⊖ 资料来源：邢军. 数字孪生是基于模型的工程体系.

业务目标，基于业务目标来构建数字孪生体。这是数字孪生存在的价值基础。假设我们要对一台装备的运行过程状态进行监控，并依据它的健康状态预测进行维保及生产排程，那我们就需要建立一个基于该装备的 PHM（故障预测和健康管理）模型的数字孪生体及应用。也就是说，基于"预测该装备的健康状态"的业务目标，我们需要建立该装备的数字孪生体，并在虚拟空间中构建对应业务目标的模型和模型组合，通过该装备物理实体和数字孪生体之间的数据传输，实现模型的融合与演进来描述、指导、预测甚至是控制该装备的物理实体，这就是数字孪生的本质。

数字孪生体是物理实体的虚拟映射，不仅能够实时反映物理实体的各种真实状态，而且能够有效预测其未来趋势。同时，数字孪生体也能生成反馈控制信号，对物理实体进行实时驱动控制和持续优化改进指导。数字孪生综合运用智能感知、计算、数据建模等信息技术，通过软件定义，对物理空间进行描述、诊断、预测和决策，进而实现物理空间与虚拟空间的交互映射。这其中，数据是基础，模型是核心，软件实现是载体。数字孪生是体系思维的体现，实体产品在物理空间中产生互相作用，虚拟产品在虚拟空间中表现为模型的动态融合和互动共智演化。

数字孪生技术最早于 1969 年被美国国家航空航天局（NASA）应用于阿波罗计划中，用于构建航天飞行器的孪生体，反映航天器在轨工作状态，辅助紧急事件的处置。美国国防部高级研究计划局（DARPA）于 2009 年首次提出数字孪生体（Digital Twin）概念，之后美国空军研究实验室（AFRL）和 NASA 迅速成为数字孪生体的拥趸。AFRL 在 2012 年启动了"机身数字孪生体"工程验证项目，NASA 则在未来技术规划中提出要在 2027 年实现数字孪生体。

我们可以用孪生体成熟度、孪生体时间和孪生体空间来观察、评价数字孪生体的发展及应用水平。数字孪生体三维发展范式矩阵如图 3-28 所示。数字孪生体的三维发展范式：空间、时间、成熟度。在成熟度维度，安世亚太率先提出了数字孪生体"数化、互动、先知、先觉、共智"五级成熟度进化模型。

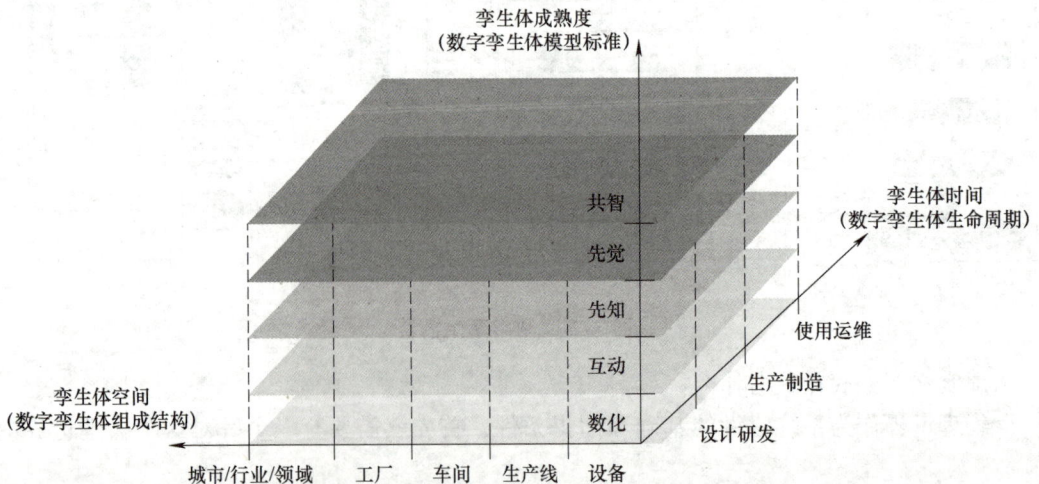

图 3-28 数字孪生体三维发展范式矩阵

2. 体系工程

20世纪90年代的海湾战争拉开了现代化战争的序幕，也让美军认识到联合作战对于提升作战能力的重要性。装备的研制过程通常使用系统工程方法来组织和管理，美国国防部在组织联合作战装备研制过程中发现，传统的系统工程方法已无法满足自身需求，需要用一种新的概念来描述联合作战系统，这就是体系（System of Systems，SoS），而体系研制的工程过程也应该有相应的工程方法与之对应。

美国国防部在一些学者研究成果的基础上，结合多个联合作战系统开发的实践经验，于2004年推出了体系的系统工程指南（Systems Engineering Guide for Systems of Systems，SoSE），作为美军联合作战体系开发和装备研制过程的工程指导。该体系工程指南提出了传统系统工程之外的七个核心要素和过程。随后体系工程在美国陆军作战指挥系统、空中作战重心（AOC）武器系统、弹道导弹防御系统（BMDS）、空军分布式通用地面系统（DCGS）、国防部情报信息系统（DoDIIS）、未来作战系统（FCS）、军事卫星通信（MIL-SATCOM）、海军一体化火控-防空（NIFC-CA）系统、战区联合战术网络等联合作战项目中开展了大量的应用与验证。

与传统的系统工程理论相比，体系工程在分析和解决不同种类的、独立的、大型的复杂系统之间的相互协调与相互操作问题时更具有针对性。体系工程是对系统工程的延伸和拓展，它更加注重将能力需求转化为体系解决方案，最终转化为现实系统。体系工程过程与系统工程过程的关系如图3-29所示。

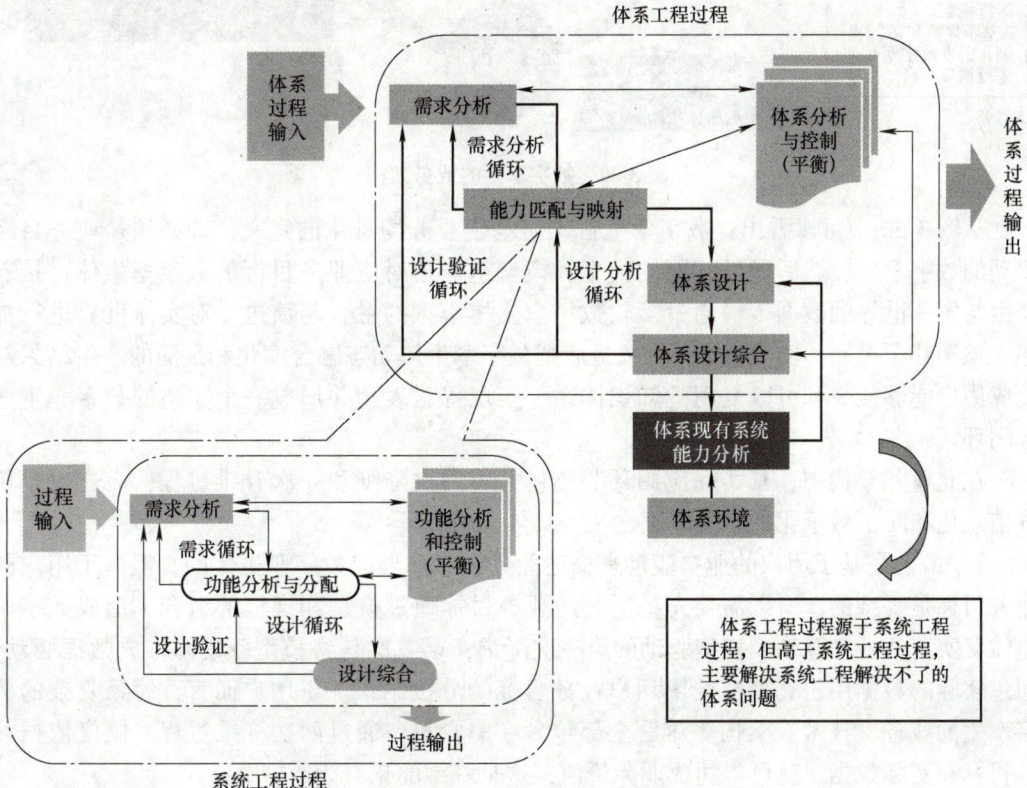

图3-29 体系工程过程与系统工程过程的关系

通过图 3-29 可以看出，体系工程以解决体系的构建与演化问题为目标，其研究对象是体系，区别于系统工程所针对的简单系统对象，在过程原理上两者之间存在本质的差异。体系工程过程存在需求分析循环、设计分析循环与设计验证循环。除此之外，还存在对体系环境与边界能力的分析。体系环境与边界能力分析同需求分析循环、设计分析循环和设计验证循环并行进行，体系工程四个方面的过程分析通过体系分析与控制活动进行平衡，通过平衡找到体系设计的合适的方案。

3. 数字孪生是基于模型的体系工程及其业务架构

数字孪生是基于模型的体系工程（MBSoSE），并基于此，进一步提出了数字孪生的业务架构（见图 3-30）。

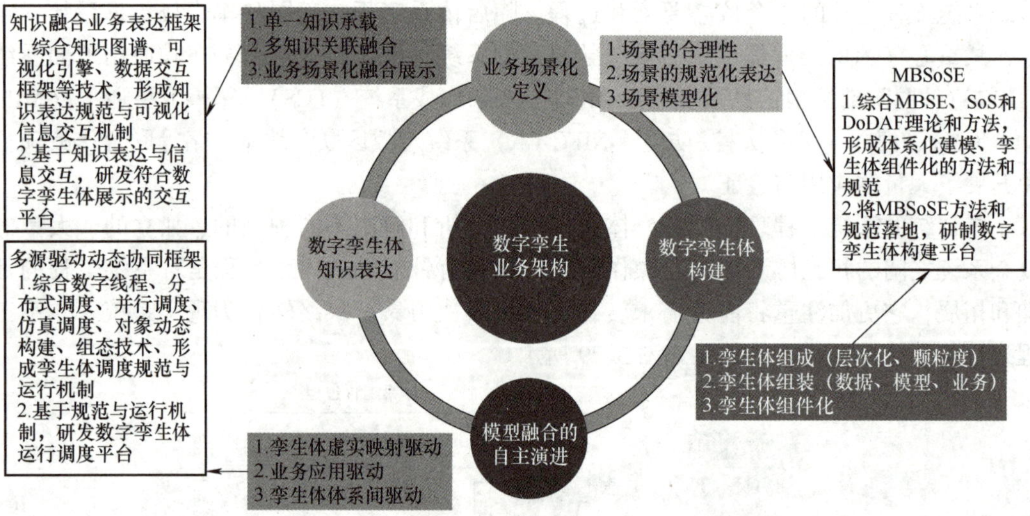

图 3-30　数字孪生的业务架构

从图 3-30 中可以看出：数字孪生首先是基于业务场景化的定义，即必须是业务目标驱动的数字孪生；然后通过不同的模型和模型组构建对应业务目标的数字孪生体；接着经由与实体世界的数据传输通过多轮数字孪生体模型的融合与演进，对实体世界进行描述、预测甚至控制，实现业务目标；最后把数字孪生体动态融合演化和预测的孪生结果封装成用户能够接受和可以复用的知识体系，实现智慧表达并形成一个完整的数字孪生业务闭环。

在此业务架构中，其实际应用环节还包含了两次降维和一次升维过程，而这也是传统信息化和时下数字化的本质差别之一。具体说明如下：

1）最初是基于用户的**业务驱动**来描述业务场景和形成数字孪生体的，但由于用户的业务目标是复杂的，所以需要先把复杂的业务目标通过模型和模型的组合来形成数字孪生体，实现从**业务驱动**到**模型驱动**的第一次降维；第二次是将**模型驱动**降维成**数据驱动**，通过实际的数据用仿真推演给出用户业务目标的分析结果。于用户而言，纷繁复杂的数字孪生的业务、技术、架构等难题全部包含在黑盒里，通过两次降维过程，仅仅依据业务目标和实际数据，就可以达成业务价值，这是降维的化繁为简。

2）一次升维过程是指通过两次降维过程获得的数字孪生体的分析结果，以用户所能接受和理解、可以复用的知识体系，通过知识结构化的融合与表达，形成智慧的应用，这是升维的聚水成涓。

3）最终通过这两次降维和一次升维过程，经由数字孪生过程实现了业务的完整闭环，展示了数字化的价值逻辑。

下面通过图 3-31 所示的工业体系场景，再梳理一遍数字孪生的业务架构。

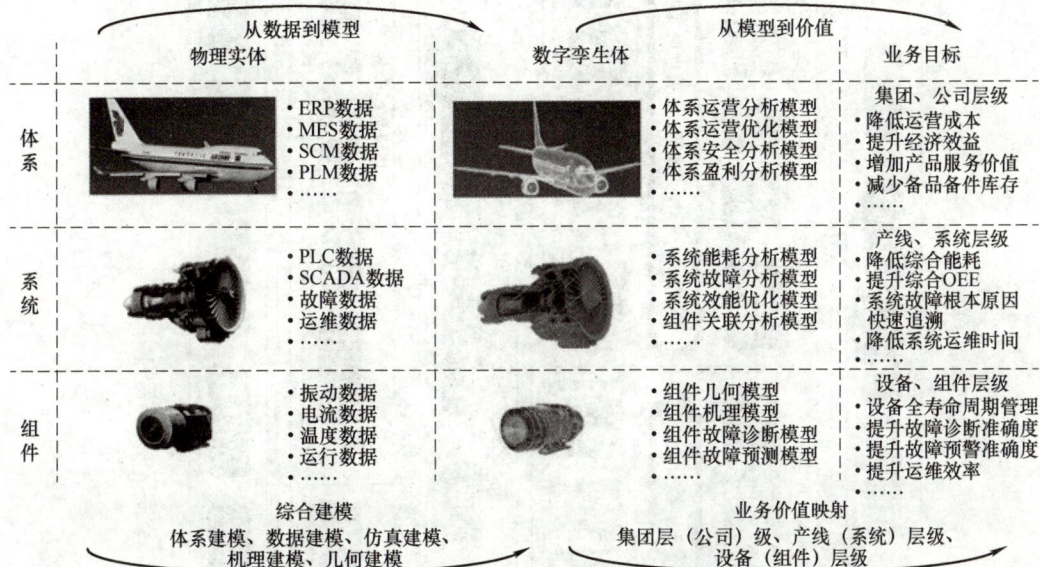

图 3-31　工业体系场景

4. 数字孪生的产品架构

基于上述数字孪生业务架构，可进一步通过我国安世亚太公司从业务视角透视的数字孪生产品整体架构来体会数字孪生从业务架构到产品架构的实现。该产品架构从下到上共分为四层，如图 3-32 所示。

1）第一层是数据源，包含了数字孪生体构建所需要的 IT 和 OT 数据。

2）第二层是统一数据管理平台，通过数据汇聚平台工具将所有的数据源汇聚起来进行统一的数据治理和大数据处理。

3）第三层是产品架构的核心层，主要包括两个核心的数字孪生产品平台：一是综合建模平台，它支撑各种不同方法、不同维度包括机理建模、数据建模和体系建模等各类建模技术，也包含不同的模型算法，通过可视化的建模过程，实现数字孪生的快速构建和部署；二是模型运行支撑平台，即 Model OS 模型操作系统，支持用户将各种模型进行融合和演进，并通过数据的实例化进行广义仿真以及给出相应的运行结果。

4）最上层是综合业务平台，是通过产品核心层的综合建模和广义仿真给出的最终运行结果，采取知识化的封装形式传递至各类业务系统，以实现用户业务的智慧化应用。

综上，数字孪生作为基于模型的体系工程，将持续推进物理世界和虚拟空间的交互与融合，在众多领域展现了其价值和潜力，并为系统工程技术的创新发展做出贡献。

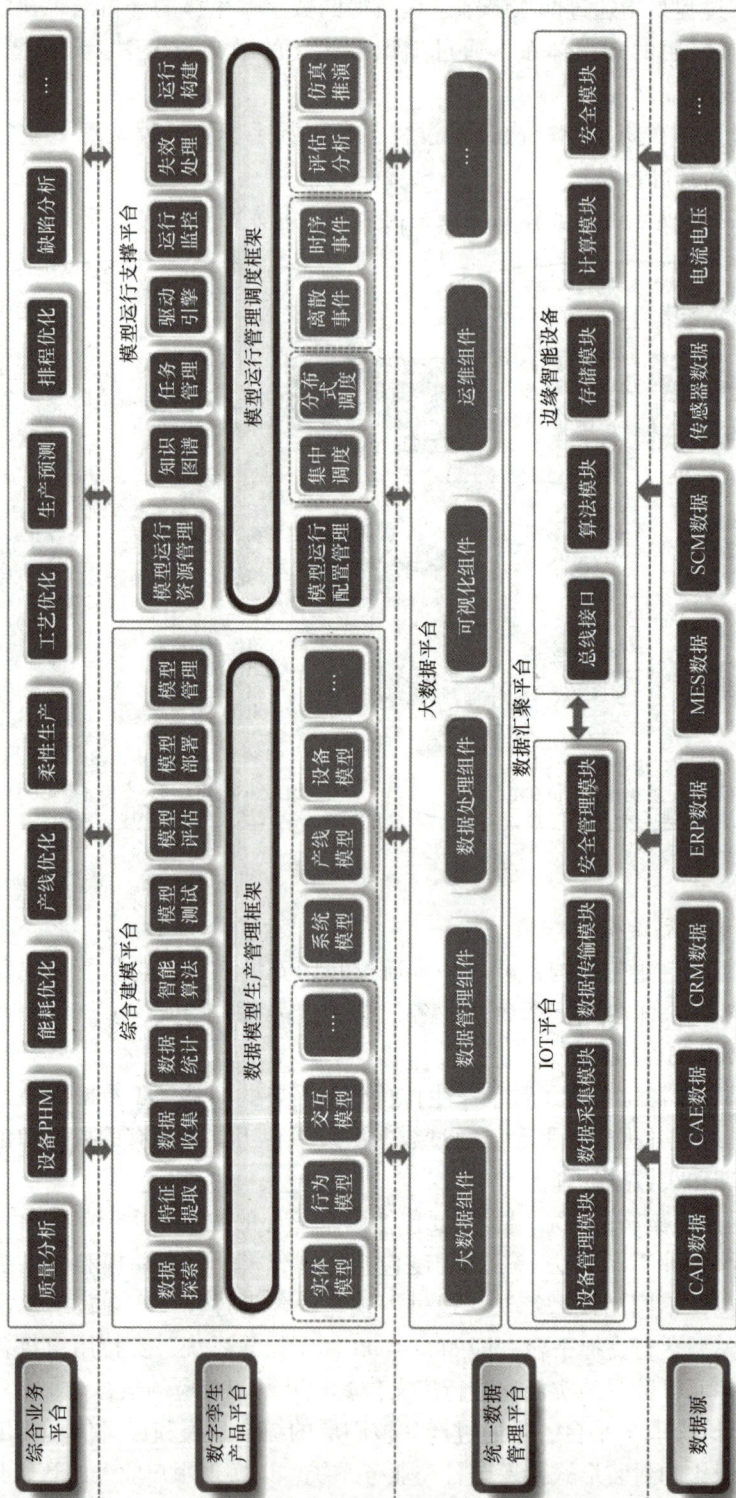

图3-32 数字孪生产品架构

思考与练习题

1. 系统模型有哪些主要特征？模型化的本质和作用是什么？

2. 系统模型有哪些不同分类方法？在管理系统工程中，哪些模型更有实用价值？

3. 如何理解各种模型化的基本方法？它们与不同种类系统模型间是何种关系？

4. 请简述结构分析在系统分析中的地位和作用。

5. 请说明系统结构三种表达方式的特点，并加以比较。

6. 简述解释结构模型的特点、作用及适用范围。

7. 为什么说级位划分是建立多级递阶结构模型的关键工作？

8. 试提出一种建立递阶结构模型的简便方法。

9. 说明主成分分析、聚类分析的基本原理及其在系统分析中的作用。

10. 请列表比较主成分分析与聚类分析的主要异同点。

11. 如何理解"状态"的概念？为什么叫作状态空间（SS）模型？

12. SS 方法的主要功能、适用条件、特色及优缺点是什么？

13. 状态空间模型也叫系统方程，系统方程在结构上有哪些突出特点？

14. 为什么将 SS 模型作为系统数学模型及量化分析方法的代表？

15. 设置或选取状态变量有何要求？应注意哪些方面？

16. 请总结通过（高阶）微分（差分）方程导出法建立状态空间模型的原理。

17. 请比较宏观经济模型、人口模型、预测产品销售量模型的异同点。

18. 在对你或你们小组所确定的某实际管理系统问题拟进行系统分析的过程中，有没有可能用到 SS 模型？为什么？

19. 哪些模型方法能与 SS 模型结合起来使用？如何结合？

20. 给定描述系统基本结构的有向图，如图 3-33 所示。要求：

(1) 写出系统要素集合 S 及 S 上的二元关系集合 R_b。

(2) 建立邻接矩阵 A、可达矩阵 M 及缩减矩阵 M'。

21. 请依据图 3-34 建立可达矩阵。

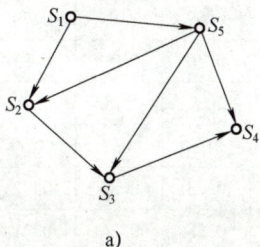

图 3-33　第 20 题图

图 3-34　第 21 题图

22. 已知下面的系统可达矩阵，分别用规范方法与实用方法建立其递阶结构模型。

$$
(1)\ M =
\begin{matrix}
 & 1\ 2\ 3\ 4\ 5\ 6\ 7 \\
1 \\
2 \\
3 \\
4 \\
5 \\
6 \\
7
\end{matrix}
\begin{pmatrix}
1\ 0\ 0\ 0\ 1\ 0\ 1 \\
0\ 1\ 0\ 0\ 0\ 0\ 0 \\
0\ 0\ 1\ 0\ 1\ 0\ 1\ 1 \\
0\ 1\ 0\ 1\ 0\ 0\ 0 \\
0\ 0\ 0\ 0\ 1\ 0\ 0 \\
0\ 0\ 1\ 0\ 1\ 0\ 1\ 1 \\
0\ 0\ 0\ 0\ 1\ 0\ 1
\end{pmatrix}
$$

$$
(2)\ M =
\begin{matrix}
 & 1\ 2\ 3\ 4\ 5\ 6\ 7\ 8 \\
1 \\
2 \\
3 \\
4 \\
5 \\
6 \\
7 \\
8
\end{matrix}
\begin{pmatrix}
1\ 1\ 0\ 1\ 0\ 0\ 0\ 0 \\
0\ 1\ 0\ 0\ 0\ 0\ 0\ 0 \\
1\ 1\ 1\ 1\ 0\ 0\ 0\ 0 \\
0\ 1\ 0\ 1\ 0\ 0\ 0\ 0 \\
0\ 1\ 0\ 1\ 1\ 0\ 0\ 0 \\
0\ 1\ 0\ 1\ 1\ 1\ 1\ 1 \\
0\ 1\ 0\ 1\ 1\ 0\ 1\ 1 \\
0\ 0\ 0\ 0\ 0\ 0\ 0\ 1
\end{pmatrix}
$$

23. 试用 ISM 技术研究本专业各门主要课程之间的关系（假定二元关系为"支持"关系），建立你认为比较合理的课程体系结构。

24. 利用主成分分析法，采用 SPSS 软件工具，综合评价六个工业行业的经济效益指标（见表 3-13）。

表 3-13　六个工业行业的经济效益指标　　　　　（单位：亿元）

行业名称	资产总计	固定资产净值平均余额	产品销售收入	利润总额
煤炭开采和选业	6917.2	3032.7	683.3	61.6
石油天然气开采业	5675.9	3926.2	717.5	33877
黑色金属矿采选业	768.1	221.2	96.5	13.8
有色金属矿采选业	622.4	248	116.4	21.6
非金属矿采选业	699.9	291.5	84.9	6.2
其他采矿业	1.6	0.5	0.3	0

25. 采用 SPSS 软件，对八个企业技术创新能力进行综合评价打分，以确定各企业技术创新能力等级，根据在评分上的差异将它们分为适当的类，原始数据表见表 3-14。

表 3-14　原始数据表

总指标	分指标	企业1	企业2	企业3	企业4	企业5	企业6	企业7	企业8
R&D 能力	R&D 投入强度/万元	180	200	120	250	175	117	230	192
	R&D 人员构成	0.79	0.82	0.57	0.80	0.83	0.68	0.85	0.81
	R&D 技术构成	0.65	0.82	0.59	0.71	0.72	0.69	0.83	0.79
	R&D 开发成功率	0.84	0.87	0.71	0.86	0.89	0.76	0.90	0.83
	新产品开发时间/年	1.8	2.0	2.9	1.9	1.7	2.5	1.8	2.3
	新产品开发费用/万元	123	100	125	105	158	103	109	101
投入能力	生产设备先进程度	0.51	0.85	0.43	0.83	0.81	0.73	0.86	0.82
	外界科技经费投入强度	0.27	0.20	0.19	0.30	0.23	0.28	0.26	0.21
	生产资源投入强度	0.82	0.85	0.94	0.80	0.76	0.88	0.81	0.83
	人员投入强度	0.23	0.16	0.09	0.20	0.31	0.19	0.25	0.17

（续）

总指标	分指标	企业 1	企业 2	企业 3	企业 4	企业 5	企业 6	企业 7	企业 8
管理能力	领导创新欲望	0.83	0.82	0.73	0.85	0.79	0.74	0.87	0.81
	激励机制	0.73	0.88	0.69	0.77	0.82	0.70	0.84	0.85
	技术创新活动评估能力	0.80	0.90	0.75	0.83	0.87	0.85	0.88	0.87
	与外界合作能力	0.74	0.72	0.68	0.71	0.68	0.80	0.76	0.71
营销能力	营销强度	0.07	0.05	0.08	0.06	0.09	0.10	0.07	0.06
	产品竞争性	0.82	0.75	0.72	0.84	0.79	0.68	0.87	0.80
	营销人员素质	0.75	0.88	0.69	0.83	0.85	0.79	0.86	0.87
	市场占有率	0.09	0.12	0.08	0.14	0.21	0.18	0.17	0.10
财务能力	技术创新资金获得能力	0.78	0.76	0.70	0.75	0.80	0.69	0.77	0.74
	投资回收期/年	3.4	3.2	3.9	2.9	2.7	2.5	2.6	3.0
	投资收益率（%）	0.16	0.20	0.08	0.21	0.18	0.28	0.23	0.19
	新产品销售率（%）	0.51	0.52	0.47	0.50	0.63	0.68	0.54	0.53
	新产品利税率（%）	0.42	0.45	0.38	0.48	0.51	0.47	0.55	0.43

26. 考虑一个三阶差分方程（所描述的线性定常系统）

$$X(k+1) = AX(k)$$

其中

$$X(k) \in R^3, \quad A = \begin{pmatrix} 0 & 1 & 0 \\ 0 & 0 & 1 \\ 0 & 1 & 0 \end{pmatrix}$$

给定初始状态

$$X(0) = \begin{pmatrix} 1 \\ 0 \\ 0 \end{pmatrix}$$

求 $k=1$，2，3 时的 $X(k)$。

27. 基于模型系统工程（MBSE）的基本原理是什么？它与传统的或基于文本的系统工程的主要区别在哪里？

28. MBSE 迭代验证 V 形模型的主要结构是什么？说明该模型的使用过程。

29. 说明 MBSE 的数字孪生体系架构及其特点。

第四章
系统仿真及系统动力学方法

第一节 系统仿真概述

一、系统仿真的概念、实质及作用

1. 基本概念

所谓系统仿真，就是根据系统分析的目的，在分析系统各要素性质及其相互关系的基础上，建立能描述系统结构或行为过程，且具有一定逻辑关系或数学方程的仿真模型，据此进行实验或定量分析，以获得正确决策所需的各种信息。

2. 系统仿真的实质

（1）系统仿真是一种对系统问题求数值解的计算技术。尤其当系统无法建立数学模型求解时，仿真技术能有效地处理这类问题。

（2）仿真是一种人为的实验手段，进行类似于物理实验、化学实验那样的实验。它和现实系统实验的差别在于，仿真实验不是依据实际环境，而是作为实际系统映象的系统模型在相应的"人造"环境下进行的。这是仿真的主要功能。

（3）在系统仿真时，尽管要研究的是某些特定时刻的系统状态或行为，但仿真过程也恰恰是对系统状态或行为在时间序列内全过程的描述。换句话说，仿真可以比较真实地描述系统的运行、演变及其发展过程。

3. 系统仿真的作用

（1）仿真的过程也是实验的过程，而且还是系统地收集和积累信息的过程。尤其是对一些复杂的随机问题，应用仿真技术是提供所需信息的唯一令人满意的方法。

（2）对一些难以建立物理模型和数学模型的对象系统，可通过仿真模型来顺利地解决预测、分析和评价等系统问题。

（3）通过系统仿真，可以把一个复杂系统降阶成若干子系统，以便于分析。

（4）通过系统仿真，不仅能启发新的思想或产生新的策略，还能暴露出原系统中隐藏着的一些问题，以便及时解决。

二、系统仿真的方法

系统仿真的基本方法是建立系统的结构模型和量化分析模型，并将其转换为适合在计算机上编程的仿真模型，然后对模型进行仿真实验。由于连续系统和离散（事件）系统的数学模型有很大差别，所以系统仿真方法基本上分为两大类，即连续系统仿真方法和离散系统仿真方法。

连续系统是指系统中的状态变量随时间连续地变化的系统。由于连续系统数学模型主要描述每一实体的变化速率，故数学模型通常是由微分方程组成的。当系统比较复杂，尤其是包含非线性因素时，这种微分方程的求解就非常困难，故要借助仿真技术。其基本思想：将用微分方程所描述的系统转变为能在计算机上运行的模型，然后进行编程、运行或其他处理，以得到连续系统的仿真结果。连续系统仿真方法根据仿真时所采用计算机的不同，可分为模拟仿真法、数字仿真法及混合仿真法。在连续系统仿真中，还需要解决仿真任务分配、采样周期选择和误差补偿等特殊问题。

离散系统是离散事件动态系统的简称，是指系统状态变量只在一些离散的时间点上发生变化的系统。这些离散的时间点称为特定时刻，在这些特定时刻由于有事件发生所以才引起系统状态发生变化，而其他时刻系统状态保持不变。离散系统的另一个主要特点是随机性。因为这类系统中有一个或多个输入量是随机变量而不是确定量，所以它的输出也往往是随机变量。描述这类系统的模型一般不是一组数学表达式，而是一幅表示数量关系和逻辑关系的流程图，可分为三部分，即"到达"模型（输入）、"服务"模型（输出）和"排队"模型（系统活动）。前两者一般用一组不同概率分布的随机数来描述，而系统活动则通常由一个运行程序来描述。对这类系统问题，主要使用计算机进行仿真实验。这种仿真实验的步骤包括：画出系统的工作流程图；确定"到达"模型、"服务"模型和"排队"模型；编制描述具体系统活动的运行程序并在计算机上运行。一般说来，在管理领域中经常遇到的是离散事件动态系统，常见的有库存控制系统、随机服务系统等。

在以上两类基本方法的基础上，还有一些用于系统（特别是社会经济和管理系统）仿真的特殊而有效的方法，如系统动力学方法、蒙特卡罗法等。系统动力学方法通过建立系统动力学结构模型（流图等）、利用 DYNAMO 仿真语言在计算机上实现对真实系统的仿真实验，从而研究系统结构、功能和行为之间的动态关系。该方法不仅仅是一种系统仿真方法，其方法论还充分体现了系统工程方法的本质特征。

近年来，复杂系统计算机仿真方法引起了大家的关注。如复杂系统计算机仿真和模拟方法，包括：采用人工社会、计算实验方法如何实现微观与宏观的结合，人工社会、计算实验方法和其他研究方法的集成，人工社会、计算实验的设计方法及其标定、分析和验证算法；计算仿真到计算实验的修正过渡方法；基于涌现的观察和解释方法及其核心算法等。再如，与个体特征的抽象和行为的界定相关联的代理的学习和进化算法、代理决策的计算智能算法等。还有仿真可信度研究，包括：通过计算机生长和培育"现实系统"的可信度；复杂计算机系统仿真和模拟的可信性评价体系等。

三、系统动力学的发展及特点

1. 由来和发展

系统动力学（Systems Dynamics，SD）是美国麻省理工学院（MIT）J. W. 弗雷斯特（J. W. Forrester）教授最早提出的一种对社会经济问题进行系统分析的方法论和定性与定量相结合的分析方法。目的在于综合控制论、信息论和决策论的成果，以结构模型为基础，以计算机为工具，分析研究信息反馈系统的结构和行为。第三章的状态空间模型等也是 SD 描述与研究系统的方法论及方法基础。

SD 的出现始于 20 世纪 50 年代后期，当时主要应用于工商企业管理，处理诸如生产与雇员情况的波动、企业的供销、生产与库存、股票与市场增长的不稳定性等问题，1961 年，弗雷斯特的《工业动力学》（*Industrial Dynamics*）出版。此后在整个 60 年代，动力学思想与方法的应用范围日益扩大，其应用几乎遍及各类系统，深入各种领域。作为方法论基础，1968 年，弗雷斯特的《系统原理》（*Principles of Systems*）出版。总结美国城市兴衰问题的理论与应用研究成果的《城市动力学》（*Urban Dynamics*）（1969）和著名的《世界动力学》（*World Dynamics*）（1971）等也是弗雷斯特等人的重要成就。1972 年正式提出"Systems Dynamics"。从 20 世纪 50 年代末到 70 年代初的十多年，是 SD 成长的重要时期。

20 世纪 70 年代以来，SD 经历两次严峻的挑战并走向世界，进入蓬勃发展时期。

第一次挑战（70 年代初到 70 年代中）：SD 与罗马俱乐部一起闻名于世，走向世界，其主要标志是两个世界模型（WORLD Ⅱ 和 WORLD Ⅲ）的研制与分析，WORLD Ⅱ 即 1971 年弗雷斯特的《世界动力学》；WORLD Ⅲ 即 D. 梅多斯（D. Meadows）1972 年的《增长的极限》（*The Limits to Growth*）和 1974 年的《趋向全球的均衡》（*Toward Global Equilibrium*）。

罗马俱乐部运用 SD 方法，于 1972 年提交了一份研究报告《增长的极限》（见图 4-1）。报告中指出，由于世界人口增长、资源消耗、工业发展、粮食需求和环境污染这五项指标是指数增长而非线性增长，全球性增长会在 21 世纪的某个时段达到极限。因此得出了以"零增长"战略来应对因增长极限而导致的世界崩溃。这为可持续发展的思想孕育了萌芽。

第二次挑战（70 年代末到 80 年代中）：对美国全国 SD 模型的研制和对美国与整个西方国家经济长波（Long Wave）问题的研究。

SD 是一种新的系统工程方法论和重要的模型方法，渗透到许多领域，尤其在国土规划、区域开发、环境治理和企业战略研究等方面，正显示出它的重要作用。尤其是随着国内外管理界对学习型组织的关注，SD 思想和方法的生命力更为强劲。但目前应更加注重 SD 的方法论意义，并注意其定量分析手段的应用场合及条件。

2. 研究对象

SD 的研究对象主要是社会（经济）系统。该类系统的突出特点如下：

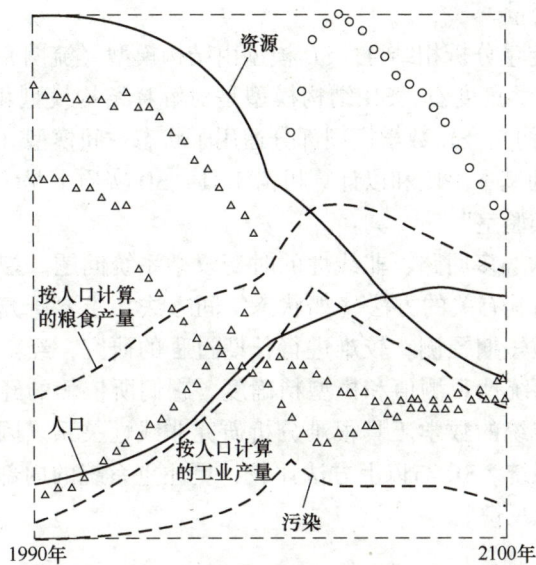

图 4-1　罗马俱乐部《增长的极限》

（1）社会系统中存在着决策环节。社会系统的行为总是经过采集信息，并按照某个政策进行信息加工处理做出决策后出现的。决策是一个经过多次比较、反复选择、优化的过程。

对于大规模复杂的社会系统来说，其决策环节所需要的信息量是十分庞大的。其中既有看得见、摸得着的实体，又有看不见、摸不到的价值、伦理、道德观念及个人、团体的偏见等因素。

（2）社会系统具有自律性。自律性就是自己做主进行决策，自己管理、控制、约束自身行为的能力和特性。

工程系统是由于导入反馈机构而具有自律性的；社会系统因其内部固有的"反馈机构"而具有自律性。因此，研究社会系统的结构与行为，首先（也是最重要的）就在于认识和发现社会系统中所存在着的由因果关系形成的反馈机制。

（3）社会系统的非线性。非线性是指社会现象中原因和结果之间所呈现出的极端非线性关系，如原因和结果在时间与空间上的分离性、出现事件的意外性、难以直观性等。

高度非线性是由社会问题的原因和结果相互作用的多样性、复杂性造成的。具体来说，一方面是由于社会问题的原因和结果在时间、空间上的滞后，另一方面是由于社会系统具有多重反馈结构。这种特性可以用社会系统的非线性多重反馈结构加以研究和解释。

SD 方法就是要把社会系统作为非线性多重信息反馈系统来研究，进行社会经济问题的模型化，对社会经济现象进行预测，对社会系统结构和行为进行分析，为组织、地区、国家等制定发展战略，进行决策，提供有用的信息。

3. 模型特点

（1）多变量。这主要是由 SD 对象系统的动态特性和复杂性决定的。SD 模型有三种基本变量、五到六种变量。

（2）定性分析与定量分析相结合。SD 模型由结构模型（流图）和数学模型（DYNA-MO 方程）组成。从教学角度看，SD 结构模型是对解释结构模型化（ISM）方法的突破（从层次结构到反馈结构），SD 数学模型部分运用了状态空间模型（SS）。

（3）以仿真实验为基本手段和以计算机为工具。SD 实质上是一种计算机仿真分析方法，是实际系统的"实验室"。

（4）可处理高阶次、多回路、非线性的时变复杂系统问题。控制论目前只是在线性系统中应用较成功，与其有关的方法（如状态空间方法）主要研究系统平衡点或工作点附近的特性，较适合做短期预测，较难进行长期过程的研究，经济计量学和经济控制论都十分重视真实系统的统计观测值和模型精确度。它们所依赖的经济理论大多是静态的而不是动态的，而且传统的数学工具很难分析研究非线性关系。因此，它们很难描述复杂的、非线性的动态系统。SD 与以上方法比较，更注重系统的内部机制及其结构，强调单元之间的关系和信息反馈。

4. 工作程序

SD 的工作程序如图 4-2 所示。

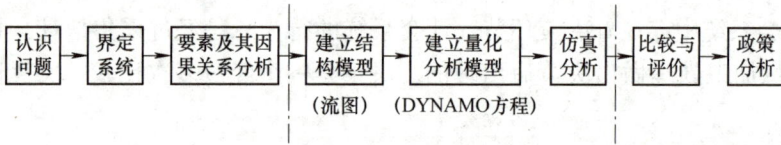

图 4-2　SD 的工作程序

第二节　系统动力学（SD）结构模型化原理

一、SD 基本原理

首先通过对实际系统进行观察，采集有关对象系统状态的信息，随后使用有关信息进行决策。决策的结果是采取行动。行动又作用于实际系统，使系统的状态发生变化。这种变化又为观察者提供新的信息，从而形成系统中的反馈回路（见图 4-3a）。这个过程可用 SD 流（程）图表示（见图 4-3b）。

据此可归结出 SD 的四个基本要素、两个基本变量和一个基本（核心）思想。具体如下：

SD 的四个基本要素——状态或水准、信息、决策或速率、行动或实物流。

SD 的两个基本变量——水准变量（Level）、速率变量（Rate）。

SD 的一个基本思想——反馈控制。

还需要说明：①信息流与实体流不同，前者源于对象系统内部，后者源于系统外部；②信息是决策的基础，通过信息流形成反馈回路是构造 SD 模型的重要环节。

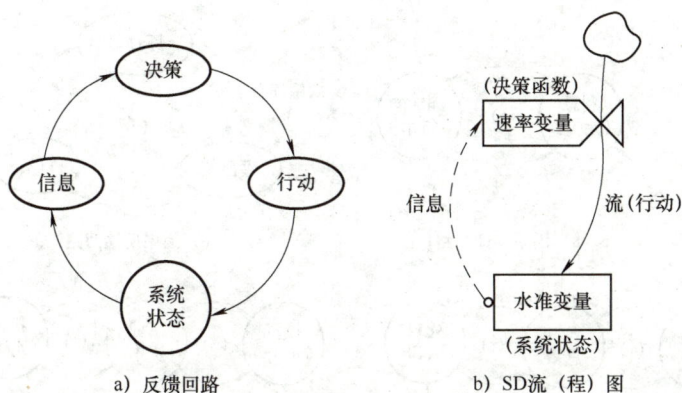

a) 反馈回路　　　　　　　b) SD 流（程）图

图 4-3　SD 的基本工作原理

二、因果关系图和流（程）图

1. 因果关系图

因果（反馈）关系是 SD 方法的核心和基础。

（1）因果箭。因果箭是连接因果要素的有向线段。箭尾始于原因，箭头终于结果。

因果关系有正负极性之分。正（+）为加强，负（-）为削弱。

因果关系具有传递性，用因果箭对具有递推性质的因素关系加以描绘即得到因果链。

因果链极性的判别：在同一因果链中，若含有奇数条极性为负的因果箭，则整条因果链是负的因果链；否则，该条因果链极性为正。

（2）因果（反馈）回路。原因和结果的相互作用形成因果关系回路（因果反馈回路、环），如图 4-4a、b、e 所示。它是一种特殊的（封闭的、首尾相接的）因果链，其极性判别准则如因果链。

社会系统中的因果反馈环是社会系统中各要素的因果关系本身所固有的。正反馈回路起到自我强化的作用，负反馈回路具有"内部稳定器"的作用。

社会系统的动态行为是由系统本身存在着的许多正反馈和负反馈回路决定的，从而形成多重反馈回路，如图 4-4c、d、f 所示。

SD 方法认为，系统的性质和行为主要取决于系统中存在的反馈回路，系统的结构主要是指系统中反馈回路的结构。

因果关系图举例如图 4-4 所示，其中包含了因果箭、因果链、因果反馈回路和多重因果反馈回路等。

反馈的过程是一个"学习"的过程，SD 与学习型组织或组织学习具有内在联系。学习型组织的基本原理可用如图 4-5 所示的因果反馈关系来简要表达。

图 4-5 中，组织目标与组织所处的内外部环境密切相关，可看作"组织学习"三要素间主回路的外生变量（用双圆圈表示）。系统比较主要是通过对组织目标（愿景）与组织效能（现状）的比较，找出问题（差距、不足、缺陷），明确改进的方向。系统比较还与本组织纵向（历史）比较和同类组织间横向比较结果有关，并共同构成了多重比较。整

图 4-4　因果关系图举例

个回路各要素的相互作用和有序运行，是一个完整的组织学习或组织进化的过程，也是一个组织"自我净化、自我完善、自我革新、自我提高"的过程，揭示了学习型组织在结构及行为上的本质特征。该结构与切克兰德方法论、圣吉"五项修炼"（自我超越、改善心智模式、共同愿景、团队学习、系统思考）有相通之处，均体现了对组织学习与发展机制的系统化思考。另外，图 4-5 与图 4-4b 及图 4-4e、f（部分）等还有一定的同构关系。

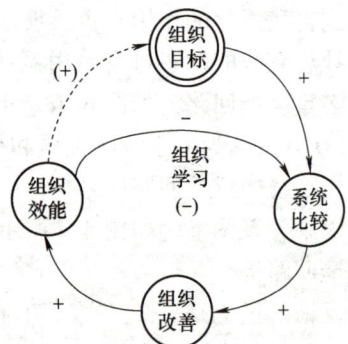

图 4-5　学习型组织的因果反馈关系

2. 流（程）图

流（程）图（Flow Diagram）是 SD 结构模型的基本形式，绘制流（程）图是 SD 建模的核心内容。流（程）图通常由以下各要素构成：

（1）流（Flow）。它是系统中的活动和行为，通常只区分出实体流和信息流。其符号如图 4-6a 所示。

（2）水准（Level）。它是系统中子系统的状态，是实物流的积累。其符号如图 4-6b 所示。

（3）速率（Rate）。它表示系统中流的活动状态，是流的时间变化。在 SD 中，R 表示决策函数。其符号如图 4-6c 所示。

（4）参数（量）（Parameter）。它是系统中的各种常数，或者是在一次运行中保持不变的量。其符号如图 4-6d 所示。

（5）辅助变量（Auxiliary Variable）。其作用在于简化 R 的表示，使复杂的决策函数易于理解。其符号如图 4-6e 所示。

（6）源（Source）与洞（Sink）。其含义和符号如图 4-6f 所示。

（7）信息（Information）。信息的取出常见情况及其符号如图 4-6g 所示。

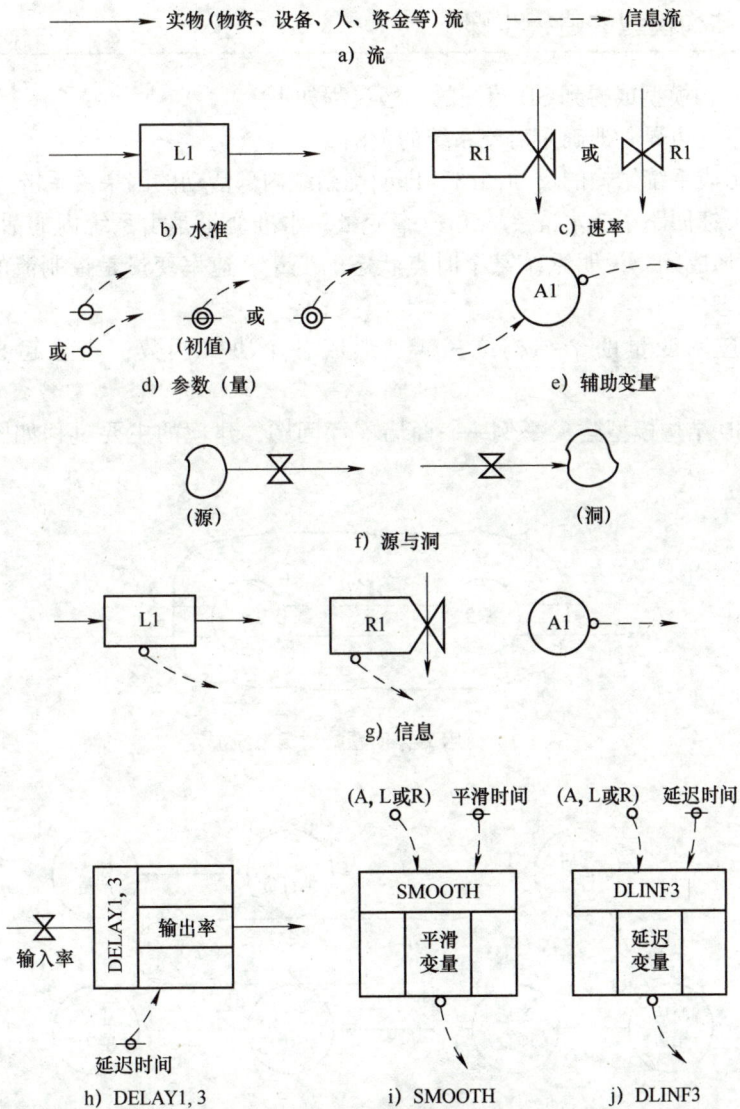

图 4-6　流（程）图的构成要素

（8）滞后或延迟（Delay）。由于信息和物质运动需要一定的时间，于是就带来原因和结果、输入和输出、发送和接收等之间的时差，并有实物流和信息流滞后之分。在 SD 中共有如下四种情况：

1）DELAY1——对实物流速率进行一阶指数延迟运算（一阶指数物质延迟）。其符号如图 4-6h 所示。

2）DELAY3——三阶指数物质延迟。其符号如图 4-6h 所示。

3）SMOOTH——对信息流进行一阶平滑（一阶信息延迟）。其符号如图 4-6i 所示。

4）DLINF3——三阶信息延迟。其符号如图 4-6j 所示。

三、SD 结构模型的建模步骤

建立 SD 结构模型或得到 SD 流图的一般过程如下：

1）明确系统边界，即确定对象系统的范围。

2）阐明形成系统结构的反馈回路，即明确系统内部活动的因果关系链。

3）确定反馈回路中的水准变量和速率变量。水准变量是由系统内的活动产生的量，是由流的积累形成的，说明系统某个时点状态的变量；速率变量是控制流的变量，表示活动进行的状态。

4）阐明速率变量的子结构或完善、形成各个决策函数，建立起 SD 结构模型（流图）。

例 4-1 SD 结构模型建模举例——商店库存问题，建模的主要过程如图 4-7～图 4-9 所示。

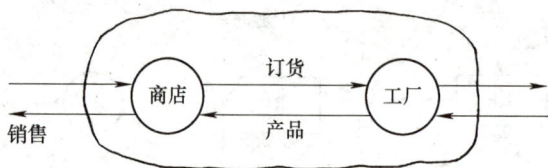

图 4-7 商店库存问题的对象系统界定

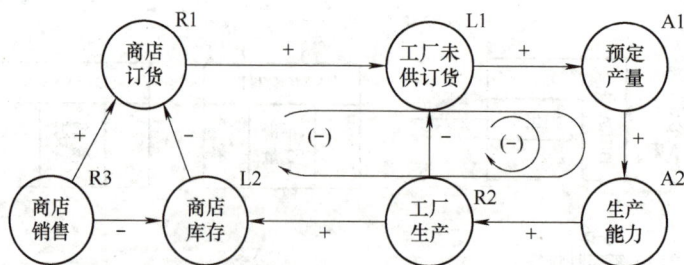

图 4-8 商店库存问题的因果关系图及变量类型

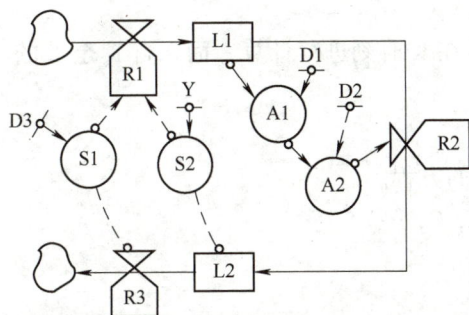

D1—期望的完成未供订货时间
D2—调整生产时间
D3—商店订货平滑化时间
S1—平均销售量
S2—库存差额
Y—期望库存

图 4-9 商店库存问题的流（程）图

第三节 基本反馈回路的 DYNAMO 仿真分析及 DYNAMO 函数

一、基本 DYNAMO 方程

SD 的主要过程之一是通过确定对象系统的水准变量、速率变量、参量、辅助变量等，分析各变量之间存在的函数关系，建立 DYNAMO 仿真模型，进行人工或计算机仿真。这即得到描述系统内部反馈机制的流（程）图后建立数学模型并进行定量分析的主要工作。DYNAMO 方程就是 SD 的数学模型或量化分析模型。

DYNAMO（DYNAmic MOdels）是主要采用差分方程式描述有反馈的社会系统的宏观动态行为，并通过对差分及代数方程式的求解（简单迭代）进行计算机仿真的专用语言。其最大特点是简单明了，容易使用。

SD 的对象系统是随时间变化的动态系统。在 DYNAMO 方程中，变量一般带有时间标号，其含义如图 4-10 所示。

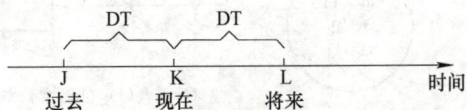

图 4-10 DYNAMO 方程时间标号及其含义

SD 使用逐步（Step by Step）仿真的方法，仿真的时间步长记为 DT。DT 一般取值为 0.1~0.5 模型最小时间常数（学习中可取作单位时间）。

SD 中的基本 DYNAMO 方程主要有以下几种：

1. 水准方程

它是计算水准变量的方程。

L $LEVEL \cdot K = LEVEL \cdot J + DT * (RIN \cdot JK - ROUT \cdot JK)$

2. 速率方程

它是计算速率变量的方程，是决策函数的具体形式。

R $RATE \cdot KL = f(L \cdot K, A \cdot K, C, \cdots)$

1）无标准形式（f不定）。

2）速率的值在 DT 内不变。速率方程是在 K 时刻进行计算，而在自 K 至 L 的时间间隔（DT）中假定保持不变。

3. 辅助方程

它是辅助说明速率变量或简化决策函数的方程。

A　　AUX·K=g(A·K，L·K，R·JK，C，…)

1）没有统一的标准格式。

2）时间标识总是 K。

3）可由现在时刻的其他变量（A、L、R 等）求出。

4）有时需用 T 方程进一步说明 A 方程（"函数"部分详述）。

4. 赋初值方程

N　　LEVEL=…　　或　　$\begin{cases} N & LEVEL=L0 \\ C & L0=\cdots \end{cases}$

5. 常量方程

C　　CON=…

在以上各种方程中：L 方程是积累（或差分）方程；R、A 方程通常是代数运算方程；C、N、T 为模型运行提供参数值，在一次模拟运算中保持不变（C、T）。

二、几种典型反馈回路及其仿真计算

1. 一阶正反馈回路（以简单的人口增加机理为例）

（1）结构模型（见图 4-11）。

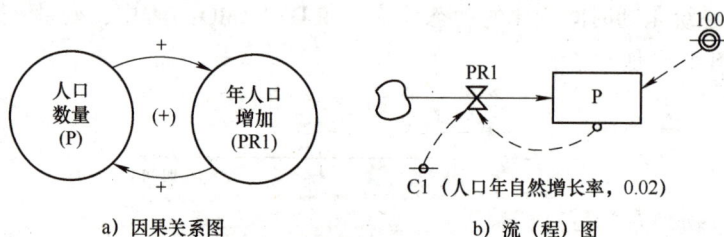

a）因果关系图　　　　　　　b）流（程）图

图 4-11　简单人口系统结构模型

请注意，系统的阶次数为回路中所含水准变量的个数。

（2）量化分析模型及仿真计算。

L　　P·K=P·J+DT*(PR1·JK-0)

N　　P=100

R　　PR1·KL=C1*P·K

C　　C1=0.02

SD 仿真计算结果见表 4-1，系统输出特性示意图如图 4-12 所示。

表 4-1　简单人口系统 SD 仿真计算结果

	P	PR1
0	100	2
1	102	2.04
2	104.04	2.0808
⋮	⋮	⋮

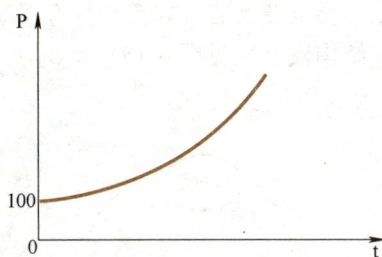

图 4-12　简单人口系统输出特性示意图

2. 一阶负反馈回路（以简单库存系统为例）

（1）结构模型（见图 4-13）。

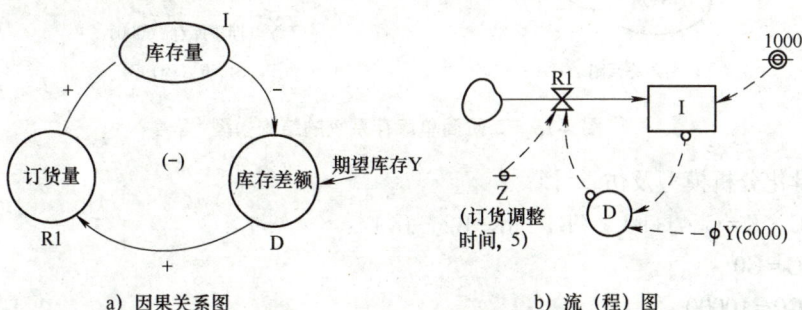

a）因果关系图　　　　　　b）流（程）图

图 4-13　简单库存系统结构模型

（2）量化分析模型及仿真计算。

L　　$I \cdot K = I \cdot J + DT * R1 \cdot JK$

N　　$I = I0$

C　　$I0 = 1000$

R　　$R1 \cdot KL = D \cdot K / Z$

A　　$D \cdot K = Y - I \cdot K$

C　　$Z = 5$

C　　$Y = 6000$

SD 仿真计算结果见表 4-2，系统输出特性示意图如图 4-14 所示。

表 4-2　简单库存系统 SD 仿真计算结果

	I	D	R1
0	1000	5000	1000
1	2000	4000	800
2	2800	3200	640
3	3440	2560	512
⋮	⋮	⋮	⋮

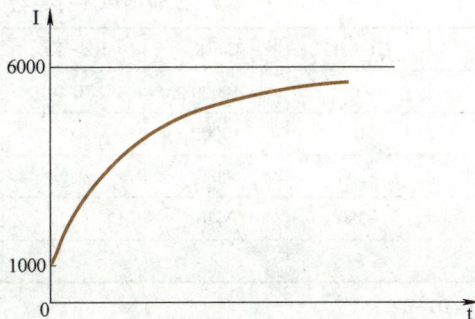

图 4-14　简单库存系统输出特性示意图

3. 二阶负反馈回路（以简单库存系统为基础）

（1）结构模型（见图4-15）。

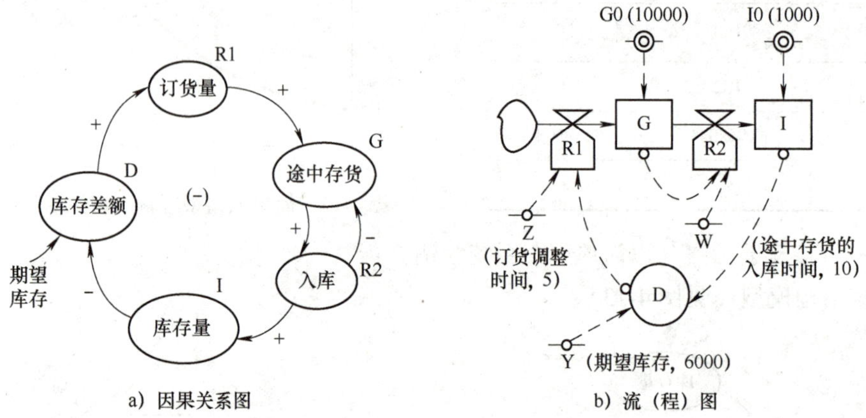

a）因果关系图　　　　　　　b）流（程）图

图 4-15　二阶简单库存系统的结构模型

（2）量化分析模型及仿真计算。

L　　$G \cdot K = G \cdot J + DT * (R1 \cdot JK - R2 \cdot JK)$

N　　$G = G0$

C　　$G0 = 10000$

R　　$R1 \cdot KL = D \cdot K/Z$

A　　$D \cdot K = Y - I \cdot K$

C　　$Z = 5$

C　　$Y = 6000$

R　　$R2 \cdot KL = G \cdot K/W$

C　　$W = 10$

L　　$I \cdot K = I \cdot J + DT * R2 \cdot JK$

N　　$I = I0$

C　　$I0 = 1000$

SD 仿真计算结果见表4-3，系统输出特性示意图如图4-16所示。

表 4-3　二阶简单库存系统 SD 仿真计算结果

	$G1 \cdot JK$	$G \cdot K$	$R2 \cdot KL$	$I \cdot K$	$D \cdot K$	$R1 \cdot KL$
0	—	10000	1000	1000	5000	1000
1	0	10000	1000	2000	4000	800
2	−200	9800	980	3000	3000	600
3	−380	9420	942	3980	2020	404
⋮	⋮	⋮	⋮	⋮	⋮	⋮

注：G1=R1−R2。

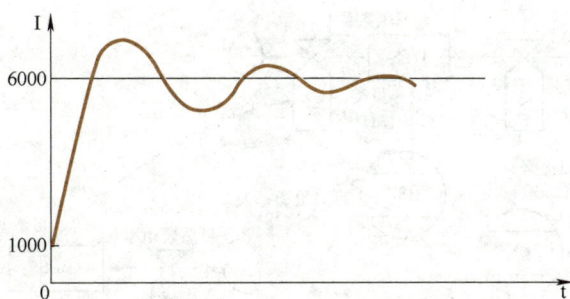

图 4-16　二阶简单库存系统输出特性示意图

三、DYNAMO 函数

SD 模型之所以能处理高阶非线性问题，关键在于 DYNAMO 语言设计了许多特殊函数（通过宏指令）。它们在构造和调试模型上起着重要作用。

（一）表函数（Table Functions）

SD 模型中往往需要用辅助变量描述某些变量间的非线性关系，这时，可用 DYNAMO 的表函数来比较简单、直接、方便地表示。表函数的功能可通过以下两条语句来实现，并相当于图 4-17 所示结果。

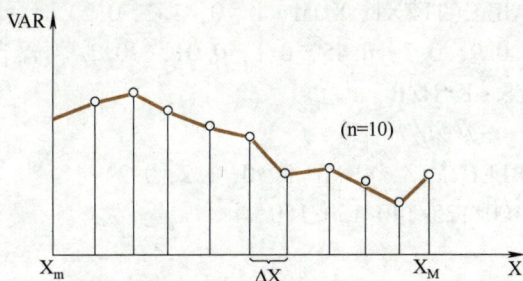

图 4-17　表函数曲线示意图

A　　　VAR·K＝TABLE（表名，输入变量 X·K，最小的 X 值 X_m，最大的 X 值 X_M，X 的增量 ΔX）

T　　　表名＝Y_0，Y_1，…，Y_n 或 $Y_0/Y_1/\cdots/Y_n$

表名一般以 T 开头，如 TVAR。

设计表函数的基本思路如下：

1）确定出变量与入变量的基本函数关系。

2）确定入变量的取值范围，并把它划分为若干等份。

3）构造函数表。

4）折线替代曲线。

若入变量取值在两个等分点之间，则用线性插值计算出变量数值。

例 4-2　二阶生态系统的 SD 模型，其流（程）图如图 4-18 所示。

图 4-18　二阶生态系统流（程）图

二阶生态系统的部分 DYNAMO 方程如下：

NOTE（或 *）　　　HA1ZAO　ZIXITONG

L　　HZS・K=HZS・J+DT *（FZL1・JK−TSL・JK）

N　　HZS=CSS//初始海藻数量，株//

C　　CSS=30000

R　　FZL1・KL=FZX1・K * HZS・K

A　　FZX1・K=TABLE（TFZX1，XDM・K，0，1.2，0.2）

T　　TFZX1=0.8，0.9，0.7，0.45，0.1，0.01，−0.2//海藻自然繁殖系数表//

A　　XDM・K=HZS・K/HZR

C　　HZR=10000　　//株//

A　　BSZ・K=TABLE（TBSZ，XDM・K，0，1.2，0.2）

T　　TBSZ=0/55/100/125/140/150/150

（二）延迟函数

延迟是信息反馈系统结构中颇为重要的一个角色，也是社会经济系统高度非线性的重要原因之一。所以 DYNAMO 有数种延迟函数，为便利构模人员使用，它们被预先编制成相应的宏指令。

1. 物质延迟

例 4-3　简单疾病蔓延问题的 SD 模型，其部分流（程）图如图 4-19 所示。

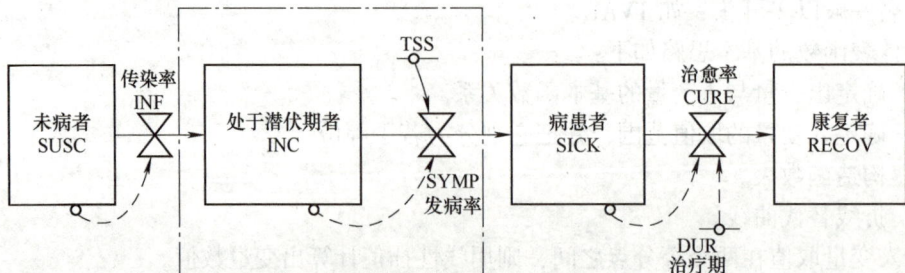

图 4-19　简单疾病蔓延问题的 SD 部分流（程）图

图中虚线框内部分结构的 DYNAMO 方程如下：

L　　INC·K = INC·J+DT*(INF·JK−SYMP·JK)

N　　INC = TSS*INF//TSS 为潜伏期，如流感的 TSS = 3 天//

C　　TSS = 3

R　　SYMP·KL = INC·K/TSS

上述部分结构可用一阶物质延迟环节及其函数代替，具体形式如图 4-20 所示。

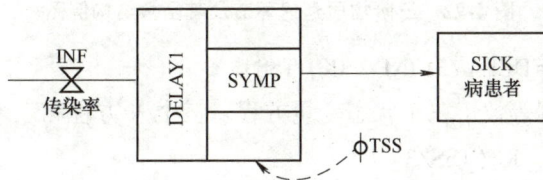

图 4-20　一阶物质延迟环节及其函数结构例图

在例 4-3 的基础上，对物质延迟函数可归纳（或需说明）如下几点：

（1）DELAY1 代替一组方程及相应的一组结构，使用方便。但其中的状态变量（如 INC）被隐含了，不能直接输出（不能绘图和打印出来），也无法通过它计算出其他变量。采用 DELAYP 函数可在一定程度上克服这一困难。

R　　SYMP·KL = DELAYP(INF·JK, TSS, INC·K)

（2）一阶物质延迟环节的输出速率均具有同一形式，即 LEV·K/DEL，如在本例中有 SYMP·KL = INC·K/TSS 及 CURE·KL = SICK·K/DUR。

（3）DYNAMO 能自动初始化 DELAY1 内部隐含的状态变量，以使其输入速率与经延迟的输出速率处于平衡，即在时有：

SYMP = INC/TSS = (INF*TSS)/TSS = INF

（4）把一阶延迟环节中隐含的状态变量细分成三个状态变量 [如把处于潜伏期的人口 INC 划分为 INC1、INC2 和 INC3 三部分，分别表示处于潜伏期第 1、2、3 天的人口（具体见图 4-21）]，即可得到三阶物质延迟环节及其函数 DELAY3 或 DELAYP。其结构和函数形式分别如图 4-22 及下面的 R 方程所示。

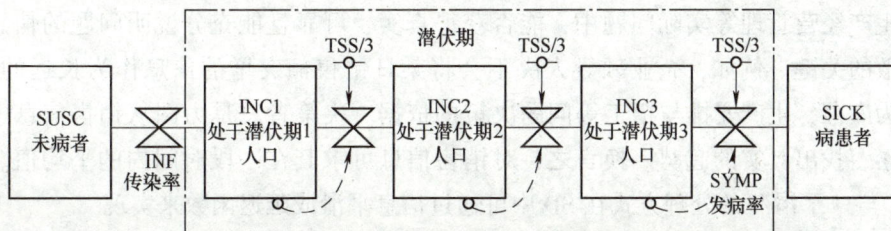

图 4-21　细分后的疾病蔓延 SD 流（程）图

图 4-22 三阶物质延迟环节及其函数结构例图

R   SYMP·KL＝DELAY3(INF·JK，TSS)

一个 DELAY3 方程等效于三个状态变量方程、三个 N 方程和三个速率方程，且有：

SYMP·KL＝INC3·K/(TSS/3)

R   SYMP·KL＝DELAYP(INF·JK，TSS，INC·K)

其中   INC·K＝INC1·K+INC2·K+INC3·K

（5）物质延迟的阶次。阶次指的是延迟环节内部包含的状态（水准）变量数。

当有某阶跃输入时，一阶延迟表现出简单的指数形增长特性，三阶延迟开始表现出较为明显的 S 形增长特性。其他各阶延迟也为 S 形增长，错开程度取决于延迟时间（见图 4-23）。产生 S 形增长特性的必要条件是：系统内部主导的反馈作用受非线性的影响由正反馈转化为负反馈。

订货率与交货率之间的延迟一般用三阶为好。因为当订货率突增时，交货率一般不可能立即随着变化。一般交货的规律是：初期先付一小部分，然后速度较快，在 S 形曲线的拐点处，出现最大交货率，此后又渐渐缓慢下来。

图 4-23 各阶延迟的响应特性示意图

在疾病传染的例子中，一般用一阶延迟描述潜伏期更好。

2. 信息平滑及延迟

在生产经营管理等实际问题中，能否获得真实、可靠且能充分说明问题的信息，是决策成败的关键。例如，企业领导人决不会将某日销售额突增的信息作为长远的趋势，把它作为库存、生产安排与招工等问题决策的依据。决策者总是力图从销售信息中排除随机因素，找出真实的趋势。换言之，对销售信息可求其在一段时间内的平均值。这种"平均"与"平滑"的处理方式在 SD 中可通过信息平滑或延迟函数来实现。

（1）信息平滑函数（一阶信息延迟函数）——SMOOTH 函数。SMOOTH 函数的结构简图如图 4-24 所示。

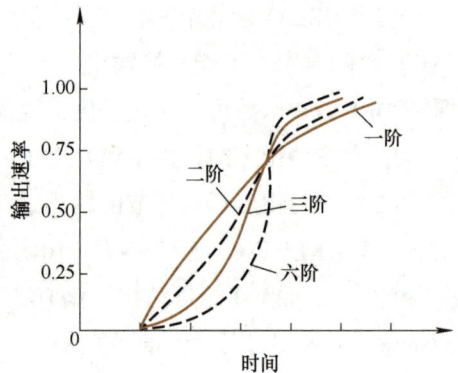

DYNAMO 方程如下：

A　　SVAR・K＝SMOOTH（VAR・K，STIME）

以上各变量的含义如下：

VAR：待平滑变量，可以是 L、R 或 A 变量。

SVAR：VAR 平滑变量。

SRATE：平滑速率。

STIME：平滑时间(变量 VAR 经积累达到指数加权移动平均值所需的时间)。

SMOOTH 函数的原型结构简图如图 4-25 所示。

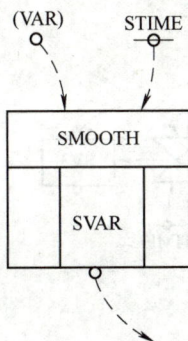

图 4-24　SMOOTH 函数的结构简图　　　　图 4-25　SMOOTH 函数的原型结构简图

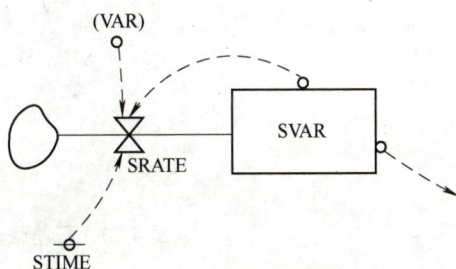

相应的方程如下：

L　　SVAR・K＝SVAR・J+DT＊SRATE・JK

N　　SVAR＝VAR

R　　SRATE・KL＝（VAR・K−SVAR・K）/STIME

信息平滑函数可以写成加权平均或指数平滑的形式，即

SVAR・K＝（DT/STIME）（VAR・J）+（1−DT/STIME）（SVAR・J）

从中可以看出，STIME 大时，加权侧重于历史平均值（SVAR・J），使 SVAR 对 VAR 的变动反应较慢，此乃所期望的平滑特性。

信息平滑函数具有平滑原变量激烈起伏的功能，如图 4-26 所示。

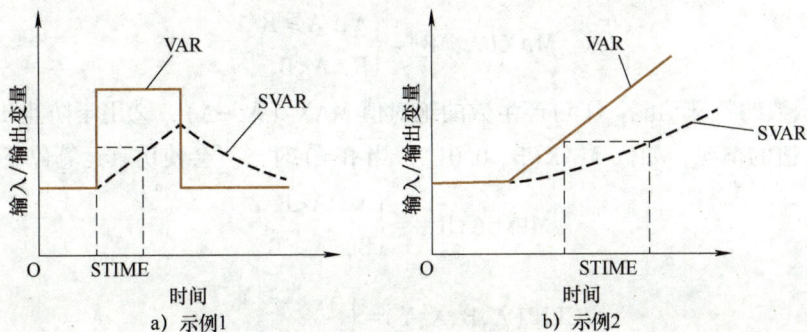

a) 示例1　　　　　　　　　　b) 示例2

图 4-26　信息平滑函数功能示意图

平均或平滑导致信息的延迟，因此，信息平滑函数常常被用于描述信息的延迟。

（2）三阶信息延迟函数——DLINF3 函数。信息的平滑或平均实质上是一种积累过程，可包含一个或多个 L 变量，并作为输出的结果。

可以把数个一阶平滑函数串接成为高阶的信息延迟，如图 4-27 所示。三阶信息延迟函数的结构简图如图 4-28 所示。

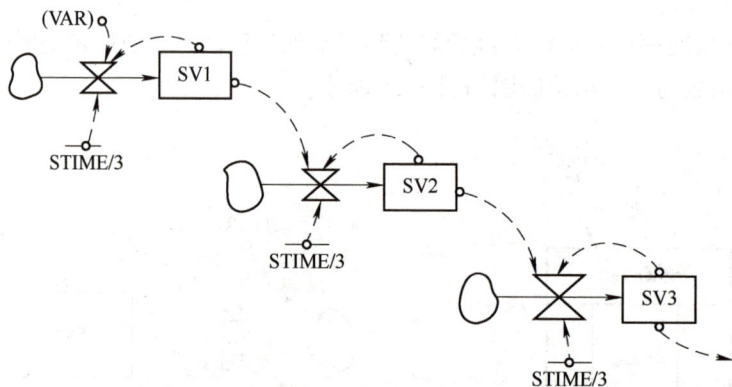

图 4-27　三阶信息延迟形成示意图

以此为背景，可归结出如下 DLINF3 函数：

A　　SV3·K=DLINF3(VAR·K，STIME)

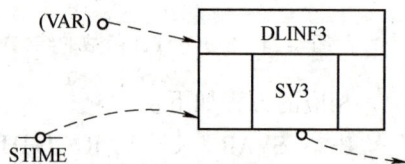

图 4-28　三阶信息延迟函数的结构简图

（三）其他函数

1. 数学函数——SQRT、SIN、COS、EXP、LOGN

$$SQRT(X) = \sqrt{X}$$

$$SIN(X) = \sin X$$

$$COS(X) = \cos X$$

$$EXP(X) = e^x$$

$$LOGN(X) = \log_e(X) 或 \ln X$$

2. 逻辑函数——MAX、MIN、CLIP、SWITCH

$$MAX(A，B) = \begin{cases} A，& A \geqslant B \\ B，& A < B \end{cases}$$

MAX 函数的特殊功能：①可产生数的绝对值 MAX（A，-A）；②用于防止出现除式分母为 0 和负值的情况，如 A/MAX(B，0.01)，当 B=0 时，不会使仿真运算停下来。

$$MIN(A，B) = \begin{cases} A，& A < B \\ B，& A \geqslant B \end{cases}$$

$$CLIP(A，B，X，Y) = \begin{cases} A，& X \geqslant Y \\ B，& X < Y \end{cases}$$

该函数使构模者能在模型仿真过程中更换或改变原来的函数和常数值。

$$SWITCH(A,B,X) = \begin{cases} A, & X=0 \\ B, & X\neq0 \end{cases}$$

该函数的功能类似于 CLIP 函数，均具有选择和转移功能。

在研究系统行为时，使用 CLIP、SWITCH 等函数可以模拟出政策的改变对系统行为的影响。

3. 测试函数——STEP（阶跃）、RAMP（斜坡）、PULSE（脉冲）、SIN（正弦）、NOISE（噪声）

STEP(A,B)——A：阶跃的幅度；B：阶跃发生的时刻。

RAMP(A,B)——A：线性函数的斜率；B：斜坡函数的起始时刻。

PULSE(A，B，C)——A：脉冲幅度；B：第一个脉冲出现的时刻；C：脉冲间隔（实际脉冲宽度一般为 DT）。

A * SIN(6.283 * TIME · K/B)——A：振荡幅度；B：振荡周期（相邻峰或谷之间的时间长度）。

NOISE [ ]——产生从-0.5 到 0.5 之间的伪随机数（随机数产生函数）。

A * NOISE [ ] +B——随机数的变化范围为：[B-A/2，B+A/2]。

例 4-4　改进库存（控制）系统的 SD 模型，其结构模型如图 4-29 所示。

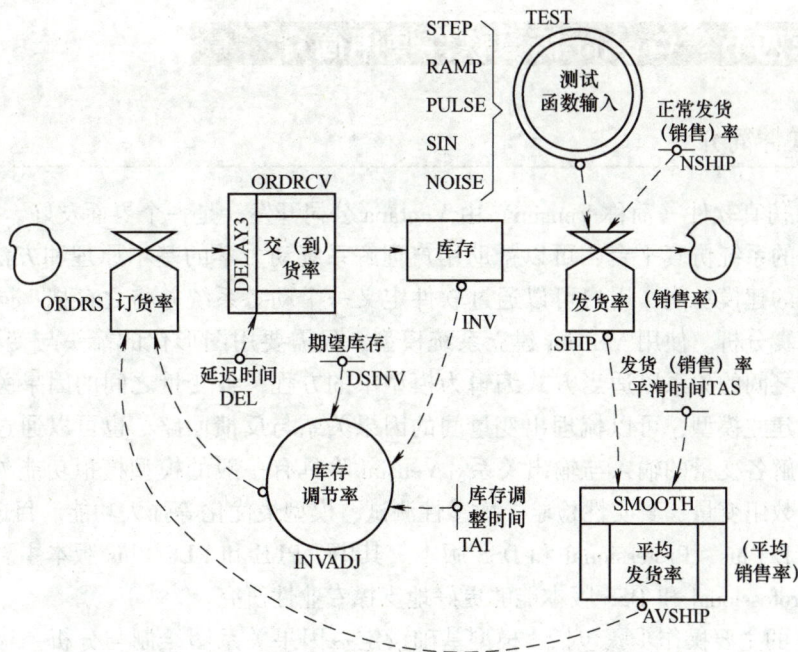

图 4-29　库存（控制）系统的 SD 结构模型

相应的 DYNAMO 方程如下（其中各参数已设定）：

L　　INV · K=INV · J+DT * (ORDRCV · JK-SHIP · JK)

N　　INV=DSINV

R ORDRCV·KL=DELAY3(ORDRS·JK, DEL)

C DEL=3

R ORDRS·KL=AVSHIP·K+INVADJ·K

A AVSHIP·K=SMOOTH(SHIP·JK, TAS)

C TAS=2

R SHIP·KL=NSHIP+TEST·K

C NSHIP=100

A TEST·K=TEST1 * STEP(STH, TAS)+TEST2 * RAMP(SLP, TAS)+TEST3 *
   PULSE(HGTH, TAS, INTVL)+TEST4 * AMP * SIN(6.283 * TIME·
   K/PER)+TEST5 * RANGE * NOISE（）

C TEST1=0/TEST2=0/TEST3=0/TEST4=0/TEST5=0

C STH=10, SLP=20, HGTH=10, INTVL=200, AMP=10, PER=5, RANGE=20

A INVADJ·K=(DSINV−INV·K）/TAT

C TAT=2

C DSINV=300 （DSINV=3 * NSHIP）

第四节　Vensim 仿真软件使用简介

一、软件简介

Vensim 仿真软件（简称 Vensim）由 Ventana 公司开发，是一个界面友好、操作简单、功能性强大的系统仿真平台，可以帮助用户理解系统动力学的基本原理和方法。Vensim 具有图形化的建模功能，用户可以通过软件定义一个动态系统并将之存档，同时建立模型，进行仿真分析。使用 Vensim 建立系统模型，只需要用图形化的箭头与变量相连接，并将各变量之间的关系以适当方式编辑为模型中的方程，各变量之间的因果关系便记录完成。通过建立模型，可以梳理出变量间的因果关系与反馈回路，也可以通过程序中的特殊功能了解各变量的输入与输出关系。Vensim 除具有一般的模型模拟功能外，还具有复合模拟、数组变量、真实性检验、敏感性测试、模型最优化等强大功能。目前，Vensim 有 PLE、PLE Plus、Professional 和 DSS 版本。其中，PLE 和 PLE Plus 版本主要用于个人学习，而 Professional 和 DSS 版本能够更好地支撑专业性研究。

Vensim 的主要操作步骤包括：模型基础设定→因果关系图绘制与分析→流图绘制→模型方程及参数设置→系统仿真与结果分析。

二、软件操作界面

Vensim 的操作界面包括一个工作区以及一系列其他工具。打开软件后的主窗口即为工作区，包括标题栏、菜单、工具栏以及具体分析工具。当打开一个模型时，绘图工具和状态栏也会出现。模型的基本设定在操作界面上方的"Model"选项卡中，可以通过这些选项进行模型构建前的预设置与构建后的检查，如图4-30所示。图4-31展示了模型的运行界面，包括工作命名、参数设置、执行模拟和检验等。

因果关系图与流图的绘制界面如图4-32所示，通过这些选项能够绘制出因果关系图，明确变量之间的正向因果或负向因果关系，识别由多个变量构成的反馈回路性质，在界定变量性质的基础上进行系统流图的绘制、参数与方程的编辑。结果输出界面如图4-33所示，包括因果关系图回路的树状图展示以及系统模拟执行后的仿真结果图、仿真数值表等。

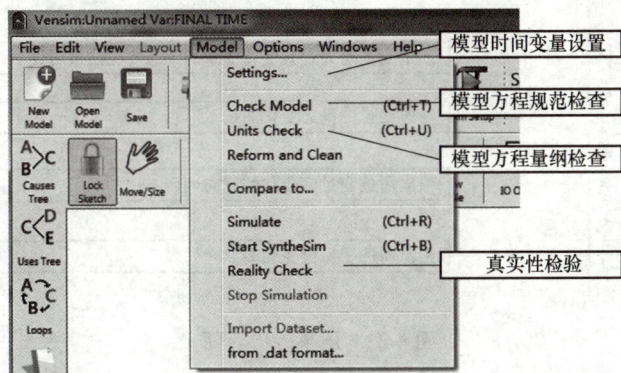

图 4-30　模型选项界面

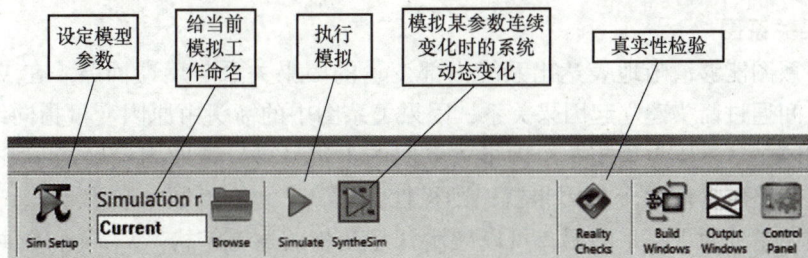

图 4-31　模型运行界面

图 4-32　因果关系图与流图的绘制界面

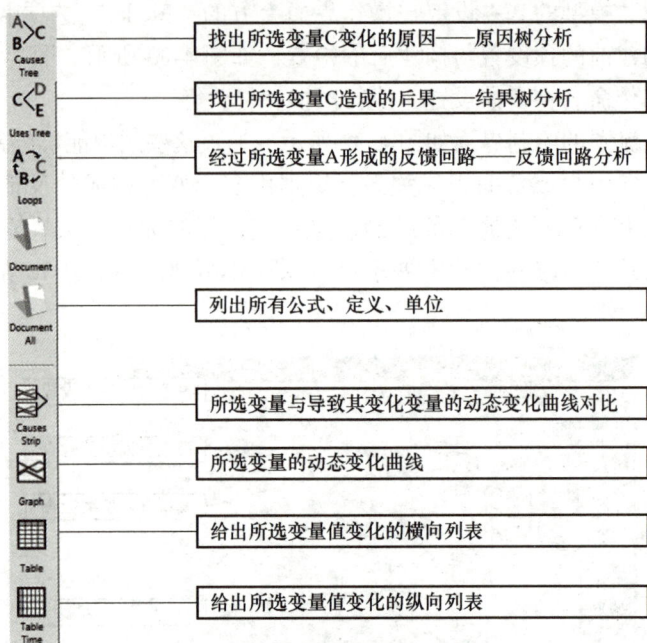

图4-33 结果输出界面

三、软件基本功能模块

1. 因果关系图

因果关系图能够清晰地表达出系统内部变量的因果关系与反馈回路。在 Vensim 中，系统变量之间通过箭头建立起因果关系，因果关系图中的箭头由原因变量指向结果变量，"+"为正相关，"−"为负相关。因果关系图的正负号可以帮助用户确定一条回路的极性，若反馈回路包含偶数个负因果链，则极性为正，若包含奇数个负因果链，则极性为正。在构建完整的因果关系图后，可以展示任意变量的逻辑结构。Vensim 提供了三种分析工具分析因果循环中的逻辑结构：Causes Tree——原因树，用树状图表示导致工作变量变化的原因；Uses Tree——结果树，用树状图表示工作变量影响的结果；Loops——经过工作变量的反馈回路。在因果关系图较为复杂时，原因树与结果树能够对图中逻辑结构进行清晰的梳理与展现。

因果关系图的主要操作步骤：放置变量及命名（选择"Variable"）→建立因果关系（选择"Arrow"）→箭头属性设置（右击箭头）→反馈环极性设置（选择"Comment"）→因果循环图（选择"Causes Tree/Uses Tree/Loops"）。此外，还可以在绘图的过程中通过右击箭头与变量对图形的大小、颜色等特征进行修改。

2. 流图

流图绘制是对因果关系图中反馈回路的进一步系统化。流图中的变量类型包括水平变量、流率变量、辅助变量和常量。存量和流量是系统动力学中的核心概念。存量是累积量，表征系统的状态；流量使存量发生变化，表征存量变化的速率。而在流图绘制中，水平变量即为存量，流率变量即为流量。辅助变量主要用于描述系统运行中水平变量与流率变量之间信息传递和转换的过程。

流图的绘制首先需要将变量分类，然后按照从存量（选择"Box Variable"）→流量（选择"Rate"）→辅助变量（选择"Variable"）的顺序在"Build"窗口定义变量。根据因果关系图，用箭头线将变量连接。图形可以用多种形式表示，一般状况下，矩形为水平变量，变量名写在矩形框内；流率变量用明确命名的速率管道表示；辅助变量或常量仅显示变量名。当然，与因果关系图一样，用户也可以使用相应的键对流图的版面和对象的大小进行自定义调整。

3. 模型方程及参数

在构建系统流图之后，需要进一步对各个变量进行赋值才能够令模型正常运行。水平变量的数值是对流率变量进行积分得来的，而流率变量是水平变量与常量的乘积。辅助变量赋值主要通过两种方式确定：①与其若干个原因变量构成方程式，具体数值一般通过多元线性回归确定；②当辅助变量之间的线性拟合难以实现时，可以通过 Vensim 自带的表函数功能对变量进行一一赋值，以此来拟合某一辅助变量与其原因变量之间的非线性关系。

参数与方程设定的主要步骤包括：模型方程与参数的信息整理（变量、参数间的关系式、参数取值、单位）→利用 Equations 编辑方程式→模型检查（模型语法检查：Model>Check Model，若正确，显示"Model is OK."；参数/变量单位检查：Model>Units Check，若正确，显示"Units are OK."）

4. 运行结果

模型构建完成后运行，通过 Vensim 左侧的输出选项，首先能够得到系统内部各变量的变化趋势图，以此作为预测分析的依据或后续情景分析的基准。其次可以针对某一常量进行敏感性分析，主要通过两种方式：①手动设置，即暂时改变模型参数的取值。在复杂系统中，对多个常量或辅助变量进行赋值，单个变量的数值变化或多个变量数值的组合搭配构成了不同的情景，能够对实际问题进行模拟仿真分析；②自动设置，即参数连续变化时，系统动态曲线变化情况。选择自动设置时常量下方会出现滑动条，可对该变量进行连续变动操作，其结果变量曲线会同步展示。

四、应用举例

1. 储蓄-积累系统

本节以储蓄的积累为例进行软件实际操作介绍。

在构建系统模型之前，首先需要对时间变量进行设定，在"Model Settings"界面中对系统仿真的初始时间、终止时间、时间步长与时间单位进行设定，如图4-34所示。

其次，构建储蓄-积累系统因果关系图，如图4-35所示。

根据经济学基础理论，利率决定了利息，利息与储蓄为正相关关系，而随着储蓄的增加，利息也会进一步增加，因此形成了一个正反馈回路；储蓄的增加会降低人们的劳动投入，劳动投入与收入正相关，一般来讲，收入越高则储蓄越高，因此形成了一个负反馈回路。在构建完因果回路之后，可以通过选定储蓄变量，再选择"Causes Tree"或"Uses Tree"来展示该变量的原因树与结果树。储蓄-积累系统的原因树与结果树如图 4-36 所示，列出了储蓄的主要影响因素与储蓄对其他因素的影响，并且能够体现出明确的层级划分。

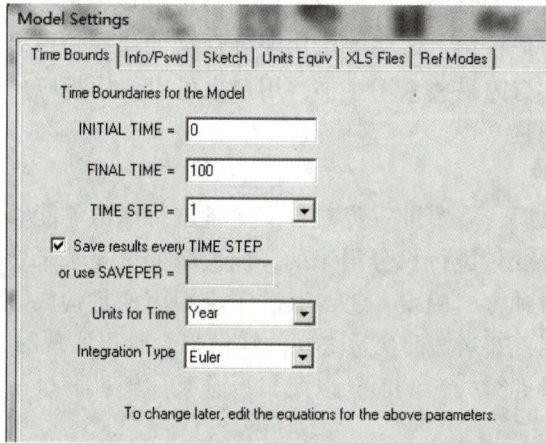

图 4-34　模型设置界面

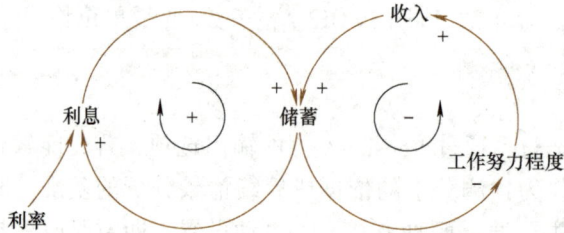

图 4-35　储蓄-积累系统因果关系图

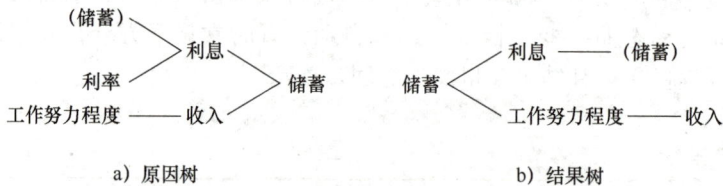

a) 原因树　　　　　　　　　　　b) 结果树

图 4-36　储蓄-积累系统原因树与结果树

再次，为了分析储蓄的变动状况，需要将因果关系图转变为系统流图。在绘制系统流图的过程中，先选择添加"Box Variable"并命名为储蓄，此时储蓄成为一个水平变量（即存量）。然后添加"Rate"变量，命名为利息并指向储蓄，以此构成流率变量（即流量）。利息的数值变动直接决定了储蓄的多少，而利率作为一个常量影响利息的大小，因此添加"Variable"并命名为利率，用箭头将其与流率变量连接。随着储蓄的增加，利息总额也在不断增加，因此同样需要添加一个由储蓄指向利息的箭头。利息-储蓄系统流图如图 4-37 所示。

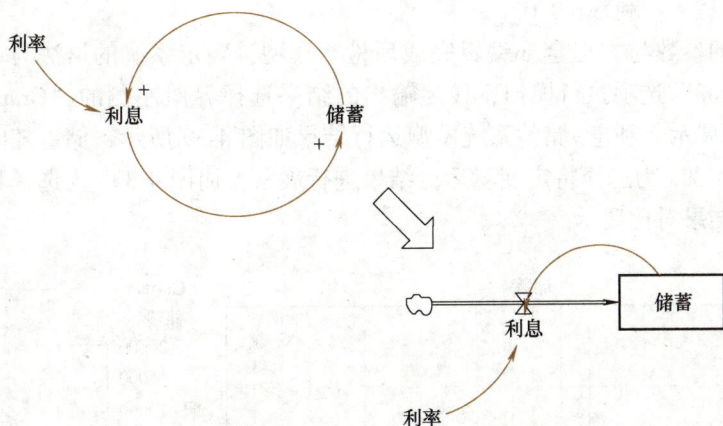

图 4-37　利息-储蓄系统流图

绘制出流图之后，紧接着通过"Equations"选项对系统中的各个变量进行赋值。储蓄的计算是在初始值 100 的基础上对利息进行积分，而利息的计算是储蓄总额乘以利率，暂时将利率设定为 5% 的常量。利息-储蓄系统变量方程设定如图 4-38 所示。

a) 水平变量方程L

b) 流率变量方程R

图 4-38　利息-储蓄系统变量方程设定

1）水平变量方程 L：储蓄 = INTEG（利息，初始储蓄额），初始储蓄额 = 100，单位：元。（INTEG 为 Vensim 软件中的积分函数。）

2）流率变量方程 R，包括水平变量的乘积式：利息 = 储蓄 * 利率，单位：元/年。

3）常量方程 C：利率＝0.05。

将模型中的参数与方程全部编辑完成后检查模型，确定系统的语法与单位无误，即可单击"Simulate"选项执行模拟，最终输出的结果选择界面左侧的"Graph"或"Causes Strip"选项展示。利息-储蓄系统模型运行结果如图 4-39 所示，储蓄随时间变化呈现递增趋势，图 4-39a 为选择特定变量运行结果进行展示，而图 4-39b 为选择特定变量及其原因变量运行结果对比展示。

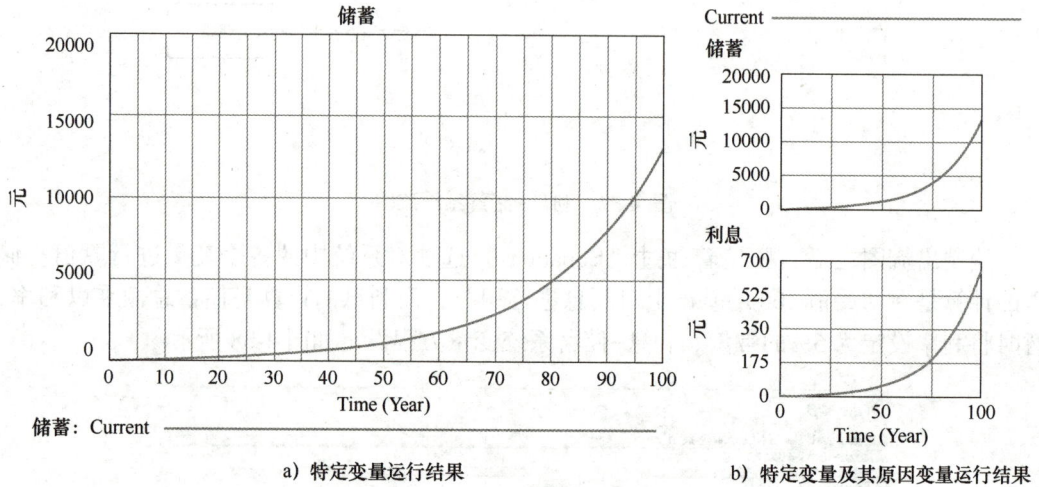

a）特定变量运行结果 　　　　　b）特定变量及其原因变量运行结果

图 4-39　利息-储蓄系统模型运行结果

最后，可以针对常量利率进行敏感性分析（见图 4-40）。若通过手动设置则单击"Sim Setup"选项，如图 4-40a 所示，能够对利率这一常量进行多次赋值，将利率分别设置为"常规利率＝0.05，低利率＝0.04，高利率＝0.06"，进而得出三条模拟曲线，如图 4-41 所示，以此分析利率变动对储蓄的影响大小；若选择自动设置则单击"SyntheSim"选项，常量下方会出现滑动条，可对该变量进行连续变动操作，其结果变量曲线会同步展示。如图 4-40b 所示，滑动常量利率，利息与储蓄的动态变化会以曲线的形式直接在系统流图的变量框中动态地展示出来。

用同样的方法，可以对图 4-35 中决定储蓄的另一条因果回路进行仿真。首先将因果关系图转化为流图（见图 4-42），再通过"Equations"选项为系统中的各个变量进行赋值。

根据经济学原理，储蓄与收入之间往往存在一个相对稳定的转换率，即固定比例的收入会被转化为当期的储蓄额，其余则用于消费。因此，本例假设储蓄率为 0.2。工作努力程度是收入的重要影响因素，该指标有许多衡量方式，出于操作的简便性，本例仅将工作努力程度界定为每月的工作天数，初始天数为每月工作 30 天，每日收入为固定的 100 元。此外，该因果回路一个明显的特征是存在一条负向因果链，即随着储蓄的累积，人们逐渐出现怠惰心态，对于闲暇的偏好逐渐替代对于工作的偏好，进而导致收入下降。然而，由于工作努力程度对储蓄的响应存在延迟，二者的关系表现出非线性特征，同时这种负向因果关系的系数难以确定，此时，Vensim 自带的表函数功能就能够发挥作用。通过表函数功能对工作努力程度变量进行一一赋值，假设当储蓄低于 10000 元时，仿真对象的月工作天数为 30 天，随着储蓄的积累，工作天数阶跃式下降，直到储蓄达到 100000 元时，工作偏好被闲暇偏好完全替代。

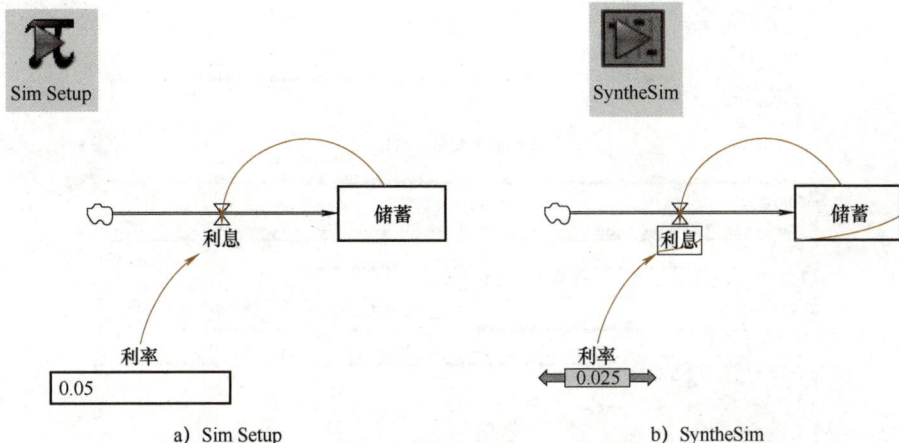

a) Sim Setup

b) SyntheSim

图 4-40 利息-储蓄系统敏感性分析：参数设置

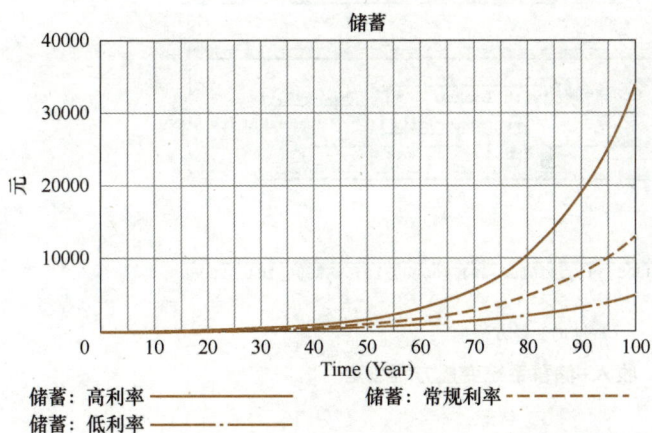

图 4-41 利息-储蓄系统敏感性分析：结果输出

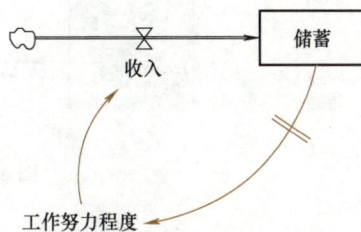

图 4-42 收入-储蓄系统流图

以上变量设定在 Vensim 中的操作界面如图 4-43 所示，具体变量方程如下：

1）水平变量方程 L：储蓄=INTEG（收入 * 0.2，初始储蓄额），初始储蓄额=0，单位：元。

2）流率变量方程 R，包括水平变量的乘积式：收入 = 工作努力程度 * 100，单位：元/月。

3）辅助变量方程 A：工作努力程度=with Lookup（储蓄）（[（0,0）-（200000,30）]，（10000,30），（30000,20），（50000,10），（100000,0）），单位：日/月。

在检查系统的语法与变量单位无误后运行模型，收入-储蓄系统模型运行结果如图 4-44

Edit: 储蓄
Variable Information
Name 储蓄
Type Level   Sub-Type
Units 元   Check Units   ☐ Supplementary
Group 流图   Min   Max
= INTEG (
收入*0.2
Initial
Value   0

a) 水平变量方程L

Edit: 收入
Variable Information
Name 收入
Type Auxiliary   Sub-Type Normal
Units 元/年   Check Units   ☐ Supplementary
Group .流图   Min   Max
Equations   工作努力程度*100

b) 流率变量方程R

Edit: 工作努力
Variable Information
Name 工作努力程度
Type Auxiliary   Sub-Type with Lookup   As Graph
Units 日/月   Check Units   ☐ Supplementary
Group .流图   Min   Max
Equations   储蓄
Initial
Value   ([(0,0)-(200000,30)],(10000,30),(30000,20),(50000,10),(10000

c) 辅助变量方程A

图 4-43   收入-储蓄系统变量方程设定

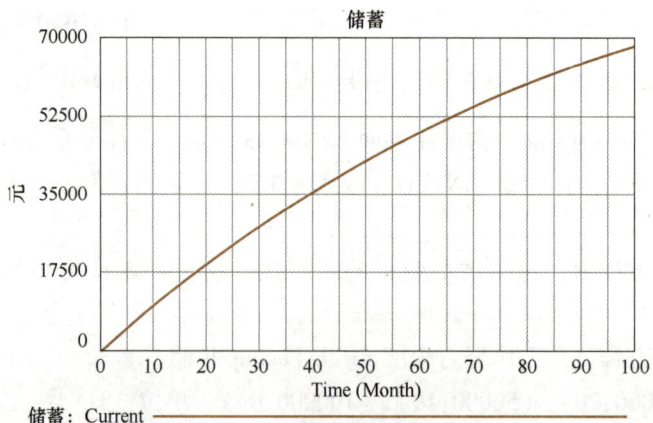

储蓄

储蓄：Current

图 4-44   收入-储蓄系统模型运行结果

所示。与图 4-39 的仿真结果不同，从工作努力程度与收入的角度考量储蓄的积累时，整体的因果关系表现为负反馈回路，因此储蓄不再随时间呈指数增长，而是存在"寻的"的趋势——储蓄依然不断累计，但增加速度递减。这一特征反映了工作偏好由于储蓄积累而被闲暇偏好替代的过程。

2. 牛鞭效应

（1）牛鞭效应的发现。20 世纪 90 年代初，宝洁公司（P&G）在研究"尿不湿"的市场需求时发现，该产品的零售数量相当稳定，波动性不大，但在考察分销中心的订货情况时却吃惊地发现其订单的变动程度比零售数量的波动大得多，而分销中心是将批发商的订货需求量汇总后进行订货的。通过进一步研究发现，零售商往往根据对历史和现实销售情况的预测，确定一个较客观的订货量，但为了能应付客户需求增加的变化，他们通常会将预测订货量进行一定的放大后向批发商订货，而批发商也出于同样的考虑，会在其订货量的基础上再进行一定的放大后向分销中心订货。就这样，虽然顾客需求量并没有大的波动，但经过零售商、批发商和分销中心的订货放大后，订货量便一级一级地被放大了。

供应链的信息流从末端（最终客户）向源端（原始生产商）传递时，需求信息的波动会越来越大，这种信息扭曲的放大作用在图形上很像一条甩起来的牛鞭，因此被称为牛鞭效应（Bullwhip Effect）。

（2）牛鞭效应的产生原因⊖及危害。Lee 等人从运作管理的角度分析了产生牛鞭效应的五个主要原因：需求预测、订货批量、价格波动、短缺博弈和交货周期。

1）下游买方在某时期发现需求增加，会认为这是未来需求将会提高的预兆，从而大幅度增加订货量。当上游卖方以直接的下游订货数据作为市场需求信号时，即产生需求放大。

2）由于订货成本等因素，经济批量订货（EOQ）对下游买方可能是最优的订货策略，但对上游供方来说，多个买方的订货时间无论是随机的或相关的，他们集中产生的需求方差都被放大了。

3）价格波动是由于一些促销手段，或者经济环境突变造成的，如价格折扣、数量折扣、恶性竞争和通货膨胀等。这种因素使许多零售商和推销人员预先采购的订货量大于实际的需求量（如果库存成本小于由于价格折扣所获得的收益）。

4）当供不应求时，一般会根据下游买方的订货量限额配给，买方为了得到更多的配额，就会夸大其订货需求。

5）与供应链环节之间交货的时间迟滞紧密相关，这些时间迟滞有时很长。

牛鞭效应使供应链各节点企业的库存都相应地增加了，产生较高的库存成本。并且，生产计划的不确定性也大大增加，产生额外的运营费用，如加班费、快速运输费等，占用大量流动资金，使资产的利润率降低。生产的无序会导致产能限制或过度使用，短缺与过剩交替，产品过时，无法满足顾客需求。整个供应链的企业之间不信任增加，不利

⊖　达庆利，张钦，沈厚才. 供应链中牛鞭效应问题研究［J］. 管理科学学报，2003（3）：86-93.

于长期合作和联盟。

（3）牛鞭效应的仿真①。

1）传统订货模式。运用 Vensim 建立一个三阶段供应链模型，它由生产商、批发商和零售商组成，各级企业只根据自己的预测和库存订货，传统订货模式下系统流程如图 4-45 所示。

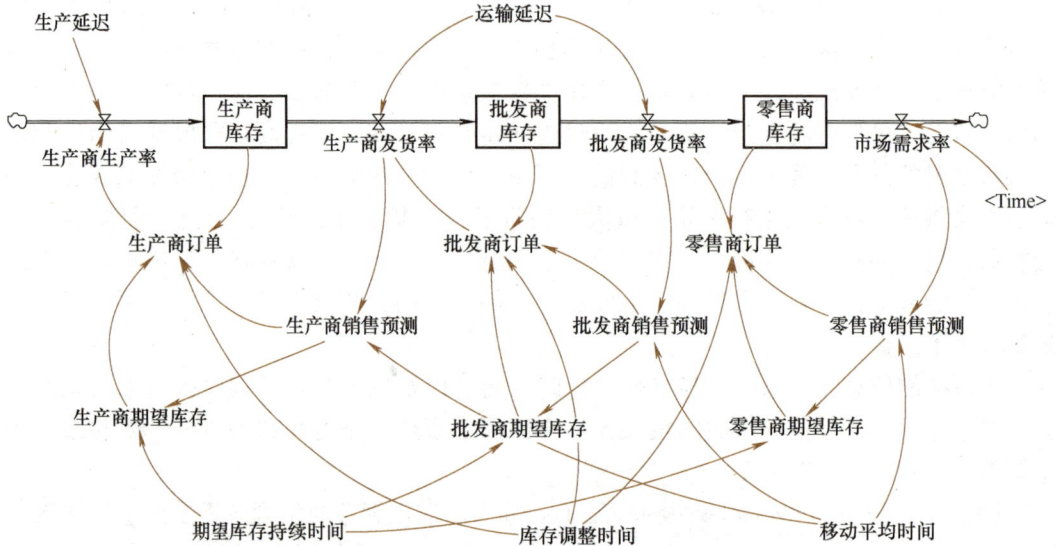

图 4-45 传统订货模式下三阶段供应链的牛鞭效应仿真系统流程

选择软件中"Equations"选项建立方程，具体如下：

市场需求率=1000+IF THEN ELSE（Time>2，RANDOM NORMAL（-100,100,0,10, 1),0），单位：箱/周。

批发商发货率=DELAY3（零售商订单，运输延迟），单位：箱/周。

生产商发货率=DELAY3（批发商订单，运输延迟），单位：箱/周。

生产商生产率=DELAY3（生产商订单，生产延迟），单位：箱/周。

零售商库存=INTEG（批发商发货率-市场需求率，3000），单位：箱。

批发商库存=INTEG（生产商发货率-批发商发货率，3000），单位：箱。

生产商库存=INTEG（生产商生产率-生产商发货率，3000），单位：箱。

零售商销售预测=SMOOTH（市场需求率，移动平均时间），单位：箱/周。

批发商销售预测=SMOOTH（批发商发货率，移动平均时间），单位：箱/周。

生产商销售预测=SMOOTH（生产商发货率，移动平均时间），单位：箱/周。

零售商订单=MAX（0，零售商销售预测+(零售商期望库存-零售商库存)/库存调整时间），单位：箱/周。

---

① 刘秋生，蒋国耀. 基于系统动力学的供应链中牛鞭效应的研究 [J]. 中国管理信息化，2009，12（6）：72-75.

批发商订单=MAX（0，批发商销售预测+（批发商期望库存−批发商库存）/库存调整时间），单位：箱/周。

生产商订单=MAX（0，生产商销售预测+（生产商期望库存−生产商库存）/库存调整时间），单位：箱/周。

零售商期望库存=零售商销售预测＊期望库存持续时间，单位：箱。

批发商期望库存=批发商销售预测＊期望库存持续时间，单位：箱。

生产商期望库存=生产商销售预测＊期望库存持续时间，单位：箱。

生产延迟=4，单位：周。

运输延迟=3，单位：周。

期望库存持续时间=3，单位：周。

库存调整时间=4，单位：周。

移动平均时间=5，单位：周。

单击"Simulate"选项执行模拟，选择"Control Panel"图标中"Graphs"选项，单击 new，将多个变量绘制在一张图中，如图 4-46 所示。

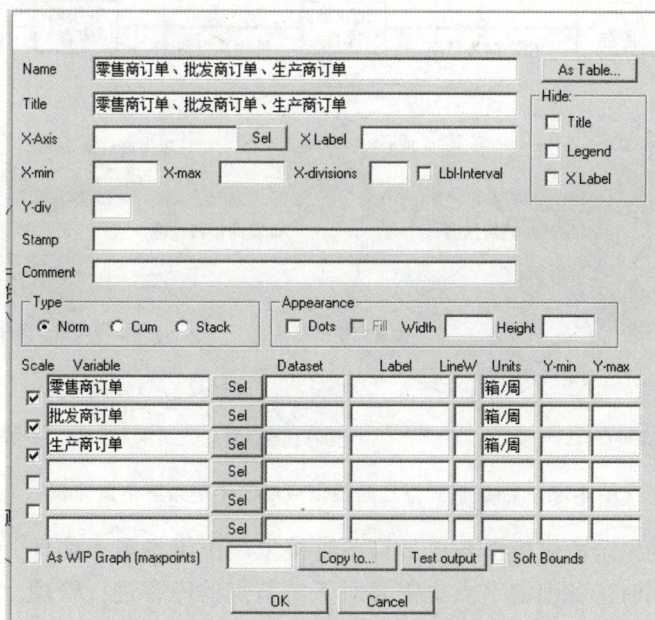

图 4-46 "Control Panel"中绘制多变量

得出的仿真结果如图 4-47 所示。

从图 4-47 中可以看出，需求信息在沿供应链向上传递过程中，产生了逐级放大的现象，出现了牛鞭效应。并且，不只需求被放大，各级库存量也被放大。

2）供应商管理库存（VMI）订货。选取 VMI 模式来验证信息结构优化对牛鞭效应的削弱作用。在 VMI 模式下，各级企业不再根据自己的销售预测进行订货，而是在 VMI 协议下由零售商将市场的需求信息与批发商、生产商共享，由生产商对零售商的库存进行管理。

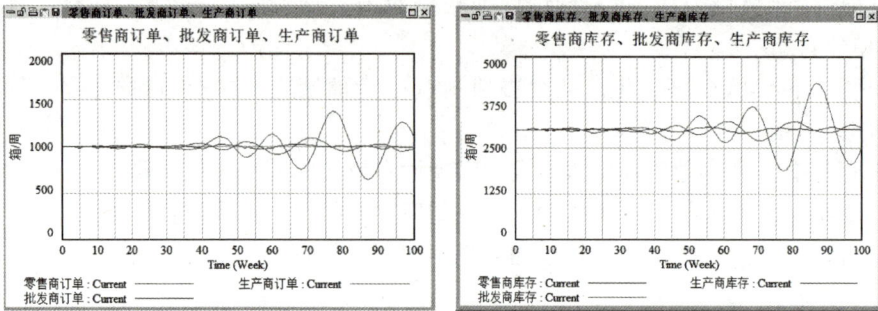

a) 传统订货模式订单

b) 传统订货模式库存

图 4-47 传统订货模式下各级订单与库存变化的仿真结果

应用 Vensim 建立的牛鞭效应仿真流程如图 4-48 所示。

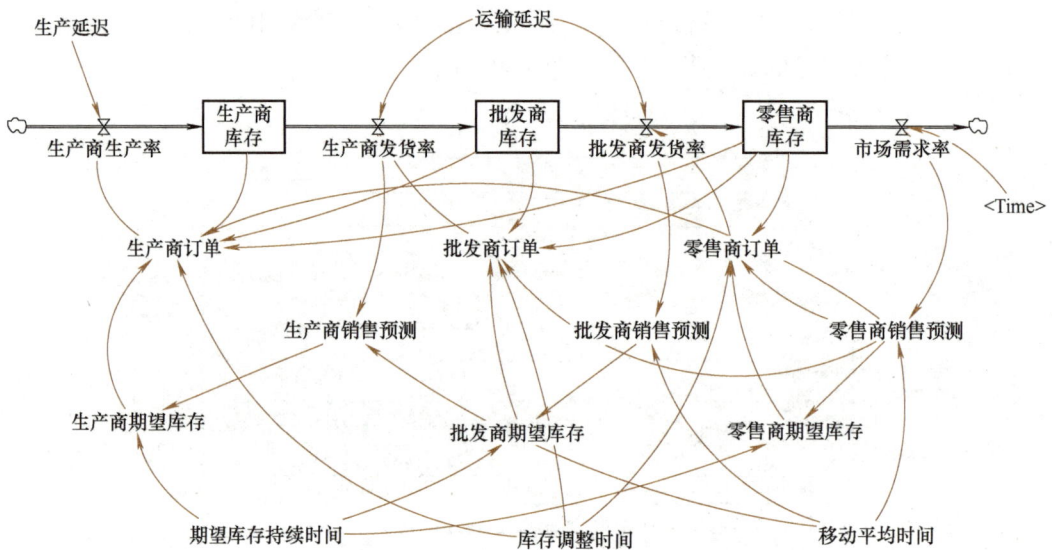

图 4-48 VMI 模式下三阶段供应链的牛鞭效应仿真流程

VMI 模式下的三阶段供应链各成员订单直接依赖于市场需求信息，不再根据自己的销售额来订货。同时，各上游节点也需要对下游节点的库存进行管理。因此，需要对两个方程进行调整，在"Equations"选项中做如下修改：

批发商订单＝MAX（0，零售商销售预测+（批发商期望库存＊2-零售商库存-批发商库存)/库存调整时间)，单位：箱/周。

生产商订单＝MAX（0，零售商销售预测+（生产商期望库存＊3-零售商库存-批发商库存-生产商库存)/库存调整时间)，单位：箱/周。

得到的仿真结果如图 4-49 所示。

比较图 4-47 和图 4-49 的仿真结果，发现实施 VMI 后，无论是订货量的牛鞭效应还是库存量的牛鞭效应，都比传统订货模式下有所减弱。

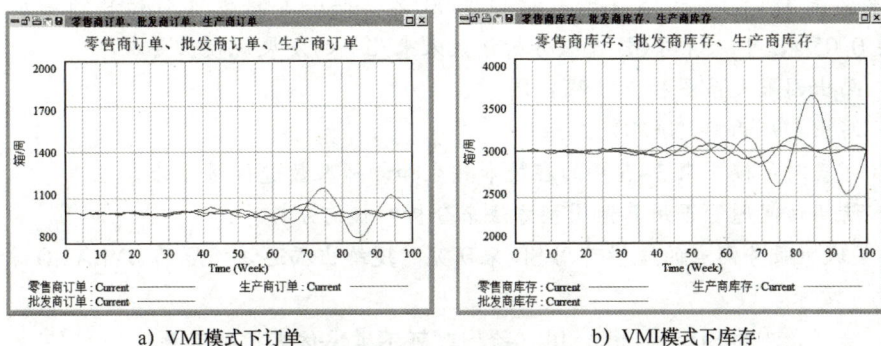

a) VMI模式下订单   b) VMI模式下库存

图 4-49 VMI 模式下各级订单与库存变化的仿真结果

思考与练习题

1. 系统仿真在系统分析中起何作用？系统仿真方法的特点有哪些？

2. SD 的基本思想是什么？其反馈回路是怎样形成的？请举例加以说明。

3. 请分析说明 SD 与解释结构模型化技术、状态空间模型方法的关系及异同点。

4. 请举例说明 SD 结构模型的建模原理。

5. SD 为什么要引入专用函数？请说明各主要 DYNAMO 函数的作用及适用条件。

6. 如何理解 SD 在我国现实的社会经济和组织管理系统分析中更具有方法论意义？

7. 请查阅牛鞭效应相关资料，并尝试用 SD 建模。

8. 假设每月招工人数 MHM 和实际需要人数 RM 成比例，招工人员的速率方程是：
MHM·KL＝P＊RM·K。请回答以下问题：

(1) K 和 KL 的含义是什么？

(2) RM 是什么变量？

(3) MHM、P、RM 的量纲是什么？

(4) P 的实际意义是什么？

9. 已知如下的部分 DYNAMO 方程：

MT·K＝MT·J+DT＊(MH·JK−MCT·JK)

MCT·KL＝MT·K/TT·K

TT·K＝STT＊TEC·K

ME·K＝ME·J+DT＊(MCT·JK−ML·JK)

其中，MT 表示培训中的人员（人），MH 表示招聘人员速率（人/月），MCT 表示人员培训速率（人/月），TT 表示培训时间，STT 表示标准培训时间，TEC 表示培训有效度，ME 表示熟练人员（人），ML 表示人员脱离速率（人/月）。

请画出对应的 SD 流（程）图。

10. 教学型高校的在校本科生和教师人数（S 和 T）是按一定的比例相互增长的。已知某高校现有本科生 10000 名，且每年以 SR 的幅度增加，每一名教师可引起本科生人数增加的速率是 18 人/年。学校现有教师 1500 名，每个本科生可引起教师增加的速率 (TR) 是 0.05 人/年。请用 SD 模型分析该校未来几年的发展规模，要求：

(1) 画出因果关系图和流（程）图。

(2) 写出相应的 DYNAMO 方程。

(3) 列表对该校未来 3~5 年的在校本科生和教师人数进行仿真计算。

(4) 请问该问题能否用其他模型方法来分析？如何分析？

11. 某城市服务网点的规模可用 SD 来研究。现给出描述该问题的 DYNAMO 方程及其变量说明。要求：

(1) 绘制相应的 SD 流（程）图（绘图时可不考虑仿真控制变量)。

(2) 说明其中的因果反馈回路及其性质。

L S·K=S·J+DT∗NS·JK

N S=90

R NS·KL=SD·K∗P·K/(LENGTH−TIME·K)

A SD·K=SE−SP·K

C SE=2

A SP·K=SR·K/P·K

A SR·K=SX+S·K

C SX=60

L P·K=P·J+DT∗NP·JK

N P=100

R NP·KL=I∗P·K

C I=0.02

其中，LENGTH 为仿真终止时间，TIME 为当前仿真时刻，均为仿真控制变量；S 为个体服务网点数（个），NS 为年新增个体服务网点数（个/年），SD 为实际千人均服务网点与期望差（个/千人），SE 为期望的千人均网点数（个/千人），SP 为千人均网点数（个/千人），SX 为非个体服务网点数（个），SR 为该城市实际拥有的服务网点数（个），P 为城市人口数（千人），NP 为年新增人口数（千人/年），I 为人口的年自然增长率。

12. 为研究新住宅对家具销售的影响，考虑购房和家具销售两个子系统。

在购房子系统中，购房数量（GFL）的增加使购到新房的户数（XFS）增加，进而使未住新房户数（WFS）减少。其中未住新房户数还受到需住房总户数（XQS）的影响；购房数量与未住新房户数成比例，比例系数记为购房系数（GFX）。

在家具销售子系统中，未买家具新房户数（WMS）的增加使家具销售量（XSL）成比例增加，比例系数记为销售系数（XSX）；销售量的增加又使得已买家具户数（YMS）增加。

假定：住进新房者每户买且仅买一套新家具；在一定时期（如若干年）内，XQS、GFX 和 XSX 保持不变。

要求：

(1) 画出新住宅对家具销售影响的因果关系图，并指出两个子系统各自回路的性质。

(2) 指出给定所有变量的类型，建立用 SD 研究该问题的结构模型。

（3）写出该问题的 SD 数学模型，并就其中任一子系统指出各方程的名称和作用。

（4）适当设定初值和常量，仿真计算 3~5 年后所有状态变量的数值。

（5）分别画出两个子系统中状态变量随时间的响应趋势。

13. 根据以下说明，画出因果关系图，建立流图模型，并拟定变量名和适当数据，写出对应的 DYNAMO 方程。

（1）人口与经济增长。城市就业机会多，是人口流入城市的原因之一。但迁入者不一定会马上在该地区得到许多就业机会，得知就业机会并取得就业需要一段时间。迁入人口的增加，促使城市产业扩大。而产业经济的扩大，形成附加的需要，这种需要更加增大了该地区的就业机会。

（2）人口与土地使用。人口增加，除了促进经济增长之外，还使住宅建设按照人口增长的速度发展。现在假定，可供产业和住宅用的土地是固定不变的。因此，住宅储备的增加，使可供产业扩大的用地减少。这样，一旦没有更多的土地可供使用，该地区的产业发展就受到抑制，劳动力需求减少，结果就业机会也就减少。潜在的移入者一旦知道就业机会减少，移入人口随之减少。

14. 请根据某产品销售速率、销售量及市场需求量的相互关系（假定销售速率与实际销售量成正比，比例系数与市场需求情况有关），分别就以下两种市场状况，采用系统动力学或其他方法建立预测和分析销售量变化的模型，并据此图示销售量随时间变化的轨迹（趋势）：

（1）该产品由某企业独家经营，且市场远未饱和。

（2）该产品的市场需求量已接近饱和。

15. 假定某商品的库存仅发生在生产厂家，且出厂价格（元/t）取决于库存量。库存增加，价格下降；库存下降，价格上升，且价格是库存的非线性函数（见图 4-50a）。另外，销售速率是价格的反比函数（见图 4-50b）。这里给出的价格取过去一季度的平均价格（建议采用具有三个月或一个季度延迟的指数平滑平均值）。由于厂家增加生产能力需要较长时间，且固定成本较高，可以认为商品生产速率是 1000t/月的一个常数。请建立描述该问题的 SD 结构模型和量化分析模型。

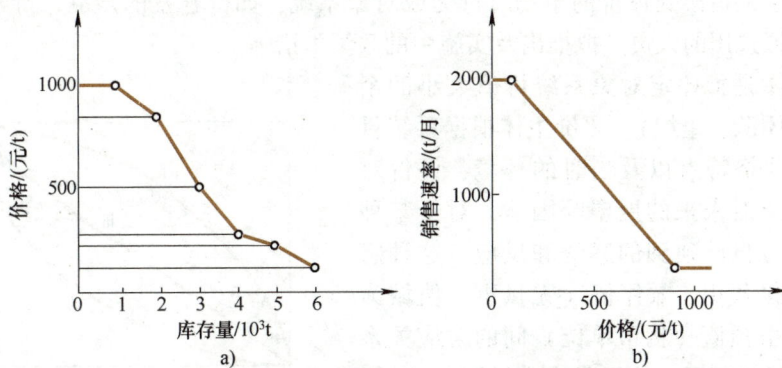

图 4-50 价格、库存量、销售速率的关系

第一节　系统评价原理

系统评价在管理系统工作中是一个非常重要的问题，对各类重大管理决策是必不可少的。它是决定系统方案"命运"的一项重要工作，是得到决策的直接依据和基础。系统评价问题具有普遍性，甚至可以说，系统分析就是评价，管理就是评价。简单来说，系统评价就是全面评定系统的价值。而价值通常被理解为评价主体根据其效用观点对于评价对象满足其某种程度需求的认识，它与评价主体、评价对象所处的环境状况密切相关。因此，系统评价问题是由评价对象（What）、评价主体（Who）、评价目的（Why）、评价时期（When）、评价地点（Where）、评价方法（How）及评价结果（How much）等要素（5W2H）构成的问题复合体。

评价对象是指接受评价的事物、行为或对象系统，如待开发的产品、待建设或建设中的项目、拟选用的人员、拟推出及实施中的政策举措等。

评价主体是指评定对象系统价值大小的个人或集体（团队、组织）。评价主体根据系统目标、个人的性格特点以及当时的环境、评价对象的性质以及对未来的展望等因素，对于某种利益和损失有自己独到的感觉和反应，这种感觉和反应就是效用。效用值（无量纲，值域为$[0，1]$）与益损值（货币单位）间的对应关系可用效用曲线来刻画。效用曲线（见图 5-1）因人而异，可通过心理实验或辨优对话的方式得到，从理论上来说应有三种类型。其中，Ⅰ型

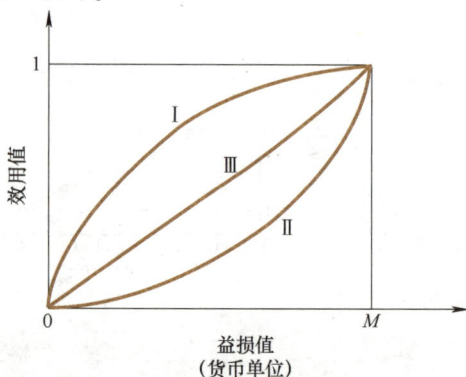

图 5-1　效用曲线示意

曲线所反映的一般是一种谨慎小心、避免风险、对损失比较敏感的偏保守型的主体，且其所处外部环境可能不是很好；Ⅱ型曲线所反映的主体个性特征恰恰相反，这类主体对损失的反应迟缓，而对利益比较敏感，是一种不怕风险、追求大利的偏进取型的主体，且其所处外部环境大多较好；Ⅲ型曲线所反映的主体极其理性，是一种较少拥有主观感受的"机器人"。大量实验证明，大多数行为主体的效用曲线为Ⅰ型，而具有Ⅲ型效用曲线的主体在现实生活中很难找到。效用观点给我们的启示是：评价主体的个性特点及其所处环境条件，是决定系统评价结果的重要因素，从总体上看或具体来说，涉及评价主体的价值观、利益观、系统观，及其所处的外环境、内环境、媒环境。

评价目的即系统评价所要解决的问题和所能发挥的作用。例如，对新产品开发及项目建设进行系统评价的主要目的是优化产品开发和项目建设方案，更科学、有效地进行战略决策，并保证产品开发、项目建设等系统工作的成功。除优化之外，系统评价还可起到决策支持、行为解释和问题分析等方面的作用。

评价时期即系统评价在系统开发全过程中所处的阶段。以企业开发新产品为例，其评价过程一般可分为四个时期：①期初评价。这是在制定新产品开发方案时所进行的评价。其目的是尽早综合考虑设计、制造、供销等部门的意见，并从系统总体出发来研讨与方案有关的各种重要问题。例如新产品的功能、结构是否符合用户的需求或本企业的发展方向，新产品开发方案在技术上是否先进、经济上是否合理，以及所需开发费用及时间等。通过期初评价，力求使开发方案得到优化，并做到切实可行。可行性研究的核心内容实际上就是对系统问题（产品开发、项目建设等）的期初评价。②期中评价。这是指新产品在开发过程中所进行的评价。当开发过程需要时间较长时，期中评价一般要进行数次。期中评价主要是验证新产品设计的正确性，并对评价中暴露出来的设计等问题采取必要的对策。③期末评价。这是指新产品开发试制成功，并经鉴定合格后进行的评价。其重点是全面审查新产品各项技术经济指标能否达到原定的各项要求。同时，通过评价为正式投产做好技术上和信息上的准备，并预防可能出现的其他问题。④跟踪评价。为了考察新产品在社会上的实际效果，在其投产后的若干时期内，每隔一段时间对其进行一次评价，以提高该产品的质量，并为进一步开发同类新产品提供依据。再比如，对干部的评价，有任用考察、日常考评、年度考评、专项或专题考评、离任审计等。

评价地点有两方面的含义：①评价对象所涉及的及其占有的空间，或称评价的范围。②评价主体观察问题的角度和高度，或称评价的立场。

在管理系统工程中，评价即评定系统发展有关方案的目的达成度。评价主体按照一定的工作程序，通过应用各种系统评价方法，从经初步筛选的多个方案中找出所需的最优或使决策者满意的方案，这是一件重要而又有一定难度的工作。评价方法包括评价流程和具体方法。

系统评价程序示意图如图5-2所示。

系统评价的过程要有坚实的客观基础（如对经济效益的分析计算），这是第一位的；同时，评价的最终结果在某种程度上又取决于评价主体及决策者多方面的主观感受，这是由价值的特点决定的。因此，可用来进行系统评价的方法是多种多样的。其中比较有代表性的方法是：以经济分析为基础的费-效分析法，以多指标的评价和定量与定性分析相结合为特点的关联矩阵法、层次分析（AHP）法及网络分析（ANP）法、模糊综合评判法和数据包络分析（DEA）法。这类方法是系统评价的主要方法，也是本章讨论的重点。其中关联矩阵法为原理性方法，AHP法及ANP法、模糊综合评判法、DEA法为实用性方法。

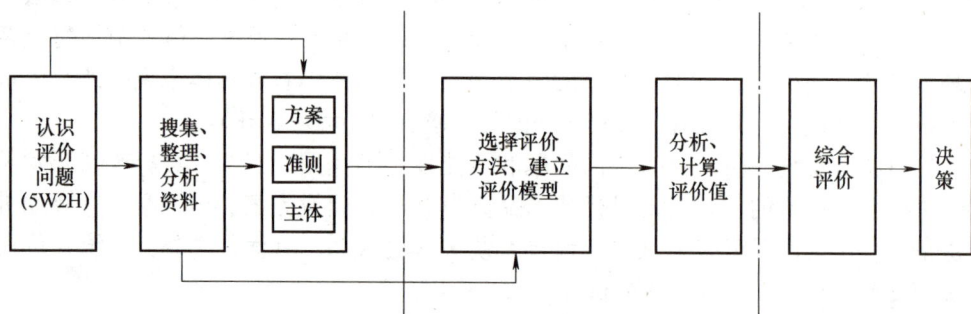

图5-2　系统评价程序示意图

　　费-效分析法是系统评价的经典和基础方法。其具体内容已在管理类有关课程中有详细介绍。这里需要强调的是，在系统评价中要对费用和效果的概念有如下新的和系统性的理解：费用是为达到系统目的所必须付出的代价或做出的牺牲。在系统评价中要特别重视对以下各组费用中后边费用的认识和研究：货币费用与非货币费用、实际费用与机会费用、内部费用与外部费用、一次性费用与经常费用。效益是实现某个目的的经济效果，常可换算成货币值；有效度是用货币以外的数量尺度表示的效果，这往往是对系统方案社会效果的度量，具有重要意义。

　　评价结果及其运用也是系统评价的一个重要而现实的问题，直接关系到甚至决定了评价的实际效能。

第二节　关联矩阵法

　　关联矩阵法是常用的系统综合评价法，它主要是用矩阵的形式来表示各替代方案有关评价指标及其重要度与方案关于具体指标的价值评定量之间的关系。设：$A_1, A_2, \cdots, A_m$是某评价对象的m个替代方案；$X_1, X_2, \cdots, X_n$是评价替代方案的n个评价指标或评价项目；$W_1, W_2, \cdots, W_n$是n个评价指标的权重；$V_{i1}, V_{i2}, \cdots, V_{in}$是第$i$个替代方案$A_i$的关于$X_j$指标$(j=1,2,\cdots,n)$的价值评定量。则相应的关联矩阵表见表5-1。

　　通常系统是多目标的。因此，系统评价指标也不是唯一的，而且衡量各个指标的尺度不一定都是货币单位，在许多情况下不是相同的，系统评价问题的困难就在于此。

　　据此，H. 切斯纳（H. Chestnut）提出的综合方法是：根据具体评价系统，确定系统评价指标体系及其相应的权重，然后对评价系统的各个替代方案计算其综合评价值，即求出各评价指标评价值的加权和。

表 5-1　关联矩阵表

X_j	W_j	A_i			
		A_1	A_1	$\cdots$	A_m
X_1	W_1	V_{11}	V_{21}	$\cdots$	V_{m1}
X_2	W_2	V_{12}	V_{22}	$\cdots$	V_{m2}
$\vdots$	$\vdots$	$\vdots$	$\vdots$		$\vdots$
X_j	W_j	V_{1j}	V_{2j}	$\cdots$	V_{mj}
$\vdots$	$\vdots$	$\vdots$	$\vdots$		$\vdots$
X_n	W_n	V_{1n}	V_{2n}	$\cdots$	V_{mn}
V_i		$V_1 = \sum\limits_{j=1}^{n} W_j V_{1j}$	$V_2 = \sum\limits_{j=1}^{n} W_j V_{2j}$	$\cdots$	$V_m = \sum\limits_{j=1}^{n} W_j V_{mj}$

应用关联矩阵评价方法的关键，在于确定各评价指标的相对重要度（即权重 W_j）以及根据评价主体给定的评价指标的评价尺度，确定方案关于评价指标的价值评定量（V_{ij}）。下面结合一例子来介绍两种确定权重及价值评定量的方法。

一、逐对比较法

逐对比较法是确定评价指标权重的简便方法之一。其基本的做法是：对各替代方案的评价指标进行逐对比较，对相对重要的指标给予较高得分，据此可得到各评价项目的权重 W_j。再根据评价主体给定的评价尺度，对各替代方案在不同评价指标下一一进行评价，得到相应的评价值，进而求加权和得到综合评价值。

现以某紧俏产品的生产方案选择为例加以说明。

例 5-1　某企业为生产某紧俏产品制订了三个生产方案，它们是：

A_1：自行设计一条新的生产线；

A_2：从国外引进一条自动化程度较高的生产线；

A_3：在原有设备的基础上改装一条生产线。

通过权威部门及人士讨论决定评价指标为五项，它们分别是：①期望利润；②产品成品率；③市场占有率；④投资费用；⑤产品外观。

根据专业人士的预测和估计，实施这三种方案后关于五个评价项目的结果见表 5-2。

表 5-2　方案实施结果例表

替代方案	评价项目				
	期望利润/ 万元	产品成品率 （%）	市场占有率 （%）	投资费用/ 万元	产品外观
自行设计	650	95	30	110	美观
国外引进	730	97	35	180	比较美观
改装	520	92	25	50	美观

现将评价过程介绍如下：

首先，用逐对比较法，求出各评价指标的权重，结果见表5-3。如表中的期望利润与产品成品率相比，前者重要，得1分，后者得0分，以此类推。最后根据各评价项目的累计得分计算权重，见表5-3最后一列（表中最后一行显示"产品外观"权重为0，问题及原因何在？应如何解决？）。

表5-3　逐对比较法例表

评价项目	比较次数										累计得分/分	权重
	1	2	3	4	5	6	7	8	9	10		
期望利润	1	1	1	1							4	0.4
产品成品率	0				1	1	1				3	0.3
市场占有率		0			0			0	1		1	0.1
投资费用			0			0		1		1	2	0.2
产品外观				0			0		0	0	0	0

随后由评价主体（一般为专家群体）确定评价尺度，见表5-4，以使方案在不同指标下的实施结果能统一度量，便于求加权和。

表5-4　评价尺度例表

评价项目	评价尺度（得分）				
	5分	4分	3分	2分	1分
期望利润/万元	800以上	701~800	601~700	501~600	500及以下
产品成品率（%）	97以上	96~97	91~95	86~90	85及以下
市场占有率（%）	40及以上	35~39	30~34	25~29	25以下
投资费用/万元	20及以下	21~80	81~120	121~160	160以上
产品外观	非常美观	美观	比较美观	一般	不美观

根据评价尺度表及表5-2，对各替代方案的综合评定如下：

对于替代方案 A_1 有

$$V_1 = 0.4 \times 3 + 0.3 \times 3 + 0.1 \times 3 + 0.2 \times 3 = 3.0$$

对于替代方案 A_2 有

$$V_2 = 0.4 \times 4 + 0.3 \times 4 + 0.1 \times 4 + 0.2 \times 1 = 3.4$$

对于替代方案 A_3 有

$$V_3 = 0.4 \times 2 + 0.3 \times 3 + 0.1 \times 2 + 0.2 \times 4 = 2.7$$

以上计算结果可用关联矩阵表示，见表5-5。

由表5-5可知，由于 $V_2 > V_1 > V_3$，故 $A_2 > A_1 > A_3$。

在只需对方案进行初步评估的场合，也可用逐对比较法来确定不同方案对具体评价指标的价值评定量(V_{ij})。

表 5-5　关联矩阵例表（逐对比较法）

X_j	W_j	A_i		
		自行设计	国外引进	改装
期望利润	0.4	3	4	2
产品成品率	0.3	3	4	3
市场占有率	0.1	3	4	2
投资费用	0.2	3	1	4
产品外观	0	4	3	4
V_i		3.0	3.4	2.7

二、古林法

当对各评价项目间的重要性可以做出定量估计时，古林法比逐对比较法前进了一大步。它是确定指标权重和方案价值评定量的基本方法。现仍以上述评价问题为例来介绍此方法。

例 5-2　首先，按下述步骤确定评价项目的权重：

（1）确定评价指标的重要度 R_j。古林法下的关联矩阵表见表 5-6，按评价项目自上而下地两两比较其重要性，并用数值表示其重要程度，然后填入表 5-6 的 R_j 一列中。由表 5-6 可知（如何得到？有何问题？），期望利润的重要性是产品成品率的 3 倍；同样，产品成品率的重要性是市场占有率的 3 倍。由于投资费用重要性是市场占有率的 2 倍，所以，市场占有率的重要性是投资费用的 1/2；投资费用的重要性是产品外观的 4 倍。最后，由于产品外观已经没有别的项目与之比较，故没有 R 值。

表 5-6　关联矩阵例表（古林法）

序号	评价项目	R_j	K_j	W_j
1	期望利润	3	18	0.580
2	产品成品率	3	6	0.194
3	市场占有率	1/2	2	0.065
4	投资费用	4	4	0.129
5	产品外观	—	1	0.032
合计			31	1.000

（2）R_j 的基准化处理。设基准化处理的结果为 K_j，以最后一个评价指标作为基准，令其 K 值为 1，自下而上计算其他评价项目的 K 值。见表 5-6，K_j 列中最后一个 K 值为 1，用 1 乘以上一行的 R 值，得 $1 \times 4 = 4$，即为上一行的 K 值（表中用箭线表示），然后再以 4 乘以上一行的 R 值，得 $4 \times 1/2 = 2$ 等，直至求出所有的 K 值。

（3） K_j 的归一化处理。将 K_j 列的数值相加，分别除以各行的 K 值，所得结果即分别为各评价项目的权重 W_j，显然有 $\sum_{i=1}^{n} W_i = 1$（即归一化）。由表5-6可知，$\sum K_j = 31$，则 $W_1 = K_1 / \sum K_i = 18/31 = 0.580$，其余可类推。

算出各评价项目的权重后，可按同样的计算方法对各替代方案逐项进行评价。这里，方案 A_i 在指标 X_j 下的重要度 R_{ij} 不需再予估计，可以按照表5-2中各替代方案的预计结果按比例计算出来。如对期望利润（X_1）的 R 值（R_{i1}），因 A_1 的期望利润为650万元，A_2 的期望利润为730万元，则在表5-7中，$R_{11} = 650$万元/730万元 $= 0.890$，$R_{21} = 730$万元/520万元 $= 1.404$，等等。然后按计算 K_j 和 W_j 的同样方法计算出 K_{ij}。在表5-7中，各方案在第一个评价指标下经归一化处理的评价值为

$$V_{11} = \frac{K_{11}}{\Sigma K_{i1}} = \frac{1.250}{3.654} = 0.342$$

$$V_{21} = \frac{K_{21}}{\Sigma K_{i1}} = \frac{1.404}{3.654} = 0.384$$

$$V_{31} = \frac{K_{31}}{\Sigma K_{i1}} = \frac{1}{3.654} = 0.274$$

表5-7 古林法求 V_{ij} 例表

序号（j）	评价项目	替代方案	R_{ij}	K_{ij}	V_{ij}
1	期望利润	A_1	0.890	1.250	0.342
		A_2	1.404	1.404	0.384
		A_3	—	1	0.274
2	产品成品率	A_1	0.979	1.032	0.334
		A_2	1.054	1.054	0.342
		A_3	—	1	0.324
3	市场占有率	A_1	0.857	1.200	0.333
		A_2	1.400	1.400	0.389
		A_3	—	1	0.278
4	投资费用	A_1	1.636	0.455	0.263
		A_2	0.278	0.278	0.160
		A_3	—	1	0.577
5	产品外观	A_1	1.333	1.000	0.364
		A_2	0.750	0.750	0.272
		A_3	—	1	0.364

在表5-7中有以下两点需要说明：

1）在计算投资费用时，希望投资费用越小越好，故其比例取倒数，即

$$R_{14} = \frac{180\ 万元}{110\ 万元} = 1.636$$

$$R_{24} = \frac{50\ 万元}{180\ 万元} = 0.278$$

2）在计算产品外观时，参照表5-4，美观为4分，比较美观为3分，所以

$$R_{15} = \frac{4\ 分}{3\ 分} = 1.333$$

$$R_{25} = \frac{3\ 分}{4\ 分} = 0.750$$

综合表5-6和表5-7的结果，即可计算三个替代方案的综合评定结果，见表5-8。由表5-8可知，替代方案 A_2 所对应的综合评价值 V_2 为最大，$V_1(A_1)$ 次之，$V_3(A_3)$ 最小。

表5-8　综合评定结果（古林法）

X_j	W_j	A_i		
		A_1	A_2	A_3
期望利润	0.580	0.342	0.384	0.274
产品成品率	0.194	0.334	0.342	0.324
市场占有率	0.065	0.333	0.389	0.278
投资费用	0.129	0.263	0.160	0.577
产品外观	0.032	0.364	0.272	0.364
V_i		0.330	0.344	0.326

第三节　层次分析（AHP）法

一、基本原理

1. 产生与发展

许多评价问题的评价对象属性多样、结构复杂，难以完全采用定量方法或简单归结为费用、效益或有效度进行优化分析与评价，也难以在任何情况下做到使评价项目具有单一层次结构。这时需要首先建立多要素、多层次的评价系统，并采用定性与定量有机结合的方法或通过定性信息定量化的途径，使复杂的评价问题明朗化，如图5-3、图5-4所示，即为这样的评价问题。

在这样的背景下，美国运筹学家、匹兹堡大学教授T. L. 萨迪（T. L. Saaty）于20世纪70年代初提出了著名的AHP（Analytic Hierarchy Process，解析递阶过程，通常意译为"层次分析"）法。1971年T. L. 萨迪曾用AHP法为美国国防部研究所谓"应急计划"，

1972 年又为美国国家科学基金会研究电力在工业部门的分配问题，1973 年为苏丹政府研究了苏丹运输问题，1977 年在第一届国际数学建模会议上发表了"无结构决策问题的建模——层次分析法"，从此 AHP 法开始引起人们的注意，并在除方案排序之外的计划制订、资源分配、政策分析、冲突求解及决策预报等广泛的领域里得到了应用。该方法具有系统、灵活、简洁的优点。

图 5-3 投资效果评价结构模型

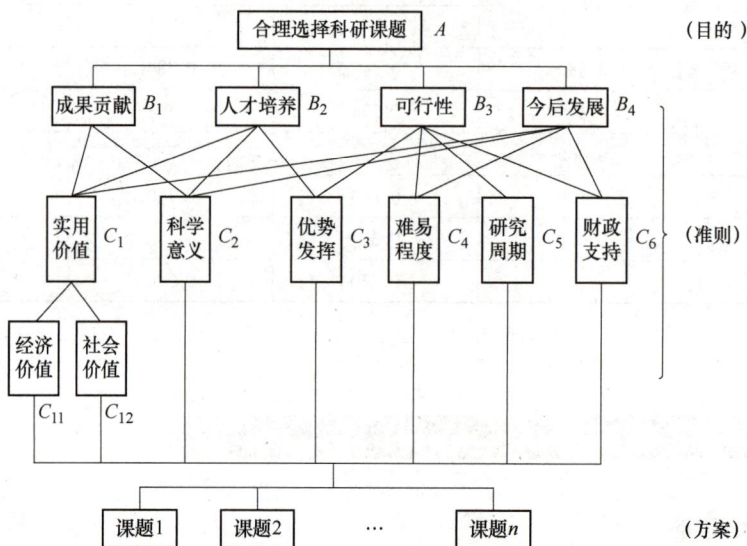

图 5-4 科研课题评选结构模型

1982 年 11 月，在中美能源、资源、环境学术会议上，由 T. L. 萨迪的学生 H. 高兰民柴（H. Gholamnezhad）首先向中国学者介绍了 AHP 法。近年来，AHP 法在我国能源系统分析、城市规划、经济管理、科研成果评价等许多领域中得到了应用。1988 年在我国召开了第一届国际 AHP 学术会议。近年来，该方法仍在管理系统工程中被广泛运用。

2. 基本思想和实施步骤

AHP 法把复杂的问题分解成各个组成因素，又将这些因素按支配关系分组形成递阶层次结构。通过两两比较的方式确定层次中诸因素的相对重要性。然后综合有关人员的判断，确定备选方案相对重要性的总排序。整个过程体现了人们分解—判断—综合的思维特征。

在运用 AHP 法进行评价或决策时，大体可分为以下四个步骤：

1）分析评价系统中各基本要素之间的关系，建立系统的递阶层次结构。

2）对同一层次的各元素关于上一层次中某一准则的重要性进行两两比较，构造两两比较判断矩阵，并进行一致性检验。

3）由判断矩阵计算被比较要素对于该准则的相对权重。

4）计算各层要素对系统目的（总目标）的合成（总）权重，并对各备选方案排序。

3. 基本方法举例——投资效果评价

（1）建立该投资评价问题的递阶结构（见图 5-5）。

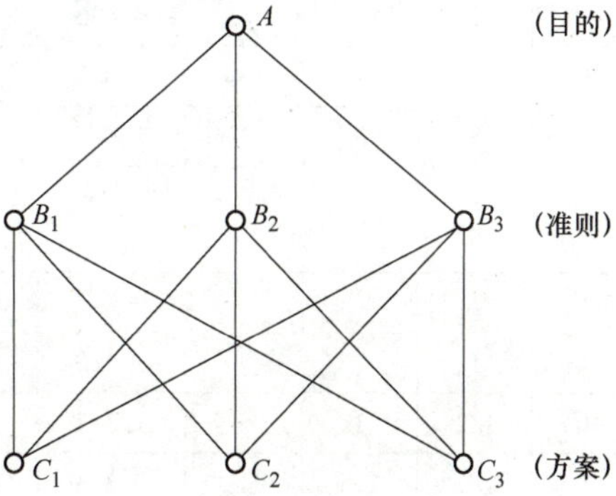

图 5-5　投资效果评价结构示意

（2）建立各阶层的判断矩阵 A，并进行一致性检验。

$$A \overset{\text{def}}{=\!=} (a_{ij})$$

式中　a_{ij}——要素 i 与要素 j 相比较的重要性标度。

标度定义见表 5-9。

表 5-9　判断矩阵标度定义

标度	含义
1	两个要素相比较，具有同样的重要性
3	两个要素相比较，前者比后者稍重要
5	两个要素相比较，前者比后者明显重要
7	两个要素相比较，前者比后者强烈重要
9	两个要素相比较，前者比后者极端重要
2，4，6，8	上述相邻判断的中间值
倒数	两个要素相比较，后者比前者的重要性标度

判断矩阵及重要度计算和一致性检验的过程与结果见表 5-10。

表 5-10　判断矩阵及重要度计算和一致性检验的过程与结果

1.

A	B_1	B_2	B_3	W_i	W_i^0	λ_{mi}
B_1	1	1/3	2	0.874	0.230	3.002
B_2	3	1	5	2.466	0.648	3.004
B_3	1/2	1/5	1	0.464	0.122	3.005

（3.804）

$\lambda_{\max} \approx 1/3(3.002+3.004+3.005)$
$= 3.004$
C. I. $= 0.002 < 0.1$

（续）

2.

B_1	C_1	C_2	C_3	W_i	W_i^0	λ_{mi}
C_1	1	1/3	1/5	0.406	0.105	3.036
C_2	3	1	1/3	1.000	0.258	3.040
C_3	5	3	1	2.466	0.637	3.040

$\lambda_{max} \approx 3.039$

C. I. $= 0.02 < 0.1$

（3.872）

3.

B_2	C_1	C_2	C_3	W_i	W_i^0	λ_{mi}
C_1	1	2	7	2.410	0.592	3.015
C_2	1/2	1	5	1.357	0.333	3.016
C_3	1/7	1/5	1	0.306	0.075	3.012

$\lambda_{max} \approx 3.014$

C. I. $= 0.007 < 0.1$

（4.073）

4.

B_3	C_1	C_2	C_3	W_i	W_i^0	λ_{mi}
C_1	1	3	1/7	0.754	0.149	3.079
C_2	1/3	1	1/9	0.333	0.066	3.082
C_3	7	9	1	3.979	0.785	3.080

$\lambda_{max} \approx 3.08$

C. I. $= 0.04 < 0.1$

（5.066）

（3）求各要素相对于上层某要素（准则等）的归一化相对重要度向量 $\boldsymbol{W}^0 = (W_i^0)$。常用方根法，即

$$W_i = \left(\prod_{j=1}^n a_{ij} \right)^{\frac{1}{n}}$$

$$W_i^0 = \frac{W_i}{\sum_i W_i}$$

计算该例 $\boldsymbol{W}^0$ 的过程及结果见表 5-10。

λ_{max} 及一致性指标（Consistency Index，C. I.）的计算一般需在求得重要度向量 $\boldsymbol{W}$ 或 $\boldsymbol{W}^0$ 后进行，可归结在同一计算表（见表 5-10）中。

（4）求各方案的总重要度计算过程和结果见表 5-11。

表 5-11　方案总重要度计算例表

B_i	b_i	C_j		
		C_1	C_2	C_3
B_1	0.230	0.105	0.258	0.637
B_2	0.648	0.592	0.333	0.075
B_3	0.122	0.149	0.066	0.785
$C_j = \sum_{i=1}^{3} b_i C_j^i$		0.426	0.283	0.291

结果表明，优劣顺序为：C_1、C_3、C_2，且 C_1 明显优于 C_2 和 C_3。

二、AHP 一般方法

1. 建立评价系统的递阶层次结构

（1）三个层次。

1）最高层。这一层次中只有一个要素，一般它是分析问题的预定目标或期望实现的理想结果，是系统评价的最高准则，因此也称目的或总目标层。

2）中间层。这一层次包括了为实现目标所涉及的中间环节，它可以由若干个层次组成，包括所需考虑的准则、子准则等，因此也称为准则层。

3）最低层。表示为实现目标可供选择的各种方案、措施等，是评价对象的具体化，因此也称为方案层。

（2）三种结构形式。

1）完全相关结构，如图 5-3 所示。

2）完全独立结构——树形结构。

3）混合结构（包括带有子层次的混合结构），如图 5-4 所示。

（3）两种建立递阶层次结构的方法。

1）分解法。目的→分目标（准则）→指标（子准则）→…→方案

2）解释结构模型化方法（ISM 方法）：评价系统要素的层次化。

（4）几个需要注意的问题。

1）递阶层次结构中的各层次要素间须有可传递性、属性一致性和功能依存性，防止在AHP 法的实际应用中"人为"地加进某些层次（要素）。这是需要进一步探讨的问题。

2）每一层次中各要素所支配的要素一般不要超过 9 个，否则会给两两比较带来困难。

3）有时一个复杂问题的分析仅仅用递阶层次结构难以表达，需引进循环或反馈等更复杂的形式，这在 AHP 法中有专门研究。

2. 构造两两比较判断矩阵

（1）判断矩阵的性质。

$0 < a_{ij} \leq 9$，$a_{ii} = 1$，$a_{ji} = \dfrac{1}{a_{ij}}$ ——A 为正互反矩阵；

$a_{ik} \cdot a_{kj} = a_{ij}$——$A$ 为一致性矩阵（对此一般并不要求）。

选择 1~9 之间的整数及其倒数作为 a_{ij} 取值的主要原因是，它符合人们进行比较判断时的心理习惯。实验心理学表明，普通人在对一组事物的某种属性同时做比较，并使判断基本保持一致时，所能够正确辨别的事物最大个数在 5~9 个之间。

（2）两两比较判断的次数。两两比较判断的次数应为：$n(n-1)/2$，这样可避免判断误差的传递和扩散。

（3）定量指标的处理。遇有定量指标（物理量、经济量等）时，除按原方法构造判断矩阵外，还可用具体评价数值直接相比，这时得到的矩阵为定义在正实数集合上的互反矩阵。

（4）一致性检验方法。

1）计算一致性指标 C. I. 。

$$C.\,I. = \frac{\lambda_{max}-n}{n-1} \qquad （严格证明见有关参考书）$$

$$\lambda_{max} \approx \frac{1}{n}\sum_{i=1}^{n}\frac{(AW)_i}{W_i} = \frac{1}{n}\sum_{i=1}^{n}\frac{\sum_{j=1}^{n}a_{ij}W_j}{W_i}$$

式中　$(AW)_i$——向量 AW 的第 i 个分量。

2）查找相应的平均随机一致性指标（Random Index，R. I. ）。表 5-12 给出了 1 ~ 14 阶正互反矩阵计算 1000 次得到的平均随机一致性指标。

表 5-12　平均随机一致性指标

n	1	2	3	4	5	6	7	8	9	10	11	12	13	14
R. I.	0	0	0.52	0.89	1.12	1.26	1.36	1.41	1.46	1.49	1.52	1.54	1.56	1.58

R. I. 是同阶随机判断矩阵的一致性指标的平均值，其引入可在一定程度上克服一致性判断指标随 n 增大而明显增大的弊端。

3）计算一致性比例（Consistency Ratio，C. R. ）。

$$C.\,R. = \frac{C.\,I.}{R.\,I.} < 0.1$$

3. 要素相对权重或重要度向量 W 的计算方法

$$W = (W_1, W_2, \cdots, W_n)^{\mathrm{T}}$$

（1）求和法（算术平均法）。

$$W_i = \frac{1}{n}\sum_{j=1}^{n}\frac{a_{ij}}{\sum_{k=1}^{n}a_{kj}}, \quad i=1,2,\cdots,n$$

计算步骤：①A 的元素按列归一化，即求 $\dfrac{a_{ij}}{\sum_{k=1}^{n}a_{kj}}$；②将归一化后的各列相加；③将相加后的向量除以 n 即得权重向量。

（2）方根法（几何平均法）。

$$W_i = \frac{(\prod_{j=1}^{n}a_{ij})^{\frac{1}{n}}}{\sum_{i=1}^{n}(\prod_{j=1}^{n}a_{ij})^{\frac{1}{n}}}, \quad i=1,2,\cdots,n$$

计算步骤：①A 的元素按行相乘得一新向量；②将新向量的每个分量开 n 次方；③将所得向量归一化即为权重向量。

方根法是通过判断矩阵计算要素相对重要度的常用方法。

（3）特征根方法。

$$AW = \lambda_{max}W$$

由正矩阵的 Perron 定理可知，λ_{max} 存在且唯一，$\pmb{W}$ 的分量均为正分量，可以用幂法求出 λ_{max} 及相应的特征向量 $\pmb{W}$。该方法对 AHP 法的发展在理论上有重要作用。

（4）最小二乘法。用拟合方法确定权重向量 $\pmb{W}=(W_1,W_2,\cdots,W_n)^{\mathrm{T}}$，使残差平方和为最小，这实际是一类非线性优化问题。

1）普通最小二乘法：$\displaystyle\sum_{1\leqslant i<j\leqslant n}\left(a_{ij}-\frac{W_i}{W_j}\right)^2\to\min$。

2）对数最小二乘法：$\displaystyle\sum_{1\leqslant i<j\leqslant n}\left[\lg a_{ij}-\lg\left(\frac{W_i}{W_j}\right)\right]^2\to\min$。

三、AHP 法在系统评价中的应用举例

1. 科研课题的评价与选择

科研课题的评选结构模型如图 5-4 所示。

A–B 判断矩阵、B–C 判断矩阵及其处理见表 5-13。

表 5-13　A–B 判断矩阵、B–C 判断矩阵及其处理

1.

A	B_1	B_2	B_3	B_4	W_i	W_i^0	λ_{mi}	
B_1	1	3	1	1	1.316	0.291	4.309	$\lambda_{max}=4.055$
B_2	1/3	1	1/3	1/3	0.577	0.127	3.291	C. I. $=0.018$
B_3	1	3	1	1	1.316	0.291	4.309	R. I. $=0.89$
B_4	1	3	1	1	1.316	0.291	4.309	C. R. $=0.02<0.1$

(4.525)

2.

B_1	C_1	C_2	W_i	W_i^0	λ_{mi}	
C_1	1	3	1.732	0.750	2	$\lambda_{max}=2$
C_2	1/3	1	0.577	0.250	2	C. I. $=0$
						C. R. $=0<0.1$

(2.309)

3.

B_2	C_1	C_2	C_3	W_i	W_i^0	λ_{mi}	
C_1	1	1/5	1/3	0.406	0.105	3.036	$\lambda_{max}=3.039$
C_2	5	1	3	2.466	0.637	3.040	C. I. $=0.02$
C_3	3	1/3	1	1.000	0.258	3.040	R. I. $=0.52$
							C. R. $=0.039<0.1$

(3.872)

4.

B_3	C_3	C_4	C_5	C_6	W_i	W_i^0	λ_{mi}	
C_3	1	1	3	2	1.565	0.351	4.009	$\lambda_{max}=4.011$
C_4	1	1	3	2	1.565	0.351	4.009	C. I. $=0.0036$
C_5	1/3	1/3	1	1/2	0.486	0.109	4.014	R. I. $=0.89$
C_6	1/2	1/2	2	1	0.841	0.189	4.011	C. R. $=0.0041<0.1$

(4.457)

（续）

5.

B_4	C_1	C_2	C_3	C_6	W_i	W_i^0	λ_{mi}
C_1	1	1/5	1/3	1	0.508	0.096	4.031
C_2	5	1	3	5	2.943	0.558	4.065
C_3	3	1/3	1	3	1.316	0.250	4.048
C_6	1	1/5	1/3	1	0.508	0.096	4.031

$\lambda_{\max} = 4.044$

C. I. $= 0.015$

R. I. $= 0.89$

C. R. $= 0.017 < 0.1$

(5.275)

C 层总排序的结果见表 5-14。

表 5-14　C 层总排序的结果

C_i	B_i				$\overline{W_i}$
	$B_1(0.291)$	$B_2(0.127)$	$B_3(0.291)$	$B_4(0.291)$	
C_1	0.750	0.105	0	0.096	0.260
C_2	0.250	0.637	0	0.558	0.316
C_3	0	0.258	0.351	0.250	0.208
C_4	0	0	0.351	0	0.102
C_5	0	0	0.109	0	0.032
C_6	0	0	0.189	0.096	0.083

2. 过河方案的代价与收益分析

设某港务局要改善一条河道的过河运输条件。为此要确定是否要建立桥梁或隧道以代替现存的渡船，评价指标体系如图 5-6a、b 所示。

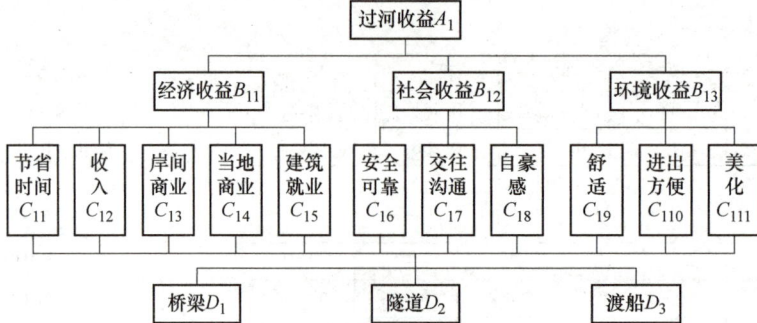

a）过河收益综合评价指标体系

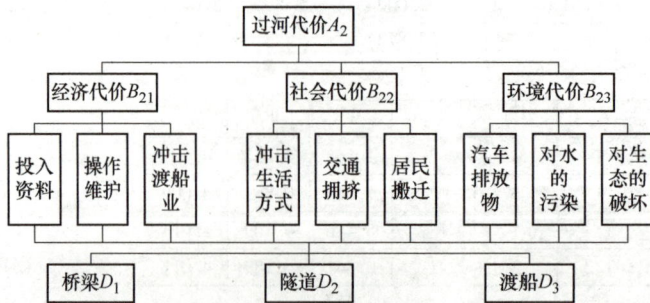

b）过河代价综合评价指标体系

图 5-6　过河评价指标体系

收益评价体系中各要素的判断矩阵及有关分析计算见表 5-15。

表 5-15 收益评价体系中各要素的判断矩阵及有关分析计算

A_1	B_{11}	B_{12}	B_{13}	W_i^0	B_{12}	C_{16}	C_{17}	C_{18}	W_i^0
B_{11}	1	3	6	0.67	C_{16}	1	6	9	0.76
B_{12}	1/3	1	2	0.22	C_{17}	1/6	1	4	0.18
B_{13}	1/6	1/2	1	0.11	C_{18}	1/9	1/4	1	0.06
B_{11}	C_{11}	C_{12}	C_{13}	C_{14}	C_{15}				W_i^0
C_{11}	1	1/3	1/7	1/5	1/6				0.04
C_{12}	3	1	1/4	1/2	1/2				0.09
C_{13}	7	4	1	7	5				0.53
C_{14}	5	2	1/7	1	1/5				0.11
C_{15}	6	2	1/5	5	1				0.23
B_{13}	C_{19}	C_{110}	C_{111}	W_i^0	C_{11}	D_1	D_2	D_3	W_i^0
C_{19}	1	1/4	6	0.25	D_1	1	2	7	0.58
C_{110}	4	1	8	0.69	D_2	1/2	1	6	0.35
C_{111}	1/6	1/8	1	0.06	D_3	1/7	1/6	1	0.07
C_{12}	D_1	D_2	D_3	W_i^0	C_{13}	D_1	D_2	D_3	W_i^0
D_1	1	1/2	8	0.36	D_1	1	4	8	0.69
D_2	2	1	9	0.59	D_2	1/4	1	6	0.25
D_3	1/8	1/9	1	0.05	D_3	1/8	1/6	1	0.06
C_{14}	D_1	D_2	D_3	W_i^0	C_{15}	D_1	D_2	D_3	W_i^0
D_1	1	1	6	0.46	D_1	1	1/4	9	0.41
D_2	1	1	6	0.46	D_2	4	1	9	0.54
D_3	1/6	1/6	1	0.08	D_3	1/9	1/9	1	0.05
C_{16}	D_1	D_2	D_3	W_i^0	C_{17}	D_1	D_2	D_3	W_i^0
D_1	1	4	7	0.59	D_1	1	1	5	0.455
D_2	1/4	1	6	0.35	D_2	1	1	5	0.455
D_3	1/7	1/6	1	0.06	D_3	1/5	1/5	1	0.090
C_{18}	D_1	D_2	D_3	W_i^0	C_{19}	D_1	D_2	D_3	W_i^0
D_1	1	5	3	0.64	D_1	1	5	8	0.73
D_2	1/5	1	1/3	0.10	D_2	1/5	1	5	0.21
D_3	1/3	3	1	0.26	D_3	1/8	1/5	1	0.06
C_{110}	D_1	D_2	D_3	W_i^0	C_{111}	D_1	D_2	D_3	W_i^0
D_1	1	3	7	0.64	D_1	1	6	1/5	0.27
D_2	1/3	1	6	0.29	D_2	1/6	1	1/3	0.10
D_3	1/7	1/6	1	0.07	D_3	5	3	1	0.63

若各判断矩阵均符合一致性要求，则各方案关于收益的总权重为

$$W^{(1)} = (0.57, 0.36, 0.07)^T$$

同样方法得到各方案关于代价的总权重为

$$W^{(2)} = (0.36, 0.58, 0.06)^T$$

综合评价结果（各方案的收益/代价）如下：

桥梁（D_1）：收益/代价 = 1.58

隧道（D_2）：收益/代价 = 0.62

渡船（D_3）：收益/代价 = 1.17

结果表明，D_1 优于 D_3，两者又远优于 D_2。

第四节 网络分析（ANP）法

一、ANP 法介绍

网络分析（ANP）法是 T. L. 萨迪于 1996 年在层次分析法的基础上提出来的。该方法可以弥补层次分析法的缺陷。在层次分析法中，元素之间是按照层级结构排列的，并假设同层元素之间是相互独立的，而且元素之间不存在反馈关系。但是在现实的复杂问题决策中，这一假设有些不合理，因而也妨碍了层次分析法的应用。网络分析法取消了这一假设，它以一种扁平的、网络化的方式表示元素之间的相互关系，允许元素之间存在相互依赖关系和反馈关系，因而与现实决策问题更为接近，可以较为全面地分析有关社会、政府、企业决策问题。ANP 法可以将复杂系统描述得更为深刻，可以把 AHP 法看作 ANP 法的一个特例，使用 AHP 法可以对复杂系统进行简化描述，但是描述的后果可能会与实际偏离较大。萨迪多次对 AHP 法、ANP 法及其应用进行过阐述。总结这些研究可以看出，ANP 法同 AHP 法的基本思想是一样的，即依据准则对系统构成元素（组）进行两两比较，经综合处理后可以得出构成元素（组）的相对重要性及可选方案的优先权。它们可以依据一些明确的或模糊的准则、因素进行决策。

二、ANP 法分析问题的步骤

1. 确定目标、准则

首先对决策问题进行详细的描述，包括该决策问题的目标、准则和子目标，以及该决策问题的参与者及其目标，并给出该决策问题的可能产出。萨迪认为，一个决策的产出可以依据一个统一的模式进行衡量，即依据收益、机会、成本、风险四个准则（BOCR准则）进行衡量。

2. 依据目标、准则构建网络

典型的 ANP 网络如图 5-7 所示，它由两部分构成：一部分是控制层或者称为目标、准则层；另一部分是网络层。网络层是根据控制层的准则建立的，并且反映了在相应目标、准则下网内的元素或元素组是如何相互影响的。这体现了 ANP 法与 AHP 法在结构形式上的差异。此外，ANP 法可以依据各个准则，分别构建子网，每个子网由反映相应控制准则的元

素组构成。比如，依据 BOCR 准则分别构建子网。ANP 结构模型可以被看作一种超网络。

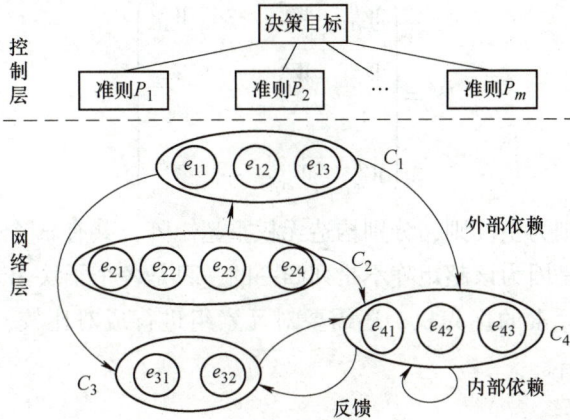

图 5-7　ANP 网络

注：C_i 表示元素组；e_{ij} 表示元素；连线表示元素间的关系，包括内、外依赖关系和反馈关系，箭尾元素组中的元素影响箭头所指向的元素中的元素。

3. 构建无权重超矩阵

在每一控制准则下，构建无权重超矩阵 W_S，即应用两两比较法对元素进行两两比较。在构建的过程中，首先将构建网络时选取的准则 $P_s(S=1,2,\cdots,m)$ 作为主准则，以该网络中某一元素组 C_j 中的元素 $e_{jl}(l=1,2,\cdots,n_j)$ 作为次准则，按照元素组 C_i 中各元素对元素 e_{jl} 的影响程度或按照元素 e_{jl} 对元素组 C_i 中各元素的影响程度构造判断矩阵，并求得归一化特征向量 $(W_{i1}^{jl},W_{i2}^{jl},\cdots,W_{in_1}^{jl})^{\mathrm{T}}$。如此，依次将 C_j 中的各元素作为次准则，将元素组 C_i 与元素组 C_j 中的元素两两比较，构造各自的判断矩阵，最后将各判断矩阵的归一化特征向量汇总到一个矩阵 W_{ij} 中，则该矩阵表示元素组 C_i 中的元素与元素组 C_j 中的元素之间的影响关系。如此，以 P_s 为主准则，依次将各元素组元素之间的内外关系进行比较，最终可获得无权重超矩阵 W_S。

$$
W_S=\begin{array}{c}
\begin{array}{cccc} C_1 & C_2 & \cdots & C_N \\ e_{11}e_{12}\cdots e_{1n_1} & e_{21}e_{22}\cdots e_{2n_2} & \cdots & e_{N_1}e_{N_2}\cdots e_{Nn_N} \end{array}\\
\begin{array}{c} C_1\begin{cases} e_{11}\\ e_{12}\\ \vdots\\ e_{1n_1} \end{cases}\\ C_2\begin{cases} e_{21}\\ e_{22}\\ \vdots\\ e_{2n_2} \end{cases}\\ \vdots\\ C_N\begin{cases} e_{N_1}\\ e_{N_2}\\ \vdots\\ e_{Nn_N} \end{cases} \end{array}
\begin{pmatrix}
W_{11} & W_{12} & \cdots & W_{1N}\\
W_{21} & W_{22} & \cdots & W_{2N}\\
\vdots & \vdots & & \vdots\\
W_{N1} & W_{N2} & \cdots & W_{NN}
\end{pmatrix}
\end{array}
$$

其中

$$
\boldsymbol{W}_{ij} = \begin{pmatrix} W_{i1}^{j1} & W_{i1}^{j2} & \cdots & W_{i1}^{jn_j} \\ W_{i2}^{j1} & W_{i2}^{j2} & \cdots & W_{i2}^{jn_j} \\ \vdots & \vdots & & \vdots \\ W_{in_1}^{j1} & W_{in_2}^{j2} & \cdots & W_{in_j}^{jn_j} \end{pmatrix}
$$

同理，以其他准则为主准则，分别构造无权重超矩阵，共有 m 个。这里称矩阵 $\boldsymbol{W}_S$ 为无权重超矩阵，主要是因为该超矩阵不是列归一的，只是各个子块 $\boldsymbol{W}_{ij}$ 是列归一的，因而该超矩阵不能显示各元素的优先权，还需要对元素组进行成对比较，以使得无权重超矩阵转化成为权重超矩阵。

4. 构建权重超矩阵

以 P_S 为主准则，以元素组 C_j 为次准则，对元素组进行成对比较，构造判断矩阵 $\boldsymbol{a}_j$，并进行归一化处理，得到归一化特征向量 $(a_{1j}, a_{2j}, \cdots, a_{Nj})^{\mathrm{T}}$。

归一化特征向量为

$$
\begin{array}{c}
\begin{array}{cccc} C_1 & C_2 & \cdots & C_N \end{array} \\
\boldsymbol{a}_j = \begin{array}{c} C_1 \\ C_2 \\ \vdots \\ C_N \end{array} \begin{pmatrix} a_{11}^j & a_{12}^j & \cdots & a_{1N}^j \\ a_{21}^j & a_{22}^j & \cdots & a_{2N}^j \\ \vdots & \vdots & & \vdots \\ a_{N1}^j & a_{N2}^j & \cdots & a_{NN}^j \end{pmatrix} \begin{array}{c} \rightarrow \end{array} \begin{array}{c} a_{1j} \\ a_{2j} \\ \vdots \\ a_{Nj} \end{array}
\end{array}
$$

由此可以获得在某一准则下反映元素间关系的权重矩阵 $\boldsymbol{A}_S$。即

$$
\boldsymbol{A}_S = \begin{pmatrix} a_{11} & a_{12} & \cdots & a_{1N} \\ a_{21} & a_{22} & \cdots & a_{2N} \\ \vdots & \vdots & & \vdots \\ a_{N1} & a_{N2} & \cdots & a_{NN} \end{pmatrix}
$$

有了该权重矩阵，就可以获得权重超矩阵，即以权重矩阵 $\boldsymbol{A}_S$ 乘以无权重超矩阵 $\boldsymbol{W}_S$，得到权重超矩阵 $\boldsymbol{W}_S^w$。即

$$
\boldsymbol{W}_S^w = \boldsymbol{A}_S \boldsymbol{W}_S
$$

5. 求得极限超矩阵

在 AHP 法中，元素之间相互独立，判断某一准则下两元素的优先权只需直接比较两元素即可确定。但是在 ANP 法中，因为引入了反馈、相互依赖关系，使得元素优先权的确定过程变得复杂，两个元素既可以进行直接比较，也可以进行间接比较，如可以 $\boldsymbol{W}_{ij}$ 反映元素 i 与元素 j 的直接比较关系，$\sum_{k=1}^{N} w_{ik}w_{kj}$ 可反映元素 i 与元素 j 的间接比较关系，并且元素 i 与元素 j 的复杂间接关系还可以通过超矩阵的迭代反映出来。因而，在 ANP 法中，要通过求极限超矩阵的方法确定稳定的元素优先权。即

$$W_S^l = \lim_{k \to \infty} W^k$$

式中　W_S^l——极限超矩阵；

　　　W^k——权重超矩阵。

求极限超矩阵的过程是一个反复迭代、趋稳的过程，相当于马尔可夫（Markov）过程。因网络中的元素相互作用的形式不同，故极限超矩阵可能会出现两种结果：一种是矩阵的所有列数值一样；另一种是分块的极限循环矩阵。在极限超矩阵 W_S^l 中，每一列数值是在准则 P_S 下各元素对该列所对应元素的极限相对优先权。

6. 极限相对优先权的综合

对每一控制准则的极限向量按照各准则（或 BOCR 准则）权重进行加总，主要是对各可选方案的权重加总。

7. 可选方案排序

依据各可选方案的权重值排序。在采用 BOCR 准则时，可依据不同的成本收益方法（如 BO/CR，或 B+O–C–R）计算每个方案的成本收益，并排序。

8. 进行敏感性分析

调整准则权重，对结果进行敏感性分析。

三、应用 ANP 法评选供应商[⊖]

1966 年，迪克森（G. W. Dickson）对供应商评价准则进行了系统的研究。此后，许多学者对供应商评选问题进行了研究。1991 年，韦伯（C. A. Weber）对供应商评选问题进行了文献统计分析。分析表明，多数文献研究了供应商评选的多种准则，这也反映了供应商评选问题的多准则决策的特点。价格、准时送货与质量是主要的三种准则，同时这三种准则也是迪克森归入相当重要与非常重要的评选准则。此外，生产能力、地理位置、技术能力、行业声誉与地位等评选准则也选用较多。随着经济全球化发展的加速，企业面临的竞争环境越发复杂、多变，柔性成为评选供应商的重要准则。为此，这里选取的供应商评选准则为质量、价格、柔性，及供应商其他自身条件（地理位置、技术能力、生产能力等）。但是这些准则之间具有相互依赖、反馈关系，鉴于此种情况，本案例选用 ANP 法进行供应商评选。依据上述准则，构建了如图 5-8 所示的供应商评选 ANP 网络。该网络是具有反馈和内外部依赖关系的网络，这种网络能描述多数现实决策问题，具有普遍性。因此，选取该种网络具有一定的代表性。

在确定供应商选择的 ANP 网络后，首先需要构建无权重超矩阵，即通过元素间的两两比较、归一化处理获得。如以"柔性"为主准则，以"供应商 1"为次准则，可构造如表 5-16 所示的判断矩阵（表 5-16~表 5-18 均按 1~9 标度进行两两比较）。

⊖　参考资料：宫俊涛，刘波，孙林岩，等. 网络分析法（ANP）及其在供应商选择中的应用 [J]. 工业工程，2007，10（2）：77-80.

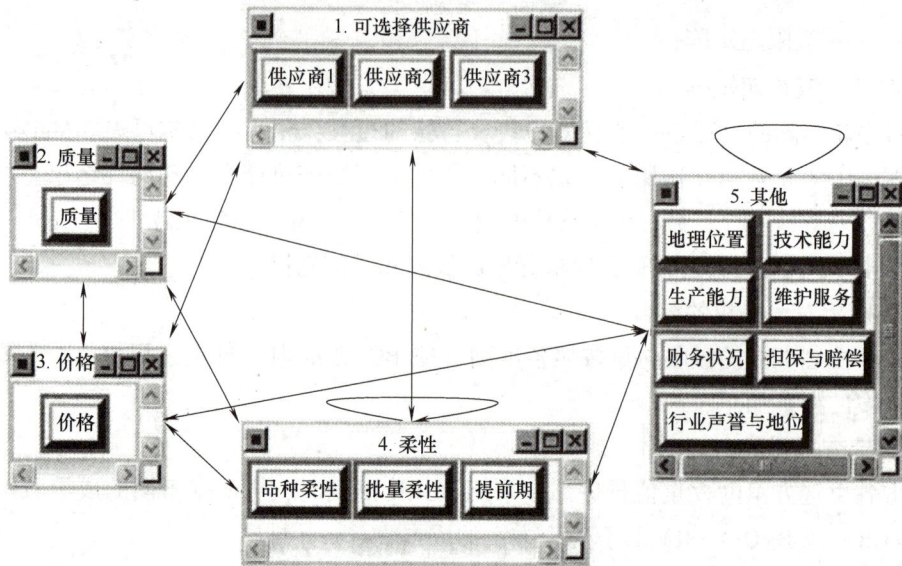

图 5-8　供应商评选 ANP 网络

注：在该网络中包括元素组和元素，如"4. 柔性"这个元素组包括品种柔性、批量柔性和提前期
　　三个元素，并且这三个元素之间有内部依赖关系。

表 5-16　"柔性"与"供应商 1"准则下的判断矩阵

元素	品种柔性	批量柔性	提前期
品种柔性	1	1/3	1/3
批量柔性	3	1	1
提前期	3	1	1

该矩阵反映出供应商 1 的品种柔性低于批量柔性，而其批量柔性能力与提前期能力相同。但是该矩阵并不能说明供应商 1 的品种柔性低于其他两个供应商的品种柔性。此时以"可选择供应商"为主准则，"品种柔性"为次准则，可构造如表 5-17 所示的判断矩阵。

表 5-17　"可选择供应商"与"品种柔性"准则下的判断矩阵

供应商	供应商 1	供应商 2	供应商 3
供应商 1	1	1/5	1/3
供应商 2	5	1	3/2
供应商 3	3	2/3	1

依次可以构造多个判断矩阵，并对判断矩阵进行归一化处理，组成无权重超矩阵。在获得无权重超矩阵后对各元素组进行组间比较，如以"可选择供应商"为原则，对元素组进行两两比较，可得如表 5-18 所示的判断矩阵。

表 5-18　"可选择供应商"准则下的判断矩阵

元素	质量	价格	柔性	其他
质量	1	1/2	3/2	3
价格	2	1	3	6
柔性	2/3	1/3	1	2
其他	1/3	1/6	1/2	1

依各准则进行元素组之间的比较，并将获得的各判断矩阵归一化，然后合并，再与无权重矩阵相乘，即可获得权重超矩阵，依据该权重超矩阵可最终获得如表 5-19 所示的极限超矩阵。

表 5-19　极限超矩阵

元素		1. 可选择供应商			2. 质量　3. 价格　4. 柔性	5. 其他
		供应商 1	供应商 2	供应商 3		财务状况
1. 可选择供应商	供应商 1	0.1278	0.1278	0.1278		0.1278
	供应商 2	0.0924	0.0924	0.0924		0.0924
	供应商 3	0.110	0.110	0.110		0.110
2. 质量	质量	0.148	0.148	0.148		0.148
3. 价格	价格	0.302	0.302	0.302		0.302
4. 柔性	品种柔性	0.055	0.055	0.055		0.055
	批量柔性	0.081	0.081	0.081	...	0.081
	提前期	0.054	0.054	0.054		0.054
5. 其他	地理位置	0.002	0.002	0.002		0.002
	技术能力	0.007	0.007	0.007		0.007
	担保与赔偿	0.001	0.001	0.001		0.001
	生产能力	0.007	0.007	0.007		0.007
	维修服务	0.003	0.003	0.003		0.003
	行业声誉与地位	0.004	0.004	0.004		0.004
	财务状况	0.004	0.004	0.004		0.004

注：该极限超矩阵的各列相应数值相同，这是因为该 ANP 网络是一个具有外部反馈且带有内部依赖关系的网络。

将 0.1278、0.0924、0.110 这三个数值进行归一化处理，就可得到各供应商的优先权，如图 5-9 所示。

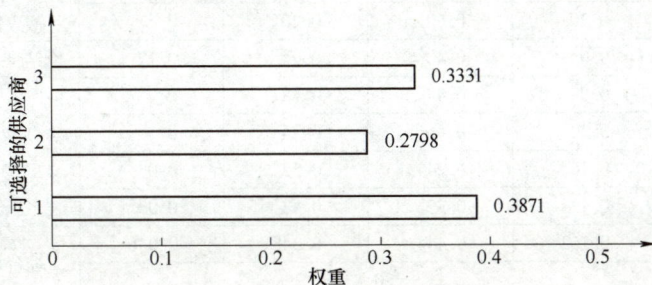

图 5-9　可选择供应商的优先权

第五节　模糊综合评判法

一、引例——教师教学质量的系统评价

某高校评价教师教学质量的原始表格及某班 25 名学生对某教师评价意见的统计结果见表 5-20。

表 5-20　某教师教学质量评价表（学生用）

课程名称：＿＿＿＿＿＿　任课教师：＿＿＿＿＿＿　填表班级：＿＿＿＿＿＿

评价项目及权重	评价等级			
	好	较好	一般	较差
1. 准备充分，内容熟练（0.15）	9	14	2	0
2. 思路清晰，逻辑性强（0.10）	3	14	7	1
3. 板书整洁，图线醒目（0.10）	5	15	5	0
4. 深入浅出，讲述生动（0.15）	1	10	11	3
5. 辅导负责，答疑认真（0.10）	2	11	12	0
6. 作业适当，批改认真（0.10）	5	14	6	0
7. 启发思维，培养能力（0.15）	4	6	13	2
8. 要求严格，学有收获（0.15）	3	8	12	2
综合评价				

分析计算得到的综合评价结果（隶属度）见表 5-21。

表 5-21　某教师教学质量综合评价结果（隶属度）

课程名称：＿＿＿＿＿＿　任课教师：＿＿＿＿＿＿　评价人数：25

评价项目及权重	评价等级				说明
	好（100）	较好（85）	一般（70）	差（55）	
1（0.15）	0.36	0.56	0.08	0	
2（0.10）	0.12	0.56	0.28	0.04	
3（0.10）	0.20	0.60	0.20	0	该隶属度是表 5-20 中评
4（0.15）	0.04	0.40	0.44	0.12	价结果占总人数的比重，
5（0.10）	0.08	0.44	0.48	0	即把表 5-20 每行数值除以
6（0.10）	0.20	0.56	0.24	0	25 所得的结果
7（0.15）	0.16	0.24	0.52	0.08	
8（0.15）	0.12	0.32	0.48	0.08	
综合隶属度	0.162	0.444	0.348	0.046	综合评价结果
综合得分	80.83				

二、主要步骤

1. 确定因素集 F 和评定（语）集 E

因素集 F 即评价项目或指标的集合，一般有 $F = \{f_i\}$，$i = 1, 2, \cdots, n$。如在引例中，$F = \{f_1, f_2, \cdots, f_8\}$。

评定集或评语集 E 即评价等级的集合，一般有 $E = \{e_j\}$，$j = 1, 2, \cdots, m$。如在引例中，$E = \{e_1, e_2, e_3, e_4\} = \{$好，较好，一般，较差$\}$。

2. 统计、确定单因素评价隶属度向量，并形成隶属度矩阵 R

隶属度是模糊综合评判中最基本和最重要的概念。所谓隶属度 r_{ij}，是指多个评价主体对某个评价对象在 f_i 方面做出 e_j 评定的可能性大小（可能性程度）。隶属度向量 $R_i = (r_{i1}, r_{i2}, \cdots, r_{im})$，$i = 1, 2, \cdots, n$，$\sum\limits_{j=1}^{m} r_{ij} = 1$，隶属度矩阵 $R = (R_1, R_2, \cdots, R_n)^{\mathrm{T}} = (r_{ij})$。

如在引例中，$n = 8$，$m = 4$，隶属度矩阵为

$$R = \begin{pmatrix} 0.36 & 0.56 & 0.08 & 0 \\ 0.12 & 0.56 & 0.28 & 0.04 \\ 0.20 & 0.60 & 0.20 & 0 \\ 0.04 & 0.40 & 0.44 & 0.12 \\ 0.08 & 0.44 & 0.48 & 0 \\ 0.20 & 0.56 & 0.24 & 0 \\ 0.16 & 0.24 & 0.52 & 0.08 \\ 0.12 & 0.32 & 0.48 & 0.08 \end{pmatrix}$$

3. 确定权重向量 W_F 等

W_F 为评价项目或指标的权重或权系数向量。如在引例中，$W_F = (0.15, 0.10, 0.10, 0.15, 0.10, 0.10, 0.15, 0.15)$。

另外，还可有评定（语）集的数值化结果（标准满意度向量）W'_E 或权重 W_E（W'_E 归一化的结果）。如在引例中，$W'_E = (100, 85, 70, 55)$，$W_E = (0.32, 0.27, 0.23, 0.18)$。

若有考评集 $T = \{$第一次考评，第二次考评，$\cdots$，第 r 次考评$\}$ 时，还应有不同考评次数的权重向量 $W_T = (W_{t1}, W_{t2}, \cdots, W_{tr})$。

使用 W_F 和 W_E 为"双权法"，使用 W_F 和 W'_E 是"总分法"。在引例中采用的是总分法。

4. 按某种运算法则，计算综合评定向量（综合隶属度向量）S 及综合评定值（综合得分）μ

通常 $S = W_F R$，$\mu = W'_E S^{\mathrm{T}}$。如在引例中，$S = (0.162, 0.444, 0.348, 0.046)$，$\mu = 80.83$。

三、模糊数学及模糊子集

1. 模糊数学的产生与发展

模糊数学是研究和处理模糊性现象的数学。

集合论是模糊数学立论的基础之一。一个集合可以表现一个概念的外延。普通集合论只能表现"非此即彼"的现象。而在现实生活中,"亦此亦彼"的现象及有关的不确切概念却大量存在,如"好天气""很年轻""很漂亮""教学效果好"等,这些现象及其概念严格说来均无绝对明确的界限和外延,称之为模糊现象及模糊概念。

1965 年,美国著名的控制论专家 L. A. 扎德(L. A. Zedeh)教授发表了"Fuzzy Sets"(模糊集合)的论文,提出了处理模糊现象的新的数学概念"模糊子集",力图用定量、精确的数学方法处理模糊现象。

模糊数学的发展与计算机科学的发展密切相关(L. A. 扎德本人就长期从事计算机工作)。计算机的计算速度、记忆能力超人,但计算机缺少模糊识别和模糊意向判决,如调电视、找人(大胡子、高个子)等。模糊数学就是要使计算机吸收人脑识别和判决的模糊特点,使部分自然语言作为算法语言直接进入程序,使计算机能完成更复杂的任务,如让机器人上街买菜,用计算机控制车辆在闹市行驶等。

目前,模糊数学已开始在管理科学方面得到广泛应用,如科研项目评选、企业部门的考评及质量评定、人才预测与规划、教学与科技人员的分类、模糊生产平衡等。在图像识别、人工智能、信息控制、医疗诊断、天气预报、聚类分析、综合评判等方面的应用也已取得不少成果。但需要注意的是,模糊数学仅适用于有模糊概念而又可以量化的场合。

2. 模糊子集

所谓给定了论域 U 上的一个模糊子集 $\underset{\sim}{A}$,是指对于任意 $u \in U$,都指定了一个数 $\gamma_A(U) \in [0, 1]$,叫作 u 对 $\underset{\sim}{A}$ 的隶属程度,γ_A 叫作 $\underset{\sim}{A}$ 的隶属函数。

(1)模糊子集 $\underset{\sim}{A}$ 完全由隶属函数来刻画,在某种意义上,$\underset{\sim}{A}$ 与 γ_A 等价,记作 $\underset{\sim}{A} \Leftrightarrow \gamma_A$。

(2)$\gamma_A(u)$ 表示 u 对 $\underset{\sim}{A}$ 的隶属度大小,当 γ 的值域为 $[0,1]$ 时,γ_A 蜕化成一个普通子集的特征函数,$\underset{\sim}{A}$ 蜕变成一普通子集。

在有限论域上的模糊子集可写成(不是分式求和,只是一种表示方法)

$$\underset{\sim}{A} = \frac{\gamma_A(u_1)}{u_1} + \frac{\gamma_A(u_2)}{u_2} + \cdots + \frac{\gamma_A(u_n)}{u_n}$$

$$= \sum_{i=1}^{n} \frac{\gamma_A(u_i)}{u_i}$$

分母是论域 U 中的元素,即 $U = \{u_1, u_2, \cdots, u_n\}$;分子是相应元素的隶属度($u$ 对 $\underset{\sim}{A}$ 的隶属程度)。

如在引例中,考虑了 F 和 E 两个论域,W_F 是 F 上的一个模糊子集。R 可以看作 $F \times E$ 上的一个模糊子集,S 是 E 上的一个模糊子集(因而是模糊评判的结果)。

3. 最大隶属(度)原则(最大贴近度原则)

设 $\underset{\sim}{A}_1, \underset{\sim}{A}_2, \cdots, \underset{\sim}{A}_n$ 是论域 U 上的 n 个模糊子集,u_0 是 U 的固定元素。

若 $\gamma_{At}(u_0) = \max(\gamma_{A1}(u_0), \gamma_{A2}(u_0), \cdots, \gamma_{An}(u_0))$,则认为 u_0 相对隶属于模糊子集 $\underset{\sim}{A}_t$。

引例中，若设 $U = \{$教师甲，教师乙，教师丙$\} = \{u_0, u_1, u_2\}$，A_1：教学质量好，A_2：较好，A_3：一般，A_4：较差

$$A_1 = \frac{\gamma_{A1}(u_0)}{\text{教师甲}} + \frac{\gamma_{A1}(u_1)}{\text{教师乙}} + \frac{\gamma_{A1}(u_2)}{\text{教师丙}} = \frac{0.162}{\gamma_0} + \cdots$$

$$A_2 = \frac{\gamma_{A2}(u_0)}{\text{教师甲}} + \cdots = \frac{0.444}{\gamma_0} + \cdots$$

$$A_3 = \frac{\gamma_{A3}(u_0)}{\text{教师甲}} + \cdots = \frac{0.348}{\gamma_0} + \cdots$$

$$A_4 = \frac{\gamma_{A4}(u_0)}{\text{教师甲}} + \cdots = \frac{0.046}{\gamma_0} + \cdots$$

则 $\gamma_{Ai}(u_0) = \max\ (0.162, 0.444, 0.348, 0.046) = 0.444 = \gamma_{A2}(u_0)$，即相对认为教师甲属于教学质量较好的这一类教师。

四、隶属函数

1. 隶属函数的确定方法

如何确定隶属函数是模糊理论应用的前提。确定隶属函数有多种方法，常用的有直觉法、二元对比排序法、模糊统计试验法、最小模糊度法。以下介绍最简单的直觉法。

直觉法就是人们用自己对模糊概念的认识和理解，或者人们对模糊概念的普遍认同来建立隶属函数。这种方法通常用于描述人们熟知、有共识的客观模糊现象，或者用于难以采集数据的情形。

例 5-3 考虑到描述人体对空气温度感觉的模糊变量或"语言"变量，通常用"很冷""冷""凉爽""适宜""热"等表达，则凭借我们对"很冷""冷""凉爽""适宜""热"这几个模糊概念的理解和认知，可以规定这些模糊集的隶属函数曲线如图 5-10 所示。

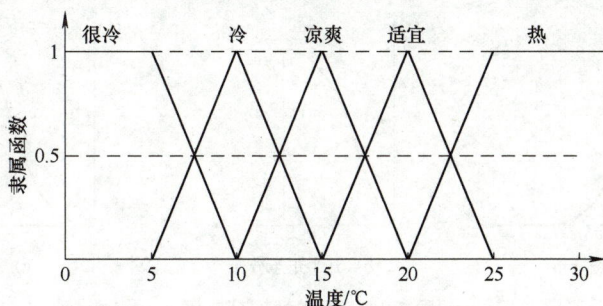

图 5-10 人体对空气温度感觉的隶属函数

直觉法非常简单，也很直观，但它却包含着对象的背景、环境以及语义上的有关知识，也包含了对这些知识的语言学描述。因此，对于同一个模糊概念，不同的背景、不同的人可能会建立出不完全相同的隶属函数。例如，模糊集 $A =$ "高个子"的隶属函数。如果论域是"成年男性"，其隶属函数的曲线如图 5-11a 所示；如果论域是"初中一年级男生"，其隶属函数的曲线则为图 5-11b 所示的情形。

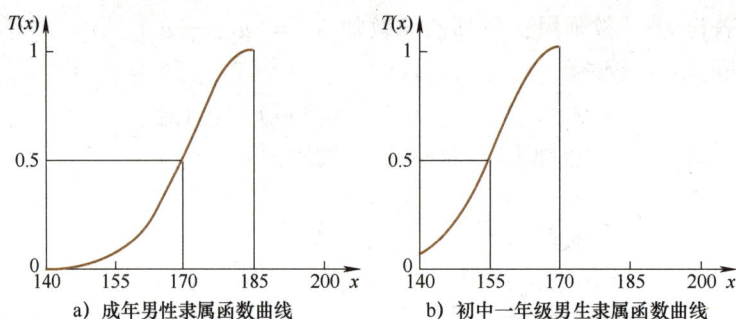

a）成年男性隶属函数曲线　　　　b）初中一年级男生隶属函数曲线

图 5-11　不同论域下"高个子"的隶属函数

2. 常用隶属函数

以实数域 **R** 为论域时，隶属函数称为模糊分布。实际应用中，常见的是以实数域 **R** 为论域，根据讨论对象的特点来选择隶属函数的形式，再根据隶属函数所要满足的条件，由经验或试验数据来确定比较符合实际的参数。下面介绍几种常用的模糊分布。

（1）正态分布。

1）降半正态分布，如图 5-12a 所示。

$$\mu(x) = \begin{cases} 1 & x \leqslant a \\ e^{-\left(\frac{x-a}{\sigma}\right)^2} & x > a \end{cases}$$

2）升半正态分布，如图 5-12b 所示。

$$\mu(x) = \begin{cases} 1 - e^{-\left(\frac{x-a}{\sigma}\right)^2} & x < a \\ 1 & x \geqslant a \end{cases}$$

3）正态分布，如图 5-12c 所示。

$$\mu(x) = e^{-\left(\frac{x-a}{\sigma}\right)^2} \quad -\infty < x < +\infty$$

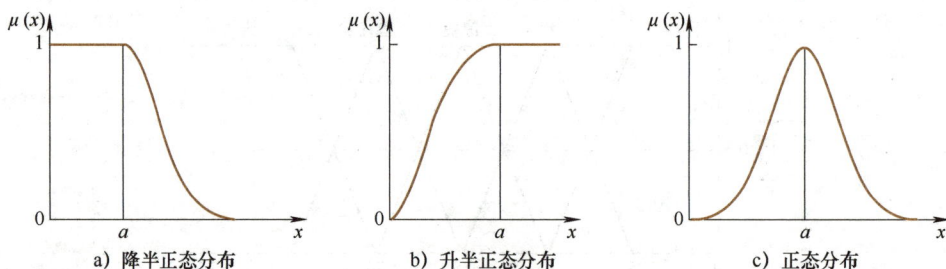

a）降半正态分布　　　b）升半正态分布　　　c）正态分布

图 5-12　正态模糊分布图

（2）梯形分布。

1）降半梯形分布，如图 5-13a 所示。

$$\mu(x) = \begin{cases} 1 & x \leqslant a \\ \dfrac{b-x}{b-a} & a < x < b \\ 0 & x > b \end{cases}$$

2）升半梯形分布，如图 5-13b 所示。

$$\mu(x) = \begin{cases} 0 & x \leq a \\ \dfrac{x-a}{b-a} & a < x < b \\ 1 & x \geq b \end{cases}$$

3）中间形梯形分布，如图 5-13c 所示。

$$\mu(x) = \begin{cases} 0 & 0 \leq x \leq a \\ \dfrac{x-a}{b-a} & a < x < b \\ 1 & b \leq x \leq c \\ \dfrac{d-x}{d-c} & c < x < d \\ 0 & x \geq d \end{cases}$$

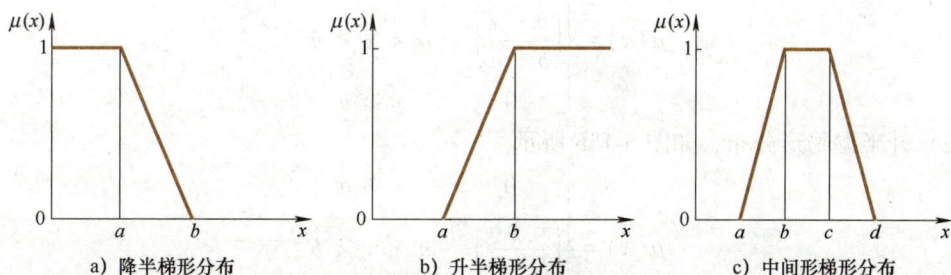

a）降半梯形分布　　　　b）升半梯形分布　　　　c）中间形梯形分布

图 5-13　梯形与半梯形模糊分布图

（3）岭形分布。

1）降半岭形分布，如图 5-14a 所示。

$$\mu(x) = \begin{cases} 1 & x \leq a \\ \dfrac{1}{2} - \dfrac{1}{2}\sin\dfrac{\pi}{b-a}\left(x - \dfrac{b+a}{2}\right) & a < x < b \\ 0 & x \geq b \end{cases}$$

2）升半岭形分布，如图 5-14b 所示。

$$\mu(x) = \begin{cases} 0 & x \leq a \\ \dfrac{1}{2} + \dfrac{1}{2}\sin\dfrac{\pi}{b-a}\left(x - \dfrac{b+a}{2}\right) & a < x < b \\ 1 & x \geq b \end{cases}$$

3）中间形岭形分布，如图 5-14c 所示。

$$\mu(x) = \begin{cases} 0 & x \leq a \\ \dfrac{1}{2} + \dfrac{1}{2}\sin\dfrac{\pi}{b-a}\left(x - \dfrac{b+a}{2}\right) & a < x < b \\ 1 & c \leq x \geq b \\ \dfrac{1}{2} - \dfrac{1}{2}\sin\dfrac{\pi}{d-c}\left(x - \dfrac{d+c}{2}\right) & c < x < d \\ 0 & x \geq d \end{cases}$$

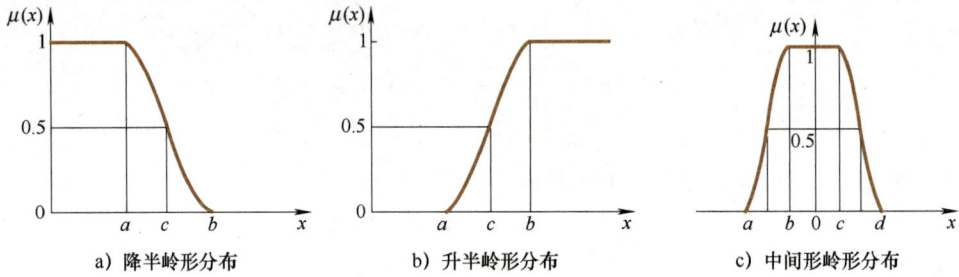

a) 降半岭形分布　　　　b) 升半岭形分布　　　　c) 中间形岭形分布

图 5-14　岭形与半岭形模糊分布图

（4）抛物形分布。

1）降半抛物形分布，如图 5-15a 所示。

$$\mu(x) = \begin{cases} 1 & x \leqslant a \\ \left(\dfrac{b-x}{b-a}\right)^k & a < x < b \\ 0 & x \geqslant b \end{cases}$$

2）升半抛物形分布，如图 5-15b 所示。

$$\mu(x) = \begin{cases} 0 & x \leqslant a \\ \left(\dfrac{x-a}{b-a}\right)^k & a < x < b \\ 1 & x \geqslant b \end{cases}$$

3）中间形抛物形分布，如图 5-15c 所示。

$$\mu(x) = \begin{cases} 0 & x \leqslant a \\ \left(\dfrac{x-a}{b-a}\right)^k & a < x < b \\ 1 & b \leqslant x \leqslant c \\ \left(\dfrac{d-x}{d-c}\right)^k & c < x < d \\ 0 & x \geqslant d \end{cases}$$

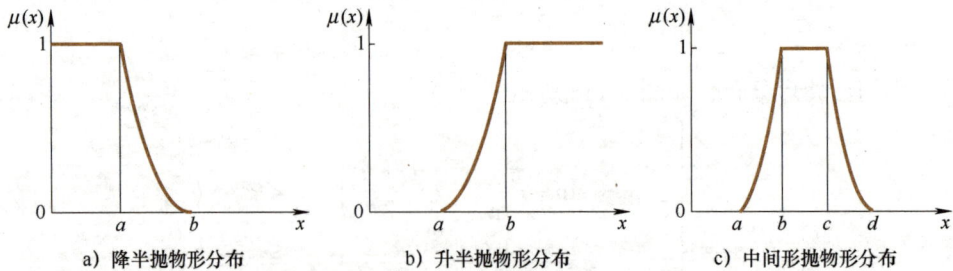

a) 降半抛物形分布　　　　b) 升半抛物形分布　　　　c) 中间形抛物形分布

图 5-15　抛物形模糊分布图

第六节　数据包络分析（DEA）法

一、DEA 法的产生与发展

在人们的生产活动和社会活动中常常会遇到这样的问题：经过一段时间之后，需要对具有相同类型的部门或单位（称为决策单元）进行评价。其评价的依据是决策单元的"输入"数据和"输出"数据。输入数据是指决策单元在某种活动中需要消耗的某些量，例如投入的资金总额、投入的劳动力总数、占地面积等；输出数据是指决策单元经过一定的输入之后，产生的表明该活动成效的某些信息量，例如不同类型的产品数量、产品质量、经济效益等。再具体些说，譬如在评价某城市的高等学校时，输入可以是学校全年的资金、教职员工的总人数、教学用房的总面积、各类职称的教师人数等；输出可以是培养博士研究生的人数、硕士研究生的人数、大学生的人数、学生的质量（德、智、体）、教师的教学工作量、学校的科研成果（数量与质量）等。根据输入数据和输出数据来评价决策单元的优劣，即所谓评价部门（或单位）间的相对有效性。

1978 年由著名的运筹学家 A. 查恩斯（A. Charnes）、W. W. 库珀（W. W. Cooper）和 E. 罗兹（E. Rhodes）首先提出了一个被称为数据包络分析（Data Envelopment Analysis，DEA）的方法，去评价部门间的相对有效性（因此被称为 DEA 有效）。他们的第一个模型被命名为 CCR 模型。从生产函数角度看，这一模型是用来研究具有多个输入，特别是具有多个输出的"生产部门"同时为"规模有效"与"技术有效"的十分理想且卓有成效的方法。1984 年 R. D. 班克（R. D. Banker）、查恩斯和库珀给出了一个被称为 BCC 的模型。

上述的一些模型都可以看作处理具有多个输入（输入越小越好）和多个输出（输出越大越好）的多目标决策问题的方法。可以证明，DEA 有效性与相应的多目标规划问题的帕累托有效解（或非支配解）是等价的。DEA 法可以看作一种统计分析的新方法。它是根据一组关于输入-输出的观察值来估计有效生产前沿面的。在经济学和计量经济学中，估计有效生产前沿面，通常使用统计回归以及其他一些统计方法，这些方法估计出的生产函数并没有表现出实际的前沿面，得出的函数实际上是非有效的。因为这种估计是将有效决策单元与非有效决策单元混为一谈而得出来的。在有效性的评价方面，除了 DEA 法以外，还有其他一些方法，但是那些方法几乎仅限于单输出的情况。相比之下，DEA 法处理多输入，特别是多输出问题的能力是具有绝对优势的。并且，DEA 法不仅可以用线性规划来判断决策单元对应的点是否位于有效生产前沿面上，同时又可获得许多有用的管理信息。因此，它比其他方法（包括采用统计的方法）优越，用处也更广泛。

查恩斯和库珀等人应用 DEA 的第一个十分成功的案例，是在评价为智障儿童开设公立学校项目的同时，描绘出可以反映大规模社会实验结果的研究方法。在评估中，输出包括"自尊"等无形的指标，输入包括父母的照料和父母的文化程度等，无论哪种指标都无法与市场价格相比较，也难以轻易定出适当的权重（权系数），这也是 DEA 法的优点之一。

二、DEA 法的基本模型

1. CCR-DEA 模型

决策单元 DMU_k（Decision Making Unit，DMU）的相对效率定义为输出加权求和与输入加权求和之比。评价 DMU_k 的标准 DEA 的 CCR 模型如下：

利用 θ_k 作为 CCR 模型中 DMU_k 的效率值，反映其自我评价。根据基本 DEA 结果，效率值为 1 的是有效决策单元，效率值小于 1 的是非有效决策单元。但通常在应用基本 DEA 进行效率评价及排序时，评价主体具有自利性，且往往多个决策单元都有效，所以排序效果往往不理想。

参与评价的决策单元一共有 n 个，对决策单元 j，其评价指标 $x_{ji}(i=1,2,\cdots,m)$ 越小越好（相应于投入指标），评价指标 $y_{jr}(r=1,2,\cdots,s)$ 越大越好（相应于产出指标），由此可以构造出 DEA 模型

$$\boldsymbol{x}_j = (x_{j1}, x_{j2}, \cdots, x_{jm})^{\mathrm{T}}$$
$$\boldsymbol{y}_j = (y_{j1}, y_{j2}, \cdots, y_{js})^{\mathrm{T}}, \ j = 1, 2, \cdots, n$$

$$(P1)\begin{cases} \max \dfrac{\boldsymbol{u}^{\mathrm{T}}\boldsymbol{y}_0}{\boldsymbol{v}^{\mathrm{T}}\boldsymbol{x}_0} \\ \mathrm{s.t.} \begin{cases} \dfrac{\boldsymbol{u}^{\mathrm{T}}\boldsymbol{y}_j}{\boldsymbol{v}^{\mathrm{T}}\boldsymbol{x}_j} \leqslant 1, \ j = 1, 2, \cdots, n \\ \boldsymbol{v} \geqslant \boldsymbol{0} \\ \boldsymbol{u} \geqslant \boldsymbol{0} \end{cases} \end{cases}$$

式中　$\boldsymbol{y}_j$——决策单元 j 的评价指标（越大越好）；

$\boldsymbol{x}_j$——决策单元 j 的评价指标（越小越好）；

$\boldsymbol{u}$——$\boldsymbol{y}_j$ 的权重；

$\boldsymbol{v}$——$\boldsymbol{x}_j$ 的权重；

n——决策单元的个数；

m——$\boldsymbol{y}_j$ 指标的数量；

s——$\boldsymbol{x}_j$ 指标的数量；

$\boldsymbol{y}_0$——y_{j0}，表示待评价决策单元的评价指标；

$\boldsymbol{x}_0$——x_{j0}，表示待评价决策单元的评价指标。

该模型假定评价有效性的约束条件是所有决策单元的有效性最大值为 1，这是借鉴自然过程中能量转化效率的最大值为 1 的原则。模型的主要特点是将投入、产出指标的权重 $\boldsymbol{u}$、$\boldsymbol{v}$ 作为取得待评价决策单元 $\boldsymbol{j}_0$ 有效性最大值的优化变量。决策单元 $\boldsymbol{j}_0$ 有效性值或者等于 1，或者小于 1。前者表示决策单元 $\boldsymbol{j}_0$ 是相对有效的，后者表示决策单元 $\boldsymbol{j}_0$ 是相对无效的。对于相对无效的决策单元，模型的解可以反映该决策单元与相对有效决策单元的差

距。对所有的决策单元依次解上述模型，可以得出各个决策单元的相对效率。不同决策单元解对应的评价指标的权重一般来说不同的，这种权重的选择方式比权重分析方法优越之处在于权重选择方式更具有客观性。数据包络分析方法的缺点是通过对权重精细的选择，使一个在少数指标上有优势，而在多数指标上有劣势的决策单元成为相对有效的决策单元。该方法的优点是如果决策单元被评价为相对无效，这有力地说明该决策单元在各个指标上都处于劣势。

上述模型是一个分式规划模型，对其进行深入的讨论一般是比较困难的。为了能够利用线性规划的结果进行进一步的讨论，对这个分式规划问题进行查恩斯-库珀（Charnes-Cooper）变换，即

$$t = \frac{1}{\boldsymbol{v}^{\mathrm{T}}\boldsymbol{x}}, \quad \boldsymbol{w} = t\boldsymbol{v}, \quad \boldsymbol{\mu} = t\boldsymbol{u}$$

将分式规划转变为如下的线性规划问题

$$(P2) \begin{cases} \max \quad \boldsymbol{u}^{\mathrm{T}}\boldsymbol{y}_0 \\ \text{s. t.} \begin{cases} \boldsymbol{w}^{\mathrm{T}}\boldsymbol{x}_j - \boldsymbol{\mu}^{\mathrm{T}}\boldsymbol{y}_j \geqslant 0, \quad j = 1,2,\cdots,n \\ \boldsymbol{w}^{\mathrm{T}}\boldsymbol{x}_0 = 1 \\ \boldsymbol{w} \geqslant \boldsymbol{0} \\ \boldsymbol{\mu} \geqslant \boldsymbol{0} \end{cases} \end{cases}$$

通过 Charnes-Cooper 变换，分式目标函数中的分子部分从形式上保留下来，分母的值转变为 1，成为约束条件的一部分。这样分式目标函数就变成了线性目标函数。

定义 1：如果线性规划问题的最优解 $\boldsymbol{w}^*$、$\boldsymbol{\mu}^*$ 满足 $\boldsymbol{\mu}^{\mathrm{T}}\boldsymbol{y}_0 = 1$，则称决策单元 DMU_{j0} 是弱 DEA 有效的。

定义 2：如果线性规划问题的最优解 $\boldsymbol{w}^* > 0$、$\boldsymbol{\mu}^* > 0$ 满足 $\boldsymbol{\mu}^{\mathrm{T}}\boldsymbol{y}_0 = 1$，则称决策单元 DMU_{j0} 是 DEA 有效的。

2. CCR-BCC 模型

模型中假设有 n 个决策单元，每个决策单元都有 m 种类型的"输入"以及 s 种类型的"输出"，分别表示该单元"耗费的资源"和"工作的成效"，用 $x_{ji}(x_{ji}>0, i=1,2,\cdots,m)$ 表示第 j 个决策单元对第 i 种类型输入的投入量，用 $y_{jr}(y_{jr}>0, r=1,2,\cdots,s)$ 表示第 j 个决策单元对第 r 种类型输入的投入量，并记为

$$\boldsymbol{x}_j = (x_{j1}, x_{j2}, \cdots, x_{jm})^{\mathrm{T}}$$
$$\boldsymbol{y}_j = (y_{j1}, y_{j2}, \cdots, y_{js})^{\mathrm{T}}, \quad j = 1,2,\cdots,n$$

在设定过程中为避免锥性条件即规模收益不变的发生，增添一个凸性假设条件

$$\sum_{j=1}^{n} \lambda_j = 1$$

这时的可能集 T 可描述为

$$T_{\mathrm{BCC}} = \left\{ (\boldsymbol{x}, \boldsymbol{y}) \mid \boldsymbol{x} \geqslant \sum_{j=1}^{n} \lambda_j \boldsymbol{x}_j, \ \sum_{j=1}^{n} \lambda_j = 1, \ j = 1,2,\cdots,n \right\}$$

解析图形如图 5-16 所示。

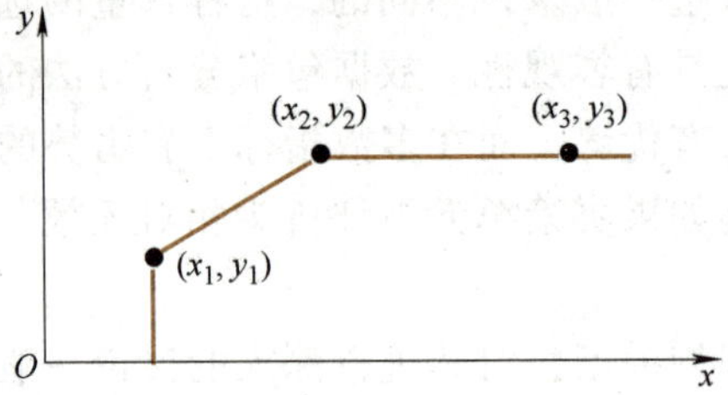

图 5-16　模型经验生产可能集的解析图形

将锥形条件去掉后，本研究就可以严格集中在单个 DMU 水平的生产有效性上，由此可以得到这样一个效率测量手段：一个决策单元的效率指数为 1，当且仅当该 DMU 位于有效生产前沿面上，甚至可以不是规模有效的。这样建立了基于生产可能集 T_{BCC} 下的 DEA 模型，即 BCC 模型

$$(P3)\begin{cases}\min\boldsymbol{\theta}=\boldsymbol{V}_{D_2}\\ \text{s. t.}\begin{cases}\displaystyle\sum_{j=1}^{n}\boldsymbol{x}_j\boldsymbol{\lambda}_j\leqslant\boldsymbol{\theta}\boldsymbol{x}_0\\ \displaystyle\sum_{j=1}^{n}\boldsymbol{y}_j\boldsymbol{\lambda}_j\geqslant\boldsymbol{y}_0\\ \displaystyle\sum_{j=1}^{n}\lambda_j=1\\ \lambda_j\geqslant0,j=1,2,\cdots,n\end{cases}\end{cases}$$

及其对偶问题

$$(P4)\begin{cases}\max(\boldsymbol{u}^{\mathrm{T}}\boldsymbol{y}_0+\boldsymbol{u}_0)=\boldsymbol{V}_{P_2}\\ \text{s. t.}\begin{cases}\boldsymbol{w}^{\mathrm{T}}\boldsymbol{x}_j-\boldsymbol{u}^{\mathrm{T}}\boldsymbol{y}_j-\boldsymbol{u}_0\geqslant\boldsymbol{0},\ j=1,2,\cdots,n\\ \boldsymbol{w}^{\mathrm{T}}\boldsymbol{x}_0=1\\ \boldsymbol{w}\geqslant\boldsymbol{0},\ \boldsymbol{u}\geqslant\boldsymbol{0}\end{cases}\end{cases}$$

定义 3：若上式中存在最优解 $\boldsymbol{w}_0$、$\boldsymbol{u}_0$、$\hat{u}_0$ 满足：$V_{P_2}=\boldsymbol{u}_0^{\mathrm{T}}\boldsymbol{y}_0+\hat{u}_0=1$，则称 DMU_{j_0} 为弱 DEA 有效（BCC）。

定义 4：若上式中存在最优解 $\boldsymbol{w}_0$、$\boldsymbol{u}_0$、$\hat{u}_0$ 满足：$V_{P_2}=\boldsymbol{u}_0^{\mathrm{T}}\boldsymbol{y}_0+\hat{u}_0=1$，且进一步有：$\boldsymbol{w}_0>\boldsymbol{0}$，$\boldsymbol{u}_0>\boldsymbol{0}$，则称 DMU_{j_0} 为 DEA 有效（BCC）。

三、评选供应商的 DEA 模型

某机床厂在采购 2M59005 型电机时，需要对多个供应商进行评选，参与竞争的供应商的数据与应用 DEA 模型得出的计算结果见表 5-22、表 5-23。在表 5-22 中，价格表示按批次供货量为权重给出的加权平均价格，价格与供货历史的乘积作为购货总额（x_1）；准时供货表示准时完成合同的指标，以迟到的供货量计算（x_2）；维修服务以响应天数与返修电机数量的乘积计算(x_3);质量表示到货后空运转合格的电机数量(y_1);供货历史表示以往总共订货的数量(y_2)。在上述指标中,购货总额、准时供货与维修服务指标都是越小越好,因此列为评选模型的投入指标,质量与供货历史都是越大越好,列为评选模型的产出指标。评选结果根据供应商的相对有效性指标得出。这里没有直接使用价格指标是由于价格本身为购货总额与供货历史的比值,这样价格因素就包含在评价结果中(评价结果是产出指标与投入指标的综合比率)。

表 5-22　供应商各个指标的数据

供应商 DMU	购货总额	准时供货	维修服务	质量	供货历史	评价结果
1	49.776	5	144	179	183	1
2	44.1798	7	160	153	157	0.9433
3	47.1938	4	176	162	166	0.9735
4	50.908	13	70	177	178	0.9249
5	6.1257	1	30	21	21	0.9222
6	14.9073	2	30	50	51	0.9232
7	29.34	1	48	99	100	1
8	5.856	2	44	18	20	0.8944
9	83.808	16	120	316	320	1
10	18.7712	2	56	62	64	0.9249
11	36.777	3	72	129	130	1
12	24.4383	6	30	87	87	0.9547
13	17.2398	3	42	58	59	0.9025
14	38.9961	6	136	141	143	0.9775
15	36.2368	7	150	127	128	0.9295
16	6.2722	16	144	167	169	0.9572
17	66.5144	18	57	243	244	1

在表 5-22 中,相对效率为 1 的决策单元包括 1、7、9、11、17 号供应商,相对效率在 0.9 以下的为 8 号供应商。根据相对效率的特点,供应商的相对效率比较高意味着该供应商在某一(或某几)方面的绝对效率是比较高的,其他具体数据可以参考表 5-23 中各个产出量与投入量的比率。例如,从相对效率的评选结果来看,17 号供应商在单位服务成本得到的货物量是最大的,并且单位投入上得到的货物量是比较大的;7、9 号供应商只在单一方面具有优势,即准时供货(7 号)与价格(9 号)。如果在某些方面比较高,而在某些方面比较低,也会影响相对效率的数值,如 11 号供应商。利用以上的供应商 DEA 有效性排序进行供应商评选,结合原始数据,就比较容易选出可以达到最低的购货成本、最少的合同延迟时间、最好的维修服务、最高的质量供应商,或者是满足采购者对几个方面的综合要求的供应商。由于篇幅所限,供应商的组合问题不在此进行讨论。

表 5-23 产出量与投入量的比率

供应商 DMU	y_1/x_1	y_1/x_2	y_1/x_3	y_2/x_1	y_2/x_2	y_2/x_3
1	3.596	35.8	1.243	3.676	36.6	1.2708
2	3.463	21.857	0.9562	3.553	22.428	0.9812
3	3.432	40.5	0.9204	3.517	41.5	0.9431
4	3.476	13.615	2.5285	3.496	13.692	2.5428
5	3.428	21	0.7	3.428	21	0.7
6	3.354	25	1.6666	3.421	25.5	1.7
7	3.374	99	2.0625	3.408	100	2.0833
8	3.073	9	0.409	3.415	10	0.4545
9	3.77	19.75	2.6333	3.818	20	2.6666
10	3.302	31	1.1071	3.409	32	1.1428
11	3.507	43	1.7916	3.534	43.333	1.8055
12	3.559	14.5	2.9	3.559	14.5	2.9
13	3.364	19.333	1.3809	3.422	19.666	1.4047
14	3.615	23.5	1.0367	3.667	23.833	1.0514
15	3.504	18.142	0.8466	3.532	18.285	0.8533
16	3.609	10.437	1.1597	3.652	10.562	1.1736
17	3.653	13.5	4.2631	3.668	13.555	4.2807

本节讨论了供应商评选问题，在此过程中研究了建立评选供应商有效性的概念，并进一步利用数据包络分析模型的计算结果来评选供应商。算例的分析结果表明，利用 DEA 模型给出的评选方法是有效的。

思考与练习题

1. 请简要说明系统评价在系统分析或系统工程中的作用。
2. 请结合实例具体说明系统评价问题六个要素的意义。
3. 请比较说明系统评价程序与系统分析一般过程在逻辑上的一致性。
4. 说明系统评价原理及在本专业领域中的作用。
5. 说明关联矩阵法原理，并对逐对比较法和古林法加以比较。
6. 请列表分析比较各种系统评价方法的适用条件和功能。
7. 请具体比较 AHP 法与 ANP 法的异同。
8. 请说明 ANP 法是如何解决有反馈回路的指标权重问题的。
9. 在科研成果评定中采用层次分析法和模糊综合评判法有何不同？
10. 系统评价是客观的还是主观的？如何理解系统评价的复杂性？
11. 某工程有四个备选方案，五个评价指标。已经专家组确定的各评价指标 X_j 的权

重 W_j 和各方案关于各项指标的评价值 V_{ij} 见表5-24。请通过求加权和进行综合评价，选出最佳方案。试用其他规则或方法进行评价，并比较它们的不同。

表5-24 数据表

X_j	W_j	A_i			
		A_1	A_2	A_3	A_4
X_1	0.4	7	4	4	9
X_2	0.2	8	6	9	2
X_3	0.2	6	4	5	1
X_4	0.1	10	4	10	4
X_5	0.1	1	8	3	8

12. 已知对三个农业生产方案进行评价的指标及其权重见表5-25，各指标的评价尺度见表5-26，预计三个方案所能达到的指标值见表5-27，试用关联矩阵法进行方案评价。

表5-25 评价的指标及其权重

评价指标	亩①产量 x_1	每百斤②产量费用 x_2	每亩用工 x_3	每亩纯收入 x_4	土壤肥力增减级数 x_5
权重	0.25	0.25	0.1	0.2	0.2

① 1亩 = 666.6 m^2。

② 1斤 = 500g。

表5-26 指标的评价尺度

评价值	x_1/kg	x_2/元	x_3/工日	x_4/元	x_5
5	[2200，+∞)	[0，3)	[0，20)	[140，+∞)	6
4	[1900，2200)	[3，4)	[20，30)	[120，140)	5
3	[1600，1900)	[4，5)	[30，40)	[100，120)	4
2	[1300，1600)	[5，6)	[40，50)	[80，100)	3
1	[1000，1300)	[6，7)	[50，60)	[60，80)	2
0	[0，1000)	[7，+∞)	[60，+∞)	[0，60)	1

表5-27 方案能达到的指标值

方案	x_1/kg	x_2/元	x_3/工日	x_4/元	x_5
A_1	1400	4.1	22	115	4
A_2	1800	4.8	35	125	4
A_3	2150	6.5	52	90	2

13. 医生对某人健康状况的会诊结果见表5-28。

表 5-28 医生对某人健康状况的会诊结果

隶属度(r_{ij})	气色(x_1, 0.2)	力气(x_2, 0.1)	食欲(x_3, 0.3)	睡眠(x_4, 0.2)	精神(x_5, 0.2)
良好（y_1）	0.7	0.5	0.4	0.3	0.4
一般（y_2）	0.2	0.4	0.4	0.5	0.3
差（y_3）	0.1	0.1	0.1	0	0.2
很坏（y_4）	0	0	0.1	0.2	0.1

请用模糊综合评判法对该人的健康状况做系统评价。若有 10 名医生参加会诊，请问认为某人气色良好、力气一般、精神很坏的医生各有几人？

14. 今有一项目建设决策评价问题，已经建立起如图 5-17、表 5-29 所示的层次结构和判断矩阵，试用层次分析法确定五个方案的优先顺序。

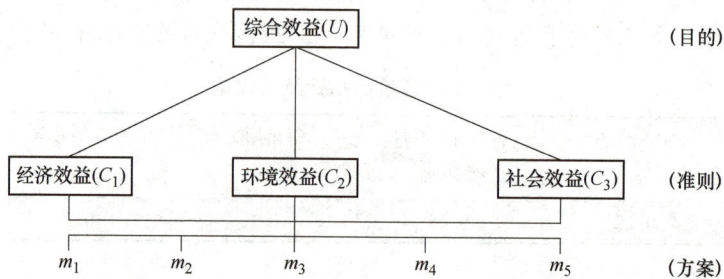

图 5-17 层次结构

表 5-29 判断矩阵

U	C_1	C_2	C_3		C_1	m_1	m_2	m_3	m_4	m_5
C_1	1	3	5		m_1	1	1/5	1/7	2	5
C_2	1/3	1	3		m_2	5	1	1/2	6	8
C_3	1/5	1/3	1		m_3	7	2	1	7	9
					m_4	1/2	1/6	1/7	1	4
					m_5	1/5	1/8	1/9	1/4	1

C_2	m_1	m_2	m_3	m_4	m_5		C_3	m_1	m_2	m_3	m_4	m_5
m_1	1	1/3	2	1/5	3		m_1	1	2	4	1/9	1/2
m_2	3	1	4	1/7	7		m_2	1/2	1	3	1/6	1/3
m_3	1/2	1/4	1	1/9	2		m_3	1/4	1/3	1	1/9	1/7
m_4	5	7	9	1	9		m_4	9	6	9	1	3
m_5	1/3	1/7	1/2	1/9	1		m_5	2	3	7	1/3	1

15. 现给出经简化的评定科研成果的评价指标体系，其中待评成果假定只有 3 项，共有 12 个评价要素，如图 5-18 所示。

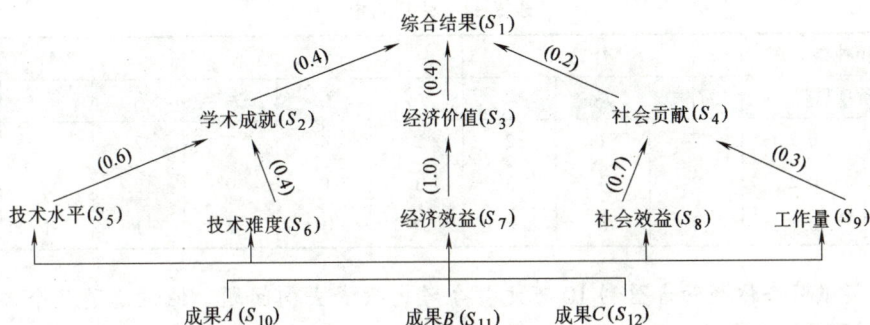

图 5-18 科研成果的评价指标体系

要求：

（1）写出 12 个评价要素之间的邻接矩阵、可达矩阵和缩减矩阵。

（2）若由 10 位专家组成评审委员会，对成果 A 的评议表决结果见表 5-30（其中 N_{ij} 表示同意 A 成果在 i 评审指标下属于第 j 等级的人数）。请写出隶属度 r_{ij} 的定义式（$i=1,2,\cdots,m$；$j=1,2,\cdots,n$）及隶属度矩阵 $\boldsymbol{R}$。

表 5-30 对成果 A 的评议表决结果

指标	等级			
	一	二	三	四
技术水平	3	4	2	1
技术难度	2	3	4	1
经济效益	1	2	3	4
社会效益	4	4	2	0
工作量	0	4	4	2

（3）假定通过 AHP 法计算出的级间重要度如图 5-18 上各括号中的数值所示，请问 5 个评审指标（S_5、S_6、S_7、S_8、S_9）的权重各为多少？

（4）请根据已有结果计算并确定成果 A 的等级。

16. 某人购买冰箱前为确定三种冰箱 A_1、A_2、A_3 的优先顺序，由五个家庭成员应用模糊综合评判法对其进行评选。评价项目（因素）集由价格 f_1、质量 f_2、外观 f_3 组成，相应的权重由表 5-31 所示判断矩阵求得。同时确定评价尺度分为三级，如价格有低（0.3）、中（0.2）、高（0.1）。评判结果见表 5-32。请计算三种冰箱的优先度并进行排序。

表 5-31 判断矩阵

评价项目	f_1	f_2	f_3
f_1	1	1/3	2
f_2	3	1	5
f_3	1/2	1/5	1

表 5-32 评判结果

冰箱种类		A_1			A_2			A_3		
评价项目		f_1	f_2	f_3	f_1	f_2	f_3	f_1	f_2	f_3
评价尺度	0.3	2	1	2	2	4	3	2	1	3
	0.2	2	4	3	1	0	0	2	3	2
	0.1	1	0	0	2	1	2	1	1	0

17. 某服装个体经营者盈利 10 万元，今考虑投资去向问题。他设想了三个方案：一是购买国家发行的债券；二是购买股票；三是扩大服装经营业务。经初步分析，若将 10 万元购买债券，其可取点是冒风险极小，且资金今后挪作他用时周转容易，但与其他两项投资去向相比，收益不大。若购买股票，收益可能会很大，资金要周转也不困难，但所冒风险大。若扩大服装经营业务，风险相对购买股票要小，收益居中，但资金周转相对较难。经考虑后确定投资的三个准则为：风险程度、资金利润率和资金周转难易程度。试用层次分析法进行分析和决策。若该个体经营者请其五位亲友来帮助自己决策，请说明用模糊综合评判法进行评价分析的过程。

18. 试就大学生毕业后选择职业问题建立适宜的评价模型，并进行评价选择。

19. 数据包络分析：

(1) 搜集某一年度我国大陆 31 个省、自治区、直辖市的能源使用量、资金投入量和人才数量，将其作为投入量，将 GDP 和专利数作为产出量，计算各个省、自治区、直辖市的经济与科技转化发展水平的相对有效性。

(2) 如果以上 31 个省、自治区、直辖市的能源使用量、资金投入量和人才数量作为投入量，以 GDP、专利数作为产出量来衡量各个省、自治区、直辖市的经济与科技转化发展水平的相对有效性，那么考虑相对有效性差异最小的两个省、自治区、直辖市（以其他省、自治区、直辖市数据做参照），是否能断定两个省、自治区、直辖市的能源效率与资金效率相差比照其他省、自治区、直辖市的数据也是最小的？

(3) 以 (1) 的结果为例给出结论的分析过程。

第六章
决策分析方法

第一节　管理决策概述

一、基本概念

决策是管理的重要职能。它是决策者对系统方案所做决定的过程和结果，是决策者的行为和职责。

决策者的决策活动需要系统分析人员的决策支持。管理决策分析就是为帮助决策者在多变的环境条件下进行正确决策而提供的一套推理方法、逻辑步骤和具体技术，以及利用这些方法和技术规范选择满意的行动方案的过程。决策分析的过程大致可以归纳成以下四个活动阶段：问题分析、诊断及信息活动；对目标、准则及方案的设计活动；对非劣备选方案进行综合分析、比较、评价的抉择或选择活动；将决策结果付诸实施并进行有效评估、反馈、跟踪、学习的执行或实施活动。

按照 H. A. 西蒙（H. A. Simon）的观点，"管理就是决策"。从本课程已有内容来看，决策是系统工程工作的目的，系统分析实质上就是决策分析。因此，决策分析的一般过程也即管理系统分析的过程。科学化是对管理决策的集中要求，而规范化、民主化和系统化又是实现科学决策的重要基础，是管理决策及决策分析的基本原则。

二、决策问题的基本模式和常见类型

决策问题的基本模式为

$$W_{ij} = f(A_i, \theta_j) \qquad i = 1, 2, \cdots, m; \ j = 1, 2, \cdots, n$$

式中　A_i——决策者的第 i 种策略或第 i 种方案，属于决策变量，是决策者的可控因素；

θ_j——决策者和决策对象（决策问题）所处的第 j 种环境条件或第 j 种自然状态，

属于状态变量，是决策者不可控制的因素；

W_{ij}——决策者在第 j 种状态下选择第 i 种方案的结果，是决策问题的价值函数值，一般叫作益损值、效用值。

根据决策问题的基本模式，可划分决策问题的类型，其结果如图 6-1 所示。其中，依照 θ_j 的不同所得到的四种类型是最基本和最常见的。多目标决策及群体决策等在管理决策中也具有重要意义。

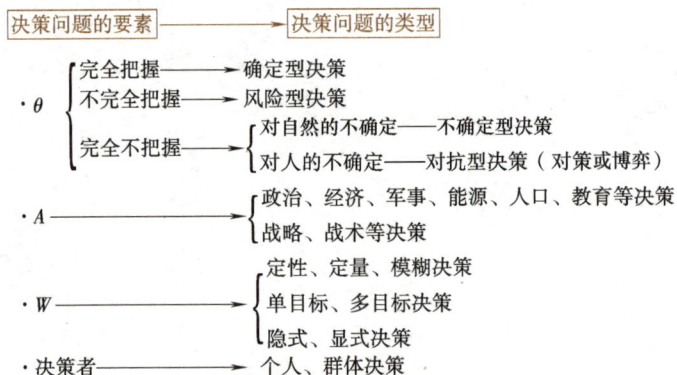

图 6-1　决策问题的类型

三、几类基本决策问题的分析

1. 确定型决策

条件：①存在决策者希望达到的明确目标（收益大或损失小等）；②存在确定的自然状态；③存在可供选择的两个及以上的行动方案；④不同行动方案在确定状态下的益损值可以计算出来。

方法：在方案数量较大时，常用运筹学中的规划论等方法来分析解决，如线性规划、目标规划。

严格地来讲，确定型问题只是优化计算问题，而不属于真正的管理决策分析问题。

2. 风险型决策

条件：①存在决策者希望达到的明确目标（收益大或损失小）；②存在两个及以上不以决策者主观意志为转移的自然状态，但决策者或分析人员根据过去的经验和科学理论等可预先估算出自然状态的概率值 $P_{(\theta_j)}$；③存在两个及以上可供决策者选择的行动方案；④不同行动方案在确定状态下的益损值可以计算出来。

方法：期望值、决策树法。

风险型决策问题是一般决策分析的主要内容。在基本方法的基础上，应注意把握信息的价值及其分析和决策者的效用观等重要问题。

3. 不确定型决策

条件：①存在决策者希望达到的明确目的（收益大或损失小）；②自然状态不确定，且其出现的概率不可知；③存在两个及以上可供决策者选择的行动方案；④不同行动方案在确定状态下的益损值可以计算出来。

方法：乐观法（最大最大原则）、悲观法（最小最大原则）、等概率法（Laplace 准则，也是一种特殊的风险型决策）、后悔值法（Savage 准则或最小最大后悔值原则）。

对于不确定型决策分析问题，若采用不同的求解方法，则所得的结果也会有所不同，因为这些决策方法是各自从不同的决策准则出发来选择最优方案的。而具体采用何种方法，又视决策者的态度或效用观而定，在理论上还不能证明哪种方法是最为合适的。

4. 对抗型决策

$$W_{ij}=f(A_i,B_j) \qquad i=1,2,\cdots,m;\ j=1,2,\cdots,n$$

式中　A_i——决策者的策略集；

　　　B_j——竞争对手的策略集。

对抗型决策可采用对策论（博弈论）及冲突分析等方法来分析解决。这类决策分析问题是当前管理、经济界比较关注的问题。

5. 多目标决策

由于系统工程所研究的大规模复杂系统一般具有属性及目标多样化的特点，在管理决策时通常要考虑多个目标，且它们在很多情况下又是相互消长或矛盾的，这就使得多目标决策分析在管理决策分析中具有重要的作用。目前分析该类决策问题的方法已有不少，常用方法有：化多目标为单目标的方法（含系统评价中的加权和及各种确定目标权重的方法）、重排次序法、目标规划法及 AHP 法等。

第二节　风险型决策分析

在实际系统管理中所遇到的决策分析问题，对各种自然状态可能出现的信息一无所知的情况是极为少见的。通常根据过去的统计资料和积累的工作经验，或通过一定的调查研究所获得的信息，总是可以对各种自然状况的概率做出一定估算。这种在事前估算和确定的概率叫作"主观"概率。所以，在实际工作中需要进行决策分析的问题大多数属于风险型决策分析问题。

一、风险型决策分析的基本方法

1. 期望值法

期望值是指概率论中随机变量的数学期望。这里，把所采取的行动方案看成离散的随机变量，则 m 个方案就有 m 个离散随机变量，离散变量所取之值就是行动方案相对应的益损值。离散随机变量 X 的数学期望为

$$E(X)=\sum_{i=1}^{m}p_ix_i$$

式中　x_i——随机离散变量 x 的第 i 个取值，$i=1,2,\cdots,m$；

　　　p_i——$x=x_i$ 时的概率。

期望值法就是利用上述公式算出每个行动方案的益损期望值并加以比较。若采用的决策目标（准则）是期望收益最大，则选择收益期望值最大的行动方案为最优方案；若采用的决策目标是期望费用最小，则选择费用期望值最小的方案为最优方案。

例 6-1 某轻工企业要决定一轻工产品明年的产量，以便及早做好生产前的各项准备工作。假设产量的大小主要根据该产品的销售价格好坏而定。根据以往市场销售价格的统计资料及市场预测的信息得知：未来产品销售价格出现上涨、价格不变和价格下跌三种状态的概率分别为 0.3、0.6 和 0.1。若该产品按大、中、小三种不同批量（即三种不同方案）投产，则下一年度在不同价格状态下的益损值可以估算出来，见表 6-1。现要求通过决策分析来确定下一年度的产量，使该产品能获得的收益期望为最大。

表 6-1　例 6-1 的益损值　　　　　　　（单位：万元）

自然状态	概率	方案		
		大批量生产（A_1）	中批量生产（A_2）	小批量生产（A_3）
价格上涨	0.3	40	36	20
价格不变	0.6	32	34	16
价格下跌	0.1	−6	24	14

这是一个面临三种自然状态和采取三种行动方案的风险型决策分析问题，现运用期望值法求解如下：

（1）根据表 6-1 所列各种自然状态的概率和采取不同行动方案的益损值，可用公式 $E(X) = \sum_{i=1}^{m} p_i x_i$ 算出每种行动方案的益损期望值，分别为

大批量生产（A_1）：$E(A_1) = 0.3 \times 40$ 万元 $+ 0.6 \times 32$ 万元 $+ 0.1 \times (-6)$ 万元 $= 30.6$ 万元

中批量生产（A_2）：$E(A_2) = 0.3 \times 36$ 万元 $+ 0.6 \times 34$ 万元 $+ 0.1 \times 24$ 万元 $= 33.6$ 万元

小批量生产（A_3）：$E(A_3) = 0.3 \times 20$ 万元 $+ 0.6 \times 16$ 万元 $+ 0.1 \times 14$ 万元 $= 17.0$ 万元

（2）通过计算并比较后可知，方案 A_2 的数学期望 $E(A_2) = 33.6$ 万元，为最大，所以选择方案 A_2 为最优方案。也就是下一年度按中批量生产规模投产所获得的收益期望为最大。

2. 决策树法

所谓决策树法，就是利用树形图模型来描述决策分析问题，并直接在决策树图上进行决策分析。其决策目标（准则）可以是益损期望值或经过变换的其他指标值。现仍以例 6-1 为例介绍决策树法。

（1）绘制决策树。按表 6-1 所示各种行动方案和自然状态及其相应的益损值和主观概率等信息，按由左至右的顺序画出决策树图，如图 6-2 所示。

图中各节点的名称及含义如下：

"□"表示决策节点，从它引出的分枝叫作方案分枝。分枝数量与行动方案数量相

同。例 6-1 中有三个行动方案，所以图 6-2 中就有三个方案分枝。决策节点表明，从它引出的行动方案需要进行分析和决策。

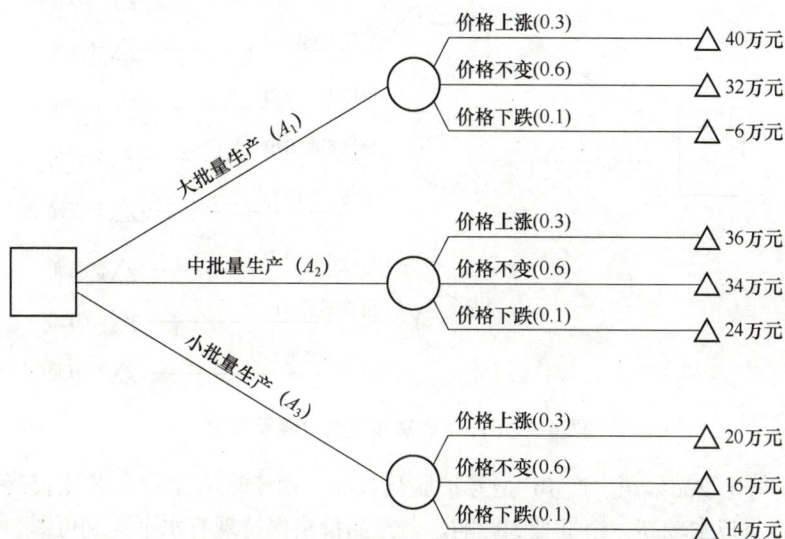

图 6-2 例 6-1 的决策树

"○"表示状态节点，从它引出的分枝叫作状态分枝或概率分枝，在每一分枝上注明自然状态名称及概率。状态分枝数量与自然状态数量相同。

"△"表示结果节点，即将不同行动方案在不同自然状态下的结果（如益损值）注明在结果节点的右端。

（2）计算期望值。计算各行动方案的益损期望值，并将计算结果标注在相应的状态节点上。图 6-3 所示为方案 A_2 的益损期望值。

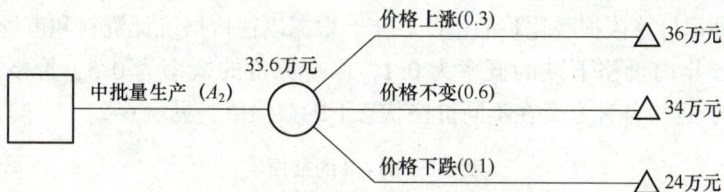

图 6-3 方案 A_2 的益损期望值

（3）方案比较。将计算所得的各行动方案的益损期望值加以比较，选择其中最大的期望值并标注在决策节点上方，如图 6-4 所示。与最大期望值相对应的是方案 A_2，则方案 A_2 即为最优方案。然后，在其余的方案分枝上画上"‖"符号，表明这些方案已被舍弃，图 6-4 所示即是一个经过决策分析选择方案 A_2 为最优方案的决策树图。

3. 多级决策树

从例 6-1 中可知，如果只需做一次决策，其分析求解即告完成，则这种决策分析问题就叫作单级决策。反之，有些决策问题需要经过多次决策才能完成，则这种决策问题就叫作多级决策问题。应用决策树法进行多级决策分析叫作多级决策树。

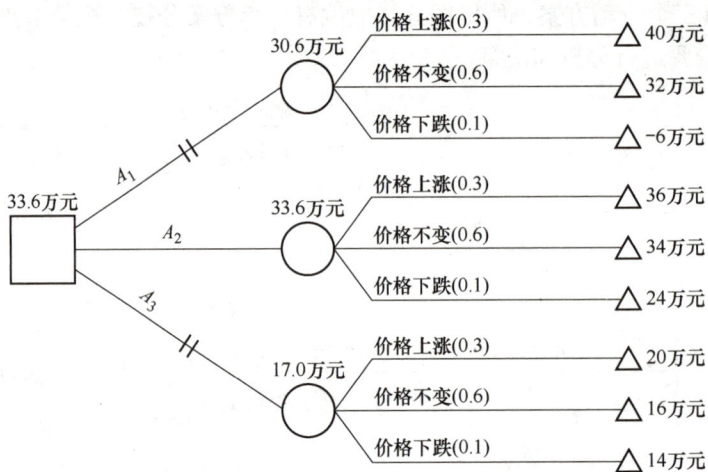

图 6-4 例 6-1 的决策分析过程及结果

例 6-2 某化妆品公司生产 BF 型号护肤化妆品。由于现有生产工艺比较落后，产品质量不易保证，且成本较高，销量受到影响。若产品价格保持现有水平无利可图，产品价格下降还要亏本，只是在产品价格上涨时才稍有盈利。为此公司决定要对该产品生产工艺进行改进，提出两种方案以供选择：一是从国外引进一条自动化程度较高的生产线；二是自行设计一条有一定水平的生产线。根据公司以往引进和自行设计的工作经验，引进生产线投资较大，但产品质量好，且成本较低，年产量大，引进技术的成功率为 0.8。而自行设计生产线，投资相对较小，产品质量也有保证，成本也较低，年产量也大，但自行设计的成功率只有 0.6。进一步考虑到无论是引进或自行设计生产线，产量都能增加，因此，公司生产部门又制订了两个生产方案：一是产量与过去相同（保持不变），二是产量增加，为此又需要进行决策。最后，若引进或自行设计均不成功，公司只得仍按原有生产工艺继续生产，产量自然保持不变。公司打算该护肤化妆品生产 5 年。根据以往价格统计资料和市场预测信息，该类产品在今后 5 年内价格下跌的概率为 0.1，保持原价的概率为 0.5，价格上涨的概率为 0.4。通过计算，可得各种方案在不同价格状态下的益损值，见表 6-2。

表 6-2 例 6-2 的益损值　　　　　　　　　　　　　（单位：万元）

状态（价格）	概率	引进生产线（A_1）（成功率 0.8）		自行设计生产线（A_2）（成功率 0.6）		按原有工艺生产
		产量不变（B_1）	产量增加（B_2）	产量不变（B_1）	产量增加（B_2）	
价格下跌	0.1	−250	−400	−250	−350	−100
保持原价	0.5	80	100	0	−250	0
价格上涨	0.4	200	300	250	650	125

根据上述可知，例 6-2 是一个二级决策分析问题。今用多级决策树进行分析，其过程和结果如图 6-5 所示。

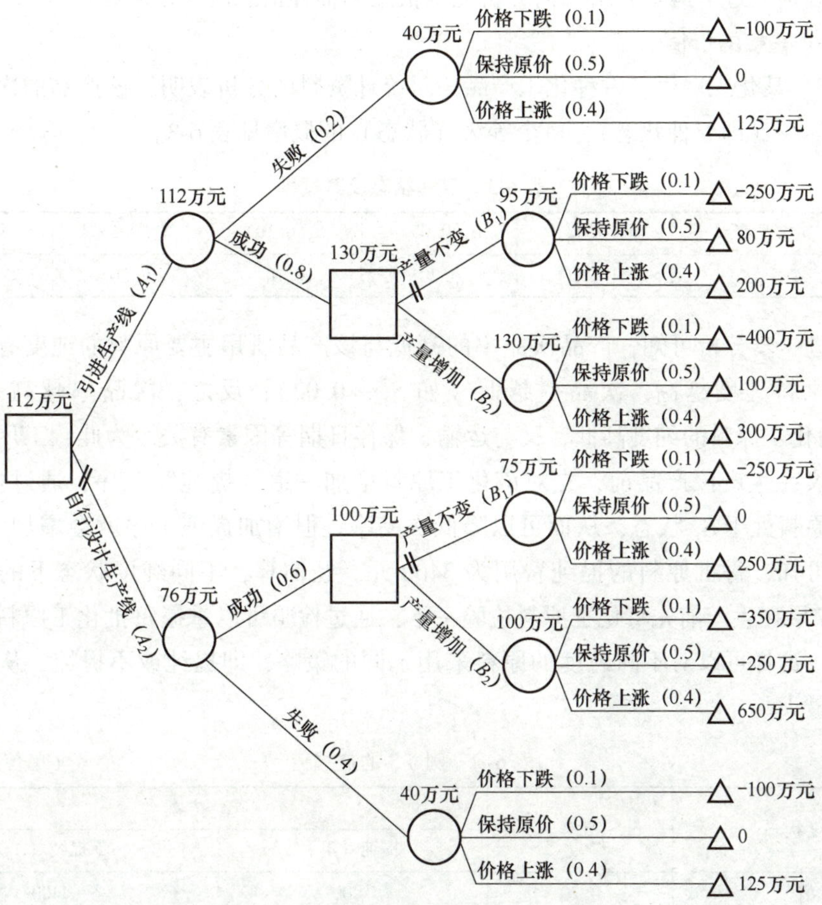

图 6-5　例 6-2 的多级决策分析过程及结果

二、信息的价值

信息和决策的关系十分密切。不言而喻，要获得正确的决策，必须依赖足够和可靠的信息，但是为取得这些信息所花费的代价也相当可观。从而提出了这样一个问题：是否值得花费一定数量的代价去获得必需的信息以供决策之需呢？为此就出现了如何评价信息价值的问题。另外，信息不对称情况下的决策是对抗型决策中的重要问题。

决策所需的信息一般可以分为两类。一类是完全信息，即据此可以得到完全肯定的自然状态信息，这样就有助于正确决策，从而使决策结果获得较大的收益。但为获得完全信息的代价也相当大，而且在现实中和多数情况下，要获得这种完全信息也较为困难或根本不可能。另一类是抽样信息，这是一类不完全可靠的信息。通过抽样所获得的信息，用统计方法来推断自然状态出现的概率，据此来选择行动的方案。抽样信息虽不十分可靠，但为获得此类信息的代价较小，且在多数情况下，也只可能采用这种方式获得这类信息，以供决策之需。

下面分别通过举例来介绍如何分析完全信息和抽样信息的价值问题。

1. 完全信息的价值

例 6-3 某化工厂生产一种化工产品，对统计资料的分析表明，该产品的次品率可以分成五个等级（即五种状态），每个等级（状态）的概率见表 6-3。

表 6-3 五种状态及其概率

纯度状态(次品率)	$S_1(0.02)$	$S_2(0.05)$	$S_3(0.10)$	$S_4(0.15)$	$S_5(0.20)$
概率	0.20	0.20	0.10	0.20	0.30

通过进一步分析可知，产品次品率的高低与该产品所用主要原料的纯度有关。今已知，化工原料纯度越高，次品率越低（如 $S_1 \to 0.02$）；反之，次品率越高（如 $S_5 \to 0.20$）。而化工原料的纯度高低，又与运输、保存日期等因素有关。为此，工厂主管生产的部门建议在生产该产品前，先对该化工原料增加一道"提纯"工序，通过提纯工序，能使全部原料处于 S_1 状态，从而可以降低次品率。但增加提纯工序就会增加工序费用。经过核算可知，每批原料的提纯费用为 3400 元。经估算，不同纯度状态下的益损值见表 6-4。如果在生产前先将化工原料检验一下，通过检验可以掌握每批化工原料处于何种纯度状态，这样可以对不同纯度的原料采用不同的策略，即提纯或不提纯，从而使益损期望值为最大。

表 6-4 例 6-3 的益损值　　　　　　　　（单位：元）

纯度状态	概率	方案	
		提纯（A_1）	不提纯（A_2）
S_1	0.20	1000	4400
S_2	0.20	1000	3200
S_3	0.10	1000	2000
S_4	0.20	1000	800
S_5	0.30	1000	−400

现用决策树法对该问题进行分析，具体过程和结果如图 6-6 所示。

由图 6-6 可知，通过检验，当某批原料纯度处于 S_1、S_2 或 S_3 状态时，采用方案 A_2（不提纯），其益损值大于方案 A_1；若处于 S_4 或 S_5 状态时，则采用方案 A_1（提纯），这时其益损值大于方案 A_2。据此可计算益损期望值为 2220 元。与没有经过检验工序相比，由于通过检验完全知道原料纯度的状态信息，因此可得完全信息的价值为：2220 元 − 1760 元 = 460 元。

通过该例可知，为获得完全信息所要付出的代价，不应大于完全信息所能得到的收益期望。本例中不应大于 460 元。图 6-6 中增加检验工序只花费 50 元，而能多获得 460 元的收益，因此，增加检验工序是可取的。

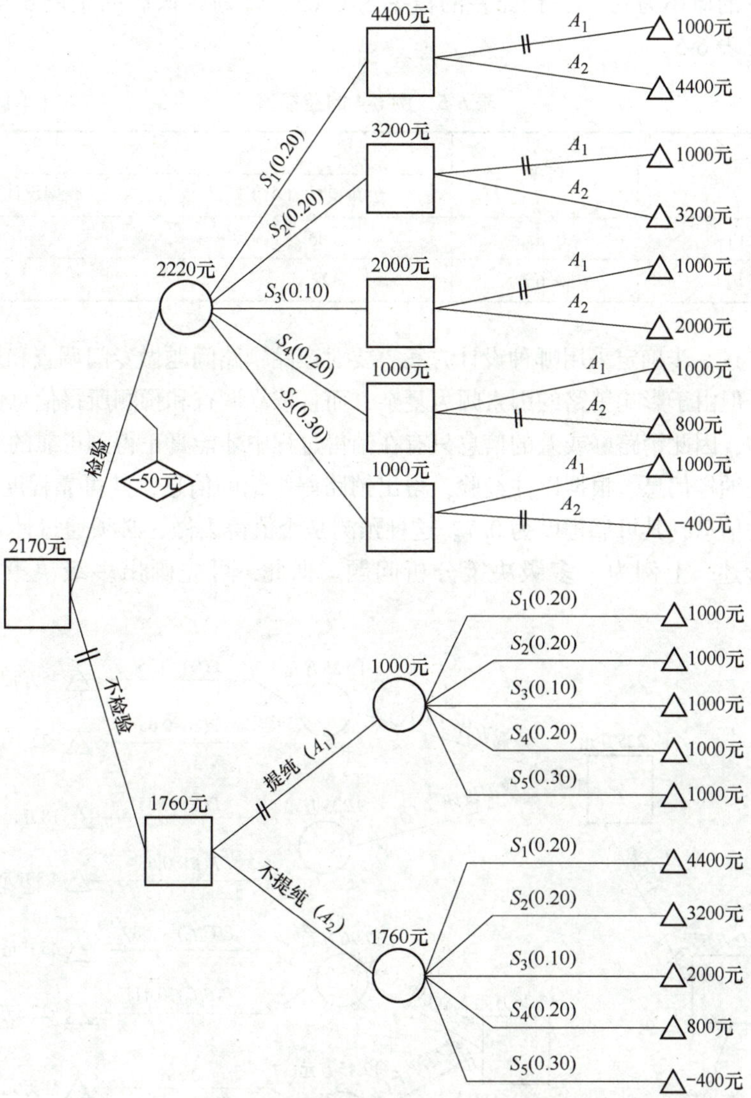

图 6-6　例 6-3 的多级决策分析过程及结果

2. 抽样信息的价值

例 6-4　某家电公司由于原产品结构陈旧落后、产品质量差而销路不广。为满足广大消费者日益增长的需要，公司拟对产品结构进行改革，制订了两种设计方案：

1）全新设计（A_1），即产品结构全部重新设计。

2）改型设计（A_2），即在原有产品结构的基础上加以改进。

如采用全新设计方案，由于结构全部重新设计，原有许多工艺装备都不能继续使用，故需重新添置，则投资费用较大。但由于结构新且工艺先进，故可提高产品质量和生产率。如果产品销路好，则工厂可获较大收益；如果销路差，则因开工不足，投资不能及早回收，公司亏损也大。如果采用改型设计方案，原有工艺装备基本上都可利用，则投资费用少，因此无论销路好或差，都能获得一定收益而不致亏损。根据以往的统计资料可知，销路好的概率为 0.35，销路差的概率为 0.65。计划将该产品生产 5 年，其益损值可以估算，见表 6-5。

表 6-5 例 6-4 的益损值　　　　　　　　　　　　　　　　（单位：万元）

状态	概率	方案	
		全新设计（A_1）	改型设计（A_2）
销路好（θ_1）	0.35	45	18
销路差（θ_2）	0.65	-22.5	4.5

公司为了进一步确定采用哪种设计方案，要对产品销路问题做专门调查和预测，需要支出一定费用。但由于影响销路的因素颇为复杂，而且依靠调查和预测所得信息也并不一定完全正确、可靠，因此销路好或差的信息只有在销售过程中才能真正得到可靠的结论。故预测所得信息只是抽样信息。根据以往经验，得出销路好结论的信息，其可靠程度为 0.8，得出销路差结论的信息，其可靠程度为 0.7。这种预测是否值得去做，必须通过计算和分析才能知道。综上所述，上例为一多级决策分析问题。据此，可先画出多级决策树，如图 6-7 所示。

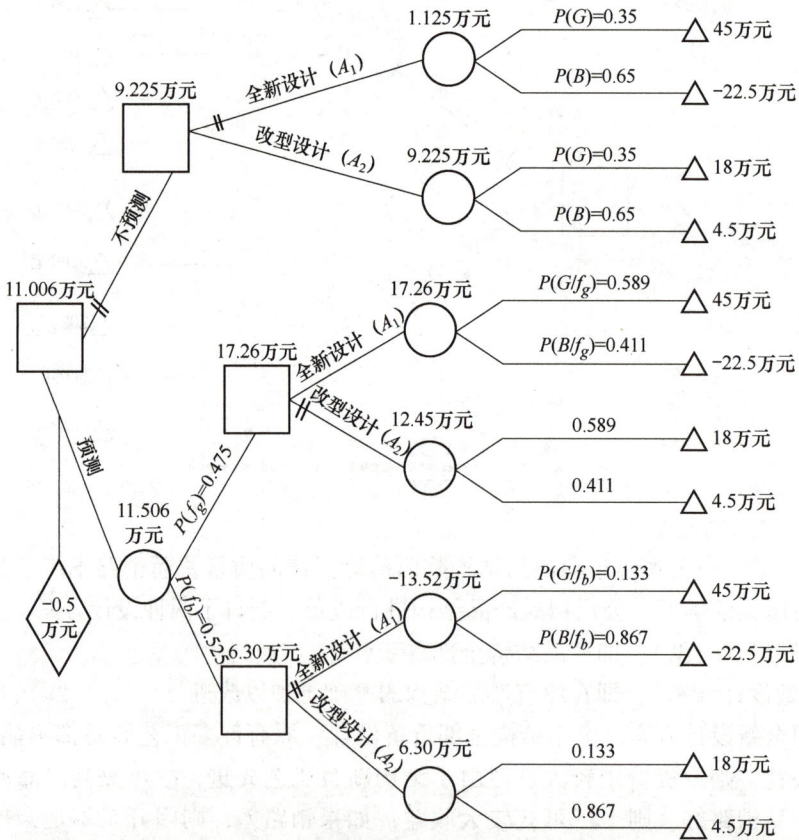

图 6-7　例 6-4 的多级决策分析过程及结果

现将决策分析计算中有关概率及其计算予以说明。

设　G——产品销路好；

　　B——产品销路差；

　　f_g——预测结果为产品销路好这一事件；

　　f_b——预测结果为产品销路差这一事件。

则　$P(G)$——产品销路好的概率，已知 $P(G) = 0.35$；

　　$P(B)$——产品销路差的概率，已知 $P(B) = 0.65$；

　　$P(f_g/G)$——产品销路好，而预测结果销路也好的概率据题意可知 $P(f_g/G) = 0.8$；

　　$P(f_b/G)$——产品销路好，而预测结果销路差的概率为 $1 - P(f_b/G) = 1 - 0.8 = 0.2$；

　　$P(f_b/B)$——产品销路差，而预测结果销路也差的概率据题意可知 $P(f_b/B) = 0.7$；

　　$P(f_g/B)$——产品销路差，但预测结果却好的概率为 $1 - P(f_b/B) = 1 - 0.7 = 0.3$。

根据全概率公式，可求得如下概率：

$P(f_g)$——预测结果为销路好的概率之和，其值为

$$P(f_g) = P(f_g/G)P(G) + P(f_g/B)P(B)$$
$$= 0.8 \times 0.35 + 0.3 \times 0.65 = 0.475$$

$P(f_b)$——预测结果为销路差的概率之和，其值为

$$P(f_b) = P(f_b/B)P(B) + P(f_b/G)P(G)$$
$$= 0.7 \times 0.65 + 0.2 \times 0.35 = 0.525$$

根据贝叶斯（Bayes）公式，可计算有关的条件概率为：

$P(G/f_g)$——预测结果认为产品销路好，而产品销路确实好的概率，其计算公式及数值为

$$P(G/f_g) = \frac{P(f_g/G)P(G)}{P(f_g)} = \frac{0.8 \times 0.35}{0.475}$$
$$= 0.589$$

$P(B/f_g)$——预测结果认为销路好，但产品销路实际却差的概率，其值为

$$P(B/f_g) = \frac{P(f_g/B)P(B)}{P(f_g)} = \frac{0.3 \times 0.65}{0.475}$$
$$= 0.411$$

同理可求得

$$P(G/f_b) = 0.133, \quad P(B/f_b) = 0.867$$

把上述已知和计算所得的概率值标注在决策树的相应分枝上（见图6-7），就可以对各方案的期望值进行计算，再通过比较即可决定方案的取舍。

由图6-7可知，抽样信息的收益期望值为

$$11.506 \text{ 万元} - 9.225 \text{ 万元} = 2.28 \text{ 万元}$$

今若预测费用是 0.5 万元，小于抽样信息所获得的收益期望值，因此对产品销路进行预测的方案是可取的。

三、效用曲线的应用

从以上风险型决策分析的求解中可知，各种决策都以益损期望值的大小作为在风险情况下选择最优方案的准则。如前所述，所谓期望值，是指在相同条件下通过大量试验所得的平均值。但在实际工作中，如果同样的决策分析问题只做一次或少数几次试验，用益损期望值作为决策的准则就不尽合理。而在决策分析中需要反映决策者对决策问题的主观意图和倾向，反映决策者对决策结果的满意程度等。决策者所持有的主观意图和倾向又往往随着各种错综复杂的主观或客观因素发生变化。在这种情况下，用货币形式表现的期望值是无法反映这些客观或主观影响因素的。所以，除了用益损期望值作为决策准则外，有必要利用一些能反映上述主、客观因素的指标，作为决策时衡量行动方案优劣的准则。通过效用函数及其效用曲线所确定的效用值就是一种有效的准则或尺度。效用实质上反映了决策者对风险所抱的态度。

例 6-5 某制药厂欲投产 A、B 两种新药，但受到资金及销路限制，只能投产其中之一。若已知投产新药 A 需要资金 30 万元，投产新药 B 只需资金 16 万元，两种新药生产期均定为 5 年。在此期间，估计两种新药销路好的概率为 0.7，销路差的概率为 0.3，它们的益损值见表 6-6。问究竟投产哪种新药为宜？

表 6-6　例 6-5 的益损值　　　　　　　　（单位：万元）

状态	概率	方案	
		新药 A	新药 B
销路好（θ_1）	0.7	70	24
销路差（θ_2）	0.3	−50	−6

先采用益损期望值作为决策准则，显然以生产新药 A 为最优，如图 6-8 所示。

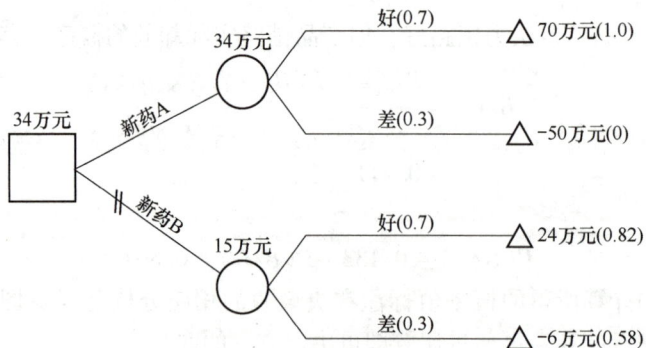

图 6-8　例 6-5 的决策分析过程及结果

用效用值作为决策标准，其步骤如下：

（1）绘制决策人的效用曲线。设 70 万元的效用值为 1.0，−50 万元的效用值为 0，然后由决策者经过多次辨优过程，找出与益损值相对应的效用值后，就可以绘制出决策者的效用曲线，如图 6-9 所示。

（2）计算期望值并做出决策。根据图 6-9 所示的效用曲线，可以找出方案 B 的与益损值相对应的效用值，分别为 0.82 和 0.58，将其标注在决策树相应的结果节点右端。这样就可以用效用期望值作为决策准则进行计算和决策了。

新药 A 的效用期望值为：$0.7 \times 1.0 - 0.3 \times 0 = 0.70$。

新药 B 的效用期望值为：$0.7 \times 0.82 + 0.3 \times 0.58 = 0.748$。

由此可见，若以效用期望值作为决策标准，生产新药 B 的方案比生产新药 A 为优。这是因为，决策者是一个保守型的人，他不愿冒太大的风险。从效用曲线（见图 6-9）可以测出，效用期望值 0.70 约相当于益损值 8 万元，这远远小于原来的益损期望值 34 万元；效用期望值 0.75 约相当于益损期望值 13 万元，也小于原来的益损期望值 15 万元。

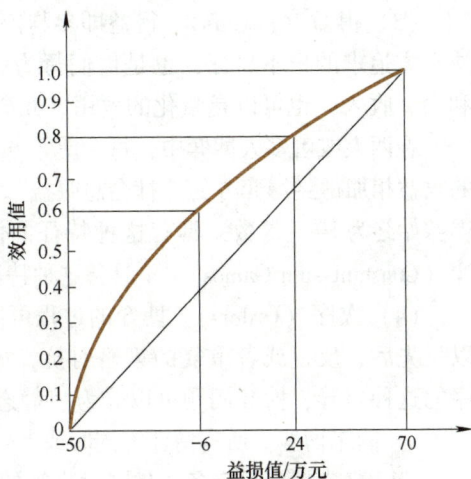

图 6-9　例 6-5 的效用曲线

第三节　管理博弈及冲突分析

一、博弈论

博弈论（Game Theory）又称对策论，是研究两个或两个以上参与者在对抗性或竞争性局势下如何采取行动、如何做出有利于己方决策的数学理论与方法。

博弈论的研究始于策梅洛（Zermelo）、波莱尔（Borel）及冯·诺依曼（von Neumann）。1928 年，冯·诺依曼证明了博弈论的基本原理，宣告了博弈论的正式诞生。1944 年，冯·诺依曼和摩根斯坦（Morgenstern）的《博弈论与经济行为》将二人博弈推广到 n 人博弈结构并将博弈论系统地应用于经济领域，从而奠定了这一学科的基础和理论体系。纳什（John Forbes Nash）的开创性论文《n 人博弈的均衡点》（1950 年）、《非合作博弈》（1951 年）等，给出了纳什均衡的概念和均衡存在定理，为博弈论的一般化奠定了坚实的基础。随后，莱因哈德·泽尔腾（Reinhard Selten）、约翰·海萨尼（John C. Harsanyi）的研究也对博弈论发展起到了重要的推动作用。

1. 基本要素与博弈结构

（1）局中人（Player）。博弈中独立决策、独立承担博弈结果的参与者称为局中人或博弈方。有 n 个局中人参与的博弈称为 n 人博弈：$n=1$ 是单人博弈，严格地讲，单人博弈已退化为一般的最优化问题；$n=2$ 是两人博弈；$n>2$ 是多人博弈。

（2）策略（Strategy）。博弈中各局中人可选择的实际可行的完整的行动方案称为策略。

一般地，如果一个博弈中每个博弈方的策略都是有限的，则称为有限博弈（Finite Games），如果一个博弈中每个博弈方的策略都是无限的，则称为无限博弈（Infinite Games）。

（3）得益（Payoffs）。得益即参与博弈的各个博弈方从博弈中所获得的收益，它是各博弈方追求的根本目标，也是他们行为和判断的主要依据。得益可以是本身就是数量的利润、收入，也可以是量化的效用、社会效益、福利等。

在两人或者多人博弈中，每个博弈方在每种策略组合下都有相应的得益，将每个博弈方的收益相加得到博弈方的"社会总收益"。在一些博弈中，不管博弈的策略组合是什么，总得益始终为某一常数，具有这种特征的博弈称为零和博弈（Zero-sum Games）和常和博弈（Constant-sum Games）。不具备这种特征的博弈称为变和博弈（Variable-sum Games）。

（4）次序（Orders）。博弈的过程可以是几个博弈方一次性同时进行策略选择，也可以是先后、反复或者重复的策略对抗，如寡头的削价竞争就是先后进行的。根据博弈次序的这种差异，博弈问题可以分为"静态博弈""动态博弈""重复博弈"。

1）静态博弈。所有博弈方同时或者可以看作同时选择策略的博弈称为静态博弈（Static Games）。静态博弈设定各方是同时决策的，或者决策时间不一定是真正一致，但做出选择之前不允许知道其他博弈方的策略，或者在知道其他博弈方的策略之后不能改变自己的选择。例如齐威王与田忌赛马、石头剪刀布游戏、猜硬币、古诺模型和投标活动等。

2）动态博弈。在现实生活中，大量存在各博弈方的选择和行动不仅有先后次序，而且后选择、后行动的博弈方在自己选择、行动之前，可以看到其他博弈方的选择、行动，甚至还包括自己的选择和行动。这种博弈称为动态博弈（Dynamic Games）或多阶段博弈（Multistage Games），显然弈棋就是一种动态博弈。

3）重复博弈。重复博弈（Repeated Games）是由同一个博弈反复进行所构成的博弈过程。构成重复博弈的一次性博弈（One-shot Games）也称为"原博弈"或"阶段博弈"。

（5）信息结构（Information）。知己知彼，百战不殆。关于博弈环境和博弈方情况的信息，是影响博弈方选择和博弈结果的重要因素，信息的差异通常会造成决策行为的差异和博弈结果的不同。

1）关于得益的信息。博弈中最重要的信息之一是关于得益的信息，即每个博弈方在每种策略组合下的得益情况。一般地，将各博弈方都完全了解所有博弈方各种情况下得益的博弈称为完全信息（Complete Information）博弈，而将至少部分博弈方不了解其他博弈方得益情况的博弈称为不完全信息（Incomplete Information）博弈。不完全信息也意味着博弈方之间在对博弈信息的了解方面是不对称的，因此不完全信息博弈也是不对称信息（Asymmetric Information）博弈。

2）关于博弈过程的信息。在动态博弈中，轮到行为时对博弈的进程完全了解的博弈方，称为具有完美信息（Perfect Information）的博弈方。若动态博弈的所有博弈方都具有完美信息，该博弈称为完美信息动态博弈；反之，具有不完美信息（Imperfect Information）的博弈方参与的博弈称为不完美信息动态博弈。

2. 博弈分类

在关于博弈结构分析的基础上，可以看出各种博弈分类都是交叉的，不存在严格的层次关系，但可以根据不同的分类对博弈分析的影响程度排列出相应的次序：

第一，非合作博弈和合作博弈。

第二，在非合作博弈范围内，可分为完全理性博弈和有限理性博弈。

第三，静态博弈和动态博弈，包括特殊的动态博弈——重复博弈、演化博弈等。

第四，根据信息是否完全和完美，分为完全信息静态博弈、不完全信息静态博弈、完全且完美信息动态博弈、完全但不完美信息动态博弈、不完全信息动态博弈。

3. 纳什均衡

纳什均衡的定义：在博弈 $G = \{S_1, \cdots, S_{n:} u_1, \cdots, u_n\}$ 中，如果由各个博弈方的各一个策略组成的某个策略组合 $(S_1^*, \cdots, S_n^*)$ 中，任一博弈方 i 的策略 S_i^*，都是对其余博弈方策略的组合 $(S_1^*, \cdots, S_{i-1}^*, S_{i+1}^*, \cdots, S_n^*)$ 的最佳对策，也即 $u_i(S_1^*, \cdots, S_{i-1}^*, S_i^*, S_{i+1}^*, \cdots, S_n^*) \geqslant u_i$ $(S_1^*, \cdots, S_{i-1}^*, S_{ij}^*, S_{i+1}^*, \cdots, S_n^*)$ 对任意 $S_{ij} \in S_i$ 都成立，则称 $(S_1^*, \cdots, S_n^*)$ 为 G 的一个纳什均衡。

假设有 n 个局中人参与博弈，在给定其他人策略的条件下，每个局中人选择自己的最优策略（个人最优策略可能依赖于也可能不依赖于他人的战略），从而使自己的利益最大化。所有局中人策略构成一个策略组合（Strategy Profile）。纳什均衡指的是这样一种战略组合，这种策略组合由所有参与人最优策略组成，在给定别人策略的情况下，没有人有足够的理由打破这种均衡。

（1）纯策略纳什均衡。局中人Ⅰ有 m 个策略 $A_1, A_2, \cdots, A_m$，局中人Ⅱ有 n 个策略 $B_1, B_2, \cdots, B_n$，不同策略下双方的收益见表6-7。

表6-7　二人博弈的收益

局中人Ⅰ	局中人Ⅱ			
	B_1	B_2	$\cdots$	B_n
A_1	a_{11}，b_{11}	a_{12}，b_{12}	$\cdots$	a_{1n}，b_{1n}
A_2	a_{21}，b_{21}	a_{22}，b_{22}	$\cdots$	a_{2n}，b_{2n}
$\vdots$	$\vdots$	$\vdots$		$\vdots$
A_m	a_{m1}，b_{m1}	a_{m2}，b_{m2}	$\cdots$	a_{mn}，b_{mn}

由每个单元格中前一个数字构成的矩阵 $\boldsymbol{A} = (a_{ij})_{m \times n}$ 是局中人Ⅰ的收益矩阵，由后一个数字构成的矩阵 $\boldsymbol{B} = (b_{ij})_{m \times n}$ 是局中人Ⅱ的收益矩阵。

当局中人Ⅱ采用某策略 B_j 时，如果局中人Ⅰ采用其 m 个策略中的策略 A_i 可以获得最大收益，则称 A_i 是对 B_j 的最优反应。同样，当局中人Ⅰ采用某策略 A_i 时，如果局中人Ⅱ采用其 n 个策略中的策略 B_j 可以获得最大收益，则称 B_j 是对 A_i 的最优反应。当 A_i 和 B_j 互为最优反应时，称 (A_i, B_j) 为该博弈的纯策略纳什均衡。纯策略博弈问题可能有一个、多个或没有纳什均衡点。

例6-6　某博弈问题的收益见表6-8，求其纯策略纳什均衡点。

解：在甲方收益矩阵每一列的最大数字的右上角标上＊号，在乙方收益矩阵每一行的最大数字的右上角标上＊号。单元格（3,3）有两个＊号，所以策略 (A_3, B_3) 是此博弈问题的纳什均衡点。

表 6-8　某博弈问题的收益

甲方	乙方		
	B_1	B_2	B_3
A_1	650, 650	350, 700*	400, 600
A_2	700*, 350	600, 600	350, 650*
A_3	600, 400	650*, 350	550*, 550*

（2）混合策略纳什均衡。如果没有纯策略纳什均衡，可以考虑求混合策略纳什均衡解。设局中人 I 策略的分布为 $(x_1, x_2, \cdots, x_m)$，局中人 II 策略的分布为 $(y_1, y_2, \cdots, y_n)$，那么

$$x_1 + x_2 + \cdots + x_m = 1, \quad x_1, x_2, \cdots, x_m \geq 0$$
$$y_1 + y_2 + \cdots + y_n = 1, \quad y_1, y_2, \cdots, y_n \geq 0$$

局中人 I 的期望收益为

$$E_1(\boldsymbol{X}, \quad \boldsymbol{Y}) = \sum_{i=1}^{m} \sum_{j=1}^{n} a_{ij} x_i y_j = \boldsymbol{X}^{\mathrm{T}} \boldsymbol{A} \boldsymbol{Y}$$

局中人 II 的期望收益为

$$E_2(\boldsymbol{X}, \quad \boldsymbol{Y}) = \sum_{i=1}^{m} \sum_{j=1}^{n} b_{ij} x_i y_j = \boldsymbol{X}^{\mathrm{T}} \boldsymbol{B} \boldsymbol{Y}$$

其中 $\boldsymbol{X} = (x_1, x_2, \cdots, x_m)^{\mathrm{T}}$，$\boldsymbol{Y} = (y_1, y_2, \cdots, y_n)^{\mathrm{T}}$。

例 6-7　考虑销售商与消费者之间的博弈。销售商有"明天打折销售"和"今天打折销售"两个策略，消费者有"明天购买"和"今天购买"两个策略。双方的收益见表 6-9，求混合纳什均衡解（现价折扣促销博弈）[一]。

表 6-9　销售商与消费者之间博弈的收益

销售商	消费者	
	明天购买（y）	今天购买（$1-y$）
明天打折销售（x）	3, 7	9, 4
今天打折销售（$1-x$）	7, 3	4, 9

解： 由表 6-9 可以看出，此博弈问题没有纯策略纳什均衡点。销售商和消费者的收益矩阵分别为

$$\boldsymbol{A} = \begin{pmatrix} 3 & 9 \\ 7 & 4 \end{pmatrix}, \quad \boldsymbol{B} = \begin{pmatrix} 7 & 4 \\ 3 & 9 \end{pmatrix}$$

设销售商采用两个策略的概率分别为 x 和 $1-x$，消费者采用两个策略的概率分别为 y 和 $1-y$。记 $\boldsymbol{X} = (x, 1-x)^{\mathrm{T}}$，$\boldsymbol{Y} = (y, 1-y)^{\mathrm{T}}$，那么

$$\boldsymbol{X}^{\mathrm{T}} \boldsymbol{B} = (x, \quad 1-x) \begin{pmatrix} 7 & 4 \\ 3 & 9 \end{pmatrix} = (3+4x, \quad 9-5x)$$

一　焦宝聪，陈兰平．博弈论 [M]．北京：首都师范大学出版社，2013：73.

一个合理的假设是：销售商确定的 x 最好使得消费者无论哪一天购买商品都无所谓，即使得 $3+4x=9-5x$。由此得 $x=2/3$，$1-x=1/3$。另外

$$\begin{pmatrix} 销售商明天打折的期望收益 \\ 销售商今天打折的期望收益 \end{pmatrix} = AY = \begin{pmatrix} 3 & 9 \\ 7 & 4 \end{pmatrix} \begin{pmatrix} y \\ 1-y \end{pmatrix} = \begin{pmatrix} 9-6y \\ 4+3y \end{pmatrix}$$

基于同样的考虑，令 $9-6y=4+3y$，得 $y=5/9$，$1-y=4/9$。所以销售商的混合策略 $X=(2/3,1/3)^{\mathrm{T}}$，消费者的混合策略 $Y=(5/9,4/9)^{\mathrm{T}}$。

销售商和消费者的期望收益：由于 AY 的两个分量 $(AY)_1$ 和 $(AY)_2$ 相等，X 的两个分量和为 1，所以销售商的期望收益为

$$E_1(X,Y) = X^{\mathrm{T}}AY = (AY)_1 = 9 - 6 \times \frac{5}{9} = \frac{17}{3}$$

由于 $X^{\mathrm{T}}B$ 的两个分量 $(X^{\mathrm{T}}B)_1$ 和 $(X^{\mathrm{T}}B)_2$ 相等，Y 的两个分量和为 1，所以消费者的期望收益为

$$E_2(X,Y) = X^{\mathrm{T}}BY = (X^{\mathrm{T}}B)_1 = 3 + 4 \times \frac{2}{3} = \frac{17}{3}$$

4. 合作博弈

存在具有约束力的合作协议的博弈就是合作博弈，否则就是非合作博弈。合作博弈强调的是集体理性，强调效率、公正、公平，参与者能够联合达成一个具有约束力且可强制执行的协议。合作博弈最重要的两个概念是联盟和分配。

合作博弈的结果必须是一个帕累托改进，博弈双方的利益都有所增加，或者至少是一方的利益增加，而另一方的利益不受损失。合作博弈研究人们达成合作时如何分配合作得到的收益，即收益分配问题。合作博弈采取的是一种合作的方式，合作之所以能够增进双方的利益，就是因为合作博弈能够产生一种合作剩余。至于合作剩余在博弈各方之间如何分配，取决于博弈各方的力量对比和制度设计。因此，合作剩余的分配既是合作的结果，又是达成合作的条件。

（1）联盟和分配。用 U 表示 n 个参与人的集合，U 的任意一个子集 S 称为一个联盟，U 称为大联盟。联盟 S 的收益记为 $V(S)$，它满足以下公理：

1）$V(\varnothing)=0$，$\varnothing$ 为空集。

2）对于任意 $S_1,S_2 \subset U$，如果 $S_1 \cap S_2 = \varnothing$，那么 $V(S_1 \cup S_2) \geqslant V(S_1)+V(S_2)$（称为超可加性）。

设 $S_1,S_2,\cdots,S_k$ 是 U 的非空子集，如果它们的并集等于 U，任何两个的交集为空集，就称它们为一个联盟结构，记为 $[S_1,S_2,\cdots,S_k]$。按照超可加性

$$V(S_1) + V(S_2) + \cdots + V(S_k) \leqslant V(U)$$

即任何一个联盟结构的总收益不大于大联盟的收益。如果上式的等号成立，称该联盟为有效联盟（包括大联盟）。

用 $\varphi_i(V)$ 表示参与人 i 分得的数额，按以下公式计算的数值称为 Shapley 值

$$\varphi_i(V) = \sum_{i \in S \subset U} W(|S|)[V(S)-V(S\backslash\{i\})], \quad i=1,2,\cdots,n$$

其中 $W(|S|) = \dfrac{(n-|S|)!\,(|S|-1)!}{n!}$，$|S|$ 表示集合 S 中元素的个数。

例 6-8 *A*、*B*、*C* 三人或者单独经商或者联合经商，其收益见表 6-10，求每个人分配的数额[○]。

表 6-10　*A*、*B*、*C* 三人经商的收益

S	A	B	C	AB	AC	BC	ABC
$V(S)$	10	10	10	70	50	40	100

解：按 Shapley 值公式，参与人 *A* 的分配数额 $\varphi_A(V)$ 的计算见表 6-11。

表 6-11　参与人 *A* 分配数额的计算表

S	A	AB	AC	ABC
$V(S)$	10	70	50	100
$V(S\backslash A)$	0	10	10	40
$V(S)-V(S\backslash A)$	10	60	40	60
$\lvert S\rvert$	1	2	2	3
$(n-\lvert S\rvert)!\ (\lvert S\rvert-1)!$	2	1	1	2
$W(\lvert S\rvert)$	1/3	1/6	1/6	1/3
$\varphi_A(V)$	40			

同理可算出参与人 *B* 的分配数额 $\varphi_B(V)=35$，参与人 *C* 的分配数额 $\varphi_C(V)=25$。

（2）合作博弈的核。假设联盟中的每个人均匀地分配该联盟的收益。在一个联盟结构中，如果有人从某联盟中退出可以获得更大的收益，则该联盟结构是不稳定的；否则是稳定的。

前面已经介绍，总收益等于大联盟收益的联盟结构称为有效联盟结构。稳定的有效联盟结构称为合作博弈的核。

例 6-9 塔木德分配法。

塔木德分配法是根据若干债权人所声明的债权分配总财产的一种方法。设总财产为 E，n 个债权人所声明的债权分别为 $c[1],c[2],\cdots,c[n]$，他们分得的财产分别为 $x[1]$，$x[2],\cdots,x[n]$。不妨设 $c[1]\leqslant c[2]\leqslant\cdots\leqslant c[n]$。塔木德分配法依次分配财产，得到的分配结果 $(x[1],x[2],\cdots,x[n])$ 叫作核仁（Nucleolus）。例如二人争财产问题的塔木德法：

只需考虑债权人 1 的分配数额 $x[1]$ 即可，债权人 2 的分配数额 $x[2]=E-x[1]$。

$$x[1]=\begin{cases}E/2,\ E\leqslant c[1]\\ c[1]/2,\ c[1]\leqslant E\leqslant c[2]\\ \dfrac{E+c[1]-c[2]}{2},\ E>c[2]\end{cases}$$

5. 典型案例——博弈论在企业经营活动中的应用策略

著名营销专家希顿（Jennifer Heaton）曾说，企业家的艺术就是对企业的策略性经营

○ 焦宝聪，陈兰平．博弈论 [M]．北京：首都师范大学出版社，2013：99.

和管理，博弈作为策略，企业在当今激烈的市场竞争中需要博弈。

哈佛商学院波特教授的五力模型，给出了一种全面、详细分析行业市场竞争状况和态势的方法，其中一种力量是潜在进入者的威胁。

根据市场类型（完全竞争市场、垄断竞争市场、完全垄断市场和寡头垄断市场），由于多数行业市场属于垄断竞争市场，因此就存在现有企业和新进入者之间的进入和退出博弈，这取决于彼此结构性的进入障碍、对关键资源的控制度、规模经济效应及现有企业的市场优势等因素。

那么，作为现有行业的垄断者和一定程度的影响者，阻止潜在进入者进入市场或遏制现有企业恶性竞争的博弈策略有：

（1）扩大生产能力策略。垄断者为阻止潜在进入者进入市场，可能对潜在进入者进行威胁。但垄断者的这种威胁是否能达到阻止进入者进入的目的，取决于其承诺。所谓承诺（Promise），是指对局者所采取的某种行动，这种行动使其威胁成为一种令人可信的威胁。那么，一种威胁在什么条件下会变得令人可信呢？一般只有当对局者在不实行这种威胁会遭受更大损失的时候。与承诺行动相比，空头威胁无法有效阻止市场进入的主要原因是它不需要任何成本；发表声明是容易的，仅仅宣称将要做什么或者标榜自己是说一不二的也都缺乏实质性的意义。因此，只有当对局者采取了某种行动，而且这种行动需要较高的成本或代价时，才会使威胁变得可信。

（2）保证最低价格条款的策略。例如某商店规定，顾客在本商店购买这种商品一定时期内（如一个月），如果其他任何商店以更低的价格出售同样的商品，本店将退还差价，并补偿差额的一定百分比（如10%）。例如，如果你在该商店花5000元购买了一台尼康照相机，一周后你在另一家商店发现那里只卖4500元，那么你就可以向该商店交涉，并获得550元的退款。

又如，假定一个将存在两期的市场。在第一期只有一个厂商，面临两种选择：

1）制定一个垄断高价60元，可获得1000元的利润，但会使潜在企业认为该行业有利可图，从而选择在第二期进入；而一旦该市场有两个企业存在，将会使市场价格下降到30元，企业利润降为200元。这样，两期的总利润是1000元+200元=1200元。

2）制定低价40元，潜在企业如果进来，价格降到20元，两个企业的利润都将是0。此时潜在企业将不会进入。这样，第二期的价格可以确定一个垄断高价60元，因此总利润将为600元+1000元=1600元。

对消费者来说，保证最低价格条款使自己至少在一个月内不会因为商品降价而后悔购买，但这种条款对消费者是承诺，对竞争者是警告，无疑是企业之间竞争的一种手段。

保证最低价格条款是一种承诺，由于法律的限制，商店在向消费者公布了这一条款之后是不能不实行的，因此它是绝对可信的。这一承诺隐含着企业A向企业B发出的不要降价竞争的威胁，并使这种威胁产生其预期的效果。

（3）限制进入定价策略。限制进入定价是指现有企业通过收取较低价格的策略来防范竞争者进入，潜在进入者看到这一低价后，推测进入后价格也会那么低甚至更低，进入该市场将无利可图而放弃进入。

（4）掠夺性定价策略。掠夺性定价是指将价格设定为低于成本来达到驱逐其他企业的目的，而期望由此发生的损失在新进入企业或者竞争对手被逐出市场后，掠夺企业能够在行使市场权力时可能得到补偿，即在驱逐其他企业后，再制定垄断高价以弥补前期的损失。这也是一种价格报复策略。掠夺性定价与限制进入定价之间的差异在于限制进入定价是针对那些尚未进入市场的企业，是想在较长一段时间内维持低价来限制新企业进入；而掠夺性定价则将矛头指向已经进入的企业或即将进入的企业。如果企业产能过剩，在新企业进入时可以进行产能扩张，则可将商品大幅降价防止其进入。

（5）广告战博弈。有些商品只有在使用后才知道其质量如何，这种商品被称为经验品。只有那些生产高质量经验品的企业才会选择做巨额广告，而低质量的企业将不会做广告。原因是高质量经验品会有大量的回头客，而低质量经验品则鲜有人再次光顾。

另外，现有厂商之间产量、价格竞争的博弈，尚有古诺模型、伯川德模型可以描述。博弈理论在宏微观层面对企业参与竞争、制定竞争策略均有指导意义。

二、冲突分析的由来

冲突分析（Conflict Analysis）是国外在经典对策论（博弈论）和偏对策理论（Metagame Theory）基础上发展起来的一种对冲突行为进行正规分析（Formal Analysis）的决策分析方法。其主要特点是，能最大限度地利用信息，通过对许多难以定量描述的现实问题的逻辑分析，进行冲突事态的结果预测和过程分析（预测和评估、事前分析和事后分析），帮助决策者科学周密地思考问题。它是分析多人决策和解决多人竞争问题的有效工具之一。国外已在社会、政治、军事、经济等不同领域的纠纷谈判、水力资源管理、环境工程、运输工程等方面得到了应用，我国也已在社会经济、企业经营和组织管理等领域开始应用。

对策（或博弈，Game）是决策者在某种竞争场合下做出的决策，是一种人为的不确定型决策（竞争或对抗型决策）。作为一类特殊的决策问题，对策的基本模式（概念模型）如图 6-10 所示。

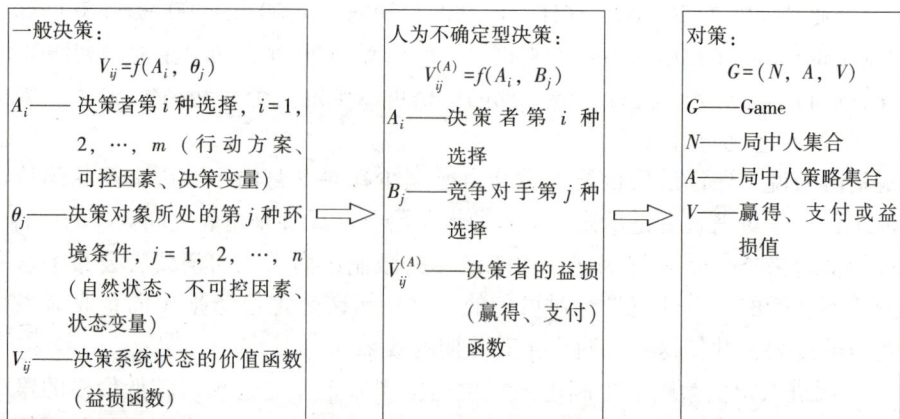

一般决策：

$$V_{ij}=f(A_i, \theta_j)$$

A_i——决策者第 i 种选择，$i=1$, 2, …, m（行动方案、可控因素、决策变量）

θ_j——决策对象所处的第 j 种环境条件，$j=1$, 2, …, n（自然状态、不可控因素、状态变量）

V_{ij}——决策系统状态的价值函数（益损函数）

人为不确定型决策：

$$V_{ij}^{(A)}=f(A_i, B_j)$$

A_i——决策者第 i 种选择

B_j——竞争对手第 j 种选择

$V_{ij}^{(A)}$——决策者的益损（赢得、支付）函数

对策：

$$G=(N, A, V)$$

G——Game

N——局中人集合

A——局中人策略集合

V——赢得、支付或益损值

图 6-10　对策的概念模型

20 世纪 70 年代初，霍华德（N. Howard）提出了一种以现实生活中最容易出现的情

况为基础的对策理论——Metagame Theory（偏对策理论）。其基本思想是：在选择策略时要考虑其他局中人可能的反应，即将各局中人的策略作为一种函数，使其构成更高一级的对策，即偏对策。另外，在该理论描述中，主张用结局的优先序代替其赢得值，从而使得对策模型的可实现性大大增强。

到了 20 世纪 80 年代，弗雷泽（M. Fraser）和希佩尔（W. Hipel）在偏对策的基础上，提出了一种研究冲突事态的方法——冲突分析方法，从而使得对策理论更加实用化。该方法的提出也迎合了对策化（Gaming）或通过模拟手段来研究对策问题的趋势。

冲突分析方法有以下主要特点：

1）能最大限度地利用信息，尤其对许多难以定量分析的问题，用冲突分析解决起来更得心应手，因而较适于解决工程系统中考虑社会因素影响时的决策问题和社会系统中的多人决策问题。

2）具有严谨的数学（集合论）和逻辑学基础，是在一般对策论（博弈论）基础上发展起来的偏对策理论的实际应用。

3）冲突分析既能进行冲突事态的结果预测（事前分析），又能进行事态的过程描述和评估（事后分析），从而可为决策者提供多方面有价值的决策信息，并可进行政策和决策行为的分析。

4）分析方法在使用中几乎不需要任何数学理论和复杂的数学方法，很容易被理解和掌握。主要分析过程还可用计算机，通过人-机对话解决，因而具有很强的实用性。目前，使用较多的冲突分析软件是 CAP（Conflict Analysis Program）或 DM（Decision Maker）。

5）冲突分析用结局的优先序代替了效用值，并认为对结局进行比较判断时可无传递性，从而在实际应用中避开了经典对策论（博弈论）关于效用值和传递性假设等障碍。

三、冲突分析的程序及要素

1. 冲突分析的一般程序

冲突分析的一般程序如图 6-11 所示。

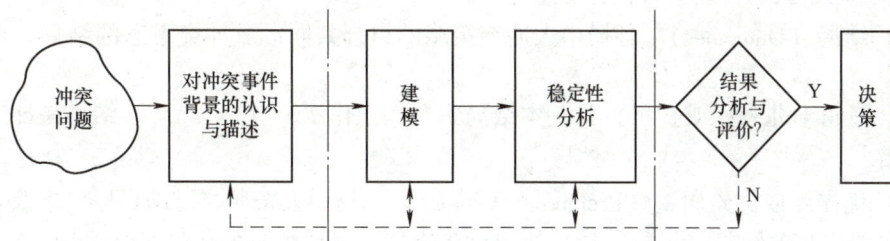

图 6-11　冲突分析的一般程序

（1）对冲突事件背景的认识与描述。以对事件有关背景材料的收集和整理为基本内容。整理和恰当的描述是分析人员的主要工作，主要包括：①冲突发生的原因（起因）及事件的主要发展过程；②争论的问题及其焦点；③可能的利益和行为主体及其在事件中的地位及相互关系；④有关各方参与冲突的动机、目的和基本的价值判断；⑤各方在冲突事态中可能独立采取的行动。

对背景的深刻了解和恰当描述，是对复杂的冲突问题进行正规分析的基础。

（2）冲突分析模型（建模）。它是在初步信息处理之后，对冲突事态进行稳定性分析用的冲突事件或冲突分析要素间相互关系及其变化情况的模拟模型，一般用表格形式比较方便。

（3）稳定性分析。它是使冲突问题得以"圆满"解决的关键，其目的是求得冲突事态的平稳结局（局势）。所谓平稳局势，是指对所有局中人都可接受的局势（结果），也即对任一局中人 i，更换其策略后得到新局势，而新局势的效用值（赢得）或偏好度都较原局势小，则称原来的局势为平稳局势。因在平稳状态下，没有一个局中人愿意离开他已经选定的策略，故平稳结局也为最优结局（最优解）。稳定性分析必须考虑有关各方的优先选择和相互制约。

（4）结果分析与评价。主要是对稳定性分析的结果（即各平稳局势）做进一步的逻辑分析和系统评价，以便向决策者提供有实用价值的决策参考信息。

2. 冲突分析的基本要素

冲突分析的要素（也叫冲突事件的要素）是使现实冲突问题模型化、分析正规化所需的基本信息，也是对冲突事件原始资料处理的结果。主要要素有：

（1）时间点。它是说明"冲突"开始发生时刻的标志；对于建模而言，则是能够得到有用信息的终点。冲突是一个动态的过程，各种要素都在变化，这样很容易使人认识不清，所以需要确定一个瞬间时刻，使问题明朗化。但时间点不直接进入分析模型。

（2）局中人（Players）。局中人是指参与冲突的集团或个人（利益主体），他们必须有部分或完全的独立决策权（行为主体）。冲突分析要求局中人至少有两个或两个以上。局中人集合记作 N，$|N|=n \geqslant 2$。

（3）选择或行动（Options）。它是各局中人在冲突事态中可能采取的行为动作。冲突局势正是由各方局中人各自采取某些行动而形成的。

每个局中人一组行动的某种组合称为该局中人的一个策略（Strategy）。

第 i 个局中人的行动集合记作 O_i，$|O_i|=k_i$。

（4）结局（Outcomes）。各局中人冲突策略的组合共同形成冲突事态的结局。全体策略的组合（笛卡儿乘积或直积）为基本结局集合，记作 T，$|T|=2^{\sum\limits_{i=1}^{n}k_i}$。结局是冲突分析问题的解。

（5）优先序或优先向量（Preference Vector）。各局中人按照自己的目标要求及好恶标准，对可能出现的结局（可行结局）排出优劣次序，形成各自的优先序（向量）。

四、冲突分析基本方法举例——古巴导弹危机

1. 背景

1957 年以前，古巴在经济和政治等方面长期处于美国的控制之下，美国的许多公司

在古巴的农业、旅游业等方面大量投资，当时的古巴政府十分重视美国的利益。

1956 年年末，卡斯特罗（Castro）领导革命运动，1959 年取得政权，并推翻了巴蒂斯塔（Batista）政府，这是出乎美国意料的。新政府没收了美国在古巴的所有财产，使之国有化，紧接着与苏联建立了友好关系。这样，古巴问题引起了美国的高度重视。

1961 年 4 月，逃亡美国的古巴人在美国中央情报局的协助下入侵古巴邻海的猪湾失败。在这之后，美国的国际威望受到影响，而苏联则借机申明愿意向古巴提供武器（包括导弹）援助，以增强古巴对美国的防御能力。

1961 年中期，美国总统肯尼迪召集内阁会议，决定阻止在古巴建立进攻性导弹基地的任何行动。

1962 年 10 月 14 日，美国空中侦察队侦察到古巴已有由苏联援建并控制的进攻性导弹基地。

在当时的情况下，苏联在古巴设立导弹基地可能有如下几点考虑：①把古巴导弹基地作为美国撤除其在土耳其和意大利导弹基地的交换条件；②如果美国对古巴采取强硬措施，世界舆论将对美国极其不利，这时，苏联就可能乘"虚"进攻西柏林；③建立导弹基地履行了苏联"保卫古巴"的诺言，有助于维护苏联在第三世界国家中的威望；④针对美国而在古巴设置导弹基地，是苏联在"冷战"中的一个巨大而冒险的迈进，这时如果美国举棋不定，那将会使它对其他国家的许多承诺付诸东流，有争议的柏林问题也将改变面貌；⑤古巴导弹基地的设置是平衡美苏核力量的有效措施。

当时，肯尼迪总统立即对 10 月中旬的发现做出反应，成立国家安全委员会执行委员会，研究该冲突事态的情况，并且考虑如何消除来自苏联的威胁。该委员会研究的结果即美国可能采取的行动大致有：①不采取任何进攻性行动，基本维持现状；②在海上由美国海军设置一个封锁圈，作为防止一切有利于古巴舰只出入的禁区；③空袭苏联设在古巴的导弹基地。该委员会分析苏联可能采取的相应行动大致有：①不从古巴撤除导弹基地，基本维持现状；②撤除导弹基地；③加剧局势的紧张化，使事态升级，这可通过入侵西柏林、袭击美国军舰等来实现。

本分析的目的在于用正规分析的方法检验美国当年所采取军事对策的合理性，并帮助掌握冲突分析的基本方法。

2. 建模

（1）时间点。选在 1962 年 10 月，此时冲突局势已基本明朗，且有关各方（美国等）要对所可能采取的行动做出决定。

（2）局中人。古巴导弹危机中，实际的参与者（利益主体）有三个，即美国、苏联和古巴，但古巴在此冲突事件中并没有什么和冲突有关的独立行动，所以局中人实际上为美国和苏联（含古巴）两个。

（3）选择（行动）。美国为改变现状有两个可能的行动，即设封锁圈和空袭；苏联也只有两个新的行动，即撤除和使事态升级。

（4）结局的表达。为了分析方便，结局采用二进制数组表征，分别用"1"和"0"表示某行动的"取"和"舍"。

在人工分析时，将结局用一个十进制数表达比较方便，转换公式为

$$q = 2^0 x_0 + 2^1 x_1 + \cdots + 2^j x_j + \cdots + 2^L x_L$$

式中，$L = \sum_{i=1}^{n} k_i - 1$，$x_j = 1$，$0$（基本结局表中对应于第 $j+1$ 个行动行的元素）。

据此，可得到古巴导弹危机的 16（$2^{2+2} = 2^4$）个基本结局，见表 6-12。

表 6-12　古巴导弹危机中的局中人及其行动和基本结局

局中人及其行动		基本结局															
美国	空袭（A）	0	1	0	1	0	1	0	1	0	1	0	1	0	1	0	1
	封锁（B）	0	0	1	1	0	0	1	1	0	0	1	1	0	0	1	1
苏联	撤除（W）	0	0	0	0	1	1	1	1	0	0	0	0	1	1	1	1
	升级（E）	0	0	0	0	0	0	0	0	1	1	1	1	1	1	1	1
十进制数		0	1	2	3	4	5	6	7	8	9	10	11	12	13	14	15

值得注意的是，在这 16 个基本结局中，由于苏联的行动一般不可能是既撤除导弹基地，同时又加剧局势的紧张化（使事态逐步升级），因此表 6-12 中最后四个结局（12~15）从逻辑上是不可行的，应该删除。剩下的 12 个结局均认为是可行结局，见表 6-13。不可行结局的删除是冲突分析模型化过程中的一步重要工作，后文还将专门讨论。

表 6-13　古巴导弹危机中的可行结局

局中人及其行动		可行结局											
美国	空袭	0	1	0	1	0	1	0	1	0	1	0	1
	封锁	0	0	1	1	0	0	1	1	0	0	1	1
苏联	撤除	0	0	0	0	1	1	1	1	0	0	0	0
	升级	0	0	0	0	0	0	0	0	1	1	1	1
十进制数		0	1	2	3	4	5	6	7	8	9	10	11

（5）优先序的确定。这一步通常需要经过大量而细致的研究。在优先序（向量）中，最有利的结局排在左边，最不利的结局排在右边。经过对美、苏双方的反复研究，确定出各自的优先序，如表 6-14 和表 6-15 所示。估计出对手（如苏联）的优先序有一定的不确定及不确切性，而这又正是确定优先序的难点和重点。

表 6-14　美国在古巴导弹危机中的优先序（向量）

局中人及其行动		优先序												说明
美国	空袭	0	0	1	1	0	1	1	0	1	1	0	0	美国的期望：
	封锁	0	1	0	1	1	0	1	0	1	0	1	0	①苏联撤除导弹基地
苏联	撤除	1	1	1	1	0	0	0	0	0	0	0	0	②避免冲突升级而导致核
	升级	0	0	0	0	0	0	0	0	1	1	1	1	战争等
十进制数		4	6	5	7	2	1	3	0	11	9	10	8	

表6-15 苏联在古巴导弹危机中的优先序（向量）

局中人及其行动		优先序												说明
美国	空袭	0	0	0	0	1	1	1	1	1	1	0	0	苏联的期望：
	封锁	0	0	1	1	0	0	1	1	1	0	1	0	①不希望冲突紧张化
苏联	撤除	0	1	1	0	1	0	1	0	0	0	0	0	·自己不愿采取紧张化行动
	升级	0	0	0	0	0	0	0	0	1	1	1	1	·不希望美空袭
十进制数		0	4	6	2	5	1	7	3	11	9	10	8	②极希望维持现状

在优先序（向量）中，尽可能避免冲突紧张化而导致核战争等是双方的共同原则。在此基础上，美国力图使苏联撤除导弹基地，苏联则极希望维持现状。

3. 稳定性分析

稳定性分析解决从所有可行结局中求得平衡结局的问题。在这个过程中，基本的事实（三个先决条件）是：①每个局中人都将不断朝着对自己最有利的方向改变其策略；②局中人在决定自己的选择时都会考虑到其他局中人可能的反应及对本人的影响；③平衡结局必须是能被所有局中人共同接受的结局。

（1）确定单方面改进（UI）。假定某一局中人不改变其策略，而另一局中人单方面改变其策略使自己的处境更好则形成单方面改进（Unilateral Improvement，UI），即对于局中人A而言，考虑结局q，如果A可以通过改变自己的策略使q变到q'，且q'优于q，则称对于A，q存在单方面改进q'，记作UI。

$$q \xrightarrow{\quad A \quad} q', \text{且} q' > q \ (A)，\text{则} q' \text{——UI} \ (A)$$

单方面改进（UI）是稳定性分析的基础状态，对UI的分析是稳定性分析的第一步。每个可行结局的UI均列在优先序号与之对应的结局（q）的下面，并按照优先程度的高低从上到下依次排列，见表6-16。

（2）确定基本的个体稳定状态。以UI为基础，可得到三种基本的个体稳定状态，它们是：

1）合理性稳定（Rational Stable）结局。对于局中人A而言，考虑结局q，如果不存在单方面改进，即无UI，则称对于A，q是合理稳定的结局，记作r。也就是在局中人B不改变其策略时，对于局中人A，结局q是最优的。

2）连续处罚性稳定（Sequentially Sanctioned Stable）结局。对于局中人A，考虑结局q，如果存在UI结局q'，而结局q'对于局中人B，也存在UI结局q''，但结局q''对于局中人A不比q更优，则称结局q的UI结局q'存在着一个连续性处罚。

对于局中人A的结局q的全部UI结局都存在连续性处罚，则称对于局中人A，结局q为连续处罚性稳定结局，记作s。

$$\forall q \xrightarrow{\quad A \quad} q' \xrightarrow{\quad B \quad} q''，\text{而} q'' \not> q \ (A)，\text{则} q \text{——} s \ (A)$$

3）非稳定（Unstable）结局。对于局中人A，考虑结局q，如果存在UI，但又不是s，则称对于A，q是非稳定结局，记作u。有以下两种情况：

①$q \xrightarrow{\quad A \quad} q' \xrightarrow{\quad B \quad} r$。

②$q \xrightarrow{A} q' \xrightarrow{B} q''$，且 $\forall q'' > q(A)$。

三种基本的个体稳定状态分析及其结果见表 6-16。需要注意的是，表中对应于美国的结局 5 和 7 不是 s。

表 6-16　古巴导弹危机的稳定性分析

全局平稳		E	E										
美国	个体稳定	r	s	u	u	r	u	u	u	r	u	u	u
	优先序	4	6	5	7	2	1	3	0	11	9	10	8
	UI		4 6 5	4 6	4 6		2 1 3	2 1	2		11 9	11 9	11 9 10
苏联	个体稳定	r	s	r	u	r	u	r	u	u	u	u	u
	优先序	0	4	6	2	5	1	7	3	11	9	10	8
	UI		0		6		5		7	7 3	5 1	6 2	0 4

（3）分析同时处罚性稳定。同时处罚性稳定（Simultaneously Sanctioned Stable）结局：对于局中人 A，考虑非稳定结局 q，如果另一局中人 B，对于结局 q 也是非稳定的，那么结局 q 的 UI 结局 $\{a_i\}$（对于局中人 A）、$\{b_j\}$（对于局中人 B）同时 UI（合成）产生的结局 $\{p_k\}$ 中，存在一个 p_0，对于局中人 A 而言，不比 q 更优，则称对于局中人 A，结局 q 的 UI 结局 a_0 存在一个同时性处罚。若对于局中人 A，结局 q 的全部 UI 结局（$\forall a_i$）都存在同时性处罚，则称对于局中人 A，结局 q 为同时处罚性稳定结局，记作 $\mathscr{u}$。

同时处罚性稳定分析是在前面三种基本个体稳定性确定之后进行的。两个局中人（A 和 B）同时 UI 产生的结局 p 的计算公式为

$$p = (a + b) - q$$

［说明］　设初始结局 q 到 a、b 的变化量分别为 e_A、e_B，即有

$$q + e_A = a \longrightarrow e_A = a - q$$
$$q + e_B = b \longrightarrow e_B = b - q$$

（e_A、e_B 有可能为负值）

则因　　$p = q + e_A + e_B$　　（同时变化，即变化量叠加）

故　　　$p = q + (a - q) + (b - q) = (a + b) - q$

据此，古巴导弹危机稳定性分析中的同时处罚性稳定计算的中间结果见表 6-17。

表 6-17　同时处罚性稳定计算的中间结果

q	1	3	9	10	8
p	6	6, 5	7, 3	7, 3, 5, 1	2, 1, 3, 6, 5, 7

通过比较可以看出，$q = 1$, 3, 8, 9, 10 对美国、苏联双方皆不稳定，即均未构成同时处罚。

结局 p 的求解除采用计算法外，还可使用以下两种分析方法得到：

1）逻辑推断法，如：

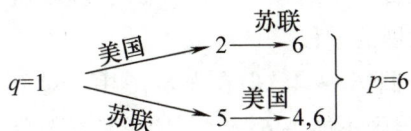

其中："——→"为 UI，
即单方面改进（善）

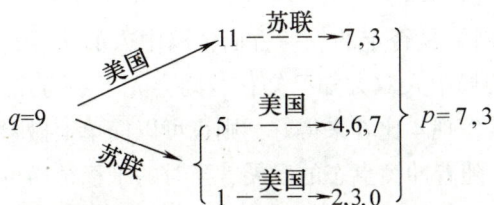

其中："— — →"
为 UC（UnilateralChange），
即单方面变化

2）结局组合法，如：

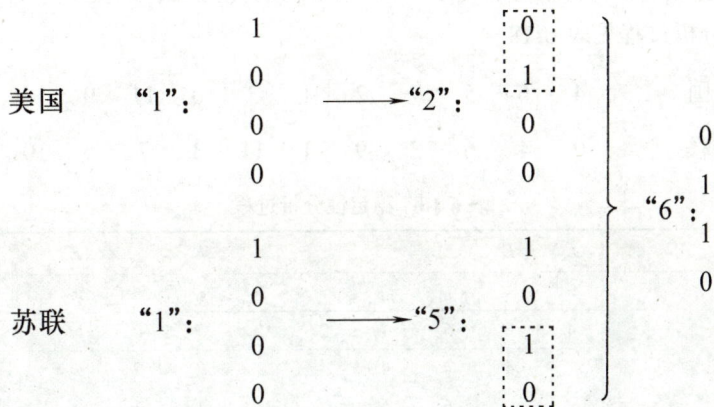

虚线所框为原结局（1，0，0，0）中改变的部分。

（4）确定全局平稳结局。如果结局 q 对于每个局中人都属于 (r, s, u)，则称结局 q 为全局平稳（Equilibrium）结局，记作 E，这是稳定性分析的结果。在古巴导弹危机中，$E=\{4,6\}$，见表 6-16。

4. 结果分析

古巴导弹危机的结果分析如下：

1）全局平稳结局有两个，即 4 和 6，到底哪一个是真正的结果呢？需要进一步做如下分析：

1962 年 10 月中旬，美国还没有采取什么行动，苏联既没有撤除导弹基地，也没有加剧局势的紧张化，即结局处于"0"的情况。由表 6-16 得知，结局"0"对于苏联是合理性稳定的，但对于美国是非稳定的，即存在 UI，且最希望改进到结局"2"。这样，结局"2"对于美国是稳定的，但对苏联是非稳定的，可以 UI 到结局"6"。结局"6"对于美国和苏联都是稳定的。所以古巴导弹危机的最终结果是"6"，即美国设置封锁圈，苏联撤除导弹基地。

通过分析，可以得出整个事态发展的过程：美国设置一个封锁圈（0 → 2），苏联撤除导弹基地（2 → 6）。这个变化的过程正是当年事态发展的过程。

2）当苏联撤除导弹基地后，美国又将封锁圈撤除，即 6 → 4。但在表 6-16 中，对于美国的 6 → 4，存在一个来自苏联的连续性处罚，使得美国不能由 6 → 4。这正是静态分析中瞬时性和现实世界中动态性、连续性之间矛盾的体现。

3）平稳结局"4"是否没有任何意义呢？回答是否定的。一方面，局中人的实际行动不一定和正规分析所证明的结果正好一致。若局中人双方知己知彼，则会先下手为强，从而获得对自己更为有利的结果。比如，苏联若发现 4 比 6 来得好，则也可以简单地撤除导弹基地而直接造成结局 4 的发生。另一方面，随着冲突事态的发展，当时的平稳结局可能由于局中人优先序的变化而变得不稳定，于是冲突局势会朝着另外的稳定结局发展。因此，所有的平稳结局迟早都有可能发生，都是有意义的。

例 6-10 给定如下"古巴导弹危机"中局中人的优先序，请完成该冲突事态的稳定性分析。具体分析过程见表 6-18。

美国	4	6	5	7	2	1	3	0	11	9	10	8
苏联	0	4	6	2	9	1	11	3	7	5	10	8

表 6-18 稳定性分析过程

局中人	E	E						E		E			
	r	s	r̶	r̶	r	u	r̶	u	r	u	u	u
美国	4	6	5	7	2	1	3	0	11	9	10	8
		4	4	4		2	2	2		11	11	11
		6	6			1	1				9	9
			5				3					10
	r	s	r	u	r	s	r	r̶	u	u	u	u
苏联	0	4	6	2	9	1	11	3	7	5	10	8
	0		6		9		11	11	9	6	0	
									3	1	2	4

五、冲突分析的一般方法

1. 冲突分析建模程序

冲突分析建模程序如下：

1）确定时间点、局中人和行动。

2）用二进制数组将全部结局"表出"，得到冲突分析的基本结局，其全体为基本结局集合，记为 T。必要时用十进制数表示结局。

3）删除各种不可行结局，得到可行结局，其全体为可行结局集合，记为 $S \subseteq T$。

4）在可行结局中，按照对结局偏好程度的高低，从左至右排出各局中人的优先序。

5）建立可供稳定性分析用的表格模型。

2. 不可行结局的类型及其删除方法

有时对基本结局集合 T 中的某些结局，从逻辑推理和偏好选择等方面来看是不可能出现或采用的，这样的结局称为不可行结局，其类型见表 6-19。

表 6-19 不可行结局的类型

类 型	在逻辑推理上 不可能形成	在策略的优先选择上 不可能出现	在合作可能上 不可行	在递阶要求上 不可行
局中人自身	1	2		
局中人相互之间	3	4	5	6

各类不可行结局需要从基本结局集合中予以删除。删除不可行结局的方法有：

（1）罗列法。按次序排列出所有结局，从中删除不可行结局（一般为整块删除），将可行结局罗列出来。这种方法只适于基本结局数较少的情况，如古巴导弹危机。

（2）结局集相减法。例如，考察一个共有 7 个行动的冲突问题，所有在数学上的可能结局（基本结局）可用（－－－－－－－）表示。若要删除的结局为（1－－－－－－），则余下的可行结局集为（0－－－－－－）。同样，从（－－－－－－－）中删除（10－－－－－）可得（00－－－－－）、（01－－－－－）和（11－－－－－）。由于（00－－－－－）和（01－－－－－）可合成为（0－－－－－－），故结果可用（0－－－－－－）和（11－－－－－）或用（－1－－－－－）和（00－－－－－）表示。

从所有结局中删除一组不可行结局只需逐组删除（连减），如下例：

例 6-11 古巴导弹危机不可行结局的删除。

$$
\begin{array}{ll}
\quad(----) & (2^4 = 16)\\
\underline{-)\ (--11)} & (2^2 = 4)\\
(--00)(--01)(--10) & \\
= (--0-)(--10) & (2^3 + 2^2 = 12)
\end{array}
$$

例 6-12 从（－－－－－－－）（ ∗ ）中剔除（10－－－－－）（a）、（1－－1－－）（b）、（－－00－－）（c）、（0－－－－0）（d）

$(∗) - (a) = (00-----)(01-----)(11-----)$

$\qquad\qquad = (0------)(11-----)$

$(∗) - (a) - (b) = (0------)(11--0--)$

$(∗) - (a) - (b) - (c) = (0--01--)(0--10--)$

$\qquad\qquad\qquad\qquad (0--11--)(11-10--)$

$\qquad\qquad\qquad = (0--01--)(0--1---)(11-10--)$

$(∗) - (a) - (b) - (c) - (d) = (0--01-1)(0--1--1)(11-10--)$

$\qquad\qquad\qquad\qquad(\quad 2^3 \quad + \quad 2^4 \quad + \quad 2^3 = 32)$

（3）可行结局集合并法。列出每个局中人自身的可行结局，通过策略集合的直积（笛卡儿集）将其合并，即得删除第 1、3 类不可行结局后的可行结局

$$S = S_1 S_2 \cdots S_i \cdots S_n$$

式中　S——可行结局集；

　　S_i——第 i 个局中人的可行策略集。

例 6-13　在古巴导弹危机中（A——美国，B——苏联）：

$$S_A = \{(00),(01),(10),(11)\}$$

$$S_B = \{(00),(01),(10)\}$$

$$S = S_A S_B = \underbrace{\{(0000),(0001),(0010),(0100),\cdots\}}_{12个}$$

3. n 人冲突中第 i 个局中人稳定性分析的程序

稳定性分析的一般程序如图 6-12 所示。

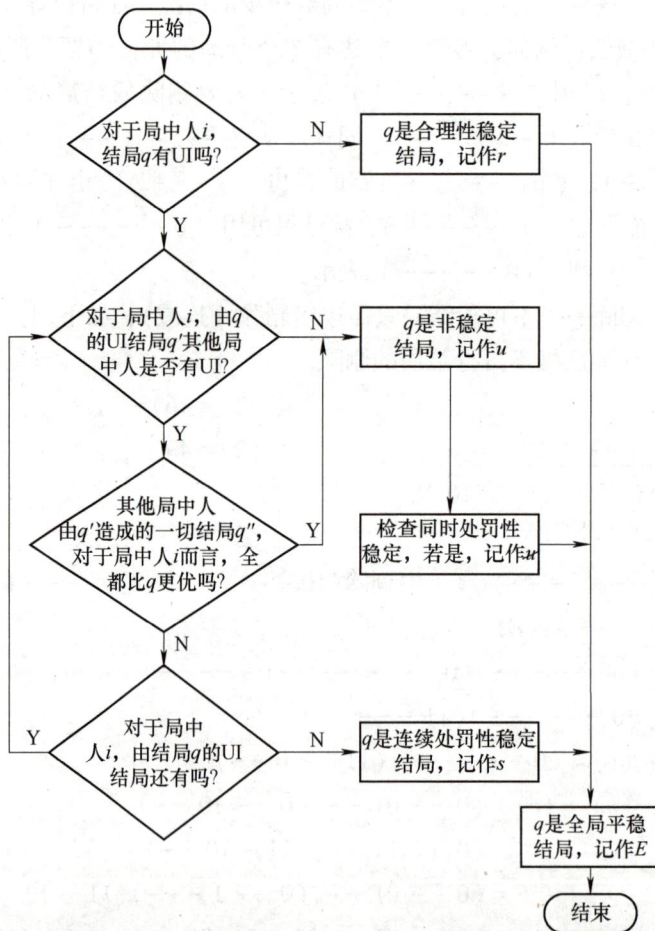

图 6-12　稳定性分析的一般程序

思考与练习题

1. 试述决策分析问题的类型及其相应的构成条件。

2. 管理决策分析的基本过程是怎样的？

3. 如何正确评价信息在决策分析中的作用？完全信息和抽样信息的价值是什么？

4. 如何识别决策者的效用函数？效用函数在决策分析中有何作用？

5. 给下列博弈举出生活中的实例，并给出其矩阵式表达，进一步分析纳什均衡：①智猪博弈；②情侣博弈；③斗鸡博弈；④囚徒困境；⑤零和博弈。

6. 试比较冲突分析过程与系统分析一般程序的异同。

7. 对冲突事件背景的认识与描述应包括哪些主要内容？稳定性分析的基本思想是什么？

8. 你认为冲突分析模型是什么类型的模型？为什么？

9. 冲突分析方法的适用条件如何？有哪些功能？

10. 你认为应如何使冲突分析建模中的局中人优先序更确切一些？有哪些具体措施和辅助定量方法？

11. 试设计出检查同时处罚性稳定结局的逻辑框图。

12. 结合我国的实际情况，在冲突分析中应如何考虑上级决策者或协调方的地位和作用？

13. 某钟表公司拟生产一种低价手表，预计每块售价 10 元，有三种设计方案：方案 I 需投资 10 万元，每块生产成本 5 元；方案 II 需投资 16 万元，每块生产成本 4 元；方案 III 需投资 25 万元，每块生产成本 3 元。估计该手表需求量有下面三种可能：

E_1——30000 块，E_2——120000 块，E_3——20000 块。

（1）建立益损值矩阵，分别用悲观法、乐观法、等概率法和最小最大后悔值法决定应采用哪种方案？你认为哪种方案更为合理？

（2）若已知市场需求量的概率分布为 $P(E_1)=0.15$，$P(E_2)=0.75$，$P(E_3)=0.10$，试用期望值法决定应采用哪种方案。

（3）若有某部门愿意为该公司调查市场确切需要量，试问该公司最多愿意花费多少调查费用？

14. 某厂面临如下市场形势：估计市场销路好的概率为 0.7，销路差的概率为 0.3。若进行全面设备更新，销路好时收益为 1200 万元，销路差时亏损 150 万元。若不进行设备更新，则不论销路好坏均可稳获收益 100 万元。为避免决策的盲目性，可以先进行部分设备更新试验，预测新的市场信息。根据市场研究可知，试验结果销路好的概率是 0.8，销路差的概率是 0.2；又试验结果销路好实际销路也好的概率是 0.85，试验结果销路差实际销路好的概率为 0.15。要求：

(1) 建立决策树。

(2) 计算通过进行部分设备更新获取信息的价值。

15. A、B 两企业利用广告进行竞争。若 A、B 两企业都做广告，在未来销售中，A 企业可获得 20 万元利润，B 企业可获得 8 万元利润；若 A 企业做广告，B 企业不做广告，A 企业可获得 25 万元利润，B 企业可获得 2 万元利润；若 A 企业不做广告，B 企业做广告，A 企业可获得 10 万元利润，B 企业可获得 12 万元利润；若 A、B 两企业都不做广告，A 企业可获得 30 万元利润，B 企业可获得 6 万元利润。

(1) 画出 A、B 两企业的损益矩阵。

(2) 求纯策略纳什均衡。

16. 博弈的收益矩阵见表 6-20。

表 6-20　收益矩阵

甲	乙	
	左	右
上	a, b	c, d
下	e, f	g, h

(1) 如果 (上, 左) 是占优策略均衡，则 a、b、c、d、e、f、g、h 之间必然满足哪些关系？(尽量把所有必要的关系式都写出来)

(2) 如果 (上, 左) 是纳什均衡，则 (1) 中的关系式哪些必须满足？

(3) 如果 (上, 左) 是上策均衡，那么它是否必定是纳什均衡？为什么？

(4) 在什么情况下，纯策略纳什均衡不存在？

17. 根据两人博弈的损益矩阵 (见表 6-21) 回答问题。

表 6-21　损益矩阵

甲	乙	
	左	右
上	2, 3	0, 0
下	0, 0	4, 2

(1) 写出两人各自的全部策略。

(2) 找出该博弈的全部纯策略纳什均衡。

(3) 求出该博弈的混合策略纳什均衡。

18. 有两个局中人 A、B 各有三种行动方案，经过结局集剔除后得到 9 个可行结局如下：

　　　　A：

行
动　A_1　　1　0　0　1　0　0　1　0　0
方　A_2　　0　1　0　0　1　0　0　1　0
案　A_3　　0　0　1　0　0　1　0　0　1

　　　　B：

行
动　B_1　　1　1　1　0　0　0　0　0　0
方　B_2　　0　0　0　1　1　1　0　0　0
案　B_3　　0　0　0　0　0　0　1　1　1

　　已知 A 的优先序为：33，9，34，17，10，36，18，12，20；将 A 的优先序颠倒即为 B 的优先序。请对该冲突分析模型进行稳定性分析。

第七章
战略研究与管理

第一节　战略研究与管理概述

战略研究与管理既是系统分析过程的延续，又是管理系统工程的重要内容。它更多地关注大规模复杂管理系统的总体特性及其长期变化，目的是指导系统持续、协调地发展。

本章以系统分析及其决策分析原理为基础，以企业经营战略、社会发展战略为背景或对象，以企业等组织战略为重点和基础，介绍战略研究方法论，以及战略分析与制定、战略实施与控制等内容。

1. 战略

战略一词历史久远，"战"指战争，"略"指谋略，春秋时期孙武的《孙子兵法》被认为是中国最早对战略进行全局筹划的著作。英语 Strategy（战略）一词源于希腊语"Strategos"及其演变而来的"Stragia"，前者意为"将军"，后者意为"战役""谋略"，均指指挥军队的艺术和科学。近代以来，战略从军事延伸到经济、科技、政治等广泛的社会领域，随着应用领域的拓展，其内涵也变得越来越丰富。

战略是指组织为了实现长期生存和发展，在综合分析组织内部条件和外部环境的基础上做出的一系列带有全局性和长远性的谋略（谋划）。战略具有全局性、纲领性、长远性、根本性和层次性特点，也带有一定的竞争性和风险性等特征。从战略的层次性来看，战略可以分为全球发展战略、国家发展战略、区域发展战略、产业/行业发展战略、企业经营战略等。其中，企业经营战略又可以分为公司战略、事业部或业务战略、职能战略等。战略是系统一定历史时期内的总目标和总任务，策略和政策则是为实现战略任务而采取的手段、对策，战略在一定历史时期内具有相对稳定性，而策略等则具有较大的灵活性。

我们党历来重视战略及策略问题，新时代赋予战略的意义更为重大而深远。习近平总书记反复强调：战略问题是一个政党、一个国家的根本性问题。战略上判断得准确，战略上谋划得科学，战略上赢得主动，党和人民事业就大有希望。

2. 战略研究

战略研究即以系统思想为指导，从全局性、根本性、长远性、开放性等的观点出发，研究大规模复杂系统发展的方向、方位、方略，研究系统与环境之间相互交叉的效应、相互促进的动力和条件，研究系统的功能、结构和运作规律等，对系统做出总体谋划和设计，从而为系统持续、协调发展提供策略、政策和对策。

战略研究的内容一般包括战略指导思想与战略目标的研究、战略重点与战略阶段的研究、战略规划与战略对策的研究等。其中，战略指导思想应具有一元性（尤其是核心思想）、稳定性和纲领性等要求，战略对策应具有针对性、多元性、层次性、配套性和灵活性等要求。战略研究主要是对战略问题的系统分析。

3. 战略管理

战略管理是指在动态、复杂的环境中，按照相对稳定的战略目标，通过对系统各类问题、各种因素、各方主体的综合研究分析和平衡协调，科学谋划和制定战略方案，并有效实施方案、不断改进方案的过程。战略管理的过程可大体分为战略分析、战略制定、战略实施和战略调控等四个阶段。其中，前两个阶段主要是战略研究，后两个阶段是狭义的战略管理。

战略管理的原则包括因应环境原则、守正创新原则、全过程管理原则、总体优化原则、抓大放小原则、全员参与原则、反馈修正原则等。社会发展越来越要求各级领导者或管理者应具有系统观念和远见卓识，不断增强战略自觉和战略主动。战略管理是管理学、战略学、系统学及其实践的集成，是一个复杂的"管理系统工程"。

第二节　战略研究方法论

研究、选择与优化系统的发展战略，要以系统观念和战略思维为前提与基础，充分考虑和准确辨析系统内外多种因素的复杂、交叉、动态影响，运用管理系统工程方法论及大系统理论（如大系统的分解协调及动态反馈原理）等，不断总结，形成具有针对性的战略研究方法（论）框架。

一、战略思维

战略思维作为一种基本的思维方式，是一套思维的认识论与方法论体系，是社会发展实践在人们（特别是领导者、管理者）头脑中能动的反映，也是组织和社会可持续发展所依赖的若干思想观念的组合。战略思维与组织成长和社会发展的一系列重大、深远问题密切相关，并影响甚至决定战略研究与管理实践的质量。

习近平总书记强调，全党要提高战略思维能力，不断增强工作的原则性、系统性、预见性、创造性。战略思维能力是高瞻远瞩、系统谋划、统揽全局、守正创新，善于把控事物发展总体趋势和方向的能力。坚持战略思维，要求我们善于从战略上看问题、想问题，把握事物发展的总体趋势和方向，从全局、长远、大势上做出判断和决策。全局与长远密切相关，站得高方能看得全、看得远。战略的全局不仅是空间上的全局，也是时间上的全局，强调全局观念还要善于把当前的问题放在过程中加以思考，不要急功近利、鼠目寸光。战略思维讲的大势，是指事物发展变化中的主要矛盾和矛盾的主要方面，战略实施中的重大关系、重点领域和关键环节。当今世界正经历百年未有之大变局，这样的大变局不是一时一事、一域一国之变，是世界之变、时代之变、历史之变。能否应对好这一大变局，对战略思维能力提出了更高的要求。

科学的战略思维方式，需要将分析思维方式与直觉思维方式结合起来，把人的右半脑功能与左半脑功能有机结合起来。战略研究常常需要利用右半脑的功能，将一些难以量化的信息和模糊的感受通过直觉思维来处理；但战略研究同样需要掌握一些必要的计算分析手段和大量严密的逻辑推理，有些形象思维需要尽可能地转化为序贯思维，以便用语言或文字方式较为规范地表达出来，这就需要充分发挥左半脑的分析思维功能。如果没有左半脑的配合，右半脑的作用将得不到有效发挥；同样，如果没有右半脑的思维活动，一些精确的分析计算结果将得不到合理的综合。为此，战略思维需要从思维科学及脑科学等角度来改善，提高左右半脑的思维能力。

把对人类思维活动的长期观察、探索、研究、认识所积累的经验和知识，进行系统总结和整理并应用到战略研究与管理中去，将有助于建立和发展科学的战略研究方法论。

二、战略研究的三部曲

战略研究的三部曲是"总结历史，认识现状，把握未来"，这是最基本的战略思维方法和最简明的战略研究程序。具体可通过以下六个步骤来完整实现：

1）明确系统的使命和目标愿景。据此建立目标及指标体系。这是战略研究的"前奏曲"和重要的前提、基础和保障，也是管方向、保质量的重要工作。

2）以往实施战略的总结。总结经验，发现问题，为研究新战略提供参考依据。

3）现状分析。涉及战略主体和周围环境等。内外环境是系统或组织生存与发展的基本条件，是战略研究与管理的重要制约因素，也可以从中发现机会，识别威胁等。在初步分析了环境因素及其相互影响之后，就需要评估系统有哪些优劣势，特别是存在的突出问题及其成因，有哪些可以发掘、利用的机会，以及可能会面临的来自各方面的威胁，进而分析系统的资源和能力等。

4）未来预测和战略趋势的确定。分析未来战略因素的变化及发展趋势（如未来技术发展、系统治理、竞争格局、人力资源等），充分考虑客观环境条件的可能变化，把握战略时机，以及进行战略调整或转移的动力及方向。

5）新战略形成和战略评价。研究系统整体战略以及各分战略、策略等，形成战略体系；系统评价新提出战略的合理性、可行性及对实现系统目标的潜在作用，从而为战略选择提供依据，为战略实施打好基础。战略评价及其相关工作基本上贯穿战略研究全过程。

6）战略筹划与实施。细化战略目标，明确战略阶段、战略重点及战略措施等；制定中、长期规划和短期计划；做好战略宣贯、优化资源、完善政策等。

与正确运用"三部曲"相关联，战略研究还可以有下面三种模式：

1）前馈型研究模式。这种模式认为，战略是事先自觉地、有目的地制定的，并认为制定战略可依据的系统演变和环境变化是可以预测的。

2）反馈型研究模式。这种模式认为，战略是一系列决策的指导思想的积累，并认为战略形成是有意识地总结一系列决策而形成的实施战略。

前馈型研究模式强调了战略研究的事先指导性和系统演进的可预测性，但忽视了总结历史经验的一面；反馈型研究模式注重总结历史经验，对一系列决策的实施情况进行观察分析，通过借鉴已经实施的战略，进行适时的战略调整或转移，但忽视了战略的预见性、主动性和事先指导作用，不太重视对系统演进和环境变化的科学预测。

3）学习控制型研究模式。这种模式认为，一方面通过知识获取和学习过程，并对外部环境进行系统分析，可以事先制定战略，用来指导一系列决策活动并控制战略的实施过程；另一方面可以通过总结过去战略的实施，研究一系列决策活动和战略的一致性，进而发现问题，调整和完善战略，从而使战略研究的事先指导和历史总结相辅相成。

三、战略分析的基本方法

战略研究的基础和核心是战略分析。比较常用的战略分析方法有以下几种：

1. SWOT 分析

SWOT 分析是一种系统或组织基本态势的系统化分析方法，即根据系统自身条件及面临的外部环境进行分析，找出其优势、劣势及核心竞争力，从而将系统的战略与其内部资源、外部环境有机结合。其中，S 代表 Strength（优势），W 代表 Weakness（劣势），O 代表 Opportunity（机会），T 代表 Threat（威胁）。S、W 是内部因素，O、T 是外部因素。战略实际上是一个系统"能够做的"（优势与劣势）和"可能做的"（机会与威胁）之间的有机组合。

2. PEST 分析

PEST 分析主要是指对系统外部或宏观环境进行的系统化分析，PEST 是指政治（Political）、经济（Economic）、社会（Social）、技术（Technological）这四大类影响系统的主要环境因素。世界面临百年未有之大变局，第四次工业革命浪潮席卷而来，将对高度动态的系统环境的准确分析和主动把握，作为战略研究最基本的内容和任务之一，其难度和挑战可想而知，但同时也可能会带来难得的战略机遇，信息化、数智化的影响就是典型例证。

3. 波特五力模型和价值链分析

该方法主要针对企业等组织的战略。

波特五力模型由美国哈佛商学院著名战略学家迈克尔·波特（Michael Porter）于 20 世纪 80 年代初提出，主要用于企业竞争战略研究中对战略主体及其能力的系统化或综合分析，对企业等组织战略制定产生了广泛影响。五力分别是供应商的讨价还价能力、购买者的讨价还价能力、潜在竞争者进入的能力、替代品的替代能力、行业内竞争者现在的竞争能力。五种力量的不同组合变化，最终影响行业利润和发展潜力等。

由迈克尔·波特提出的"价值链分析"是一种功能与结构、静态与动态有机结合的系统化分析方法。该方法把组织内外价值增加的活动分为基本活动和支持性活动：基本活动涉及企业的生产、销售、供货物流、发货物流、售后服务；支持性活动涉及人力资源管理、企业基础设施（财务、计划等）、研究与开发、采购等。企业价值链结构示意如图 7-1 所示，基本活动和支持性活动构成了价值链的主体内容。在不同组织参与的价值活动中，并不是每个环节都创造价值，实际上只有某些特定的价值活动才真正创造价值。这些真正创造价值的活动，就是价值链上的"战略环节"。企业等组织想要保持的竞争优势，实际上就是在价值链某些特定的战略环节上的优势。运用价值链分析来确定核心竞争力，就是要求组织密切关注自身资源状态，特别关注和培养在价值链的战略环节上的核心竞争力，以形成和巩固组织在行业内的竞争优势。企业等组织的竞争优势既可以来源于价值活动所涉及的市场范围的调整，又可以来源于组织间协调或合用价值链所带来的最优化效益。

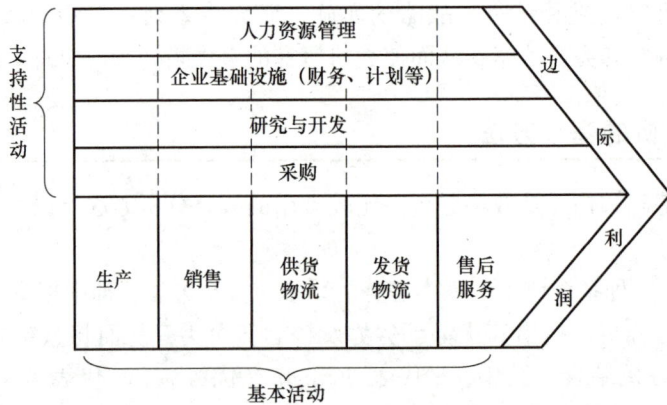

图 7-1　企业价值链结构示意

上述方法都是系统思维及管理系统分析思想与方法的具体体现，系统工程的各种分析方法及模型均可在战略研究及分析中发挥作用。各类方法在实际应用中通常相互配合，形成体系，并注重定性与定量等方法的有机结合，以更加系统、规范、有效地开展战略研究及管理。

第三节　企业战略研究与管理

一、战略分析与制定

（一）战略分析

战略分析的主要目的和任务是全面认识和了解企业内外部的环境，找到促使企业达成目标的关键战略因素。

1. 环境及其特征

环境是企业进行生产经营活动的各种影响和约束因素的总和。影响企业生产经营活动的因素很多，既有来自企业内部的资源和能力等方面的因素，又有来自企业外部宏观环境和产业环境等方面的因素。环境的特征如下：

（1）环境具有不确定性。当今世界正经历百年未有之大变局，各类环境日趋复杂多变，不稳定性、不确定性明显增加。

（2）信息的不完善性。战略决策需要来自环境提供的大量信息，信息的不完善是环境不确定性的因素之一，同时也是环境本身的重要特征。

（3）组织资源与市场机会的有限性。资源是稀缺的，环境能提供给组织的人、财、物都是有限的，组织内部能够动用的资源也是有限的，同时市场机会也是一种稀缺资源。因此企业要想利用有限的资源抓住有限的机会，能否及时获取与合理配置资源至关重要。

（4）存在威胁生存的竞争对手。企业不是在真空中生存，环境中存在威胁企业生存与发展的竞争对手，市场竞争遵从优胜劣汰法则。

2. 环境分析

环境分析分为外部环境分析和内部环境分析。

（1）外部环境分析。外部环境分析可分为宏观环境分析、行业环境分析以及利益相关者分析。

1）宏观环境分析。宏观环境由企业外部的许多方面组成，每个行业以及行业中的企业都会受到宏观环境中各种因素的影响。这些因素对企业非常重要，因此扫描、监测、预测和评估等活动对企业来说是一种挑战，企业所做的这些努力最终应当转化为对环境变化、趋势、机会和威胁的正确认识。

2）行业环境分析。行业是从事相同性质的经济活动的所有单位的集合，是按企业生产的产品（劳务）性质、特点以及它们在国民经济中的不同作用而形成的产业类别。行业是由这样一组企业组成的，它们生产几乎可以相互替代的产品等。在信息化、数智化时代以及经济、产业环境多变的新形势下，企业所处的行业界限也呈现出模糊、动态的特点。

3）利益相关者分析。随着各类环境的快速变化，企业竞争层次已经从产业链竞争升级到企业生态系统的竞争。企业生态系统是企业与企业生态环境相互作用、相互影响形成的系统。它超越了传统的价值链、生产链、管理链、资金链，涉及包括供应商、经销商、外包服务公司、融资机构、关键技术提供商、互补和替代产品制造商、竞争对手、客户和监管机构与媒体等在内的众多利益相关者。而且这些利益相关者之间也存在着合作和竞争等复杂关系。因此，在研究和制定战略时，不能只着眼于企业自身，还应了解整个生态系统状况及企业在系统中扮演的角色。基于生态系统的正确的战略不仅能使企业自身得利，而且能使系统内所有成员共同受益，形成生态链的良性循环。

（2）内部环境分析。内部环境分析包括资源分析、能力分析、资源与能力对竞争优势的贡献分析、价值链分析等。

1）资源分析。资源是指企业在创造价值过程中的各种投入，是可以用来创造价值的各类要素。资源一般分为有形资源和无形资源。有形资源是指那些可见的、能够量化的资产，如生产设施、制造装备、有形产品、销售中心等。无形资源是指那些深深根植于企业的历史之中，经过长期积累而形成的资产等。无形资源通常不易于被竞争对手了解、分析和模仿。

2）能力分析。能力分析是战略管理领域中一种传统的分析方法。能力是企业运用一组资源完成某一任务或活动的潜力，通常可以把能力分为研发能力、生产能力、营销能力、财务能力、组织能力五类。在新形势下，战略能力和学习能力等显得越来越重要。

3）资源与能力对竞争优势的贡献分析。资源与能力的具体形式多种多样，都是企业经营活动过程中不可或缺的，但不同形式的资源与能力对企业的重要性以及企业价值创造中的贡献是不同的。一项企业资源要有价值，要能形成竞争优势，必须满足三个条件：能够用来更好地满足顾客现实和潜在需求、具有稀缺性和难以模仿性、具有可获得性。有价值的资源往往就存在于这三方面的共同域之中。

4）价值链分析。在确认由企业控制的、具有潜在价值的资源和能力时，一种可行的方法是价值链分析。企业价值链中的每一环节都需要不同资源和能力的运用与融合，由于不同企业对可采用的价值链活动存在多种选择，因此它们最终可能开发出不同的资源和能力，这些选择通常意味着企业所采取和实施的差异化战略与策略。

（二）战略制定

战略要根据组织内、外部环境因素的综合分析结果来制定与选择，即需要将内部的资源、能力等因素与外部因素带来的机会、威胁等相匹配。

企业战略制定是战略管理过程的核心部分，也是一个复杂的系统分析过程。战略制定概念涉及几个关键词：决策机构（决策者）、战略制定参与者、制定程序、制定方法、适宜战略等。战略制定完成后就该面临战略选择问题了。战略选择是从若干个可行的备选战略方案中，匹配企业内、外部环境条件的特点和各方面的要求，做出最佳（或满意）方案的选择。战略选择概念涉及几个关键词：若干（多个）、可行备选方案、匹配、最佳（或满意）等。可以说，企业战略制定和战略选择（以下统称为战略制定）过程实际上就是企业战略的决策过程。

战略制定要充分考虑外部环境机会与挑战、内部能力的优势与劣势、战略主导者和执行者的才能，以及社会的需求和期望等方面的有机结合。上述四方面要求有机联系，相互影响，有机统一于战略制定过程中。据此，战略制定应遵循以下主要原则：

（1）目标明确。战略目标不能含糊不清、模棱两可，应当非常明确，要用具体的语言清楚地说明要达成的目标。目标设置及其体系化要有层次，有项目衡量标准、达成措施、完成期限以及资源要求等，这也有助于统一战略主导者、研究者、执行者的思想和行动。

（2）主动出击。战略应当是企业主动对外部环境做出的反应，不能一味地被动应付，要按照企业愿景、使命以及战略目标，适应现实和潜在社会需求与期待，制定积极主动的战略方案。

（3）集中配置资源。战略方案的形成要有利于发挥企业自身的优势，集中必要的资源，形成战略合力。

（4）灵活机动。这要求企业战略面对发展迅速、变化多端的环境，必须把握实施战略的时机，讲究随机应变。战略还要保证资源分配的灵活性，使战略及企业本身具有良好的机动能力。同时要充分考虑各种具体战略调整的转换成本。

（三）战略评价

战略评价是企业通过设计有效的战略评价与控制系统对竞争环境的变化、战略本身的可行性以及战略实施情况的信息进行及时反馈、分析、评价、调控等一个持续动态的过程，从而保证竞争战略的有效实施，并最终提高企业在瞬息万变的竞争环境中持续获得竞争优势的能力。战略评价要解决以下四个问题：①企业内、外部战略环境有没有发生重大变化；②企业战略目标是否恰当；③战略举措与实施计划是否获得了良好的执行；④能否在规定的时间内完成战略任务。也就是说战略评价是对环境变化、战略目标、战略执行、战略时效进行的动态检视及纠正。成功的战略还取决于企业的战略执行力和掌控力，在内、外部环境不断变化的时代，企业时时都面临着新的问题与挑战，需要不断地对战略进行评价和调整。

战略评价的内容一般包括战略分析评价、战略选择评价和战略绩效评价。战略分析评价是为了发现最佳机遇与最新挑战，对企业现在所处的环境及目标、方略进行评价，属于事前评价。战略选择评价是在战略执行的过程中及时获取战略执行情况并及时处理与战略目标差异的一个动态评价过程，属于事中评价。战略绩效评价是在期末对战略目标完成情况进行分析、评价的一种综合评价，属于事后评价。

战略评价的标准是一致性、协调性、卓越性、可控性、可行性等。

二、战略实施与控制

如果说战略制定是"做正确的事"，那么战略实施与控制就是"正确地做事"。战略是在变化的环境中实施的，战略实施过程中还有事前、事中和事后的控制问题，尤其事中的战略控制是和战略实施交织在一起的。只有加强对战略实施及其过程的及时、有效调控，才能不断适应环境的变化，更好地实现战略目标。

（一）战略实施

战略确定后，必须通过具体化的实际行动才能实现战略及战略目标。战略实施的主要任务是根据战略方案的要求调整组织或机构的组织结构，分配职能工作，进行资源配置，并通过计划、预算等落实执行既定战略。

一个新的战略提出后，经过周密的战略筹划，需要全力组织战略的实施。首先，沟通思想是实施战略的前提，领导层之间以及领导与各级执行人员之间都需要沟通思想，才能保证统一行动。其次，需要健全组织结构，做好人力准备和人才培养，一支素质高的人才队伍和组织结构合理、工作协调的群体是保证战略顺利实施的重要条件。此外，要力求做到资源的充分利用、合理配置，确保战略的顺利实施。同时，还要制定系统运行的政策体系，使各项政策配套、协调，创造一个良好的政策环境，确保战略的顺利实施。

战略实施通常是一个自上而下的动态管理过程。所谓"自上而下"，主要是指战略目标在企业高层达成一致后，再向中下层传达，并在各项工作中得以分解、落实。所谓"动态"，主要是指在战略实施的过程中，常常需要在"分析—决策—执行—反馈—再分析—再决策—再执行"的不断循环中达成战略目标。战略实施的过程可被划分为战略发动、战略计划和战略运作三个阶段。

（1）战略发动阶段。这是战略动员、思想动员阶段，在这一阶段，企业的领导人要研究如何才能调动大多数员工实施新战略的积极性和主动性，从而将企业战略思想与方案变为企业大多数员工的实际行动。这就要求对企业管理人员和员工进行培训，消除一些不利于战略实施的旧观念和旧思想，向他们灌输新的思想、新的观念，提出新的口号和新的概念，以使大多数人逐步接受新战略。

（2）战略计划阶段。这一阶段要进行目标分解、资源配置。要将企业战略分解为几个战略实施阶段，每个战略实施阶段都有分阶段的目标，相应地有每个阶段的政策措施、部门策略及方针等。要制定分阶段目标的时间表，对各分阶段目标进行统筹规划、全面安排，并注意各个阶段之间的衔接。资源配置是指在企业的目标体系建立之后，将现有的有限资源在特定时间内分配到关键的领域，以有效实现企业的战略目标。

（3）战略运作阶段。这一阶段的主要工作是根据既定战略计划执行战略，包括根据战略执行效果考核与奖励部门、员工，对战略执行过程进行领导，建设与战略相匹配的企业文化，建立信息支持系统等。

战略实施与组织执行力密切相关，这本身就是一个系统问题。关于如何综合考虑、有效提高组织执行力，可参见本书第三章第二节的应用实例。

（二）战略控制

要保证企业或组织战略的有效实施，实现既定的战略目标，必须对战略实施的全过程进行有效控制。因此，企业或组织高层必须全面及时掌握战略实施的确切情况，及时得到信息反馈，将实际战略绩效与预定战略目标进行比较，如果两者有显著的偏差，就采取有效的措施进行纠正，使战略实施沿着既定轨道和正确方向前进，这是一个闭环调控的负反馈过程（参见系统动力学原理）。战略分析不周、判断有误，或是企业内外部环境发生了未曾预想的变化而引起战略方向及目标的偏差时，就需要重新审视环境，制订新的战略方案，开启新一轮的战略研究与管理过程。

要进行战略实施的控制首先必须进行战略实施的评价，只有通过全面、准确的评价才能实现及时、有效的控制，评价本身是手段而不是目的，发现问题实现调控才是目的。战略控制着重于战略实施的过程，战略评价着重于对战略实施过程及结果的评价与监测。

战略控制的方式一般有以下三种：

（1）事前控制。主要是通过预测等发现战略实施的结果是否会偏离既定目标及标准，并预先、及时地采取相应措施。

（2）事后控制。在战略部分或全部实施之后，将实施结果与原计划标准相比照，通过系统评价，发现问题，采取措施。

（3）过程控制。由职能部门及各事业部定期或不定期地将战略实施过程中遇到的问题向高层领导汇报，由领导者决定是否有必要采取纠正等措施。

企业高层及管理人员和普通员工要增强问题意识和责任意识，高管（团队）要注重控制战略实施中关键性的过程或全过程，随时采取调控措施，纠正战略实施中产生的偏差，避免系统性偏差和颠覆性失误。

（三）战略变革

受世界百年未有之大变局和第四次工业革命广泛而深刻的影响，企业战略不可能一成不变，好的战略也需要灵活地应变。战略变革是企业为了获得可持续的竞争优势，根据已经发生、正在发生、预测会发生或想要使其发生的外部环境或内部情况的变化，结合环境、战略、组织三者之间的动态协调性原则，对战略做出的主动或被动的改变与系统性调整。其内容可能涉及调整企业经营理念、重新进行企业（或其部分）的战略定位、重新设计组织结构等。

战略变革的主导者是企业高层决策者。他们需要面对和解决好以下三方面的问题：

（1）变革时机选择。根据进行战略变革的时间切入点，变革的时机选择大致上有三种情况："居安思危、未雨绸缪"的提前性变革；"山雨欲来"的反应性变革；"背水一战"的危机性变革。提前性变革是决策者及时地预测到未来的危与机，提前做出必要的战略变革，有远见的企业往往选择这一种；反应性变革是企业已经存在有形的、可感觉到的危机，并且已经为此付出了一定的代价，进行反应性变革所采取的变革措施往往更有针对性；危机性变革是企业已经存在根本性的危机，如果再不进行战略变革，将遭遇灭顶之灾。

（2）关键问题判断。当企业认识到战略变革的需求后，问题判断就变得尤为重要。首先，要透过现象看本质，无论是提前性变革、反应性变革还是危机性变革，找出有别于问题表象的实质性问题是关键一步。其次，要明白必须做出什么改变，是战略目标调整，战略方案修订？还是组织结构变革，组织文化变革，资源重新配置？最后，尽可能准确地描述变革目标、清晰界定变革结果等。

（3）具体行动推进。战略变革需要从需求发现、机会寻找、方向把握、行动模式确立与团队协同等几个层面来展开。在前三个层面问题解决的基础上或过程中，需要通过有效的"思想革命"、公司治理结构调整、资源和政策配套等重大、综合的举措来推进和实现战略变革。

三、战略管理创新与柔性战略

（一）企业战略研究与管理面临的挑战和机遇

当今世界，企业所面临的竞争环境是易变的（Volatility）、不确定的（Uncertainty）、复杂的（Complex）及模糊的（Ambiguity）。以往以企业为主要对象所形成的战略管理理论体系与整体框架仍然由传统的环境论与竞争论主导，缺乏对人类命运共同体等大环境的关注，缺乏对社会未来大趋势（Megatrend）的把握，缺乏对企业战略能力及战略智慧的培育，缺乏对知识管理与创新管理的重视，也缺乏对责任与利益相关者的关照，因此难以指导组织获得真正具有长期价值的可应变的持续竞争优势。

传统范式主要以关注企业内部效率和市场需求为导向。尽管长期以来这些范式被证实对企业发展做出了不菲的贡献，但仍需看到，基于内部效率与市场需求导向的企业战略较为短视，缺乏对创新及对人类美好向往的深刻洞察，从而大大消减了创新的实际应用效果，最终影响企业的长期发展。在当下及未来，企业的战略管理框架和战略管理行为承担着构建和谐社会与促进美好生活的责任，在全球可持续发展、人类总体福利改善、社会文化进步等方面会发挥日益重要的作用。

技术革命的波浪式前进与数字经济的涌现式发展，是颠覆性技术与渐进性技术相互交织所呈现的宏观图景。在传统范式下，技术的发展是线性的，可以借用技术路线图等工具与组织的具体规划来实现。然而，在复杂多变的环境下，颠覆性技术的涌现是非确定性的，但其影响是巨大的。颠覆性技术的涌现特征使得企业不得不依靠"自我革命"来保持领先优势，因此传统的构筑可持续竞争优势的环境论和资源观等在不断受到挑战。

不管是从理论角度还是从现实角度，数字经济的到来使人们管理复杂系统问题变得可能。大数据与人工智能等技术的飞速进步使得基于有限理性的组织决策理论或可被修正，全样本数据的潜在可得性和机器计算能力的迅猛发展使得企业战略的制定与调整更加系统化。同时，在数字经济视角下，企业与行业的边界变得模糊，商业模式间更加本质的联系愈发清晰，跨界整合与专注深耕同时成为企业战略管理发展的趋势。

战略的制定与调整在面临来自外部环境约束与自身资源、能力约束的同时，还受到现有战略的影响与制约，但同时发展和变化也带来了各种战略机遇。时代变革对管理实践创新的"推力"与战略管理理论固有体系之间的"张力"不断积聚，企业战略管理的新格局正在逐渐形成。为迎接战略管理适应全球环境大变化的新挑战和潜在机遇，需要改变传统的战略思维方式，顺应时局之变、环境之变、技术之变而不断调整和优化企业的经营战略。

（二）柔性战略

随着企业经营环境的快速变化，企业经营战略研究与管理的创新势在必行。为了走出战略管理的困境，迎接环境变化的挑战，发挥好战略管理的作用，企业需要改变传统的战略思维方式，从"以不变应万变"转向"以变应变"。战略管理必须基于这样一种认识：企业连续不断地注视内部及外部的事件与发展趋势，以便及时做出调整。为适应环境的变化，企业必须经常回答以下关键战略问题：我们要成为什么样的企业？我们是否应改变经营内容？我们的用户正在发生何种变化？正在发展着的新技术是否会将我们淘汰？我们应采取何种战略？

为了克服传统战略计划缺乏对环境变化应变能力的不足，使企业具有超前的预见和应变能力，企业应不断调整自身，以更好地适应急剧变化的环境。战略管理的新思路之一就是实施柔性战略。

柔性战略是可以应对复杂变化环境的一种战略。随着企业面临的内外部环境不确定性加大，更有必要认真研究、制定和实施柔性战略。国内外已有学者对柔性战略进行了研究和初步实践，引起了人们的高度关注。柔性战略深层次的含义是：它不一定完全被动地承受动荡环境的影响，单纯做出战略反应和调整；它还具有主动性，即战略管理具有"预应"的性质，通过制定、实施柔性战略，能够主动影响环境的变化，迎接市场的挑战。柔性战略吸收了规划方法有益的、合理的因素，综合考虑组织的环境对战略管理问题的影响。柔性战略同传统战略最大的区别如下：

1）对环境与竞争对手的分析是一个动态博弈的过程。

2）战略方案为市场可能状态下竞争规则集（或对策集）而非传统的战略规划。

3）不是被动适应环境变化，而是主动利用甚至制造变化来提高竞争力。

4）不是资源驱动，而是以企业的核心能力为基础，以机会为导向。

5）与信息技术和数字经济的发展密切相关。

6）可以衍生出不同的具体战略设计结果。

柔性战略包含以下要点：

（1）强调战略的博弈性而不是计划性。一个企业要准确掌握竞争对手的情况几乎是不可能的。因此，计划性的战略难以有效地反映实际竞争状况，也不可能引导企业形成高效的对策方案。博弈性强调企业在可行的选择中采取行动的规则，以及这些转换能力在新规则条件下有效运行的能力。

（2）强调利用变化和制造变化来提高竞争力，而不仅仅是适应环境变化。环境的变化对战略的影响包括：①战略中有关的战略范围、资源使用、竞争优势和协同作用；②外部环境和起初的组织变化以及战略内容执行的变化。现代竞争条件下环境变化的混淆性和不可预见性越来越高，比起适应变化，更为主动的方案是以我为主，主动制造变化，并从中确立自己的竞争优势。

（3）依赖于企业的柔性系统，是一个分层次的战略。首先，柔性战略要求有一个柔性的企业使命和管理思想。一成不变的企业发展蓝图是难以引导人们正确制定战略的。其次，柔性战略必须有柔性的组织及柔性的管理控制与之配合，以使按各种博弈规则制定的行动能迅速付诸实施，并保持较低的成本。最后，应有先进、适用的柔性生产系统。

（4）强调通过战略设计获取更多的行动机会，而不仅仅考虑战略规划的实现指标。由于柔性战略强调战略的探索性和博弈性，因此，此类战略就必须保证企业有足够的选择来应付各种局面，而创造机会成为柔性战略的核心内容。显然，该战略不同于一般战略的指标导向，它强调机会导向；它不只关心具体的战略程序，更关心如何设计有利的博弈局势。

（5）以企业的创新为依托的战略，它既强调企业家的创新，又强调组织群体的创新。由于柔性战略是在不确定的环境下实施的，因此，企业必须不断改善和提高自身的能力，这就要求企业做好创新工作。以往的战略强调企业家的创新，而柔性战略则同时强调组织群体的创新。企业家是企业创新的发动者和组织者，组织群体是企业创新的基础和执行者，两者应当相互支持与配合。

（6）关注企业战略的转换效率和转换成本。柔性战略是企业在动态环境下保持自身行动主动性和灵活性而采取的战略，因此，要求柔性战略不仅能够使企业在不同的竞争状态之间快速、灵活地转换，以使企业能有效地发挥自己的优势，还应当使企业保持较低的转换成本，以使企业有条件实施转换。

在信息化、数智化背景下，环境的变化越来越快，战略柔性的程度已成为新的甚至更重要的竞争内容。战略柔性被视为"公司借助于更高级的知识能力，通过调整其目标来适应不确定环境的能力""通过引进新产品、扩展产品线和更快地使产品升级来适应变化的技术与市场机会"。正因为如此，近年来有关战略的动态变化和战略柔性的问题已成为战略管理研究的热点与重要内容。

（三）中国企业战略管理创新⊖

党的二十大报告明确指出："当前，世界之变、时代之变、历史之变正以前所未有的方式展开"；未来五年要实现"经济高质量发展取得新突破，科技自立自强能力显著提升，构建新发展格局和建设现代化经济体系取得重大进展"；要"完善中国特色现代企业制度，弘扬企业家精神，加快建设世界一流企业"。面对百年变局，适应新形势新要求，中国企业战略管理需要系统创新。以下以石化企业为例围绕三个问题简要分析说明。

1. 百年变局给企业战略管理带来了哪些全新变化

从世界石油和化学工业发展环境的全新变化中可以清楚地看到，在世界百年未有之大变局下，世界石油和化学工业正在发生四大趋势性变化：

（1）市场需求之变。根据市场需求的变化趋势，今后石油和化学工业产品结构调整的方向是技术高端、市场终端、健康营养医疗、安全环保绿色等。

（2）技术创新之变。当今的世界，技术创新速度之快，颠覆力量之强，影响范围之大前所未有。创新正在引领全球经济发展的大未来。在这场创新引领的全球经济大未来中，石油和化学工业的创新处于中心旋涡的位置。世界石油和化学工业的创新发展正在向六个重点方向聚集：①向能源新技术和新能源技术方向聚集；②向化工新材料方向聚集；③向绿色化学和循环经济方向聚集；④向现代煤化工方向聚集；⑤向农业化学品按需求精准供给方向聚集；⑥向生命科学创新技术方向聚集。

（3）绿色环保之变。在实现"双碳"战略目标行动中，石油和化学工业既面临着尖锐的挑战，又面临着重大的机遇。

（4）发展方式之变。随着中国改革开放的不断深入，随着国内统一大市场的完善健全，随着国内国际双循环格局的构建，以消费和创新为特征的新的发展方式正在全面形成，主要表现在生产方式、创新方式、管理方式（智能化管理等）、竞争方式等四个方面的变化。

2. 如何提升企业战略管理创新水平

（1）要具有精准、超前预测市场变化的核心能力。企业战略的核心内容是精准、明确的市场定位，不能精准、超前预测未来市场，就不可能取得未来市场竞争的主动。

（2）要有先人一步、高人一筹的技术创新核心能力。包括组织企业自身技术创新力量、建立外部高端技术和信息渠道、选择创新风险管理的有效方式等。

（3）要有过硬、一流的市场竞争核心能力。在全球市场竞争中，全力提升企业的产品竞争力、品牌竞争力、创新竞争力和治理竞争力。

⊖ 资料来源：李寿生. 百年变局下企业战略管理的创新 [R]. 中化新网，2023-03-30.

3. 如何充分发挥企业战略管理团队的作用

有人把企业战略管理比喻为企业发展的"前大灯"，企业的"前大灯"如何比别人照得更远，比别人照得更亮，那就要看企业战略管理团队的水平。

（1）要发挥好"一把手"的关键作用。战略管理是最高决策者的最终责任，企业战略管理水平的高低，在很大程度上与"一把手"的经验、素质和作风等密切相关。

（2）要大胆创新思维。战略管理的创新首先来源于战略思维的创新，还要注意形成团队和集体的创新思维。

（3）要充分调动全局。战略管理或者战略管理创新，都必须调动全局充分发挥战略管理团队成员及每个员工的积极性和创造性。

中国经济的快速发展和不断深化的改革开放，使企业开始真正走上了国际竞争的大舞台，且地位日益重要。建设一批世界一流企业的目标和任务需要我们的企业不断创新战略研究和管理，从而引领和保障企业系统提升品质和竞争力，为中国式现代化做出应有的贡献。

第四节　经济社会发展战略

以微观层面的企业等组织战略为基础，一般处于宏观及中观层面的经济社会发展战略更具有全局性、长远性和根本性，也是运用系统工程研究战略管理的薄弱环节，并面临新环境新任务新要求，需要给予更多的关注。

1. 经济社会发展战略的概念、发展及特点

经济社会发展战略是对广义经济社会系统（国际、国家、区域、产业或行业等）的发展、运行与管理具有全局性、长远性、根本性的谋划与设计，包括战略思想、战略定位、战略方向、战略目标、战略布局、战略阶段、战略任务、战略重点、战略举措、战略保障、战略评价等，并注意形成体系。其中战略定位、战略目标、战略布局、战略举措等是重点内容；与其中一些基本内容相关联的战略规划形成了经济社会发展战略研究的经典内容。经济社会发展战略更多关注大规模复杂经济社会系统的总体特性及其长期变化，同时注意长短结合、多级递阶、审时度势、统筹谋划，其目的是指导系统的持续、协调发展，对此需要总体筹划和系统管理。

经济社会发展战略是军事上的战略概念应用于经济、社会、科技、政治等各领域后的产物，对其研究与制定是一个历史的、实践的、创新的过程。1936年，毛泽东在《中国革命战争的战略问题》中运用唯物辩证法，系统阐明了有关中国革命战争战略方面的问题。第二次世界大战后，由于一系列新独立的发展中国家的出现，经济发展问题日益突出，逐渐形成以发展中国家的经济发展为主要研究对象的发展经济学，比如A. O. 赫希曼（Albert Otto Hirschman）于1958年出版的《经济发展战略》。在20世纪60年代，国际竞争日趋激烈，科技进步加快，很多发展中国家和发达国家纷纷提出和实施自己的经济发展战略；与此同时，联合国先后制定了60年代、70年代、80年代和90年代四个10年的"国际经济发展战略"。自1962年A. D. 钱德勒（Alfred D. Chandler, Jr.）的《战略与

结构》首先研究企业战略管理理论以来，各种以组织战略为主要内容的战略管理理论及学派迅速发展。

20 世纪 70 年代末，中国学者开始引用发展战略概念，并进行专门研究，"2000 年的中国"研究（1983 年—1985 年）及同期和后来的诸多区域等经济社会发展战略规划研究即是典型代表。1987 年，党的十三大把邓小平"三步走"的发展战略构想确定下来。1997 年，党的十五大明确提出了"两个一百年"奋斗目标。2022 年，党的二十大进一步明确了"以中国式现代化全面推进中华民族伟大复兴"的战略任务，做出了全面建成社会主义现代化强国分两步走的总的战略安排，并提出了相应的目标体系。

对经济社会发展战略应有科学性、预见性、系统性和实践性等要求。第一，研究和制定经济社会发展战略，必须自觉遵循经济社会发展的客观规律，将战略设计建立在客观根据和发展大势之上，并通过系统性、科学化的战略决策来实现。第二，凡事预则立，不预则废，预见性要求越来越高，但其挑战和难度越来越大，经济社会发展战略问题更是如此。战略研究的三部曲是"总结历史，认识现状，把握未来"。战略上观察得长远、判断得准确、谋划得科学，才能赢得主动、抓住机遇、实现发展。第三，经济社会发展战略不只是某一种具体的单项战略，而是由多种单项战略和多层次战略按照既有的内在联系所组成的战略体系。该体系以战略目标体系为核心和准则，以战略管理及评价、监控体系为保障。系统性还强调，经济社会发展战略必须以总体意识和系统思维为基础和前提，以不犯颠覆性错误和不发生系统性风险为底线，注重发展的全面、协调、安全、可持续。第四，经济社会发展本质上是一种社会实践活动，经济社会发展战略的研究、制定和实施必须以重大问题为导向、以历史方位及社会实践为基础，并充分发挥相关主体的能动作用，以尽可能完善和有效的方式达到解决问题、推动实践、实现全面协调可持续发展的目的。实践性还要求宏观的经济社会发展战略要以社会生产及创造活动和企业等微观组织的发展运行为基础，以产业发展战略、区域经济社会发展战略等为支撑。

2. 产业发展战略

产业发展战略是经济社会发展战略的重要内容，涉及产业发展的战略定位及目标任务、战略重点、战略布局、战略举措及产业政策、具体战略规划等。按照系统性及其分析要求，影响产业发展战略有多方面、多重因素。该系统问题的外部影响因素（外环境因素）主要有：世界科技及产业革命的趋势与潮流，国家经济社会发展的战略要求，国内外市场状况，区域经济社会发展战略及规划，相关政策规制，国际政治等关系，国内相关资源、环境、人力等。内部因素（内环境因素）主要有：技术水平，经济利益关系，技术创新能力，产业组织状况及配套能力，系统管理能力，产业及行业政策等。另外，基于产业链的供应链、价值链，国内外产业竞争力格局，跨界、融合创新创造能力等媒环境因素的影响日益重要和凸显。

按照《中华人民共和国国民经济和社会发展第十四个五年规划和 2035 年远景目标纲要》和党的二十大相关部署，我国未来一定时期产业发展的战略目标是：加快发展现代产业体系，巩固壮大实体经济根基。战略重点和布局是：坚持把发展经济的着力点放在实体经济上，推进新型工业化，加快制造强国、质量强国、航天强国、交通强国、网络强国、数字中国建设，促进先进制造业和现代服务业深度融合，强化基础设施支撑引领作用，构建实体经济、科技创新、现代金融、人力资源协同发展的现代产业体系。产业发展战略的具体举措如下：

1）实施产业基础再造工程和重大技术装备攻关工程，支持专精特新企业发展，推动制造业高端化、智能化、绿色化发展。

2）巩固优势产业领先地位，在关系安全发展的领域加快补齐短板，提升战略性资源供应保障能力。

3）推动战略性新兴产业融合集群发展，构建新一代信息技术、人工智能、生物技术、新能源、新材料、高端装备、绿色环保等一批新的增长引擎。

4）构建优质高效的服务业新体系，推动现代服务业同先进制造业、现代农业深度融合。

5）加快发展物联网，建设高效顺畅的流通体系，降低物流成本。

6）加快发展数字经济，促进数字经济和实体经济深度融合，打造具有国际竞争力的数字产业集群。

7）优化基础设施布局、结构、功能和系统集成，构建现代化基础设施体系。

在我国产业发展战略中，促进先进制造业和现代服务业深度融合，实施现代制造服务业发展战略具有重要地位。

制造业是国民经济的主体，是立国之本、兴国之器、强国之基。新中国成立尤其是改革开放以来，我国制造业持续快速发展，建成了门类齐全、独立完整的产业体系，有力推动了工业化和现代化进程，显著增强了综合国力，支撑着我国世界大国的地位。然而，与世界先进水平相比，我国制造业仍然面临大而不强的困境，在自主创新能力、资源利用效率、产业结构水平、信息化程度、质量效益等方面差距明显，转型升级和跨越发展的任务紧迫而艰巨。

自20世纪50年代以来，全球产业结构从"工业经济"向"服务经济"演变。全球服务业增加值占国内生产总值比重达到60%以上，主要发达国家达到70%以上，发展中国家的比重要小得多，但也都超过了50%。服务经济不仅包括服务业，也依托和服务于高度发达的制造业，形成生产性服务。生产性服务的内容可包括研发服务、检验检测认证、管理咨询服务等知识密集型服务，建设共享的市场化服务平台，如第三方物流、电子商务、服务外包、融资租赁、人力资源服务、售后服务等。加之在服务经济时代，制造业和服务业的产业边界逐渐模糊，结果是服务业和制造业两个产业的融合、共生发展，从而形成一个新的产业生态和经济形态——服务型制造和现代制造服务业，这是一种产业新战略，也是一种全新的生产模式和商业模式。中国学者于2006年提出并论证了促进中国制造业与服务业深度融合发展的服务型制造，并通过产学研政结合，使这一产业创新战略在逐步落地、见效。

初步实践表明：制造业和服务业的深度融合的服务型制造战略的实施，有助于制造业基于产品内分工、工艺级分工及其协作的发展，降低生产成本，使传统产业向中高端迈进，并逐步化解过剩产能，促进大企业与中小企业协调发展。促进了制造产业内部的结构优化重组、产业价值网络的优化。传统的制造企业，也通过服务拓展改变了为市场提供产品的模式，逐渐转向提供基于产品服务的模式。制造业战略及其商业模式，正在从传统的以企业为中心、以产品为导向，向以客户为中心、以服务为导向演变。这一演变在"互联网+"等环境下，随着信息化与工业化的深度融合，呈现出加速发展的态势，中国制造业转型升级、创新发展迎来重大机遇，并为新质生产力发展提供坚实基础。

3. 我国现阶段经济社会发展战略目标

党的二十大报告明确提出：从现在起，中国共产党的中心任务就是团结带领全国各族人民全面建成社会主义现代化强国、实现第二个百年奋斗目标，以中国式现代化全面推进中华民族伟大复兴。全面建成社会主义现代化强国，总的战略安排是分两步走：从2020年到2035年基本实现社会主义现代化；从2035年到本世纪中叶把我国建成富强民主文明和谐美丽的社会主义现代化强国。进而提出了到2035年，我国发展的总体目标。

按照党的二十大报告，结合《中华人民共和国国民经济和社会发展第十四个五年规划和2035年远景目标纲要》相关内容，我国现阶段经济社会发展战略总体目标要求如下：

1）经济实力、科技实力、综合国力大幅跃升，人均国内生产总值迈上新的大台阶，达到中等发达国家水平。

2）实现高水平科技自立自强，关键核心技术实现重大突破，进入创新型国家前列。

3）建成现代化经济体系，形成新发展格局，基本实现新型工业化、信息化、城镇化、农业现代化。

4）基本实现国家治理体系和治理能力现代化，全过程人民民主制度更加健全，基本建成法治国家、法治政府、法治社会。

5）建成教育强国、科技强国、人才强国、文化强国、体育强国、健康中国，国家文化软实力显著增强。

6）人民生活更加幸福美好，居民人均可支配收入再上新台阶，中等收入群体比重明显提高，基本公共服务实现均等化，农村基本具备现代生活条件，社会保持长期稳定，人的全面发展、全体人民共同富裕取得更为明显的实质性进展。

7）广泛形成绿色生产生活方式，碳排放达峰后稳中有降，生态环境根本好转，美丽中国目标基本实现。

8）形成对外开放新格局，参与国际经济合作和竞争新优势明显增强。

9）国家安全体系和能力全面加强，基本实现国防和军队现代化。

这些目标任务要求明确，且相互关联，形成了我国现阶段经济社会发展战略目标体系的基本内容，为经济社会发展战略及策略提供方向导引、功能架构、设计依据、评价准则等。

为了实现这些战略目标，进而完成好现阶段以中国式现代化全面推进强国建设、民族复兴伟业的战略任务，党的二十大报告还提出或明确，要实施科教兴国战略、人才强国战略、创新驱动发展战略、乡村振兴战略、区域协调发展战略、可持续发展战略、军民融合发展战略，坚持更加积极主动、互利共赢的开放战略，实施扩大内需战略、区域重大战略、主体功能区战略、新型城镇化战略、自由贸易试验区提升战略、就业优先战略、积极应对人口老龄化国家战略、全面节约战略、国家文化数字化战略及重大文化产业项目带动战略，优化人口发展战略，巩固提高一体化国家战略体系和能力等。这些也可以看作实现我国现阶段经济社会发展总体战略目标的具体战略。经济社会发展战略目标及各层次战略的实现，还依赖于全新的战略规划、策略设计，有效的战略实施、政策体系和系统的战略评估、战略管控等。

思考题

1. 如何理解如下关系：①战略研究、战略管理与系统工程；②战略研究的具体步骤与系统分析程序。

2. 列表比较 SWOT 分析、PEST 分析、波特五力模型和价值链分析的特点。

3. 战略评价在战略研究与管理全过程中发挥什么作用？是如何发挥这些作用的？

4. 如何把系统分析的各种常用方法运用在战略分析与制定、战略实施与控制等过程中？

5. 如何理解柔性战略的内涵及其系统性特点？

6. 世界百年未有之大变局和第四次工业革命浪潮等对战略研究与管理有哪些具体影响？

7. 请比较企业经营战略、产业发展战略、治国理政战略的异同点。

第八章
系统工程应用实例

实例一 中国载人航天工程的系统工程方法

一、国内外载人航天工程发展历程

航天工程是探索、开发和利用太空（地球大气层以外的宇宙空间）以及地球以外天体的大型综合性工程，其任务是构建并运行航天工程大系统。航天工程大系统一般包括航天器系统、运载器（运载火箭、航天飞机）系统、发射场系统、测控通信系统、空间应用系统等，实施载人航天任务，还包括航天员系统和航天着陆场系统。航天工程分为人造地球卫星航天工程、载人航天工程和深空探测航天工程，其中载人航天工程是规模最大、系统最复杂、技术难度高、最具挑战性的航天工程。载人航天工程分为载人飞船（包括卫星式载人飞船和登月载人飞船等）航天工程、空间站航天工程和航天飞机航天工程等，这些航天工程可简称为工程。载人航天工程具有高技术、高投入、高风险和高效益的显著特点。

苏联和美国是世界上最早开展载人航天工程的国家，都始于 20 世纪 50 年代末期，从载人飞船起步开始，最后聚焦在空间站工程。有所不同的是，苏联/俄罗斯只实施了载人飞船工程和空间站工程这两类载人航天工程，美国还实施了登月载人飞船工程和航天飞机工程。可以看出，从研制和发射载人飞船起步，进而构建空间站，开展空间开发和应用，是苏美载人航天工程发展的基本路径。半个多世纪以来，随着载人航天活动所具有的重大政治、科技、经济和社会意义日益显现，很多航天国家更重视开展载人航天，载人航天成为世界航天活动的新热点。在 20 世纪 80 年代，正值美国航天飞机工程不断取得成功的时期，一些发达国家和地区竞相筹划发展载人航天工程。欧空局设想建立欧洲独立的载人航天工程体系，法国提出要研制小型航天飞机，德国和英国提出了空天飞机方案，设想跨过发展载人飞船阶段，加快发展载人航天工程。日本也提出要发展无人小型

航天飞机和大型运载火箭。

改革开放使中国进入了新的历史发展时期，在国际上载人航天工程快速发展的大背景下，1985年中国开始新时期的载人航天工程前期论证，历时7年后，于1992年9月正式启动了载人航天工程。工程任务是构建以载人航天器系统为核心的载人航天工程大系统，该大系统包括七大部分，分别是载人航天器系统、运载火箭系统、发射场系统、测控通信系统、空间应用系统、航天员系统和着陆场系统。工程实施了"三步走"发展战略，分为一期、二期和三期，分别称为载人飞船工程（神舟飞船工程）、空间实验室工程和空间站工程。"三步走"是一个极具中国特色、彰显中国智慧的战略设计，它从现实国情出发，坚持实事求是，保持战略定位，"一张蓝图绘到底"，是被实践证明了的系统创新之举。2003年10月16日，中国首次载人航天飞行获得圆满成功，实现了历史性突破。2005年11月，载人航天一期工程取得圆满成功。2007年10月，首颗探月卫星嫦娥一号成功发射。2021年6月，天问一号探测器着陆火星，由"祝融号"火星车拍摄的着陆点全景、火星地形地貌等科学影像图的发布，标志着中国首次火星探测任务取得圆满成功。2022年12月31日，习近平主席在新年贺词中向全世界郑重宣布，"中国空间站全面建成"。这些成就标志着中国在国家级重大高科技工程取得的成绩，是中国航天工程等重大工程自主创新的成功范例。目前，中国空间站由核心舱、问天舱、梦天舱三舱组合成"T"形，按照之前的拓展方案，使用节点舱即可实现"干"字形、"王"字形，不断拓展的横平竖直构型共有53种。另外，中国空间站的数字化让信息系统与能源系统连接起来，多舱互联互通，且具备跨航天器的系统重构能力，整体性能大幅超越了各航天器功能的简单集合，这在国际上尚无人做到。

中国载人航天工程从前期论证至今历经近40年，是航天系统工程和系统工程管理创新的成功实践，其中一些重要工作过程及结果集中体现了系统思维和系统工程方法的突出特点与最新发展。

二、中国载人航天工程发展途径的综合论证及系统方法

中国首次提出载人航天工程始于"两弹一星"重大工程计划成功实施的20世纪60年代，1970年工程立项，之后由于各种原因于1975年终止。进入20世纪80年代中期，中国改革开放后经济实力显著增强，航天技术取得长足进步，拥有系列化的运载火箭，成功发射了多种卫星，建立了配套的科研生产和试验体系，为开展载人航天工程奠定了坚实的技术基础。1986年国家制定"863"计划，在此前后，为适应国内外形势的发展变化，载人航天工程再次提上议事日程。

（一）论证过程

从1985年启动预先研究到1992年载人航天工程正式立项历时7年，是工程的前期论证阶段。这个阶段经过了概念性研究、发展战略研究、工程方案设计和可行性研究、工程技术及经济可行性论证，提出了"三步走"发展构想等，形成了完整的顶层设计。中国航空航天领域以及相关领域众多专家对中国载人航天工程的总目标——构建空间站并开展空间应用的意见是一致的，但是对中国载人航天工程如何起步、发展途径如何选择

等却有不同见解。有关这方面的论证历时 5 年，是争论最多、时间最长的。发展途径的论证选择不仅是技术层面的问题，而且涉及国家财力、工业基础、研制周期、人才结构和社会、政治影响等非技术层面的诸多方面。

在工程如何起步的论证过程中，最初提出几种发展途径后，论证集中在研制两种不同的天地往返运输系统之争：一种是由载人飞船和运载火箭组成的一次性使用的运输系统，另一种是可以部分重复使用的小型航天飞机运输系统。由于当时中国已拥有较强的运载火箭研制能力，在研制第一种天地往返运输系统中，技术难度大和投入多的是载人飞船，因此两种发展途径之争归结为研制载人飞船与小型航天飞机之争。一部分专家认为，国外掀起发展小型航天飞机的热潮，为了尽快缩短与国际先进水平的差距，中国可以借鉴航天发达国家的经验，采取跨越式发展，越过载人飞船阶段，直接发展小型航天飞机，以此起步发展载人航天工程。另一部分专家主张，小型航天飞机虽然先进但是技术难度大、费用太高，而载人飞船技术相对简单，可以较多地继承卫星的成熟技术和研制经验，费用又少，为稳妥起见，应循序渐进，从载人飞船起步发展载人航天工程。另外，从构建空间站系统考虑，必须配有安全、可靠的轨道救生艇，采用从载人飞船起步，它可以兼做轨道救生艇，而采用小型航天飞机起步，还需要再研制轨道救生艇等。

在对两种发展途径历经 5 年的论证过程中，参与论证的各方面专家从技术、经济和社会等多方面进行了综合分析与权衡比较，逐步统一了认识，选择了以载人飞船起步的发展途径。1992 年 9 月，党中央批准了《关于开展我国载人飞船工程研制的请示》，明确了发展方针、发展战略、任务目标等总体构想，又提出了第一步载人飞船的四大任务、七大系统及经费、进度、组织管理等建议。

在中国进行载人航天工程的预先研究和综合论证的同时，欧洲与中国情况类似，也开展了相关研究和论证，选择了以研制小型航天飞机起步发展载人航天工程的途径，但不久终止了工程研制。中国载人航天工程的成功与欧洲载人航天工程的夭折，充分说明运用系统工程思想和方法对中国载人航天工程发展途径及其方案综合论证的重要性和正确性。中国选择了以载人飞船起步发展载人航天工程，既符合载人航天工程发展的一般规律，又符合我国国情、国力，对保证中国载人航天工程的顺利启动和持续发展具有十分重要的意义。

（二）方法应用

在中国载人航天工程发展途径的综合论证过程中，始终坚持民主化、科学化、系统化，运用钱学森提出的"从定性到定量综合集成方法"（简称"综合集成方法"）开展了专项研究工作，对科学论证和正确决策发挥了重要作用。

以飞船方案为主体开展的"中国载人航天发展战略研究"课题，按照综合集成方法，强调在系统框架指导下综合运用多学科、多门类知识，对所涉及的各种约束条件以及内在联系进行总体分析和论证。其系统分析框架包括以下多方面内容（问题）：为什么要发展载人航天，世界各国发展载人航天的技术途径，我国发展载人航天的技术基础，我国经济发展与投资强度，我国载人航天的任务目标，载人航天与政治、经济、科学技术和社会发展的关系，载人航天发展战略要素及其约束条件，载人航天技术发展战略、目标体系、技术途径，以及我国载人航天的总体蓝图。

基于此框架，一方面从宏观大环境角度研究载人航天的必要性和可行性，另一方面从微观技术经济层面研究载人航天实现的可能性和有效性，分析实际承载力等，如投资规模、技术基础、研制和实验设施、研制周期、人才结构。对各种可能的技术途径及方案进行综合分析比较，进而找出符合国情、国力的中国载人航天发展路径。

要解答此框架的诸多问题，还需要将定性分析与定量分析、专家体系与机器体系、纵向比较与横向比较、理论研究与实地调查等有机结合起来。

定性分析包括对发展规律、发展态势、价值观、发展思路以及技术能力等的基本判断，是理论知识、现场经验、专家判断的综合。从定性角度分析，多次重复使用的航天飞机具有技术的先进性，而一次使用的飞船技术相对"落后"；但同时，专家又认为，随着技术的发展、设计理念的更新，以及新技术、新材料的应用，中国要研制的飞船必然与以前的飞船有很大的不同，且飞船作为运输系统使用，其主要要求是经济性等，追求的目标是在可靠性的基础上降低运输成本。

定量分析是对技术能力、水平、经济性等的定量统计、推断、计算与评估。如对不同的技术途径进行全成本（包括研制费、产品费和使用维护费等）定量分析，可得结论如下：在载人航天年发射次数有限的情况下，飞船的全成本费用最经济，航天飞机仅在频繁发射和运送大量的载荷时，才有可能降低费用。美国的航天飞机技术先进而复杂、昂贵而脆弱，航天飞机每次发射费用达 5 亿美元，虽然在技术上是重大的突破，但在追求经济运输系统方面没有优势。欧洲要研制的航天飞机，研制费约 80 亿美元，每次运行维护费为 1.3 亿美元（概算），其所追求的是自主的载人航天系统而并非经济的运输系统，且其技术实现可能性尚存疑问，尚不具仿效价值。

以该问题的系统分析问题框架为基础，按照系统工程工作方式及多重结合的要求，运用综合集成方法的简要内容及过程如下：

首先，是以专家体系为主开展定性综合集成研究。由我国航空航天领域以及相关领域众多专家组成的专家体系，采用集体工作方式对各种发展途径等进行定性分析研究。着重从五个方面做具体比较分析：任务目标和要求的适应程度，关键技术及解决途径，现有条件的适应能力和需要创造的条件，全成本费用，研制程序及周期等。通过把专家们的各种看法进行归纳和综合，提出几种发展思路和方案，形成初始定性判断，为准确把握问题实质和开展定量研究打下坚实基础。

其次，是主要应用机器体系开展定性定量相结合综合集成研究。第一，将所研究问题看成一个系统，从整体行为上进行研究。把所要分析的五个方面构成一个相互关联、相互影响并具有某种功能的系统，还需要明确哪些是系统环境变量、状态变量、调控变量和输出变量等，为系统建模提供定量基础。第二，在机器体系的支持下，借助数学和计算机手段对所研究问题进行系统建模。第三，运用系统模型对初始定性判断进行系统仿真实验，经过多次仿真实验，给出多个定量描述结果，这是定性分析与定量分析结合的成果。例如，在对不同发展途径的全成本定量分析中可以看出，载人飞船全成本费用是经济的，小型航天飞机只是在频繁发射和运送大量载荷时才可能降低费用。

再次，是专家体系与机器体系配合开展从定性到定量综合集成研究。专家体系把初始定性判断与定量描述结果结合起来，形成首次定量结论，并对此结论进行判定，一些专家认为可信，另一些专家认为不可信。通过几次改进系统仿真和实验，多次比对、逐步逼近，直到专家们都认为定量结论是可信的，便完成了从定性认识上升到定量认识，再到科学认知的定量结论。最后专家体系对大家都认可的定量结论进行综合分析，一致同意选择中国载人航天工程以载人飞船起步的发展途径及其相关方案。

总体来看，对中国载人航天工程发展途径及相关方案运用综合集成方法进行分析研究的过程，基本上是一个"定性→定量→'定性+定量'→定性"和"交换−比较−反复"的过程。

三、中国载人航天工程的系统工程管理创新

航天工程具有鲜明的技术密集型、知识密集型、创新引领型特征。伴随着技术进步、社会经济环境变化，运用系统工程原理和方法，不断推进工程管理创新，实现科学合理、系统完备的载人航天工程管理体系，日益成为工程得以健康运行、持续成功的关键。

（一）中国航天系统工程管理体系的初步系统分析

中国航天工程经历了跌宕起伏的发展历程，反映了航天科技工业系统在一定的大环境下的复杂行为规律，航天系统工程管理体系的形成与完善也并非一蹴而就、一成不变的。图 8-1 显示了航天工程技术与外部环境变化对航天系统工程管理体系的影响：一方面，航天重大型号工程与重大技术跨越是航天系统工程发展阶段的重要标志，伴随能力水平提高且日益复杂的管理要求是系统工程管理提升的内在动力；另一方面，外部环境的变化，尤其是经济体制的变革等，对我国航天发展体制、组织管理模式都产生了重大影响。内外部环境的改变必然要求系统运行机制进行相应的调节，从而导致航天系统工程管理的调整与变革。

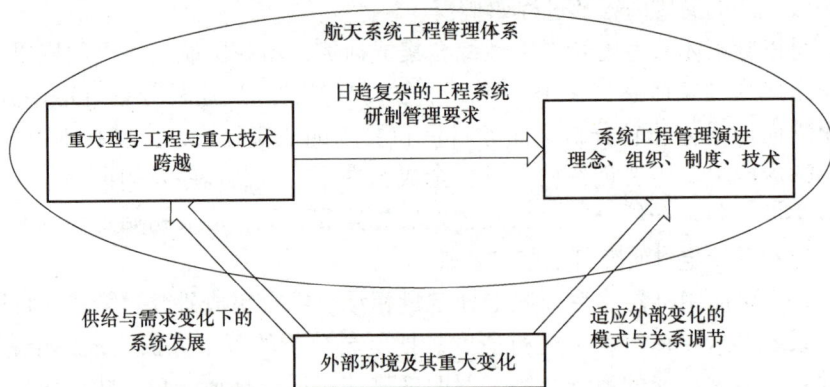

图 8-1　影响航天系统工程管理体系发展变化的技术与外部环境因素

中国航天系统工程的发展具体可分为探索与初创阶段、稳定发展与体系形成阶段、适应改革与创新发展阶段，以及面向未来的持续改进与长远发展阶段等。这些随着发展阶段、管理实践而不断深化的对航天系统工程管理理念的认识，持续改进的航天系统工程管理方法手段、组织体制与规章制度，以及在航天工程发展中积累和总结的系统工程实践经验，构成并发展了中国航天系统工程管理体系，其发展演变如图 8-2 所示。

重大型号工程与重大技术跨越

阶段标志性成果	东方红一号、返回式卫星	系列运载火箭、"亚星一号" 试验通信卫星	连续百次发射成功、7种卫星系列、神舟一号升空	载人、探月、北斗、高分重大专项、空间基础设施
航天系统发展状态	・从仿制到自行研制 ・从无到有 ・单型号研制	・试验应用阶段 ・从有到优 ・多型号研制	・由试验转向业务应用 ・技术跨越式发展需求 ・多型号并举	・体系化、规模化、产业化 ・高强度研制、高密度发射、高难度研发
中国航天系统工程管理体系演变	**探索与初创阶段 (1956年—1976年)** ・重点针对型号技术系统组织管理的系统工程 ・确定总体地位、型号构架和科研研制程序 ・形成系统工程管理基本构架	**稳定发展与体系形成阶段 (1977年—1990年)** ・总结实践经验、固化，推广系统工程管理制度，基本形成体系 ・建立系统工程标准 ・应用与发展系统工程技术	**适应改革与创新发展阶段 (1991年—2000年)** ・连续失利的教训总结，内外部环境与规律分析100条 ・型号归零与管理归零 ・技术归零与管理归零"双五条"	**持续改进与远发展阶段 (2001年至今)** ・基于信息技术的系统工程管理创新 ・适应"三高"状态的研制组织管理机制 ・高效组织高质、开放融合的经营管理模式
外部环境及其重大变化	・中央专委统一领导 ・指令计划下的全国大协作	・计划向市场转轨 ・科研生产向科研生产经营转变	・进一步改革开放 ・基于合同制的协作 ・经济快速增长与多元价值观	・融合、开放、多元发展 ・高质量、高效益、高效率发展 ・科技革命与产业变革

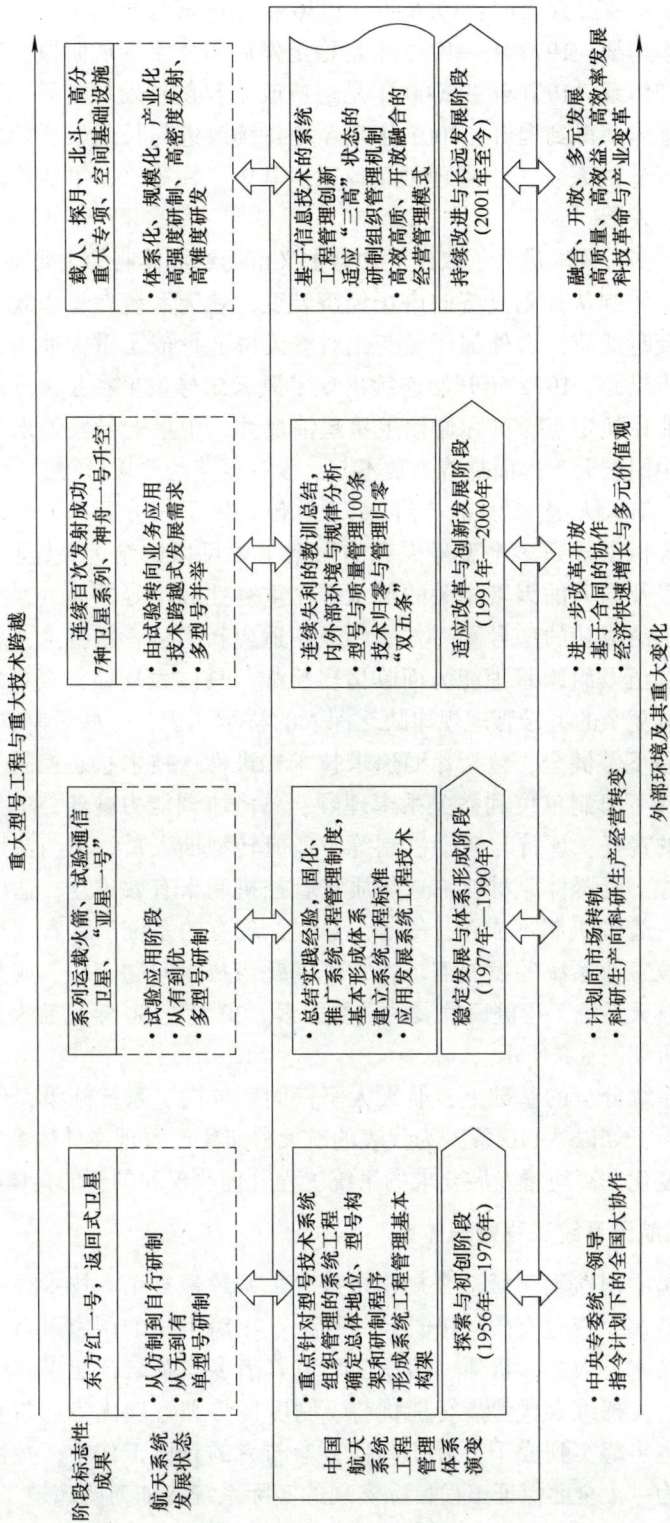

图8-2　中国航天系统工程管理体系的发展演变

图 8-2 中的发展演变过程表明：1956 年—1976 年是探索与初创阶段，形成了中国航天系统工程管理基本构架；1977 年—1990 年是稳定发展与体系形成阶段，基本形成了中国航天系统工程管理体系；1991 年—2000 年是适应改革与创新发展阶段，适应外部环境变化的系统工程管理体系得到提升；2001 年至今是持续改进与长远发展阶段，构建了适应开放融合发展新形势的系统工程管理创新体系。其中，在第三、第四阶段，中国载人航天工程开始启动、发展。

20 世纪 90 年代初，我国进入了以建立社会主义市场经济体制为主要特征的改革开放新的历史阶段，经济体制从计划经济向市场经济转变，航天系统在思想观念、管理体制机制等方面还不能及时适应，内外部环境变化对航天事业形成了重大冲击，在航天工程发展史上出现了艰难局面。1992 年开始连续出现了风云二号卫星在技术阵地受损、东方红三号通信卫星未能在轨定点、国际通信卫星星箭爆炸、中星七号发射未能成功等几起影响重大的失利，中国航天工程面临着失败不起、没有退路的严峻形势。

面对严重问题，航天人痛定思痛，专门组织队伍开展了充分而深入的调查研究，分析问题的现象及其原因。导致多个型号失利的因素主要可以归结为关键技术久攻不破、元器件质量不高，以及与人的因素相关的低水平、重复性故障等方面。这些问题背后的深层次原因则是传统的成功的型号管理方法已经不适应新形势、新特点，从单型号研制中发展起来的人员队伍及组织管理能力面临诸多挑战。具体表现如：对多型号并举、技术跨越大、产品日益复杂的型号管理规律缺乏深入的科学认识，一些研制管理规章制度、质量监督和保障机制不够健全，包括片面追求技术先进性、技术状态控制不严格等；多型号并举及转型条件下研制单位利益关系未理顺，总体协调能力减弱；单型号研制、指令计划条件下建立的责任、评价与激励机制等不适应转型期人员约束与激励要求；基于合同的外协配套模式下元器件原材料筛选与质量管控机制未有效建立；适应军民结合发展转型期要求的运行管理机制不成熟，等等。总之，现有的系统工程管理体系已落后于航天工程、航天科技工业系统的发展需求，管理问题与技术问题交织，成为制约型号研制生产顺利进行和航天系统工程健康发展的重要因素。20 世纪 90 年代航天系统工程管理体系不适应因素分析如图 8-3 所示。

在充分调研、系统分析的基础上，航天人坚持问题导向、系统施策，研究采取了一系列针对性管理对策，如以"110 条"为代表的航天科研生产管理文件体系等，就是中国航天工程适应形势变化和高质量发展要求的系统工程管理改善和创新的具体体现。

（二）中国载人航天系统工程管理体系

载人航天工程是中国航天领域迄今规模最庞大、系统最复杂、技术难度大、质量可靠性和安全性要求最高、资金有限、极具风险性的一项跨世纪的国家重点工程。如何从系统观念出发，将技术、人员、机器、信息、环境等诸多体系结合起来，坚持以技术为基，突出以人为本，发挥综合优势、智能优势、制度优势和管理优势；如何把比较笼统的初始研制要求，逐步落实到成千上万研制任务参与者的具体工作中，并使这些工作及其成果最终能够成为一个全面保证工程目标实现的实际系统；如何既超越工程局部得失，实现技术系统全局优化和管理系统全局统筹，又主动防范和化解风险，确保安全和质量，

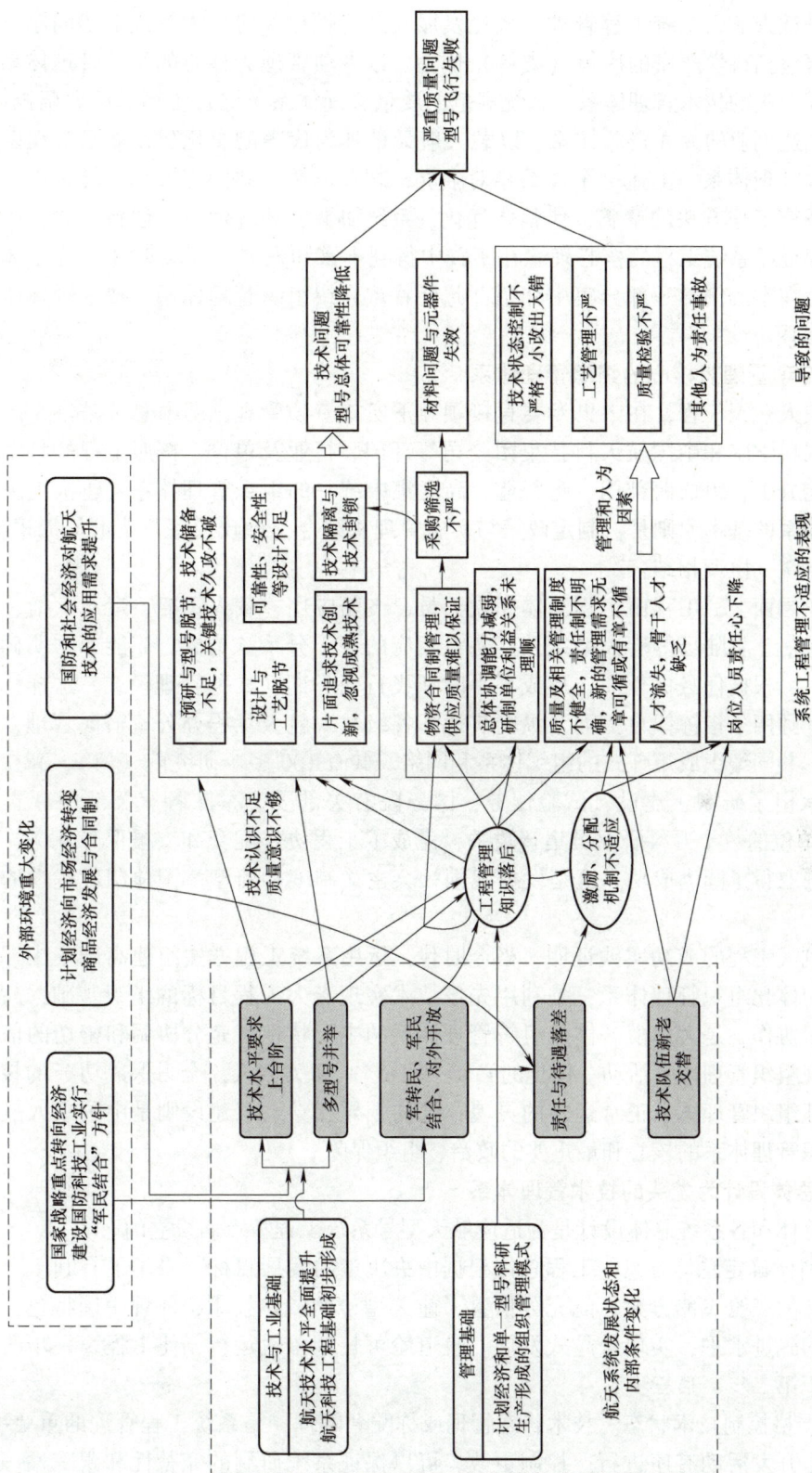

图8-3　20世纪90年代航天系统工程管理体系不适应因素分析

并不断推进载人航天系统工程管理体系化发展及适应性创新等。为解决上述问题，需要建立和完善包括科学严密的决策（支持）体系、以专项管理为核心的组织管理体系、以总体设计为龙头的技术管理体系、系统规范的质量管理体系、综合统筹的计划调控体系、坚持创新创造创业的人才资源体系、以载人航天精神为代表的文化建设体系等在内的航天系统工程管理体系。上述七个体系相对独立、相互制衡，共同支撑载人航天工程，充分展现了系统工程方法的精髓，使整体优化、系统协调、环境适应、创新发展、风险管理、优化保证等系统工程的核心理念在实践中得到丰富和发展。与决策（支持）体系相关的内容已在本实例第一部分集中介绍，此处着重介绍组织管理体系、技术管理体系和质量管理体系。

1. 以专项管理为核心的组织管理体系

我国载人航天工程，在中央专委直接领导下实施专项管理，即由总装备部、国防科工委、中国科学院和中国航天科技集团公司等部门、行业及单位，按照工程的科学技术流程和职能分工，组成跨部门、跨行业、高度集中统一的组织管理体系。建构组织管理这一庞大体系的基本原则是：制定政策与实施管理相结合，行政指挥与技术负责相结合，分散管理与统一协调相结合。

在专业层面上，工程由工程总体和航天员、飞船应用、载人飞船、运载火箭、发射场、测控通信、着陆场等七大系统及其各自相应的若干分系统构成，职能非常明确。在管理层面上，根据任务的性质，形成了平时和飞行任务期间两种管理模式。这样，总指挥和总设计师两条指挥线自上而下纵向贯通，各级载人航天工程办公室横向管理，各级定岗定责，共同编织成矩阵式的组织体系和网络。共有100多个研究院（所）、高校、基地等直接承担了研制、建设、试验任务；国务院有关部委、军队各有关部门和省市区3000多个单位的数十万科研人员集智攻关，完成了工程协作配套和支援保障任务。多次载人飞行都取得了圆满成功。这是发挥我国社会主义制度和新型举国体制优越性的集中体现。

载人航天工程的成功实践证明，当今时代，运用系统工程方法组建高度集中、统一的大规模一体化组织管理体系，是利用先进技术实现宏大工程目标的组织基础；高度专业化和分工协作，是大规模一体化组织管理体系的主要特色；充分协调和密切的信息沟通，是实现组织管理体系活动一体化的必要手段；"一切为载人，全力保成功"的核心理念，是保证组织管理体系正常运转的灵魂；党的领导和党组织建设则是中国载人航天系统工程组织管理体系的核心和最重要的政治、组织保障。

2. 以总体设计为龙头的技术管理体系

工程总体和各系统总体设计是为适应航天型号系统工程特点而设立的。

（1）科学确定总体方案。工程总体根据中央决策的发展目标，采用了有利于全面完成基本任务的三舱飞船方案，既充分借鉴了航天型号的成熟技术，体现中国特色，又瞄准了当时的先进水平，实现跨越式发展。轨道舱可长期留轨运行，使工程第一步的成果能够应用于第二步、第三步。

（2）严格控制技术状态。技术状态管理或称配套管理，是系统工程管理的重要手段，它保证技术开发活动有序进行。控制更改，可以保证系统研制的完整性和跟踪性。工程总体和各系统总体设计部从研制需求出发，制定了工程各研制阶段的技术要求和基本方案，明确了技术流程，制定了完成任务的标志，使整个工程在各研制阶段起始前有明确要求，过程中有可遵循的技术流程，研制结束后以完成标志作为检查评价的标准。

（3）确保系统优化和整体优化。载人航天工程由七个系统组成，系统的整体行为不是其组成要素的简单堆砌，局部最优并不必然导致全局最优。工程总体和各系统设计部从全局出发，对每次试验和飞行均从方案上明确其主任务及其完成的措施，其他任务服从于主任务。如在首次载人航天飞行放行准则中，提出了有效载荷实验无论正常还是异常，均不得危及航天员安全的设计要求，所有参与飞行的有效载荷都很好地满足了这个要求。

由于我国首次开展载人航天工程研制，工程总体和各系统研制经验不足，对许多外部设计要求和内部功能要求以及对质量、可靠性、安全性等指标的认识，都是随着研制工作的深入而不断调整、细化、深化和优化的。正是这种系统的积累和演进，确保了每次载人飞行任务的圆满成功。

3. 系统规范的质量管理体系

载人航天工程与以往所有航天工程的最大不同，在于载人。这就要求必须把确保航天员安全放在质量建设的首位，把提高工程的安全性和可靠性作为工程质量管理的核心，从而使工程的质量建设实现质的飞跃。

载人航天工程按任务分为研制、生产、测试、发射和回收五个方面；按承担层次分为系统、分系统、单机、原材料、元器件五个环节。各方面、各环节的质量责任是同等的，都事关航天员安全和任务成败。为此，按照系统工程的要求，采取了抓系统研制、整机研制质量与协作配套产品质量并重，工程硬件产品与软件产品质量并重等做法，全面、全员、全过程抓质量，一抓"头头"（领导和管理机关），二抓"源头"（元器件、原材料、设计和工艺），将质量控制点落实到每个系统、每个单位、每个工作岗位，明确责任，规范制度，层层把关。与此同时，载人航天工程需要建立全新的以"载人意识"和"以人为本"为主体的质量意识。工程实施过程中，坚持围绕"一人"（航天员）抓质量、依靠"两头"（领导者和执行者）促质量、紧盯"三员"（设计员、生产工艺员、操作人员）保质量；坚持狠抓技术管理工作质量，严格按"双五条"标准进行质量问题归零；坚持实事求是，鼓励研制人员敢于暴露质量问题，奖惩分明；坚持质量问题一票否决制，进度服从质量，决不带任何疑点上天。

2021 年 11 月，中国载人航天工程办公室发布《载人航天工程质量管理办法（试行）》（简称《办法》），进一步规范和加强载人航天工程质量管理工作。《办法》坚持系统思维，从工程研制建设全局开展质量管理工作，是在对我国载人航天工程立项以来质量管理工作进行科学总结的基础上，参考借鉴国内外航天领域质量管理办法，密切结合当前工程研制和飞行任务实际，充分考虑工程未来发展需求，按照"注重协调匹配、突出问题导向、实现全面覆盖、实施差异管控、坚持继承创新"的总体要求，从工程总体层面规范明确了从论证、研制到任务实施全过程中各系统在产品全寿命周期应当遵循的质量管理基本要求，突出体现了"实现全面覆盖、体现加严要求、落实创新举措"等特点。

（三）基于模型的系统工程在中国载人航天系统工程管理中的应用

系统工程是伴随着航天工程和复杂系统研制发展起来的组织管理技术，系统工程管理包括管理理念、管理模式、管理技术以及管理文化等。20 世纪 60 年代以来，系统工程技术一直是国内外航天和国防领域惯常采用的型号产品系统研制管理手段，保障了众多重大项目的成功。然而，自 1969 年形成美国军用标准《系统工程管理》（Mil-Std-499）以来，该方法变化很小，而工程系统的规模和复杂性却在显著增长，传统系统工程方法（Traditional Systems Engineering，TSE）或基于文本的系统工程（Text-based Systems Engineering，TSE）已经不能满足需求。随着信息技术的加速发展，基于模型的系统工程（Model-Based Systems Engineering，MBSE）应运而生，它是信息化条件下系统工程模型化技术和管理系统发展演进的重要成果。有助于突破时空条件对系统开发工作的限制，大幅提高工作效率，并成为工程系统从设计到制造、试验、运用保障全生命周期统筹优化、质量保证和风险把控的重要基础。基于其显著优点，中国航天领域积极将 MBSE 运用于载人航天器全生命周期研制生产及其管理中，推进和保障航天系统工程管理的创新发展。

按照 MBSE 原理，载人航天器研制全周期中的模型包括需求模型、功能模型、产品模型、工程模型、制造模型、实做模型等六类。通过以上六类模型驱动研制流程，可以打通产品研制全过程的数据链路，实现产品设计、集成验证、产品实现过程的模型化，逐步构建基于数字化、网络化、智能化的系统工程开发管理模式。

针对载人航天器研制"单件小批量，对早期虚拟验证的需求更为迫切"的特点，基于模型的载人航天器研制模式与其他行业的 MBSE 方法论相比更加侧重于验证。在载人航天器研制全周期中，共有系统设计闭环验证、产品设计闭环验证、实做产品闭环验证等三大闭环验证环节，如图 8-4 所示。

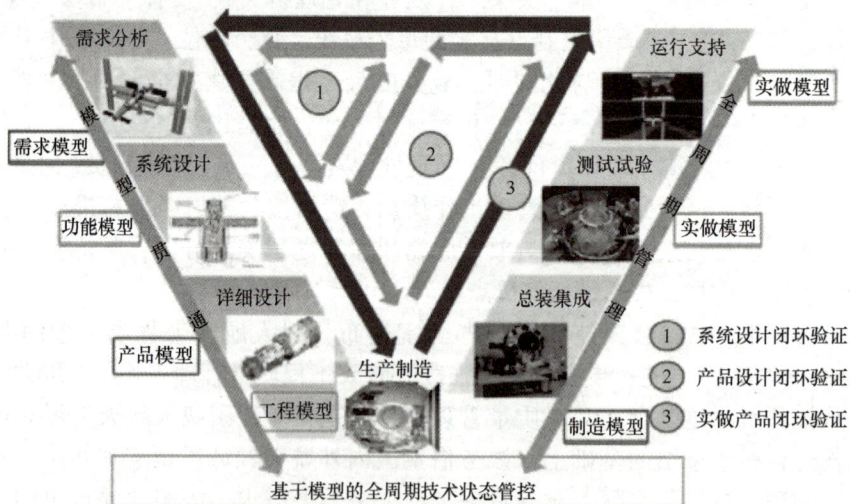

图 8-4　载人航天器研制过程中的三大闭环验证

在载人航天器研制全流程的各环节中，以模型作为研制数据承载与传递的载体，各类模型在各研制环节所应用的软件平台中产生、传递和分析应用，从而驱动型号的系统工程研制过程。图 8-5 给出了全周期中六类模型和相关数据在各软件平台间的具体传递和交互关系。

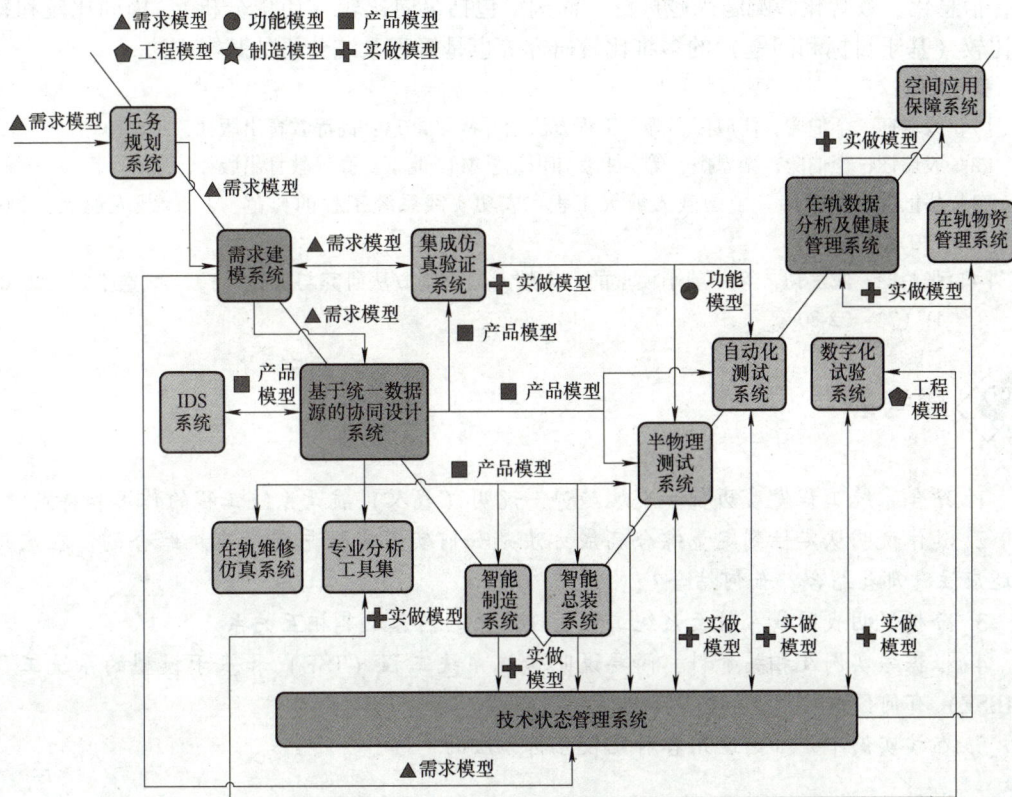

图 8-5　各软件平台间模型交互关系

运用 MBSE 完成了总体-舱段-分系统-单机各级关键功能性能指标的 100%数字化传递、关联与追溯，实现了全三维设计、全三维下厂工作模式，提高了生产制造及总装测试的效率及正确性，部件研制效率提高一倍以上，总体 AIT（总装集成测试）过程管理效率提升 40%以上，系统地验证了 MBSE 方法的优势。

四、认识和思考

（1）航天工程孕育和发展了系统工程。国际上始于 20 世纪中叶的载人航天工程（如美国的"阿波罗"登月计划）推动了系统工程的早期应用和发展。中国载人航天工程经过近 40 年的发展，特别是 21 世纪以来的多次（从神舟五号到十六号）成功发射和"三步走"战略顺利实施，成为系统工程创新发展的典范。在实践中探索、形成的中国载人航天系统工程管理体系，彰显、保障和促进了中国航天事业的高质量发展。

（2）技术与管理的一体创新发展在载人航天系统工程中得到充分体现。中国载人航天工程运用系统工程方法的实践表明，系统工程的创新发展源自环境变化、问题驱动和实践要求，而技术创新和工程演进又不断推动了系统工程的管理创新和体系化。

（3）系统工程方法论及方法的综合创新方兴未艾。从钱学森提出的从定性到定量综合集成方法到基于模型的系统工程（MBSE）等，系统工程理论、方法论、模型、技术等日益显现出多重结合、有机融合、软硬兼施、辩证统一、人机交互、系统集成等突出特点，信息化、数智化影响越来越广泛、深刻。包括纵向比较（历史分析）、横向比较和靶向比较（基于目标和问题）的多维比较研究等也是管理系统分析的基本方法。

参考文献：

［1］殷瑞钰，李伯聪，汪应洛，等. 工程方法论［M］. 北京：高等教育出版社，2017.

［2］殷瑞钰，李伯聪，栾恩杰，等. 工程知识论［M］. 北京：高等教育出版社，2020.

［3］胡世祥，张庆伟. 中国载人航天工程：成功实践系统工程的典范［J］. 载人航天，2004（10）：3-6.

［4］张柏楠，戚发轫，等. 基于模型的载人航天器研制方法研究与实践［J］. 航空学报，2020，41（7）：72-80.

思考题

1. 结合系统工程发展历程和发展趋势，说明（载人）航天系统工程的作用和特点。

2. 具体说明从定性到定量综合集成方法是如何实现定性与定量有机结合的？在应用中还应注意哪些结合？如何结合？

3. 分析说明我国载人航天系统工程管理体系的内容及其相互关系。

4. 根据该实例及相关资料，简要说明传统系统工程（TSE）和基于模型的系统工程（MBSE）有何区别。

5. 在该实例中是如何运用各种比较分析方法的？

实例二　油藏管理系统工程分析方法

一、背景

作为当前及未来很长时期内的战略性能源，石油是国家经济政治安全的重要保障。立足国内能源资源及其管理实际，加强石油勘探开发力度，并持续提升石油开发综合管理水平，是弥补原油进口及其储备不足，确保经济社会可持续发展的重要举措。

我国多数老油田已进入开发中后期，面临油气开发技术难度、投资额度和风险程度日益增大，而石油储量增长缓慢、环境保护要求及费用递增和油价波动性加大等宏观行业态势。在此严峻形势下，石油企业必须把优化油气田开采过程、降低油气勘探开发成本作为重要开发战略和运营策略，注重加强以多学科协同攻关为主要特征的"现代油藏管理"，实现油藏开发的工程优化和效益最大化。而由于我国石油地质的复杂性和特殊性，以及石油企业管理体制和运营环境差异较大，国外成熟的现代油藏管理模式不能直接应用于我国现有石油企业，需要进行管理系统的二次开发。S油田分公司（以下简称S油田）作为我国东部老油田的典型代表，较早开始关注和推进现代油藏管理的开发与应用。

油藏是地壳上油气聚集的基本单元，地下的温度、压力、地质构造运动、岩浆活动等都会对其产生影响。人类对油藏资源的开发和利用，只会使其消耗，而不可能保持其原有储量或再生。由于油藏受到其自身地质特点等因素的影响，有些油藏使用现有的技术条件无法开采，或者技术上可以实现，但勘探、开采过程中成本过高。因此，在开发油藏之前要充分考虑其技术经济的综合影响及系统可行性。通过以油藏为基础的人力、装备、技术、信息、资金等资源的有效运用，优化油藏开发过程与环境，创新油藏经营及组织管理，以尽可能低的综合投入，最大限度地提高从油藏中获得的收益，实现资源经济可采储量及综合效能的最大化。

现代油藏管理具有显著的系统特征，主要有：

（1）整体性。这是油藏管理的最基本特征。首先，油藏资源属于深埋地下的地质资源，从形成过程和储存状态来看，单个油藏是油气在单一圈闭中的聚集，具有相对独立性和整体性。其次，油藏管理受到经济、技术、资源、组织和人力等诸多因素的综合影响，必须以具体开发区块为对象，根据不同的开发阶段，以油藏管理部门为核心，组织物探、地质、油藏工程、采油工艺、地面建设、经济分析等人员，建立多学科协同工作团队，共同管理。只有从整体出发，全面认识和处理油藏管理问题，才能使各学科、各部门的工作有效衔接、充分配合，实现油藏的有效开发。

（2）过程连续性。从本质上看，石油的生产开发过程是由前后相连、持续不断的不同环节或阶段组成的，因此，油藏管理的诸多活动及实施是一个不可分割的连续过程。过程中各阶段的工作既相互联系又相互制约，缺一不可。因此，在油田的开发生产中，任何分离油藏管理诸活动的想法和做法都是不可取的，必须维护和坚持油藏管理的过程连续性。

（3）多级递阶性。油藏管理的多级递阶性是其本质属性之一，主要体现在油藏管理的结构设计和组织实施过程中。一方面，油藏管理根据相应的功能和结构可以划分为油藏资源、工程开发和经营管理三个层级，不同层级间具有密切的相互作用关系，在具体实施过程中相互配合、协同管理，共同实现油藏开发的整体目标；另一方面，油藏管理根据物理边界和与环境关系的不同也可以划分为分公司、采油厂、油藏管理区等不同层次。油藏管理的多级递阶性是由社会、经济、自然资源结构的多层次性、技术发展的不平衡性和组织管理的效能性共同决定的，需要在实施选中中予以充分考虑。

（4）后效性。油藏管理的投入比较集中，并且投资额度较大，但是其产出并不是与投入完全实时对应的，具有较长时间的延迟；同时由于油藏开发的特殊性，部分投资将成为沉没成本，得不到相应的产出效果。因此，在研究及评价油藏管理的投入产出关系的过程中，必须合理考虑时间延迟，选择合适的研究时段、分析评价方法及调控手段。

系统工程以系统及其整体性观点为前提，以总（整）体优化及平衡协调为目标，以定性与定量分析有机结合及多种模型方法综合运用为基本手段，以问题导向和反馈控制为有效性保障，最终实现油藏管理等系统的合理开发和控制、科学管理及组织、协调与可持续发展。系统工程的思想及方法与油藏管理的原则及要求具有内在的统一性，将系统工程的理论、方法论及方法应用于油藏管理具有必然性和较大价值。一方面可以全面分析和有效解决油藏管理中出现的实际问题，从整体上提高油藏经营管理水平；另一方面通过深化油藏管理系统的理论研究，可初步建立中国特色的油藏管理系统工程的理论框架及方法体系，从而有效指导油藏管理实践，推进现代油藏管理的系统、持续发展。对该系统问题的研究可分阶段持续进行，逐步深化。

二、研究内容及技术路线

1. 研究对象

油藏管理系统作为油藏管理系统工程的研究对象，是一个由资源、技术、生产、管理等多类、多层次要素构成的复杂系统，其结构如图8-6所示。

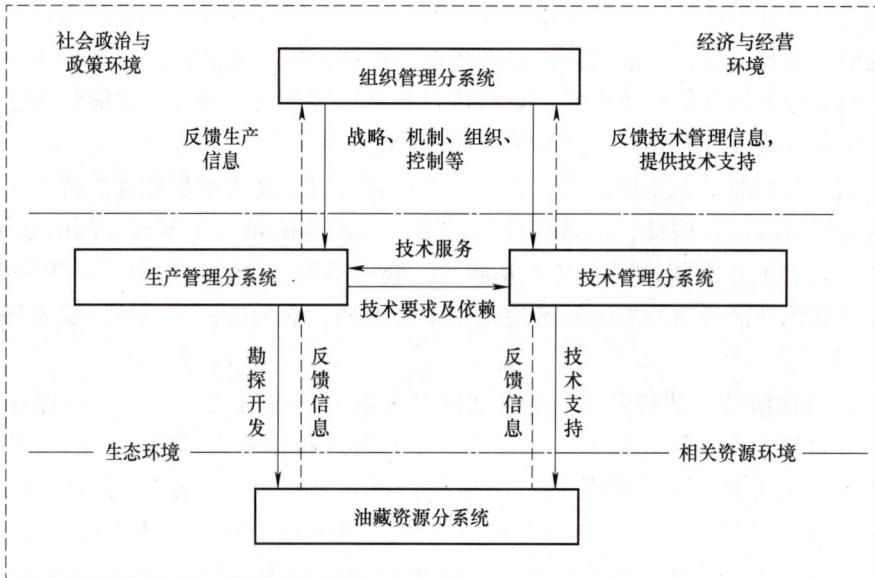

图8-6　油藏管理系统的结构

其中组织管理分系统、生产管理分系统、技术管理分系统两两直接发生相互作用，生产管理分系统及技术管理分系统分别与油藏资源分系统发生直接相互作用，而油藏资源分系统及组织管理分系统则通过中间层次的生产管理分系统与技术管理分系统发生重要的间接作用。另外，油藏管理系统是一个开放的动态复杂系统，其受到经济与经营、社会政治与政策、资源、生态等外部环境因素的显著影响，系统与环境间具有大量的物质、能量及信息的流动和交换。

2. 研究目标及任务

（1）初步明确油藏管理系统运行规律及作用机理。运用系统工程的理论、方法论及方法，以S油田及其GD采油厂等为背景，进行规范的初步系统分析及其延伸分析，运用定性与定量相结合的方法及模型进行油藏管理系统要素及环境分析，以建立油藏管理系统动力学模型，明确油藏管理系统的运行规律及作用机理，从而完善油藏管理系统的环境、功能、结构、行为等关系。

（2）分析并设计油藏管理机制。适应现代油藏管理模式及组织方式的新变化，运用系统工程的原理及分析方法，结合 S 油田及其 GD 采油厂等实际，进行基于油藏管理区层面的油藏管理机制（组织机制、激励机制等）的分析与设计，重点突出对油藏管理开发团队的影响因素的分析及运行机制设计。

（3）比较油藏管理模式并进行分析评价。进一步梳理油藏管理理论及其方法体系的演化历程，规范分析国内外石油公司的油藏管理实践，并尝试将油藏管理与其他管理模式进行比较，从而系统地进行油藏管理的多重比较研究；在此基础上，运用博弈理论及其模型分析油藏管理不同层次相关利益主体间的关系，并建立油藏管理绩效的综合评价方法体系。

（4）创建问题导向型模型体系。在理论与实践结合研究的过程中和基础上，初步建立油藏管理系统工程理论、方法论及方法体系，特别是构建以问题为导向的油藏管理系统工程模型体系。

3. 研究的技术路线

实际分析研究分两个阶段（两期）进行，其研究框架及技术路线也分两个相互关联的部分来设计，分别如图 8-7 和图 8-8 所示。

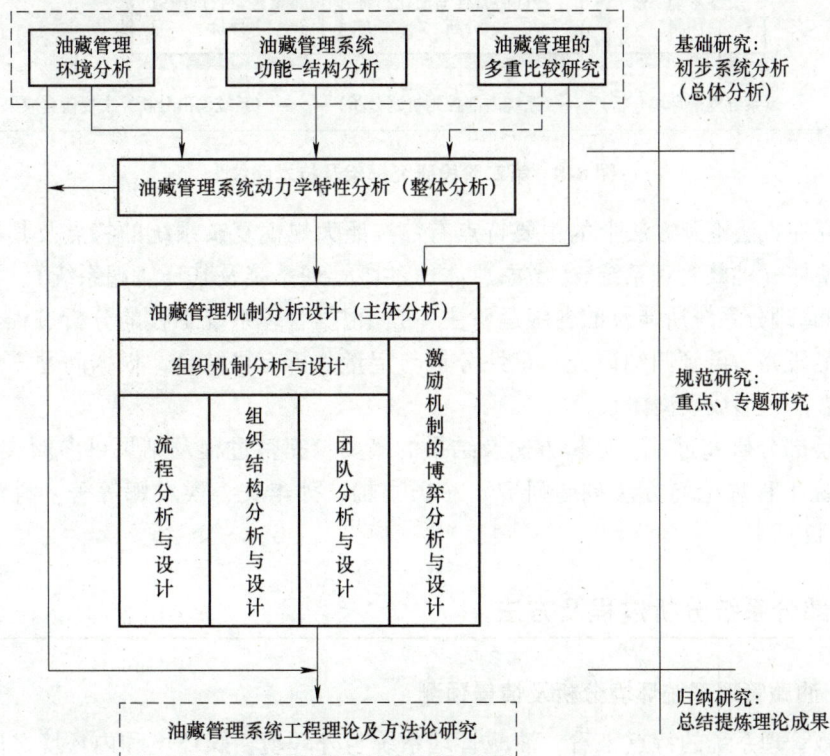

图 8-7　第一阶段研究框架及技术路线

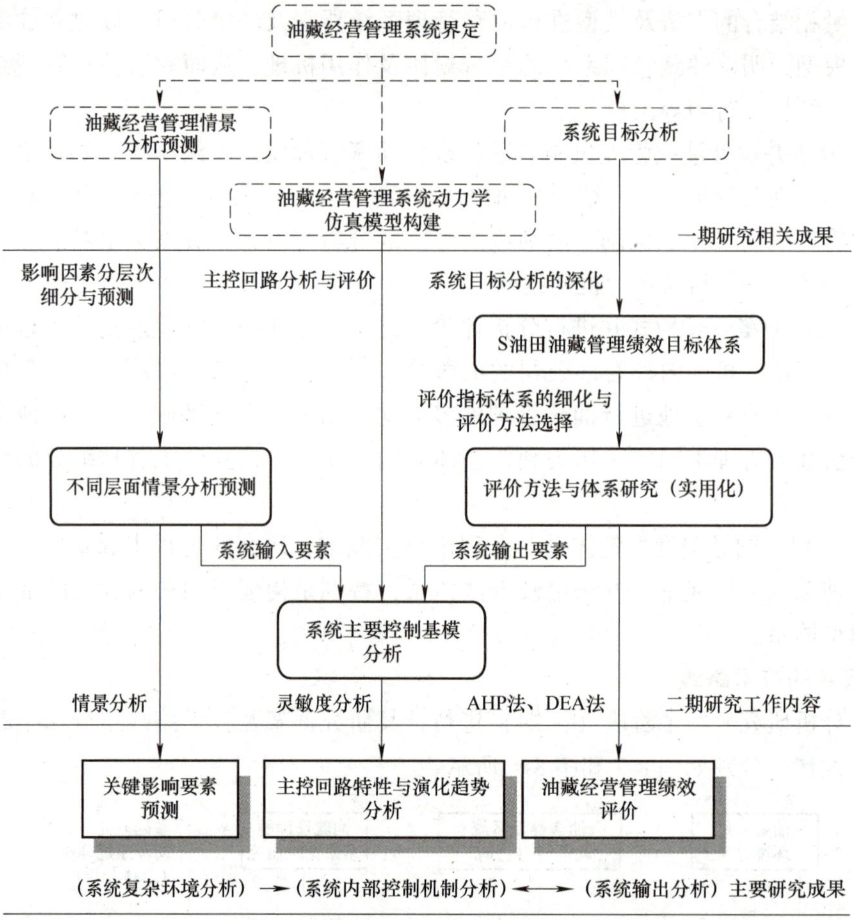

```
                        油藏经营管理系统界定

        油藏经营管理情景                          系统目标分析
        分析预测

                    油藏经营管理系统动力学
                    仿真模型构建                      一期研究相关成果

    影响因素分层次        主控回路分析与评价    系统目标分析的深化
    细分与预测
                                          S油田油藏管理绩效目标体系

                                          评价指标体系的细化与
                                          评价方法选择

        不同层面情景分析预测                评价方法与体系研究（实用化）

                系统输入要素        系统输出要素

                        系统主要控制基模
                        分析

    情景分析        灵敏度分析        AHP法、DEA法    二期研究工作内容

    关键影响要素        主控回路特性与演化趋势    油藏经营管理绩效
    预测                分析                    评价

 （系统复杂环境分析）──→（系统内部控制机制分析）←──→（系统输出分析）主要研究成果
```

图 8-8　第二阶段研究框架及技术路线

　　本研究在方法论及方法上的主要特点有：按照大规模复杂系统的特点及其层次化要求，立足整体（油藏管理系统）、考虑总体（油藏管理系统及其环境超系统）、聚焦主体（油藏组织管理分系统所涉及的各级运营主体）；根据管理系统工程的分析过程，从初步分析到规范研究，再到归纳研究；定性分析与定量分析有机结合，根据问题需要，采用多种分析方法，形成模型体系。

　　以下是部分研究过程、分析方法及结果的摘要，完整过程及结果可参阅文献：《油藏管理系统工程理论与方法创新研究》（杨鹏鹏、孙丰文、侯琳娜等著，科学出版社2014 年出版）。

三、部分系统分析过程及方法

（一）油藏管理系统环境分析及情景预测

　　从油藏管理系统的特点来看，油藏管理系统与外环境、媒环境和内环境之间有着极其广泛和密切的信息、物质和能量交换，并与内环境、媒环境相互交织，受到社会政治与政策、经济与经营、技术、自然与生态、管理等多类环境要素的影响。这里需要特别说明的是，媒环境可以被看作介于外环境与内环境之间或属于系统内外部共有，并常常起到连接外环境与内环境、传递或转换内外部相互作用的一类要素的集合，是影响油藏管理的特殊环境因素。

对于 S 油田油藏管理系统及其组织管理者而言，S 油田（分公司）上面是 P 公司（集团公司）的高层管理者，其下还有各采油厂管理者以及采油厂下属的油藏管理区内部管理者。不同层级管理者对环境的重点关注领域应有所不同，具体见表 8-1。

表 8-1　不同层级管理者对环境的重点关注领域

层级	关注的环境层面	环境要素
P 公司	宏观	国际国内政治、经济局势，国家有关方针政策，整体市场状况等
S 油田	中观	P 公司政策，其他相关油田情况，油田技术、装备、资金状况等
采油厂	微观	S 油田政策，具体自然环境、技术条件、组织环境及员工状况等
油藏管理区	微观	采油厂要求，具体资源状况、技术能力、员工状况、管理指令等

油藏管理系统的环境域（外环境、媒环境、内环境）、环境类（管理环境、自然与生态环境、技术环境、经济与经营环境、社会政治与政策环境），以及因对各种环境因素会有不同关注度和感知度的不同层次主体形成的环境级（P 公司、S 油田、采油厂、油藏管理区，必要时也可将油藏管理区并入采油厂）形成的三维结构，如图 8-9 所示。

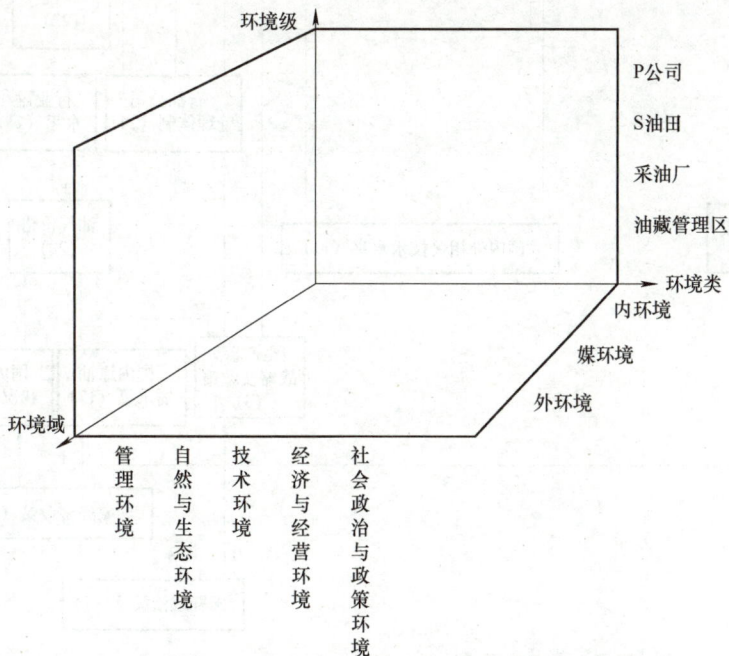

图 8-9　油藏管理系统环境域–环境类–环境级三维结构

运用解释结构模型化（ISM）方法，对基于 S 油田的油藏管理的各种环境因素做结构分析。经过资料分析、专家调查、归纳总结、反复比对，共得到 29 个主要环境因素及其直接的因果关系，包括社会政治与政策环境因素（1~6）、自然与生态环境因素（7~11）、技术环境因素（12~16）、经济与经营环境因素（17~23）和管理环境因素（24~29），进而建立起反映 29 个因素间层次关系的解释结构模型，如图 8-10 所示。

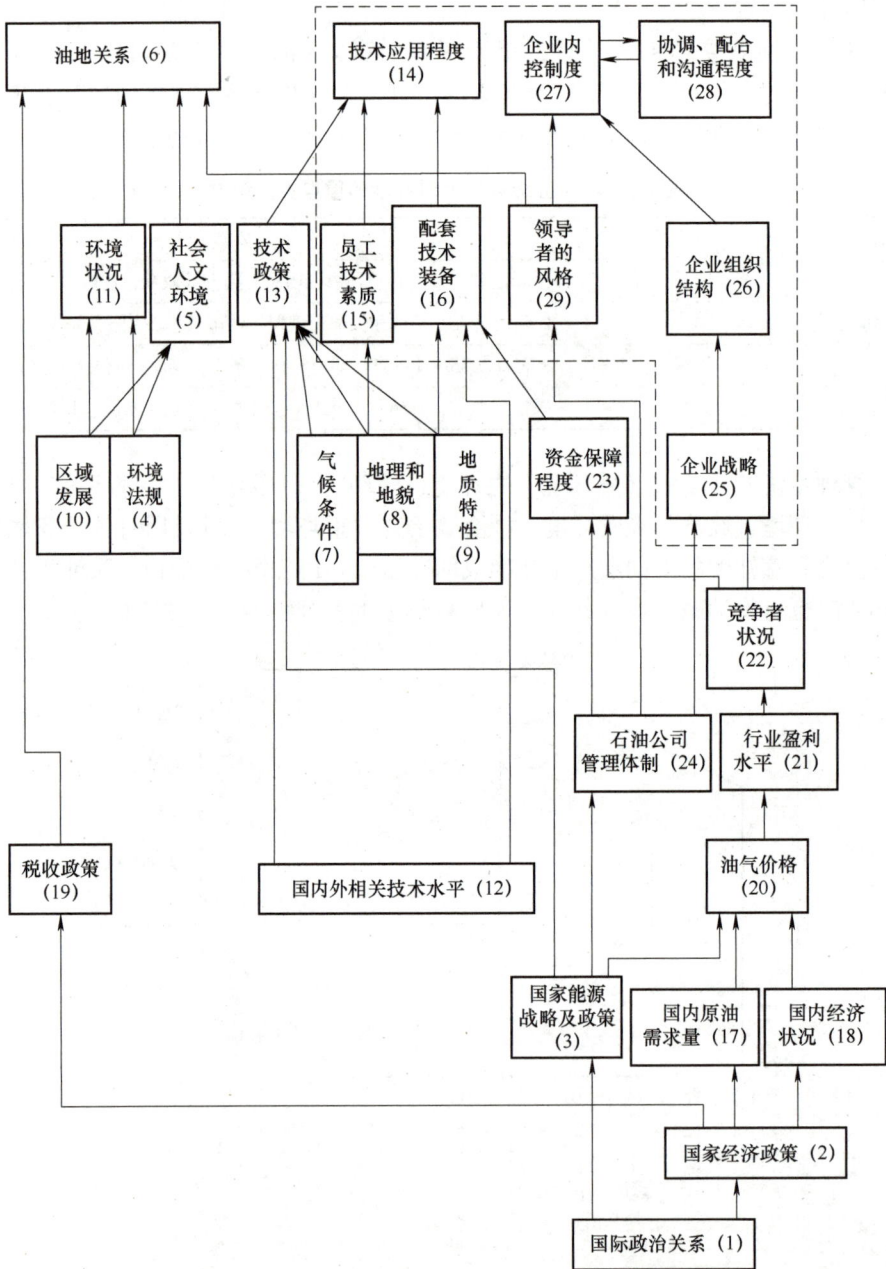

图 8-10　S 油田油藏管理影响因素解释结构模型

从图 8-10 中可以看出，影响油藏管理的环境因素可分为 9 层。其中，图 8-10 右上方虚线框内的因素基本上是企业的内部影响因素，也就是油藏管理的内环境因素，约有

8 个；靠近虚线框的油地关系、技术政策、地质特性、资金保障程度、石油公司管理体制等约 5 个因素属于影响油藏管理的特殊环境因素——媒环境因素。虚线框以外的其他因素为企业的外部影响因素，也就是油藏管理的外环境因素，约有 16 个。

以影响因素结构分析结果为基础，选取关键环境变量进行 KSIM 仿真，结合情景分析，预测油藏管理的发展趋势。KSIM 模型的基本思想如下：

首先，将系统变量划分为两大类：目标变量和影响变量（情景变量等）。

其次，确定具体模型变量。因图 8-10 所示的油藏管理环境因素相对较为宏观、笼统和抽象，此处结合油藏管理目标要求（提高经济效益、实现油藏可持续利用、提高技术水平等），经转换、替代、分解、组合等，选择较为具体和微观一些的变量（共 22 个）作为 S 油田油藏管理 KSIM 模型变量。S 油田油藏管理 KSIM 仿真模型如图 8-11 所示。

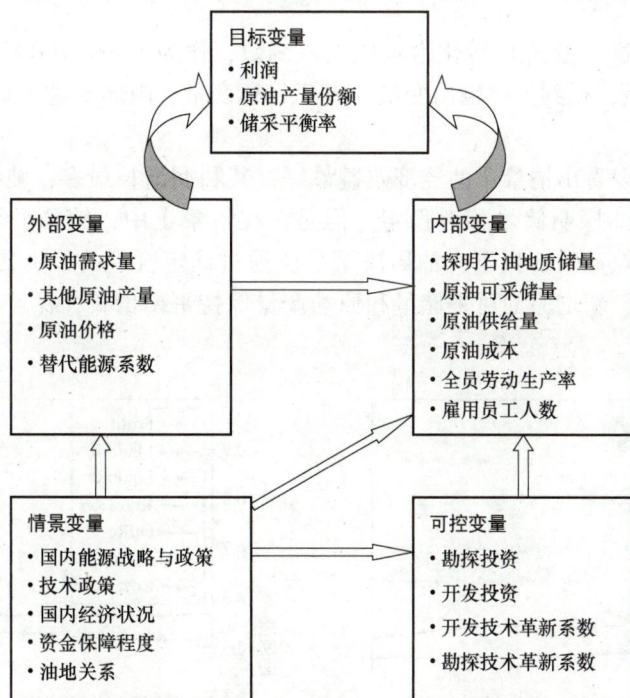

图 8-11　S 油田油藏管理 KSIM 仿真模型

进一步结合 S 油田实际，通过专家调查和分析，由关键不确定因素（主要来自情景变量、部分来自外部变量）的预期状况组合形成油藏管理情景，选取 3 个发生概率大的情景Ⅰ、Ⅱ、Ⅲ。

情景Ⅰ：所有关键不确定因素都朝着有利的方向发展。

情景Ⅱ：国内经济状况改善，进而原油需求量和油田资金保障程度有所增加，其他未得到改善或发展。

情景Ⅲ：国家能源战略与政策改善，国内经济状况缓慢改善，其他未得到改善或发展。模型系统变量表见表 8-2。

表 8-2 模型系统变量表

变量名称	变量说明
Profit	年利润=原油产量×(吨油价格−吨油完全成本)−勘探投资−开发投资
MarkSh	原油产量份额=原油产量/(原油产量+其他油田产量)
EquibR	年新增原油可采储量与年原油产出量的比值
KnowRes	S 油田全年新增探明石油的地质储量
OilRes	S 油田全年新增原油可采储量
OilSup	S 油田原油每年产出量(假设没有库存,年原油产量=年原油供给量)
Cost	是指从勘探、开发建设到采油生产过程中,平均每采出一吨原油的费用

将描述性的情景(变量)转化为具体输入函数,作为 KSIM 仿真模型的输入(情景方案),经仿真分析,得到关键输出变量(基于目标变量、内部变量等)的变化趋势,如图 8-12 所示。

通过比较,可以看出情景 I 的经济效益最好,其利润增长最多,吨油完全成本最低,原油产量和新增原油探明储量相对稳定。但是,在情景 I 中,储采平衡率却减少最多,因此,在保证经济效益的前提下,油田决策者应通过确定合理的投资比例系数等手段使新增原油探明储量、新增原油可采储量和原油产量保持平衡增长,保持油田长期、稳定、协调发展。

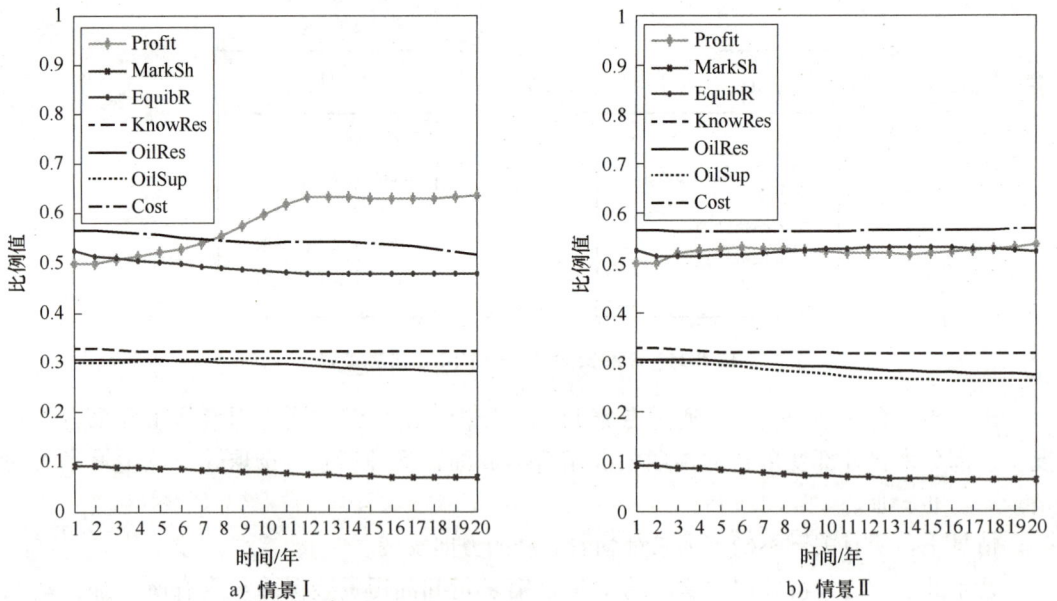

a) 情景 I   b) 情景 II

图 8-12 关键输出变量变化趋势

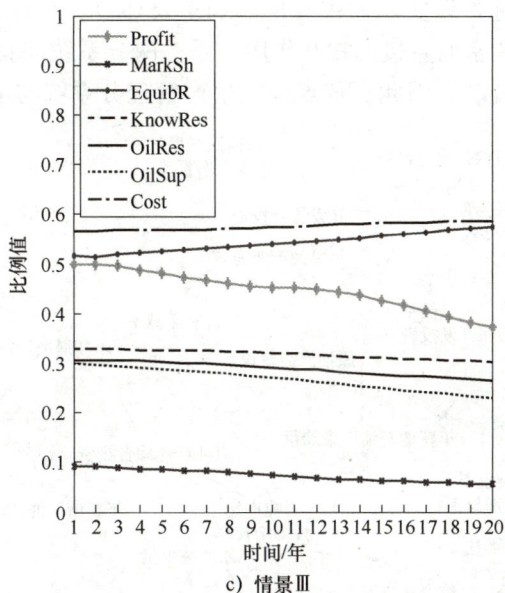

c) 情景Ⅲ

图 8-12　关键输出变量变化趋势（续）

　　情景Ⅲ的资源可持续利用效果最好，其储采平衡率保持增长，但是，这种情景并不能保证经济效益也好。在此情景中，原油产量衰减率最大，探明石油地质储量衰减也最大、成本增加，尽管油价有所增长，但利润仍然呈下降趋势。因此，在保证储采平衡率的前提下，油田决策者应积极引导勘探开发技术自主创新，吸引外来投资，努力改善油地关系，提高油藏管理水平，保障油田的经济效益增长，从而促成油田发展的良性循环。

　　情景Ⅱ基本介于情景Ⅰ和情景Ⅲ之间。在情景Ⅱ中，利润有所增长，但明显不如情景Ⅰ，原油产量衰减，探明原油地质储量也介于中间位置，吨油完全成本基本得到控制，储采平衡率基本没有变化。在这种情景下，油田应该积极争取有利政策支持，同时改善自身管理水平，努力协调好油地关系。决策者要有效利用现有资金和技术力量，保障油田经济效益和油田的资源利用协调发展。

（二）油藏管理系统动力学仿真分析

　　通过理论分析和实际调研，明晰了油藏管理系统的内部结构及四个分（子）系统间的作用机理，并在前文系统环境分析及情景预测的基础上着重研究了油藏管理系统众多要素间的多重信息反馈关系，从而初步构建了油藏管理系统动力学的结构模型。

　　油藏管理系统中存在着许许多多因果反馈回环，其中，油藏勘探开发过程回环是主导的因果反馈回环。以主导反馈回环为基础，油藏管理系统的四个分系统也都有自己的反馈回环，它们通过相关变量来耦合或连接，如图 8-13 所示。油藏管理系统的整体因果关系分析是构建油藏管理系统动力学仿真模型的重要基础。

　　从油藏管理的初步系统分析及分系统解析中可以看到，油藏管理的基本作用对象是油藏资源，其是系统存在和演化的物质基础和必备条件；油藏管理的典型环节是生产管理，其是系统功能和目标得以实现的主要依靠和重要环节。并且，由于油藏资源分系统与生产管理分系统具有紧密而直接的相互作用关系，两分系统间具有大量的物质、能量、信息、资金等的交互和流动，因此，重点研究生产管理分系统与油藏资源分系统的相互

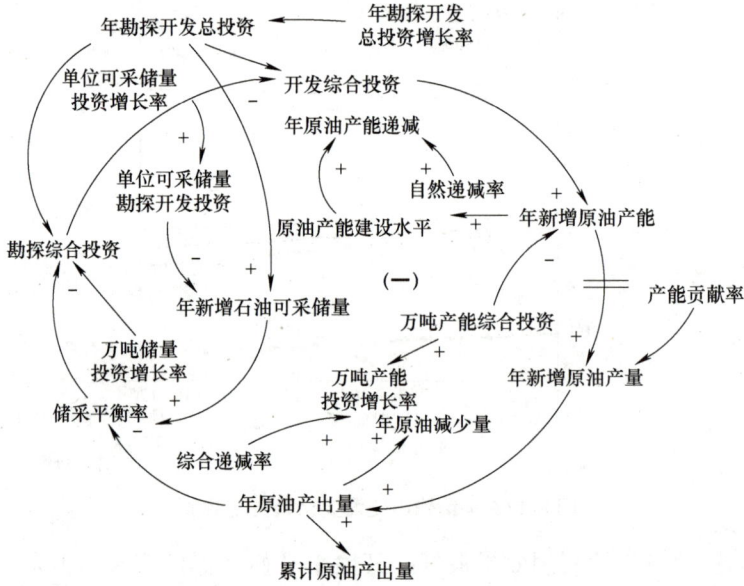

a) 生产管理分系统

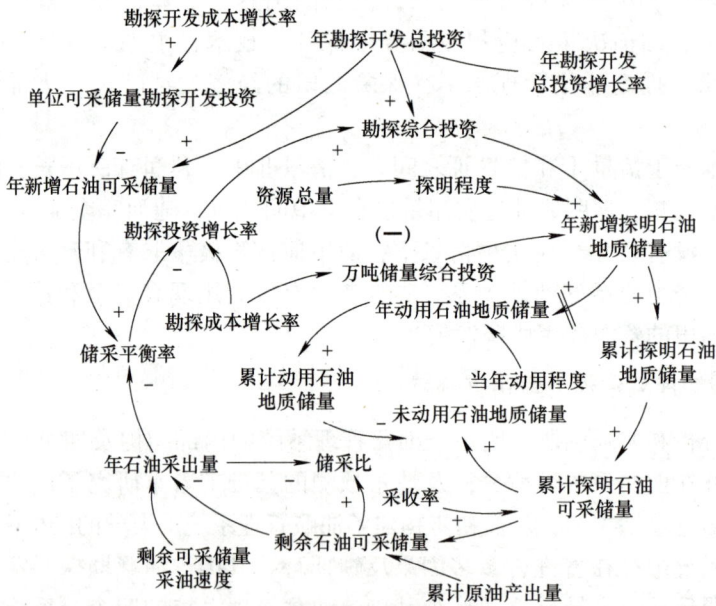

b) 油藏资源分系统

图 8-13　油藏管理各分系统内部的因果反馈关系

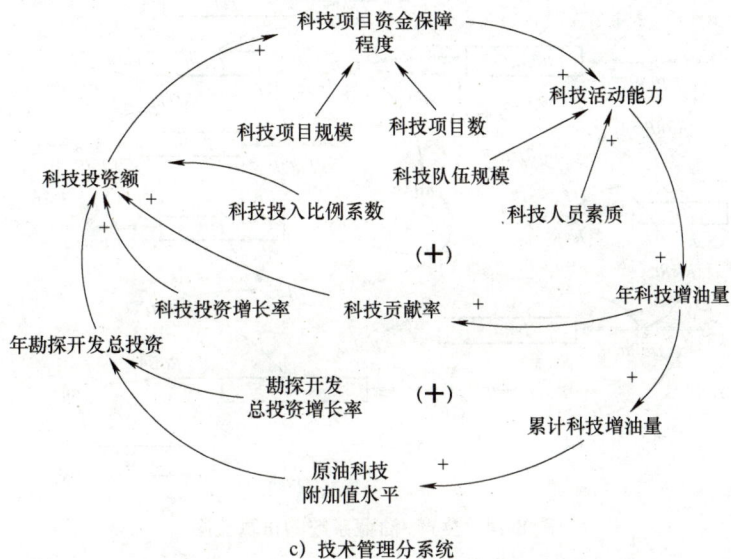

c) 技术管理分系统

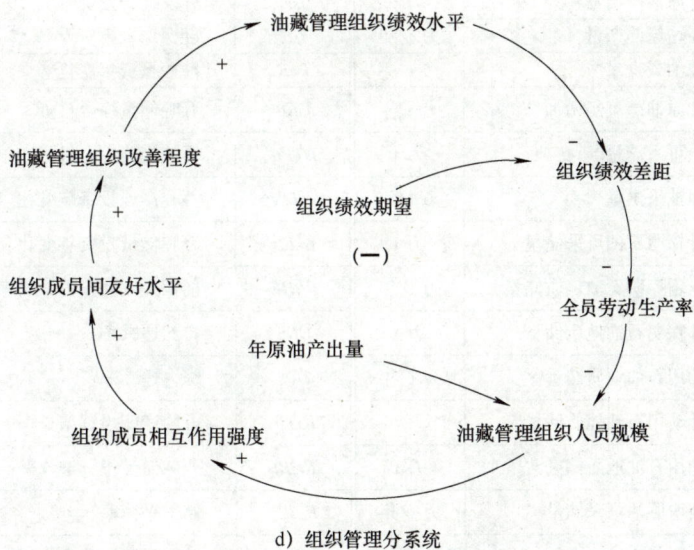

d) 组织管理分系统

图 8-13 油藏管理各分系统内部的因果反馈关系（续）

作用机理，结合石油勘探开发的具体实际情况，尝试建立简化的生产管理-油藏资源系统（以下简称生产-油藏系统）的动力学仿真模型，并结合 S 油田的实际数据和资料进行仿真实验。生产-油藏系统的仿真流图如图 8-14 所示，模型参数汇总见表 8-3。

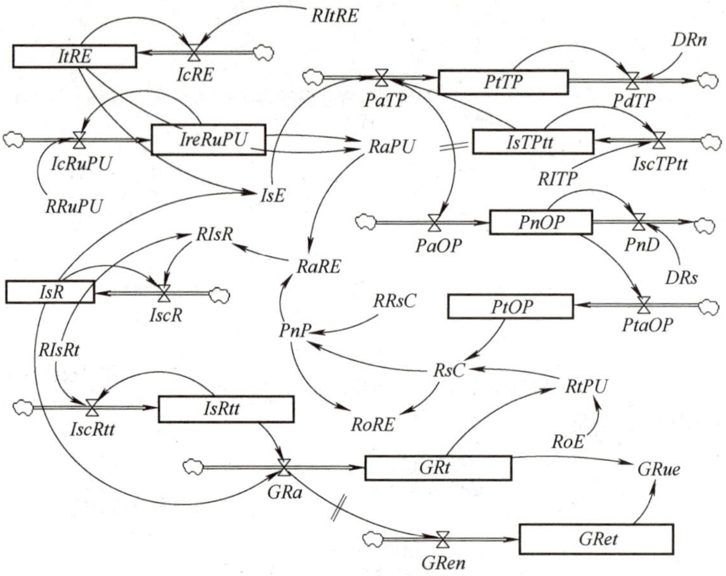

图 8-14　生产-油藏系统的仿真流图

表 8-3　模型参数汇总

参数名称	具体含义	单位	参数名称	具体含义	单位
$PnOP$	年原油产出量	万 t	$IcRuPU$	单位可采储量投资年变化	万元/万 t
$PtOP$	累计原油产出量	万 t	IsE	开发综合投资	万元
$PaOP$	年新增原油产量	万 t/年	IsR	勘探综合投资	万元
PnD	年原油减少量	万 t/年	$IscR$	勘探投资年变化	万元/年
$PtaOP$	累计原油产量年增加量	万 t/年	$IsRtt$	万吨储量综合投资	万元/万 t
RsC	剩余可采储量	万 t	$IsTPtt$	万吨产能综合投资	万元/万 t
PnP	年原油采出量	万 t/年	$IscTPtt$	万吨产能投资年变化	万元/万 t
$RtPU$	累计探明石油可采储量	万 t	$IscRtt$	万吨储量投资年变化	万元/万 t
GRa	年新增探明石油地质储量	万 t/年	$RItRE$	勘探开发总投资增长率	无
GRt	累计探明石油地质储量	万 t	DRn	自然递减率	无
$GRen$	年动用石油地质储量	万 t/年	DRs	综合递减率	无
$GRet$	累计动用石油地质储量	万 t	$RITP$	万吨产能投资增长率	无
$GRue$	未动用石油地质储量	万 t	$RIsRt$	万吨储量投资增长率	无
$RaPU$	年新增原油可采储量	万 t/年	$RaRE$	储采平衡率	无
$PtTP$	原油产能建设水平	万 t	$RIsR$	勘探投资增长率	无
$PaTP$	年新增原油产能	万 t	$RRuPU$	单位可采储量投资增长率	无
$PdTP$	年原油产能递减	万 t	$RRsC$	剩余可采储量采油速度	无
$ItRE$	年勘探开发总投资	万元	$RoRE$	储采比	无
$IcRE$	年勘探开发总投资变化	万元/年	RoE	采收率	无
$IreRuPU$	单位可采储量勘探开发投资	万元/万 t			

仿真工作主要包括三部分内容：首先，在对 S 油田近 10 年历史数据和资料处理的基础上，输入所需的实际数据，进行仿真模型检验，以评估所建模型的有效性和应用准确性。通过历史数据模拟分析，如果仿真模型与实际的拟合程度较好，就进行模型的实际应用；反之，则修正模型，进行新一轮的模型有效性检验，进行多次反复调整，直到模型与实际的拟合程度达到一定要求。其次，调整输入数据的大小及类型，进行不同方案的仿真分析，以预测油藏勘探开发的未来发展趋势，寻找新的发展方向，并可以输出未来所需时间内的不同考核变量的发展变化及演进趋势，以有效指导油藏管理决策。最后，选取仿真模型的重点变量进行模型的灵敏度分析，明晰不同变量对模型影响程度的大小，以指导油藏管理实际的调整重点和调整幅度，最终实现油藏资源的有效、可持续利用。

在对模型有效性检验的基础上，将生产-油藏系统动力学仿真模型用于实际的预测分析，以 S 油田的实际开发生产数据为依据和初值，通过改变模型主要参数的取值范围和组合类型，对不同方案进行仿真实验，进行仿真结果分析和比较研究，以挑选较优方案指导油藏管理的具体实践，并为系统的管理政策分析提供必要的数据支持和决策帮助。

运用基模的理论和思想，结合油藏管理系统的目标和实践经验，从油藏管理系统动力学因果关系图中提取了年原油产出量的"成长上限"基模、勘探与开发投资分配的"富者愈富"基模以及劳动生产率与人员规模的"舍本逐末"基模。

最后，利用已建立的油藏管理系统动力学仿真模型对基模进行仿真分析及灵敏度实验，得到相关的政策建议。

（三）油藏管理的组织机制及激励机制分析与设计

油藏管理的组织机制是油藏管理系统功能、结构、环境共同作用的结果，是油藏开发与管理正常运行的组织基础及制度安排。油藏管理团队以业务流程为基础，按照结构优化的需要进行设计和运行，并可反作用于流程与结构，形成了中国管理情境下油藏管理组织机制中流程-结构-团队三位一体的倒三角结构。针对油藏管理的不同阶段及油藏开发中的不同业务项目，从油藏组织整合资源及多学科人员协同出发，提出七种油藏开发团队的结构类型：事务处理型、自我管理型、联合工作型、集成型、核心型、递阶合作型和虚拟型。其次，结合油藏管理理论和团队有效性研究，进一步设计油藏开发团队有效性的七个主要影响因素：技术能力、油藏信息、油藏开发方案、目标、成员的选择、多学科协作和领导与控制。在此基础上，通过系统分析、实证分析及系统评价，对提出的七种油藏开发团队结构在油藏管理不同阶段及不同业务项目下的适用性、有效性及定位进行了分析与设计。

油藏管理的开展和实施是一项复杂的系统工程，涉及多个相关利益主体，油田总公司、油田分公司、采油厂、油藏管理区，分析并确定各相关利益主体及行为主体，探讨其各自的需求、价值取向、行为方式等，以及各主体的一般关联方式，是博弈分析的结构基础。展开以油藏管理区与其上级（采油厂）产出效益分配的完全信息动态博弈、油藏管理区与采油厂的微分博弈，以及油藏管理区之间的产出分配合作博弈的分析，可以为油藏管理激励机制设计提供政策建议。

（四）油藏管理绩效综合评价方法

油藏管理系统作为一类典型的复杂管理系统，要客观了解及分析系统的发展演化趋势必须有一套科学合理的评价指标体系，从不同维度对其行为进行描述。

油藏管理经过三十多年的发展，其内涵也发生了变化，随着人们对油藏管理认识的提高，油藏管理从最初的追求经济效益最大化，发展为追求经济和社会综合效益最大化。虽然不同的企业油藏管理的内容可能会不同，但是其油藏管理的总目标都可以归结为改善及优化油藏开发，合理利用人力、技术、信息、资金等有限资源，以最低的投资和成本费用从油藏资源中获取尽可能大的收益，以实现资源经济可采储量的最大化和经济效益的最大化，从而达到油藏开发综合效益的最大化。油藏管理的总目标是由油藏管理的本质内涵决定的，对于任何实践油藏管理模式的企业都适用，而 S 油田的经营宗旨是"改善及优化油藏资源开发，实现经济效益、社会综合效益最大化"，也是油藏管理总目标的具体体现。

总目标确定以后，按照油藏管理系统的四个组成部分，即生产管理分系统、油藏资源分系统、组织管理分系统和技术管理分系统，将总目标层层分解为四个二级分目标，然后根据各分系统的目标功能分析，将二级目标分解为三级目标。S 油田油藏管理目标体系如图 8-15 所示。

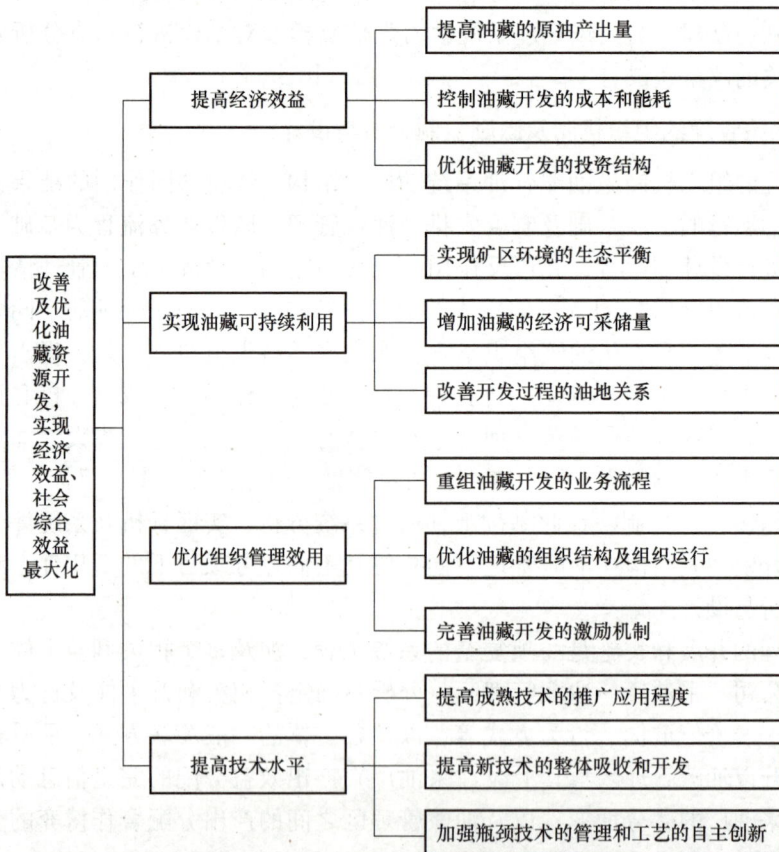

图 8-15　S 油田油藏管理目标体系

结合油藏管理和企业绩效评价的特点和进展，本实例提出油藏管理绩效综合评价的基本原则有：①注重油藏管理系统性；②注重行业特殊性；③注重战略绩效评价；④注重反映利益相关者的要求；⑤注重反馈控制；⑥注重对技术等无形资产的评价；⑦注重指标构成的科学性、系统性（包括完整性、目的性、独立性、准确性、简明性、可操作性等）。

指标体系是绩效评价的关键要素，从哪些方面进行油藏管理绩效综合评价，以及如何将油藏管理目标体现在评价指标上是本实例重点思考的问题之一，也是指标体系构建的前提。因此，从系统的角度分析油藏管理的目标要素，进而建立其目标体系，以目标的递阶层次结构为框架，选取那些能很好反映油藏管理目标的指标，构建评价指标体系，这是本实例构建指标体系的基本思路。

可进行绩效评价的具体方法是多种多样的，其中专家评分法、层次分析法、灰色系统评价法、主成分分析法、模糊综合评价法等容易受评估人员的主观认知局限性的影响；而神经网络、DEA 法、粗糙集理论等在一定程度上克服了主观因素的影响，但数据运算要求较高。每种方法都有其适用条件、范围和优缺点。对于综合评价问题而言，任何一种单一的评价方法都有其自身无法克服的缺陷。

油藏管理是一个有着多输入和多输出特点的复杂系统，而数据包络分析（DEA）模型在评价多输入、多输出问题上具有优势。但是 DEA 法给所有有效决策单元的有效值均取为 1，因此该方法最大的问题就是对有效的决策单元无法进行优劣排序。AHP 与 DEA 组合评价方法也广泛被应用，其方法的核心思想是用 AHP 确定各一级指标的权重，按各一级指标将指标分类，各类分别用 DEA 法进行评价，得出各个决策单元各类的 DEA 效率值，结合一级指标的权重，加权计算出总的绩效优先序值。另外，DEA 法虽然非常客观，但是同时也缺乏灵活性和变通性，因为在进行油藏管理绩效评价时，不同的评价主体有不同的评价侧重点（即选择偏好）。有的评价者侧重于经济效益，有的注重于技术管理水平，因此适当的主观赋权评价是符合绩效评价实践要求的，而 AHP 法是确定权重最常用的方法之一。基于以上原因，选择 AHP 与 DEA 组合评价方法解决油藏管理绩效综合评价问题，既可以发挥 DEA 和 AHP 两种方法的优点，又能较好地弥补两者的缺陷，达到兼顾主观与客观的目的，从而使评价结果既体现评价主体的客观倾向，也不失科学严密性。

四、结束语

油藏管理系统工程是系统工程方法论和方法在我国石油企业的新应用，对以资源、技术、管理等为基本要素的能源、资源类企（行）业也有借鉴意义，符合坚持系统观念，贯彻新发展理念，推进高质量、可持续发展的新要求。本实例基于现代油藏管理的系统性特征，按照系统分析过程，采用初步系统分析、环境分析、解释结构模型、情景分析、KSIM、多重比较分析、系统动力学、组织设计、博弈分析、系统评价（AHP/DEA）等多种（模型）方法，初步形成了体系，对理解和运用管理系统分析原理及其（模型）方法有一定帮助。

思考题

1. 对现代油藏管理进行系统分析有哪些突出特点？应注重哪些原则？

2. 实例中将 ISM 方法和 KSIM 方法、AHP 方法与 DEA 方法结合起来使用，这两种结合有何异同点？对（油藏）管理系统分析与评价有何意义？

3. 分析说明油藏管理四个分系统主反馈回路的性质及其实际意义。

4. 在该项油藏管理系统工程研究中用到了较多的分析方法，试按照系统分析流程来具体标注、组合这些方法，有何主要启示？

5. 按照系统观念和系统工程的思想与方法，我国能源、资源类企（行）业实现高质量、可持续发展需要重点关注和解决哪些问题？

实例三 复杂重型装备网络化协同制造系统分析

一、背景

工业 4.0 象征着第四次工业革命，即生产系统互联互通、工业生态广泛整合、人工智能深度融合的开始。工业 4.0 的主要目标涉及横向集成、纵向集成和端到端集成三种集成方式的运用，这意味着需要在企业架构、ICT 集成和流程进行变革。工业 4.0 代表了当前制造业自动化技术的发展趋势，主要包括 CPS、物联网（Internet of Things，IoT）和云计算（Cloud Computing）等主要使能技术。在这场新的工业 4.0 中，嵌入式系统、深度学习、强化学习、语义机器对机器通信、数字孪生、区块链和 CPS 技术正在将虚拟空间与物理世界相结合。此外，智能工厂等新一代工业系统正在兴起，以应对网络物理环境中生产的复杂性。在这场新的 ICT 驱动的技术演进中，嵌入式系统、物联网、CPS、工业集成和工业信息集成发挥着重要作用。

智能制造是一种新兴的生产形式，它结合了以物联网、云计算、面向服务的计算、人工智能和数据科学为首的 CPS 的概念，将当今和未来的生产资料与传感器、计算平台、通信技术、数据密集型建模、控制、模拟和预测工程相结合。智能制造利用网络物理系统、物联网、云计算、面向服务的计算、人工智能和数据科学的概念，用以提高生产效率、产品质量和服务水平。目前，智能制造已经引起了工业界、政府机构和学术界的关注，已经形成了各种联盟和讨论组来开发架构、路线图、标准和研究议程。

在行业巨头不断构建工业互联网生态的同时，不同的制造企业也会根据行业特性、业务类型、市场特点进行不同类型的制造平台建设，实现资源的精准分配和流程的灵活重组，利用云平台聚集分散、海量的资源，对企业资源、业务流程、生产流程、供应链管理等方面进行优化，提升供需双方、企业之间、企业内部各类信息资源、人力资源、设计资源、生产资源的匹配效率。该平台的功能如下：

（1）**产品按需定制**。平台前端与终端客户对接，后端与智能工厂对接，实现供需的精准互动、实时对接，实现以客户为核心的 C2B 定制，满足市场多元化的需求，达到企业增品种、提品质、创品牌的运营目标，同时避免交付周期过长。

（2）**软硬件资源分享**。该平台将共享经济、众创经济等新型概念引入生产制造行业，促进制造业对创新资源的开放共享，高效利用企业的闲置资产，优化生产线的排程安排，共享人力资源和服务，激发新的降本增效空间。共享软、硬件制造资源，可以为制造业提供强劲的生产动力，减少设备的空转率。

（3）**网络协同制造**。平台集成了企业的各种先进制造系统，突破地域限制造成的信息不对称，推动区域、全球的生产协作。平台的制造网络连接了不同规模、不同类型的生产企业，形成了高效的生产资源共享和强大的制造能力，并通过协同合作与知识共享的方式，将各个行业的核心产业链连接起来，使中国制造与全球创新紧密结合。

二、初步系统分析

1. 复杂重型装备行业转型难点分析

基于上述对复杂重型装备行业共性特征和需求的研究，发现复杂重型装备行业协同管理难度大，其项目运行过程中主要存在以下难点：

（1）跨组织、跨区域协同管理难度大。复杂重型装备行业项目实施涉及行业内部多方参与者，这些企业大多分布在全国的不同省份、不同区域，协同管理要求在成本、进度、质量等多方面同时对多参与方工作进行协同管控，管理范围广、管理强度大，如何确保各参与方协同合作是该行业项目运作过程中需要解决的一大问题。

（2）存在数据壁垒，知识共享难以实现。一方面，复杂重型装备属于关键基础装备，在国家中具有重要的战略地位，复杂重型装备行业企业数量少，各企业内部资源相对独立，数据保密性意识较强，大多企业不希望甚至不愿意将企业内部数据放于平台中共享。另一方面，各参与方的设计、工艺等图纸、标准均属于企业知识产权，出于信息泄露与产权意识的考虑，基于平台的协同设计风险较高，难以实现。另外，各企业间对同类产品的标准不一致，知识共享存在标准障碍。

（3）工艺知识的管理与应用较为复杂。工艺作为连接产品设计阶段和制造阶段的桥梁，在复杂重型装备产品的整个生命周期中起到了重要的作用。复杂重型装备产品以多品种小批量生产的方式为主，在其设计与制造过程中，存在生产组织难、零件加工难度大、工艺路线长、周转环节多、质量不稳定的问题。复杂重型装备行业涉及的工艺知识内容复杂，类型多样，各制造企业的制造能力、资源配置等实际情况千差万别，这又进一步加剧了工艺知识管理的复杂性。

在针对复杂重型装备协同制造平台上，工艺知识库主要承载工艺技术体系相关知识的管理（归纳、整理、入库）、共享及重用。工艺技术体系相关知识类型复杂、数据量庞大，有多类技术领域的关键技术、发展重点、技术状态等信息。而工艺知识管理的目的之一就是促进企业间工艺知识的最优配置。如果平台无法获知制造服务提供商和制造服务的工艺水平，则无法进行制造平台上制造任务与制造能力的匹配。

（4）资源分解匹配难度大。复杂重型装备结构复杂，设计、制造周期长，任务繁杂，分解难度较大，且数据壁垒的存在导致难以通过对各企业数据分析完成智能化任务分解匹配等。

（5）准确识别客户需求难度大，难以准确把握市场需求。复杂重型装备行业客户需求存在非结构化特征，客户需求交互花费时间长，效率低下，且客户需求不是一成不变的，如何在不同时间准确把握行业市场需求是复杂重型装备行业项目实施过程中永恒不变的话题。

2. 复杂重型装备行业转型解决方案探讨

针对以上难点，从技术发展和智能化的角度探讨了可采用的相关方案，这些方案大多需要深度融合多领域知识体系，多类新一代信息技术，以推动行业转型升级。

（1）深化整合多方平台。在复杂重型装备行业中，各企业内部均有各自的服务平台，深化整合集成多方平台与协同制造平台，深度融合制造服务，实现复杂重型装备行业纵向横向一体化集成，能够最大限度地实现各方协同管理，极大地降低成本，提高效率和效益，为客户创造更大价值。

（2）开发工业智能网络技术，提升网络安全。将区块链等网络安全技术应用于网络协同平台中，开发包括大数据和云计算环境的加密技术、基于区块链的分布式可信认证技术、基于自主愈合的网络威胁响应与处理技术等，以保障平台中的数据信息安全，确保知识共享机制顺利实施。

（3）致力于知识工程与行业知识软件化。研究行业技术的分类标准和体系架构，不断优化行业知识软件系统和标准，比如客户非结构需求规范化标准，行业设计、工艺标准等，建立促进创新和一体化的标准化文件，以打破各企业间数据壁垒现状，实现多方数据的完美对接。

（4）建立智能优化决策系统。基于行业标准和体系架构，搭建设备数据采集技术，基于数据进行知识发现和规则提取，针对性地提出复杂重型装备的云平台任务匹配和资源调度技术，分布式智能控制技术，以实现实施资源调度、智能优化决策和自适应任务控制。

（5）开发智能需求识别机制。开发基于语义的智能认知技术、基于深度学习的商业数据挖掘技术等深入挖掘平台客户需求，不断拓展新模式、新增值业务，提高重型装备行业的整体竞争力。

3. 复杂重型装备网络协同制造平台需求分析

现阶段，复杂重型装备制造行业存在众多"痛点"，这些痛点正是复杂重型装备网络协同制造平台的根本需求。为了深入了解这些需求，针对性构建复杂重型装备网络协同制造平台，项目组特地到中国重型机械研究院、中国第二重型机械集团、中铝萨帕特种铝材（重庆）有限公司等多家重型机械公司调研了包括挤压机在内的相关复杂重型装备项目，分析并总结了图8-16所示的行业痛点。

从行业总体水平来看，复杂重型装备行业整体智能化水平不高，企业转型升级较为困难。从项目执行情况来看，项目执行过程中，生产信息庞杂，人员交互频繁，生产效率低下，导致存在生产周期长、生产成本高且产品质量不足等情况。从项目后期维护来看，复杂重型装备存在的最大问题是设备维护、机台问题等运维问题。

针对图8-16中的行业痛点，可以从协同发展、管理运营、协同设计、协同制造、协同运维服务几个方面解决。

行业痛点			解决方案	
行业智能化水平低	行业智能化水平低下	协同效率低	搭建网络协同平台	协同发展
	客户需求不确定	平台盈利难	平台生命周期演化	
	关键共性技术突破难	创新驱动力不足	产业联盟协同创新	
项目过程管控困难	人员繁杂，交互频繁	协同管控难	供应链组织协同	管理运营
	利益共享分工不明确	利益分配难	利益分配规则	
	客户投机、跳单行为	投机行为多	平台治理规则	
设计周期长	数据、知识的共享难	协同动力低	知识共享机制	协同设计
	设计图样共享泄密	风险高	区块链数据加密	
	零部件齐套性难把控	多次返工	并行协同设计	
生产效率低	产线柔性敏捷性不够	低效	智能决策排单排产	协同制造
	生产信息庞杂	问题诊断难	效能分析智能诊断	
	设备运转忙闲不均	产能利用低	智能化制造系统集成	
售后问题多	设备维护费用高	成本损失大	故障预测报警处理	协同运维服务
	机台问题处理滞后	处理不及时	远程诊断	
	故障问题难追溯	信息杂乱	平台监控一体化运维	

图 8-16　复杂重型装备行业痛点及需求分析

三、复杂重型装备网络协同平台功能设计和协同逻辑

（一）功能设计

复杂重型装备制造的主制造商、零部件生产单位和供应商空间分布广，要优化各种制造资源，提升制造能力，必须实现主设计商、主制造商、供应商和专业化生产单位之间的高度协同以及制造知识、技术等资源的共享。在制造中，通过协同开发与云制造平台，实现异地、跨组织、多专业之间的协同非常必要。平台功能可以划分为协同设计、协同制造、协同管理与协同运维四大模块。此外，平台还具备门户管理和后台管理功能，用于客户和制造服务提供商的资格认证和供需资源匹配，拓展产品定制、技术支持、管理咨询等业务。复杂重型装备网络协同平台功能架构如图 8-17 所示。

平台可按照企业的意愿在云社区或平台首页共享交易过程产生的知识，供其他成员企业学习、交流。每个功能模块具体描述如下：

（1）**协同设计**。通过协同开发与云制造平台，在设计过程中，首先需要对非结构化、非规范化的客户需求进行模板描述、确认及可行性分析，将可行的设计任务分解并分派给现有的设计资源供应商，针对客户需求的每一个调整，设计商要及时跟进，并与制造厂和零部件供应商沟通方案调整的可操作性。此外，为了提升工程师的设计效率，挖掘历史设计方案数据，对已建设的研发类知识数据库（如设计标准、技术规范、三维/二维图样等）进行内容扩容、设计模板推送及易用性提升。

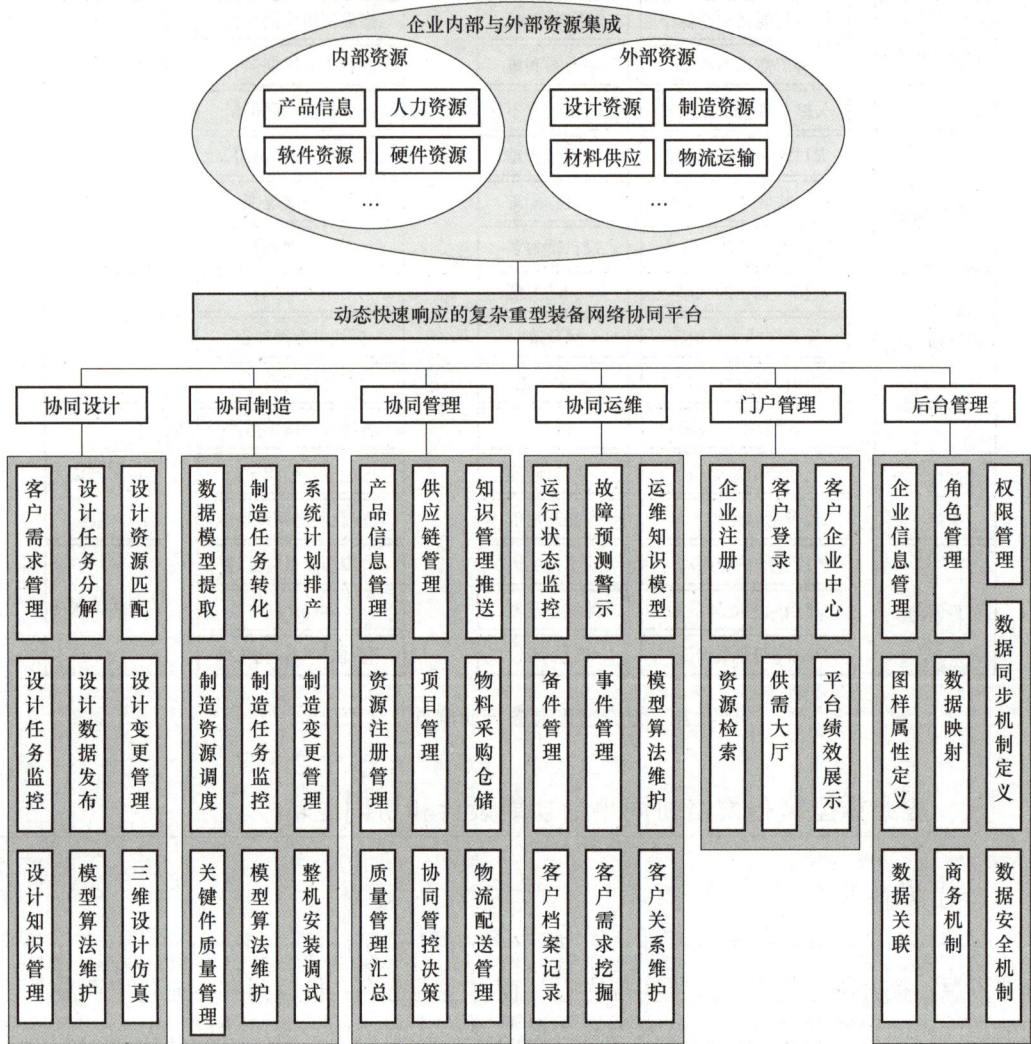

图 8-17　复杂重型装备网络协同平台功能架构

（2）**协同制造**。复杂重型装备制造的主制造商、零部件生产单位和供应商空间分布广，构建基于网络的多专业、跨地域协同制造体系，将整机组装、零部件制造商等资源集成，生产任务下达后，能够针对不同型号的制造需求，制定个性化且具备可行性的组装方案，而零部件厂商则根据实时动态信息，及时提供配套供应，实现对生产资源的优化配置。异地协同制造的基础在于研发阶段的数字设计，整个制造过程依据研发环节的三维唯一数据源构建制造信息模型，广泛采用数字化工艺知识库和柔性制造系统，实现制造进度的可预测、可调整、可追溯。

（3）**协同管理**。为了实现产品全生命周期设计、制造、服务环节的高度协同，需要对各环节的任务执行进度、效果、关键节点、成本等进行监控评价，对备件质量、订单采购、材料仓储、物流配送等进行管理，同时为了约束各组织条块分割严重、利益驱动的短视化行为，平台需要制定行为规范确保各方统一整体利益最大化的目标。此外，平台上注册有产品基本信息、人力资源、软件资源、硬件资源，需要对这些虚拟资源的应用情况实时跟踪。

（4）**协同运维**。整机安装交付时，跟踪安装调试任务进度并对装备质量、产品备件进行过程监控。进行售后服务时，人工故障检测诊断会出现误判、信息传递缺失等情况，影响服务满意度，而通过建立设备故障原因数据库和历史维修方案数据库，构建多专业协同的远程诊断系统和动态服务机制，能够及时响应客户的维修服务需求，同时采用无线通信专线实现对装备使用性能、功耗、能耗等的远程监控，通过分析历史运行数据构建典型故障预测模型，预先制定装备维护维修方案并及时更换老化零部件，降低不必要的维修维护成本。在市场营销活动中，通过对客户（分销商或消费者）历史合同进行分类存储，构建客户档案，挖掘客户潜在需求，将应用数据反馈到产品研发改进、原料采购、计划排产等活动，为企业创造价值。

（二）协同逻辑

在数字化、网络化、智能化的基础上，构建网络化协同工作环境，已经成为企业提高生产质量、降低成本和提高效率的新途径。通过构建网络化协同服务平台，整合社会资源，提供从装备研发设计、生产制造、物流运输到安装交付以及运维服务全生命周期协同管理方案，为制造企业在目标、过程、组织、资源、信息等五个层面的协同提供了可能。组织、过程、信息、资源、目标等五个协同要素相互影响、相互促进、相互耦合。平台只有在上述五个层面上同时实现了协同，才能达到"总体大于局部"的协同管理效果。复杂重型装备网络协同平台协同逻辑如图 8-18 所示。

1. 组织协同

通过网络协同服务平台，将企业、客户和联邦资源联系起来，形成一个以核心企业为主体的临时联盟。通过组织协调，实现对资源的集中式协同管理以及各部门之间的分工协作。从空间维度看，服务参与方之间在地域分布上较为分散，并且具有自主性，因此，必须建立一个以项目目标为主导、以核心企业及分布式项目参与方为主体、以联邦资源为基础的组织架构，通过职责和权力的有机结合，使联盟内各参与方最大限度地发挥作用，保证项目组织的高效运转，最大限度地利用资源，达到系统目标。

组织协同既体现在企业内部组织形态向个体高效互联的网络式组织转化上，也体现在企业外部存在着多个组织组成的价值网络，企业内部网络组织与外部价值网络高效运行与协作的核心是信任，而获取合作关系的方式则是契约设计。企业自身是各种契约缔结的集合体，协同的障碍在于个体和组织之间存在着不同的目标和利益，因此组织协同的关键是契约设计。

2. 过程协同

由网络协同服务平台对从装备设计、制造、物流运输到安装和售后服务等全过程进行实时监控、协调管理和集中调度，实现对生产流程的全面优化。从时间维度看，项目的整个生命周期可以分为需求分析、设计、制造、物流、安装调试和运维服务等环节，项目过程协同是指在信息协同的基础上进行流程间的协作，消除项目运转过程中各种冗余和非增值的流程，以及由人力、资源等因素产生的影响过程效率提升的所有阻碍，从而整体优化项目运作过程，如图 8-19 所示。

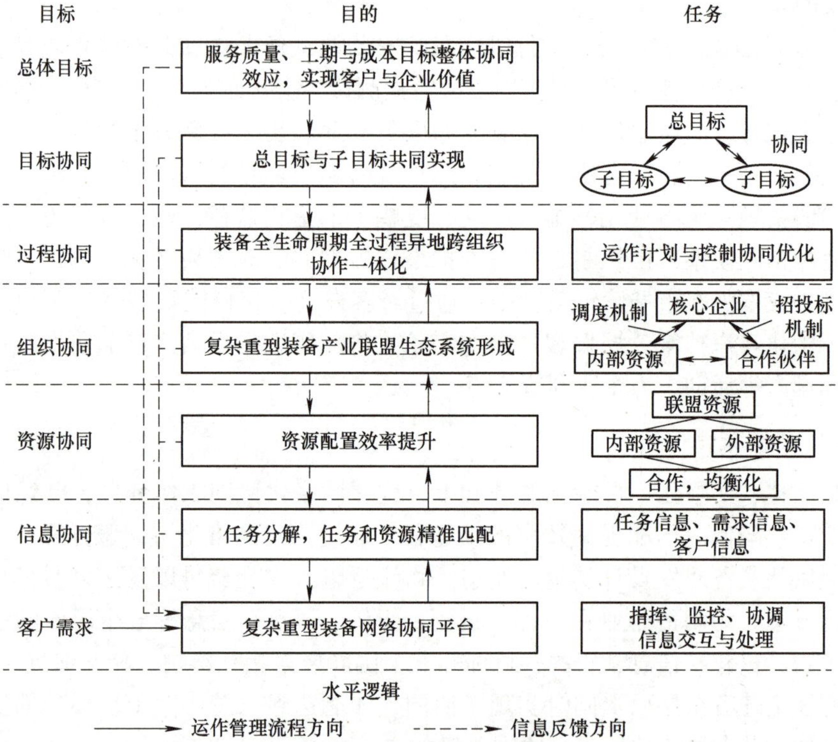

图 8-18　复杂重型装备网络协同平台协同逻辑

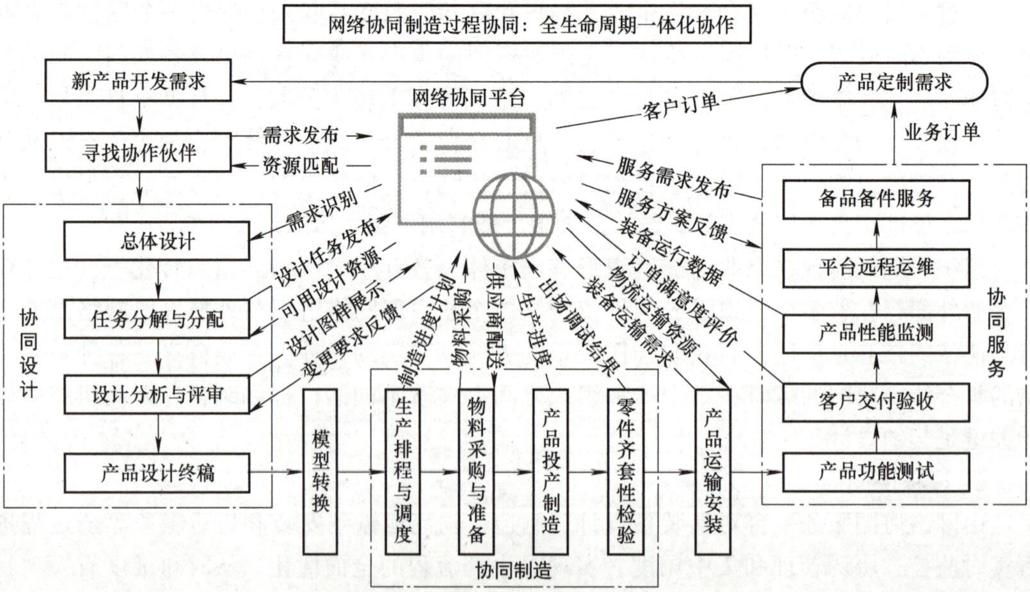

图 8-19　复杂重型装备网络协同平台过程协同

3. 信息协同

企业利用网络协同服务平台实现对项目信息的整合与控制，使得项目各参与方能够信息共享，达到高效、高质协作的目标。信息协同系统是组织、过程、资源和目标协同的前提和保证，因此，没有网络协同服务平台，企业的运营协调和优化问题就成了空谈。复杂重型装备网络协同平台信息协同如图 8-20 所示，不同信息系统的应用与数据接口的集成是实现项目信息及时充分共享和数据互联互通的关键技术手段，可以有效地降低沟通成本和抵御出错风险。在信息维度上，项目在整个执行过程将产生大量的、复杂的信息，对信息的正确、高效共享和传输是保证项目正常协调运转的基础。

复杂重型装备网络协同制造的各个环节涉及不同的系统，系统与系统之间应可通过数据接口进行信息传递。在设计阶段，将产品数据管理（PDM）、工艺辅助设计（CAPP）进行集成，实现异地跨组织并行协同设计与装备齐套性检验；在制造阶段，将制造执行系统（MES）、设备管理系统（MMS）、质量管理系统（QMS）、数据采集与监视控制（SCADA）系统进行集成，实现生产过程实时监控与柔性化智能化制造；在仓储物流阶段，将智能仓储和物流系统（WMS）、仓储与物料控制系统（WCS）进行集成，实现智慧物流和仓储；在运维服务阶段，主要在设备性能检测、平台远程运维和备品备件服务三方面实现对客户需求的快速响应及精准化服务；平台还接入了企业资源计划（ERP）系统、客户关系管理（CRM）系统以及协同办公（OA）管理系统，支持对服务资源的泛在、快捷、按需的网络接入，在装备生产的各个阶段可以精确地传达客户的个性化需求，实现上下游的需求交互，通过装备联网消除信息孤岛以无阻碍地传递生产过程中的信息与数据，使生产过程可以得到实时的管理和监控。

4. 资源协同

在资源维度中，由于项目管理涉及的作业数量众多，其逻辑关系错综复杂，需要的资源种类和数量也是多种多样的，如何有效地进行项目资源的协同管理与协调调度，是当前亟待解决的问题。联邦资源之间通过服务平台进行信息交流和协作交互并共同完成任务，通过协同机制实现资源的均衡分配与合理投入，使资源之间相互作用、合作和协调，实现各参与方的目标一致性和功能互补性，最终能协同完成大型复杂任务。

5. 目标协同

在目标维度方面，一般为多目标体系，其特点是层次性、耦合性。如项目目标可划分为：项目总体目标与子目标；客户目标、核心企业目标和联邦资源目标；质量目标、交货期目标和成本目标。但是，各目标之间相互作用、相互影响、相互耦合，在追求质量指标的同时，会影响项目的交货期和成本指标；在追求交货期指标时，也会导致成本上升，品质下降。因此，只有通过多目标协同，才能取得整体最优的结果。目标协同的核心在于全局性、协同性和精益化，追求项目的总体最优。

可见，上述各层面的协同并非孤立存在，而是相互补充、相互制约、相互依存的。其中，网络协同平台是实现企业间合作的基础和技术途径，没有网络化协同平台，在项目运作过程中就很难开展业务协作和流程优化。

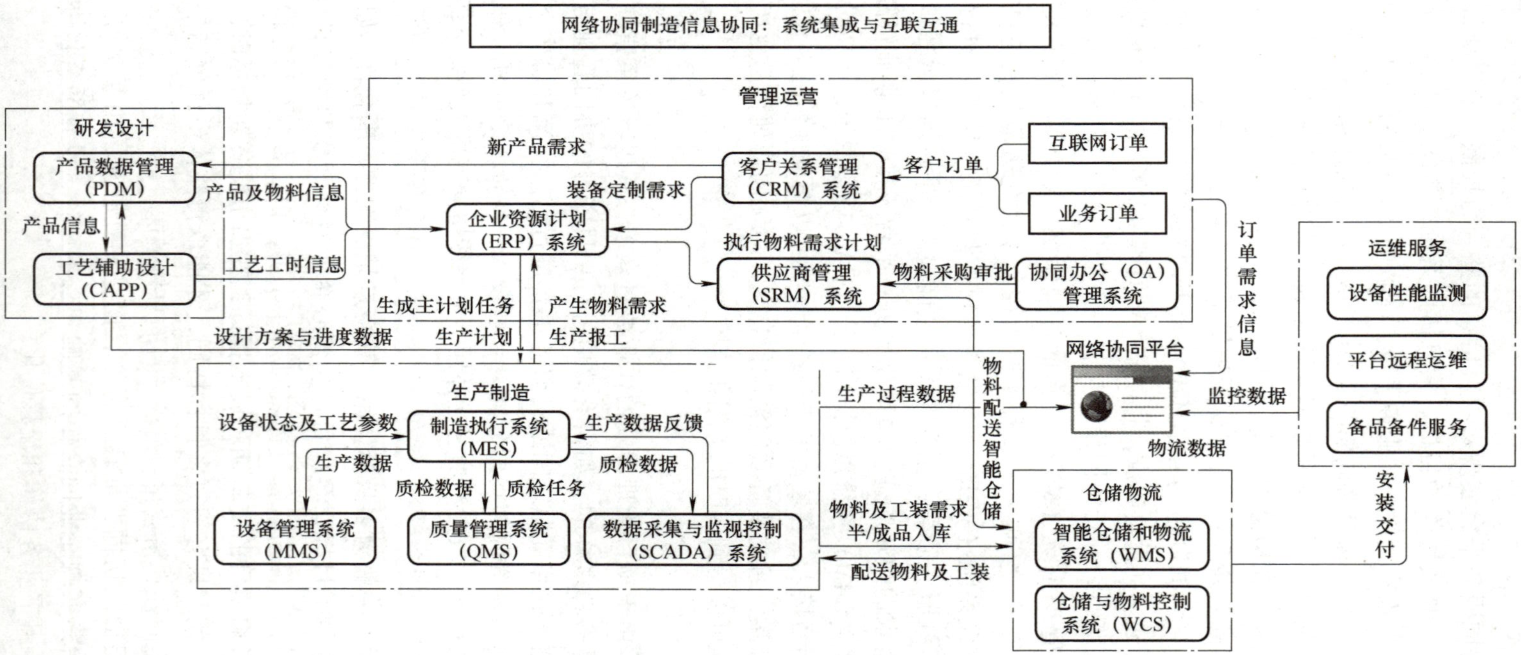

图8-20 复杂重型装备网络协同平台信息协同

四、复杂重型装备网络协同平台成长演化阶段分析

在分析总结了网络协同平台客户规模扩张的主要影响因素和规律之后，运用 Vensim 软件模拟复杂重型装备行业中制造企业对网络协同模式的采纳行为，建立了基于系统动力学方法的网络协同平台演化模型。最后，综合考虑集成制造商佣金率、零部件服务供应商会费率因素的影响，分别改变上述参数的大小画出平台客户规模变化曲线和平台利润变化曲线，找出显著影响平台客户规模和平台利润的因素及其最优值，有助于提前为平台设计更为有效的运营政策，避免平台发展出现瓶颈。

基于以上分析，本例利用 Vensim 软件建立了复杂重型装备网络协同平台演化系统动力学模型，如图 8-21 所示。

根据系统动力学模型，本例采用 Vensim 软件模拟网络协同平台在四年内的演变过程。以每月作为一期，假定平台成立之初就有 10 家集成制造商因为项目合作的关系进驻该平台，保持其他所有参数不变，分别观测佣金比率、会费比率变化对网络协同平台发展的影响。平台的收益受平台佣金比率、平台会费比率、平台制造服务价格、平台服务成本以及平台客户数量的影响，平台集成制造商的数量会受到平台佣金比率的影响，平台零部件服务供应商会受平台会费比率的影响。平台的收益由两部分组成：向平台集成制造商收取的订单佣金以及平台零部件服务供应商支付的会员费用。平台利润、平台集成制造商数量变化以及零部件服务供应商数量变化如图 8-22 所示。

五、产业联盟协同创新模式分析

由于突破关键技术与核心技术需要大量资金投入、人员配备，且投资风险高、不确定因素多，独立企业凭借自身内部资源和知识储备能力往往难以实现突破性创新，这就迫使企业必须有效利用外部资源，建立联盟伙伴关系来获取创新所需的信息、知识、资金等资源。以"创新生态系统"为导向的产业联盟协同创新模式更强调系统开放性原则，它是以技术创新为耦合纽带，通常包含一个或多个创新主体之间的相互合作、资源共享。企业通过联盟与其他合作伙伴间协同互补为客户提供技术支持、平台维护、知识指导、产品推广等增值服务，依附联盟发展创新生态系统更是企业知识积累和技术创新历程的必经之路。

产业联盟是由政府、企业、高校、科研院所、客户以及中介服务机构，以各方的共同利益和企业的发展需求为基础，以提升区域或整个产业技术创新能力为目标，以具有法律约束力的契约为保障，通过深入整合知识、技术、资本、信息与政策等创新要素，所形成的协同开发、资源共享、风险共担、成果共享的技术创新合作组织。核心企业搭建并整合网络协同服务平台，政府作为公共权力的代表提供资金支持、政策引导工作，具有协调各主体、调动多种科技资源的天然优势，能够为平台的持续投入提供保障，核心企业通过与合作伙伴进行多种形式的合作，多方共同参与优势互补形成产业联盟。

复杂重型装备产业联盟协同创新模式如图 8-23 所示。产业联盟协同创新模式是指建立以复杂重型装备研制业务过程为纽带，以市场和产业需求为导向的共性技术研发服务

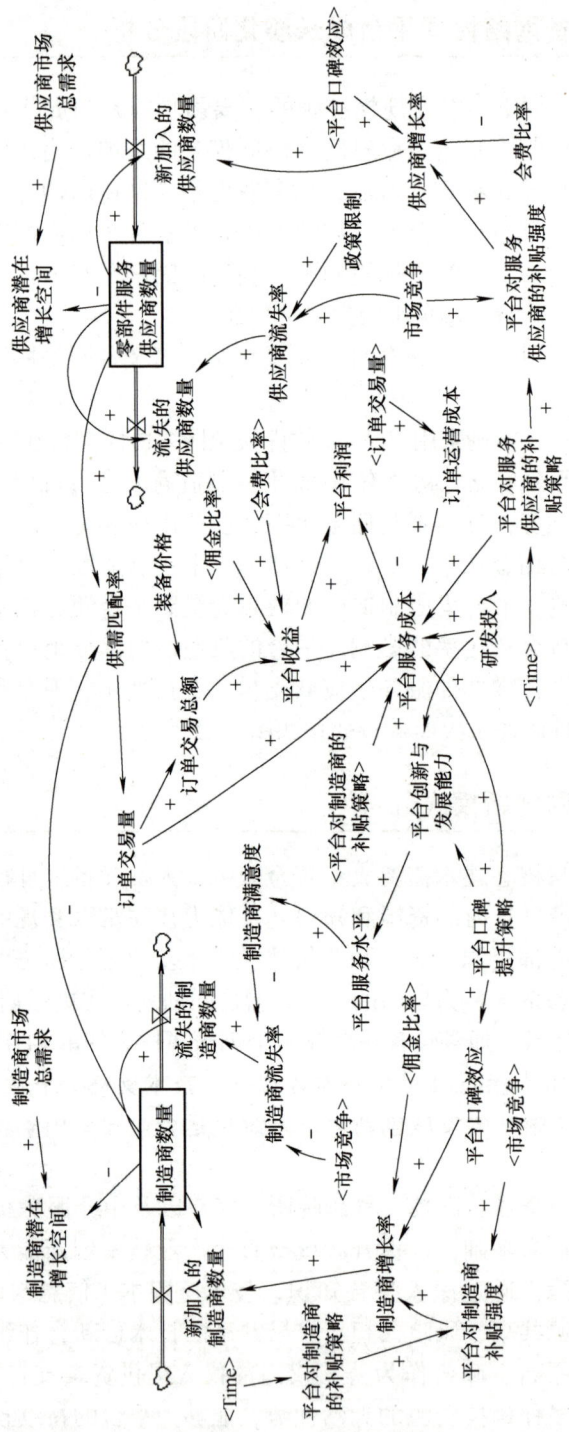

图8-21 复杂重型装备网络协同平台演化系统动力学模型

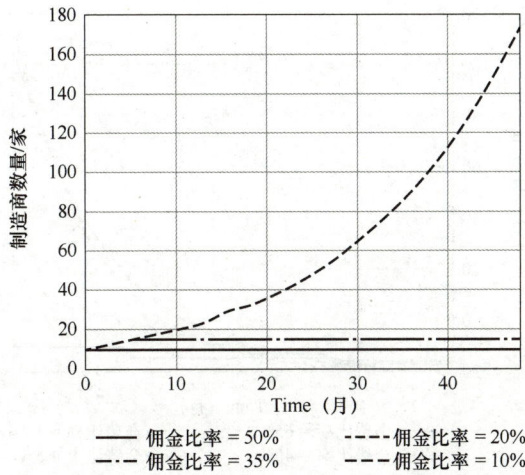

a) 会费比率＝15%，制造商数量随佣金比率的变化

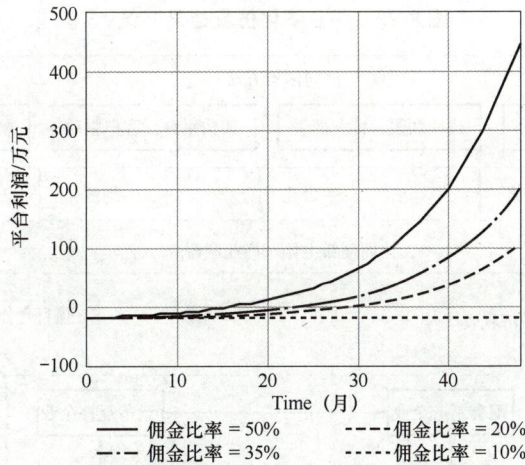

b) 会费比率＝15%，平台利润随佣金比率的变化

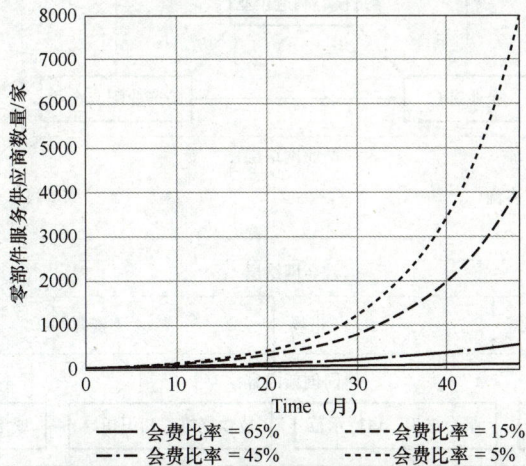

c) 佣金比率＝20%，零部件服务供应商数量随会费比率的变化

图 8-22　平台演化仿真结果

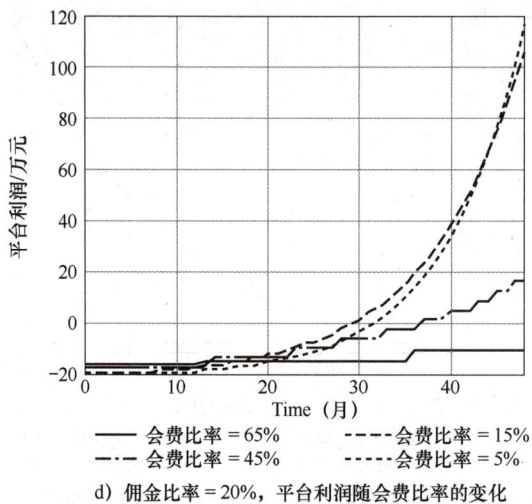

d) 佣金比率 = 20%，平台利润随会费比率的变化

图 8-22 平台演化仿真结果（续）

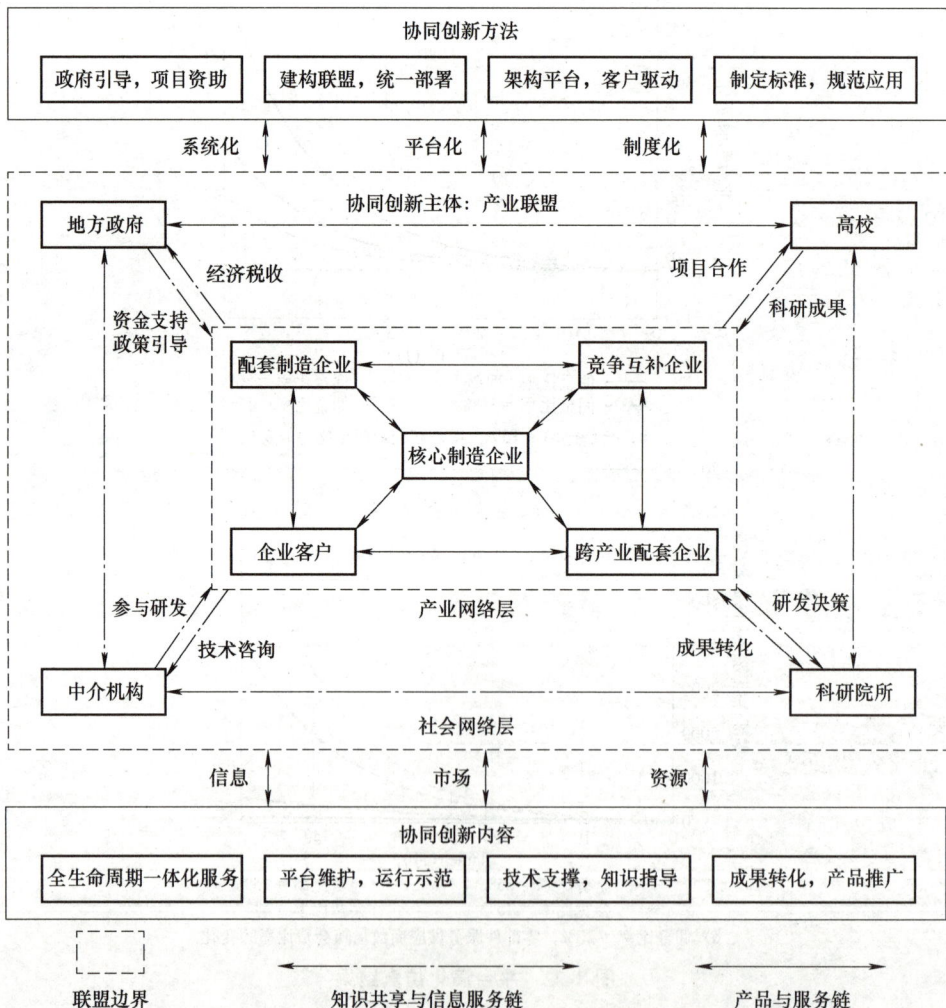

图 8-23 复杂重型装备产业联盟协同创新模式

平台，将分布于多地的企业、供应商、高校科研院所、中介机构和客户乃至竞争者连成一体，建立跨地域的设计、生产和销售的网络联盟，寻求更大范围资源的配置优化，以最短的时间、最低的成本、最优的质量和服务、绿色环保的产品快速响应市场需求，形成并行协同的数字化创新研制模式。以研发项目为导向，通过共同组建研究团队、共担费用和风险、共享人才和成果的方式，实现产业共性标准和关键科技成果的转化与推广应用，达到降低研发成本与风险、培养综合型创新人才和积累知识产权的目标。这种多领域密切合作、共同研发的商业模式，打破了高校、企业、政府之间的行政壁垒，具有合作对象灵活、合作形式多样、转化路径个性化的特点，能够提供给每一个合作者所需要的研发成果，以满足他们未来技术的开发，实现各方利益最大化。此外，客户参与对于改进服务效率和客户体验至关重要，客户驱动的产业联盟开放式创新创造出一个更为积极的环境，能够对客户需求做出反应。

产业联盟协同创新的本质就是要利用数字化技术改造传统的生产研制模式，在协同环境下集成复杂重型装备研制技术、信息和资源等，它的应用从根本上变革了传统重型装备的研制过程。主要体现在两个方面：一方面，在分布于不同空间位置的多家复杂重型装备研制单位之间能够进行信息资源的共享和工作过程的协同；另一方面，企业自身的组织结构也在发生深刻变革，以往的金字塔式的多层递阶结构正朝着网络式扁平化结构方向发展，以功能为中心的串行研制模式也向着以过程为中心的并行协同研制模式转变，企业、研制团队和研制人员之间存在大量的协同工作。

六、总结

（1）本例介绍了复杂重型装备网络化协同制造系统。从系统的角度如何看待复杂重型装备网络化协同制造是本例的重点。介绍了现代复杂重型装备制造的背景和制造需求，包括工业4.0及产品定制、协同制造等相应要求。

（2）对复杂重型装备网络化协同制造进行了系统分析。主要包括转型难点、解决方案和平台需求分析。

（3）展示了平台功能和协同逻辑。平台功能包括协同设计、协同制造、协同管理、协同运维、门户管理和后台管理。协同逻辑包括组织协同、过程协同、信息协同、资源协同和目的协同。

（4）利用系统动力学方法对复杂重型装备网络化协同系统发展进行了仿真。

（5）对复杂重型装备网络化协同发展模式进行了分析。以核心制造企业为中心，政府、高校、科研院所和中介结构协同推动制造模式的创新。

思考题

1. 复杂重型装备网络化协同制造的系统特征有哪些？
2. 复杂重型装备网络协同平台信息协同系统结构有什么特点？

3. 请简要说明运用系统动力学模型对复杂重型装备网络协同平台演化进行分析的管理学启示。

4. 试分析说明复杂重型装备产业联盟协同创新模式的系统结构及其运行特征，有何现实意义（可以结合党的二十大精神）？

实例四　环境规制下区域间企业绿色技术转型策略演化稳定性研究

一、研究背景

坚持绿色发展是贯彻新发展理念的重要内容。绿色发展的重点和关键之一是实现绿色技术转型、降低碳排放强度等。为此，需要构建市场导向的绿色技术体系，建立系统完备、科学规范的绿色质量标准体系，强力推进能源绿色革命和气水土污染治理，促进绿色技术、绿色资本、绿色产业有效对接。一直以来，我国在推动绿色发展转型的进程中，面临的重要瓶颈在于如何在平衡多方利益的同时实现绿色技术转型和降低碳排放强度。然而，中央政策规划者在规划和设计（中央制定，下层实行）可行的绿色技术转型的环境规制政策时，有时会遇到因区域间多方主体利益冲突而不能顺利进行等问题。因此如何在多方博弈中积极引导企业绿色技术转型是一个亟待解决的系统管理问题。在特定区域内，地方政府环境规制政策不是去禁止某些非绿色技术的使用，而是试图使用间接手段为企业提供适当的激励和惩罚手段，让企业做出"正确的"绿色技术转型选择。在区域之间，中央政府对于区域间地方政府的环境规制政策可以在一定程度上刺激区域间进行合作减排，实行基于市场机制的动态横向补偿模式，协调在集聚空间内的各方主体的相关利益，这会对降低碳排放的外部性影响产生积极影响。

企业绿色技术转型需要加快建立涵盖环境规制、节能减排机制和开放式绿色转型机制创新体系，并在技术、纵向横向转移资金等方面不断丰富绿色转型的政策措施。从以往的研究中得知，企业绿色技术转型方面的研究对于我国经济的绿色发展至关重要，但在绿色技术选择方面的研究仍有不足。

区域间的碳排放主要来自企业生产中的能源燃烧，区域间政府进行严格碳减排就要严格监督企业生产的碳排放，其中企业的绿色技术转型是关键环节。为从根本上减少碳排放强度，地方政府对于企业绿色技术选择的监督成为区域间减排工作的重要内容。对于区域间碳排放和碳减排的研究主要从碳排放差异和影响因素方面进行。科学合理的区域间减排分工方案，能够持续地促进集聚空间内区域主体各司其职，防止"搭便车"现象发生，强化区域间政府严格监督的积极性并有效降低碳排放负外部性影响。

⊖　陈晓红，王钰，李喜华. 环境规制下区域间企业绿色技术转型策略演化稳定性研究 [J]. 系统工程理论与实践，2021，41（7）：1732-1749.

环境规制的作用效应是国内外政府工作者和学术工作者的研究热点，其内容围绕环境污染状况、经济绩效、技术创新、产业结构、出口贸易、资本流动、企业选址、劳动力就业、公共健康等视角展开。环境规制可分为显性和非显性环境规制，显性的规制工具又分为"命令-控制型规制""市场激励型规制""自愿性环境规制"。对于环境保护税工具的研究，学者们主要从环境保护税的"双重红利"假说、环境保护税征收对于社会经济的影响以及社会个体的影响几个方面展开。国内外学者对于政府补贴工具的研究主要从对于绿色技术创新的影响效应角度入手，其中包括积极作用、消极作用和适度补贴三种类型。对于环境规制中央政府与地方政府的监督博弈的研究，有研究分析中央政府和地方政府以及地方政府之间在环境保护和经济发展中的利益冲突的制度成因。有研究得出，降低中央政府的监察成本、加强中央政府对地方政府的监察力度和违规处罚力度，降低环境规制成本，提高环境规制收益，将有利于促使地方政府执行环境规制。对于市场激励工具的研究，现阶段对于市场碳交易机制对企业减排的规制研究较多。现有研究表明，无论是对于企业还是对于地方政府来说，适当提高环境规制对于经济绿色发展以及减排工作是必不可少的。

综上所述，企业的绿色技术转型决策问题是我国向绿色经济转型中的关键环节之一。因为碳排放空间的公共性，区域间政府严格监督绿色技术选择同样至关重要。在环境规制的多种工具约束下，平衡各减排主体的利益并促进各方积极进行减排合作的模式仍待深入研究。

二、模型假设与参数设置

1. 模型基本假设

在我国的环境规制体制下，统一实行地方政府环境负责制，地方政府对本辖区内的环境污染程度负责，中央政府对地方政府的执法情况进行监督管理。地方政府管辖区域碳排放未达到减排目标，政府的纵向转移支付会减少。由于碳排放跨区域性的特点对其他外部政府产生了环境影响，地方政府需要对外部政府进行补偿。在地方政府和企业关系中，以碳排放交易制度为例，我国对于碳排放的总量进行控制，要求企业将碳排放控制在一定水平。《京都议定书》中规定，企业的减排额度以承诺的减排和限排配额为基础。当企业碳排放达到政府发放的免费碳配额之上时，超出部分需要在碳交易市场上购买碳排放权，还需要承担更高的环境保护税。当企业的碳排放额度未达到免费配额时，企业可以将多余的碳排放配额在市场上出售获得收益，同时承担的环境保护税较少。

本实例以碳排放交易中的区域政府之间监管策略、地方政府监管企业绿色技术转型策略为研究对象。假设企业的减排率由其技术选择决定，在对于特定技术减排率下降确定的情况下，企业可以选择清洁技术（高成本投入）来达到较优的减排水平，也可以选择污染技术（即传统且成本投入较低的技术）达到较差的减排水平，其策略集为｛清洁技术，污染技术｝。地方政府贸然强制企业进行技术转型，短时间内企业可能因高昂技术成本而退出市场，所以地方政府对企业的监管程度有一定的考量。而且严格的监管需要付出很高的监督成本，例如碳排放的定量定期检测和税费、补贴等所消耗的成本，所以地方政府的策略集为｛严格监督，不严格监督｝。假设地方政府积极开展监督减排工作是有效的，碳排放量可以得到控制，并可以保证碳排放交易市场的顺利运转。地方政府辖区内的企业进行生产活动对于当地经济发展有着极大的促进作用，地方辖区的碳排放主要来源于企业的碳排放，经济分权给了地方政府监督决策和行动的空间。

碳排放具有跨区域性的特点，所以国家在分配碳排放权、制定生态补偿标准、划分碳减排责任等政策时，应充分考虑碳排放区域差异性。当本区域内的地方政府不严格进行企业绿色技术选择监督时，会受到碳排放过多所导致的环境危害而造成的损失。当一地方政府进行严格监督企业技术选择，另一地方政府不严格监督企业技术选择时，严格监督的政府会得到中央政府更多的纵向转移支付，以及因另一地方政府不严格监督而导致企业超标排放带来的不良外部效应和因不良效应获得的横向转移补偿。假设地方政府间的外部效应影响程度相同，横向转移补偿的额度根据负外部效应大小决定。

2. 参数设置

（1）企业排放技术与收入。区域内地方政府 i 免费发放给辖区的企业 j 的碳排放量为 e，企业的碳排放量为 Q，其中企业选择污染技术时的碳排放量为 $Q_d(Q_d>e)$，选择清洁技术时的碳排放量为 $Q_c(Q_c<e)$。当企业的碳排放量 $Q>e$ 时，企业需要在碳交易市场上购买 $Q-e$ 的碳排放量，单位碳排放量交易权价格 p 由市场决定，碳排放量交易额为 $E_d(E_d=Q_d-e)$，企业需要支付 $E_d p$；当 $Q<e$ 时，企业能够把多余的碳排放量交易权在市场上出售，出售碳排放量交易额为 $E_c(E_c=e-Q_c)$，获得额外收益 $E_c p$。企业技术转化的减排量为 $\Delta e=Q_d-Q_c$，减排产生的环境效益 $B=a\Delta e$，a 为减排效率。

（2）企业碳排放技术与环境保护税。企业选择污染技术需付出较低成本 C_d，选择清洁技术需要付出更高的成本 $C_c(C_c=C_d+\varphi\Delta e^2)$，$\varphi$ 为减排量影响清洁技术成本系数。地方政府向企业收取的环境保护税税率为 t_i，征收环境保护税 $T_c(T_c=t_i Q_c)$。地方政府对选择清洁技术的企业进行一定成本补贴 $TC=b\varphi\Delta e^2$，其中 b 为成本补贴系数，选择污染技术的企业不会得到地方政府的成本补偿。

（3）地方政府支付成本与企业技术选择。地方政府环境规制中严格监督的成本为 C_i（环境税征收成本、碳排放成本、咨询科研机构成本等）。如果企业选择清洁技术，地方政府需对企业支付技术成本补偿 TC 和征收较少的环境保护税 T_c，并享受企业减排带来的社会效益 B；如果企业选择污染技术，地方政府不会对企业进行成本补偿并征收较高的环境保护税 T_d。

（4）中央政府纵向转移支付与地方政府监督力度。地方政府 i 认真监督企业技术选择的成本为 $C_i(i=1,2)$，地方政府可以独立随机选择"严格监管"和"不严格监督"。设监督减排力度为 $\lambda_i(0<\lambda_i\leq1)$，$\lambda_i$ 越小表示地方政府对企业技术转型监督程度越轻，本实例设定为表现在地方政府投入的监督成本下降和征收环境保护税税率下降。中央政府对地方政府的纵向转移支付主要根据地方政府的治污绩效和治污资金投入，地方政府管辖区域治污资金投入越多，在一定范围内减排成效越好，中央政府对地方政府的纵向转移支付额度越大。假设 TR_i 表示中央政府对地方政府纵向转移支付（$TR_i=\xi_i$

C_i），中央政府有维持全局环境公平的职责并遵从"谁污染，谁负责；谁开发，谁保护"原则。

（5）地方政府对外部政府的横向转移支付。地方政府 i 管辖区域的碳排放量为 $Q_i(i=1,2)$（因各区域企业的碳排放量不同，假设 $Q_1<Q_2$；若假设 $Q_1\geqslant Q_2$，命题和结论分析仍旧成立）。因碳排放给当地政府带来的损失为 $L_i=kQ_i$，k 表示碳排放造成的损失系数。假设碳排放负外部效应系数为 α，若地方政府排放对其他外部政府辖区产生负效应，则"搭便车"的政府需对其他外部政府进行横向转移补偿 $F_i(F_i=\mu\alpha L_i)$，μ 为环境损失补偿系数。

三、政府对企业绿色技术选择监管演化博弈分析

1. 地方政府对企业绿色技术选择监管演化博弈分析

以地方政府为例，当地方政府选择严格监督和企业选择清洁技术时，地方政府需支付较高的监督成本、征收较高的环境保护税、较高的纵向转移支付和企业选择清洁技术带来的减排收益，因碳排放造成的经济损失，并且对企业选择清洁技术进行成本补偿；当地方政府选择不严格监督和企业选择污染技术时，地方政府需支付较低的监督成本、征收较高的环境保护税和较低的纵向转移支付，因碳排放造成的经济损失较高并且无须对企业技术选择进行成本补偿；当地方政府选择不严格监督和企业选择清洁技术时，地方政府对企业选择清洁技术进行较低的补偿；当地方政府选择严格监督和企业选择污染技术时，地方政府承受因企业污染排放造成的经济损失。以此确定地方政府监管策略和企业绿色技术选择策略的支付矩阵见表8-4。

表8-4　地方政府监管策略和企业绿色技术选择策略的支付矩阵

策略	地方政府严格监督 S	地方政府不严格监督 L
企业绿色技术转型 C	$-C_c+E_cp-t_iQ_c+b\varphi e^2$, $-C_i+t_iQ_c+\xi_iC_i+a\Delta e-kQ_c-b\varphi\Delta e^2$	$-C_c+E_cp-\lambda_it_iQ_c+\lambda_ib\varphi e^2$, $-\lambda_iC_i+\lambda_it_iQ_c+\lambda_i\xi_iC_i+a\Delta e-kQ_c-\lambda_ib\varphi\Delta e^2$
企业保留污染技术 D	$-C_d-E_dp-t_iQ_d$, $-C_i+t_iQ_d+\xi_iC_i-kQ_d$	$-C_d-E_dp-\lambda_it_iQ_d$, $-\lambda_iC_i+\lambda_it_iQ_d+\lambda_i\xi_iC_i-kQ_d$

假设在企业群体中，采取"清洁技术"策略比例为 $x(0\leqslant x\leqslant1)$，则采取"污染技术"策略比例为 $1-x$；同时，假设在地方政府群体中，采取进行"严格监督"策略的比例为 $y(0\leqslant y\leqslant1)$，则采取"不严格监督"策略的比例为 $1-y$。从博弈支付矩阵中，计算出企业选择"清洁技术"策略、"污染技术"策略的期望收益和平均收益，以及政府选择"严格监督"策略、"不严格监督"策略的期望收益和地方政府的平均收益。根据动态复制方程，得到系统的五个平衡点。

命题　当企业选择绿色转型策略的成本 C_c 和地方政府严格监督成本 C_i 所处区间发生变化时，双方博弈的稳定演化策略也随之发生改变。

1）若 $0<C_c<C_d+\Delta e(p-t_i)+b\varphi\Delta e^2$，$0<C_i<(t_iQ_c-b\varphi e^2)/(1-\xi_i)$，系统（Ⅰ）的演化稳定策略（ESS）为 (C,S)。

2）若 $0<C_c<C_d+\Delta e(p-t_i)+b\varphi\Delta e^2$，$(t_iQ_c-b\varphi\Delta e^2)/(1-\xi_i)<C_i<t_iQ_d/(1-\xi_i)$，系统（Ⅰ）的演化稳定策略（ESS）为 (C,L)。

3）若 $C_d+\Delta e(p-t_i)+b\varphi\Delta e^2<C_c<C_d+\Delta e(p-\lambda_it_i)+\lambda_ib\varphi\Delta e^2$，$(t_iQ_c-b\varphi\Delta e^2)/(1-\xi_i)<C_i<t_iQ_d/(1-\xi_i)$，系统（Ⅰ）的演化稳定策略（ESS）为 (C,L) 或 (D,S)。

4）若 $C_d+\Delta e(p-t_i)+b\varphi\Delta e^2<C_c<C_d+\Delta e(p-\lambda_it_i)+\lambda_ib\varphi\Delta e^2$，$0<C_i<(t_iQ_c-b\varphi\Delta e^2)/(1-\xi_i)$，系统（Ⅰ）的演化稳定策略（DSS）为 (D,S)。

5）若 $C_c>C_d+\Delta e(p-\lambda_it_i)+\lambda_ib\varphi\Delta e^2$，$C_i>t_iQ_d/(1-\xi_i)$，系统（Ⅰ）的演化稳定策略（ESS）为 (D,L)。

系统（Ⅰ）的演化相位图如图 8-24 所示。

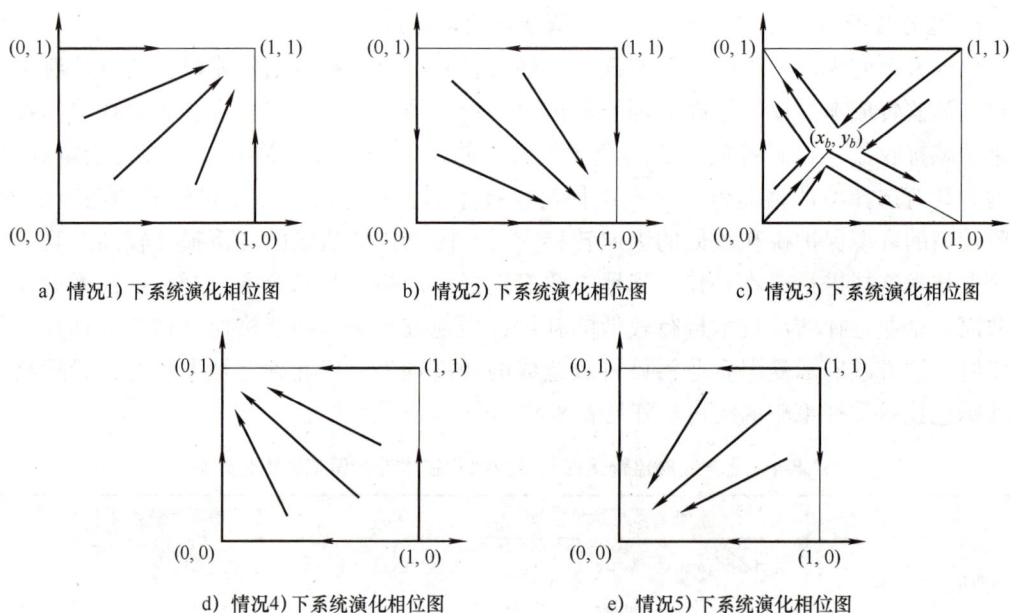

a）情况1）下系统演化相位图   b）情况2）下系统演化相位图   c）情况3）下系统演化相位图

d）情况4）下系统演化相位图   e）情况5）下系统演化相位图

图 8-24　不同情况下系统（Ⅰ）演化相位图

2. 区域间政府对企业绿色技术选择监管演化博弈分析

以本地政府为例，当外部政府与本地政府均选择严格监督时，本地政府需要付出较大的严格监督成本、征收全部的环境保护税、承担因企业排放所造成的环境经济损失和较大额度的中央政府纵向转移支付；当本地政府和外部政府均不严格监督时，本地政府投入监督成本、征收的环境保护税和获得的纵向转移减少，还需承担因企业污染排放所造成的环境损失和因外部政府不严格监督对本地政府辖区内环境产生的负外部效应；当本地政府选择严格监督而外部政府选择不严格监督时，本地政府需承担因外部政府不严格监督对本地政府环境产生的负外部效应并获得因负外部效应外部政府对本地政府的横向转移补偿；当本地政府选择不严格监督而外部政府选择严格监督时，本地政府需要付出较小的严格监督成本，而要承担因企业排放所造成的环境经济损失和对外部政府的横向转移补偿，本地政府征收部分的环境保护税和获得较小额度的中央政府纵向转移支付。以此确定区域间地方政府监督企业绿色技术转型的支付矩阵见表 8-5。

表 8-5 区域间地方政府监督企业绿色技术转型的支付矩阵

策　　　略	外部政府严格监督S_2	外部政府不严格监督L_2
地方政府严格监督S_1	$-C_1+t_1Q_1-kQ_1+\xi_1C_1+\alpha kQ_2$, $-C_2+t_2Q_2-kQ_2+\xi_2C_2+\alpha kQ_1$	$-C_1+t_1Q_1-kQ_1+\xi_1C_1-\alpha kQ_2+\mu\alpha kQ_2$, $-\lambda_2C_2+\lambda_2t_2Q_2-kQ_2+\lambda_2\xi_2C_2-\mu\alpha kQ_2$
地方政府不严格监督L_1	$-\lambda_1C_1+\lambda_1t_1Q_1-kQ_1+\lambda_1\xi_1C_1-\mu\alpha kQ_1$, $-C_2+t_2Q_2-kQ_2+\xi_2C_2-\alpha kQ_1+\mu\alpha kQ_1$	$-\lambda_1C_1+\lambda_1t_1Q_1-kQ_1+\lambda_1\xi_1C_1-\alpha kQ_1-\mu\alpha kQ_1$, $-\lambda_2C_2+\lambda_2t_2Q_2-kQ_2+\lambda_2\xi_2C_2-\alpha kQ_1-\mu\alpha kQ_2$

不同情况下系统（Ⅱ）的演化相位图如图 8-25 所示。

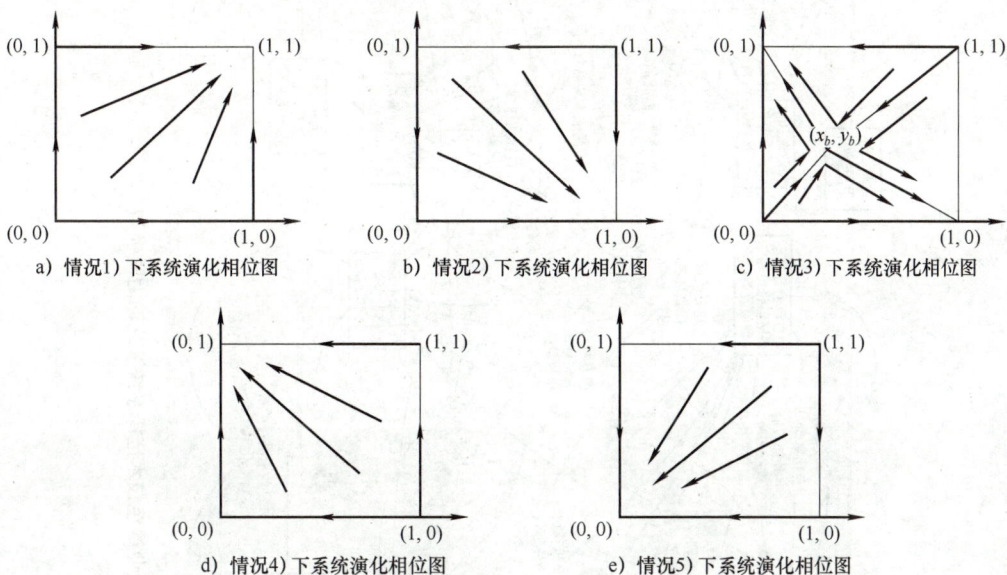

a) 情况1) 下系统演化相位图　　b) 情况2) 下系统演化相位图　　c) 情况3) 下系统演化相位图

d) 情况4) 下系统演化相位图　　e) 情况5) 下系统演化相位图

图 8-25 不同情况下系统（Ⅱ）演化相位图

四、系统动力学仿真分析

为了验证上文模型的正确性和结论的合理性，运用系统动力学 Vensim 软件来模拟多方博弈关系，建立了演化博弈的系统动力学模型。该模型描述了区域间政府监管策略和企业清洁技术选择策略在较长时期的系统动力学行为。在本实例中考虑两个场景，场景一讨论了企业和地方政府分别在应对不同的支付成本时如何进行技术选择和严格监督程度选择，场景二讨论了区域间政府不同减排力度时如何进行严格监督程度选择。

（1）系统动力学模型。区域间企业绿色技术选择系统演化动力学模型如图 8-26 所示，该系统动力学模型包含 6 个流位变量、6 个流率变量、12 个辅助变量和若干个外部变量。6 个流位变量是用来表示企业选择清洁技术的概率和区域间政府选择严格监督的概率，其对应的变化率用流率变量来表示，流率变量的大小决定着流位变量的变化，辅助变量表示不同利益主体在不同决策下的收益，辅助变量与若干外部变量的关系表示不同利益主体在不同决策下的收益函数，辅助变量与流率变量的关系由不同主体的复制动态方程决定。

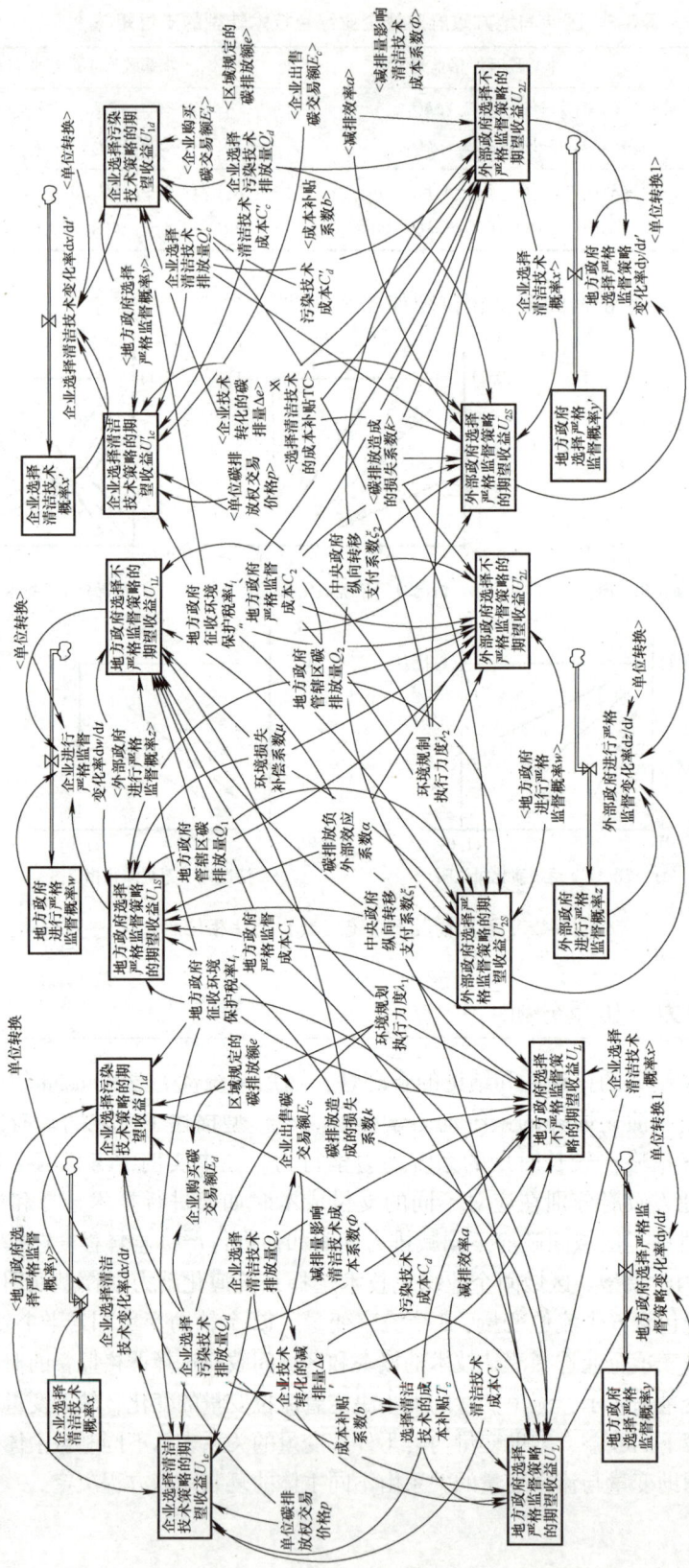

图8-26 区域间企业绿色技术选择系统演化动力学模型

　　系统动力学模型的初始参数主要来源于国家统计局、国家发改委、中国家用电器协会和利用已有文献进行的估算。自我国在北京启动"总量管制与排放交易"制度以来，北京碳交易中心碳信用额度的单位市场价格为 50 元/t。企业选择污染技术和清洁技术的碳排放量、污染技术成本根据已有文献中雪花公司的数据进行估计，碳排放量分别取 22 万 t 和 17 万 t，污染技术成本取 80 万元。根据已有文献的仿真分析，减排率取 0.2，因碳排放造成的损失系数为 1.5，碳排放的外部效应系数为 0.7。中央政府成本补贴系数估计为 0.6，横向转移的环境补偿系数为 0.8。碳排放上限采用基线法计算，估计每一家受政府监管的企业的排放上限设定为 200 万 t。中央政府纵向转移系数分别设置为 0.4 和 0.5。环境保护税是按照从量计征的方法，没有固定税率，按照环境保护税法规定，大气污染物的税额幅度为每污染当量 1.2 元至 12 元，水污染物的税额幅度为每污染当量 1.4 元至 14 元，根据此标准地方政府和外部政府的环境保护税征收税率分别取每污染当量 1.2 元和 1.4 元。

　　（2）地方政府和企业在不同的支付成本时决策。企业绿色技术选择行为策略的关键在于其清洁技术成本相较于污染技术成本、技术转化所产生的减排收益与政府采取不同减排力度征收的环境保护税、政府对于清洁技术成本补贴之和的高低。地方政府进行严格监督策略关键在于经中央政府纵向转移补偿后严格监督的实际支付成本与企业选择清洁技术时所征收的环境保护税和成本补贴总额，与企业选择污染技术时所征收的环境保护税大小相比较。仿真结果分别如图 8-27 和图 8-28 所示。

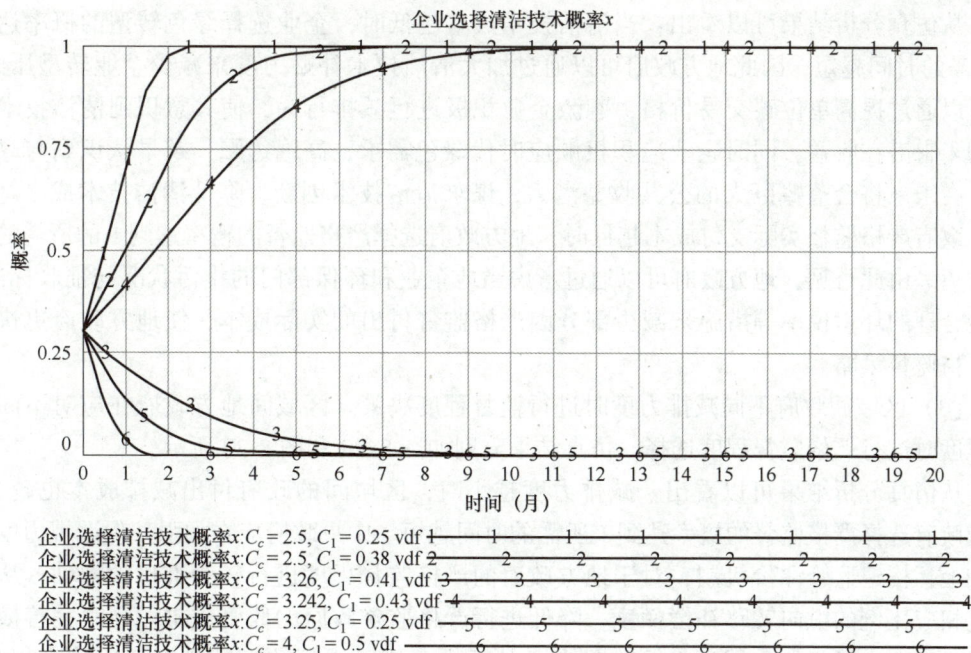

企业选择清洁技术概率x

企业选择清洁技术概率x: $C_c = 2.5$, $C_1 = 0.25$ vdf 1
企业选择清洁技术概率x: $C_c = 2.5$, $C_1 = 0.38$ vdf 2
企业选择清洁技术概率x: $C_c = 3.26$, $C_1 = 0.41$ vdf 3
企业选择清洁技术概率x: $C_c = 3.242$, $C_1 = 0.43$ vdf 4
企业选择清洁技术概率x: $C_c = 3.25$, $C_1 = 0.25$ vdf 5
企业选择清洁技术概率x: $C_c = 4$, $C_1 = 0.5$ vdf 6

图 8-27 企业清洁技术选择系统演化稳定策略

外部政府选择严格监督概率y

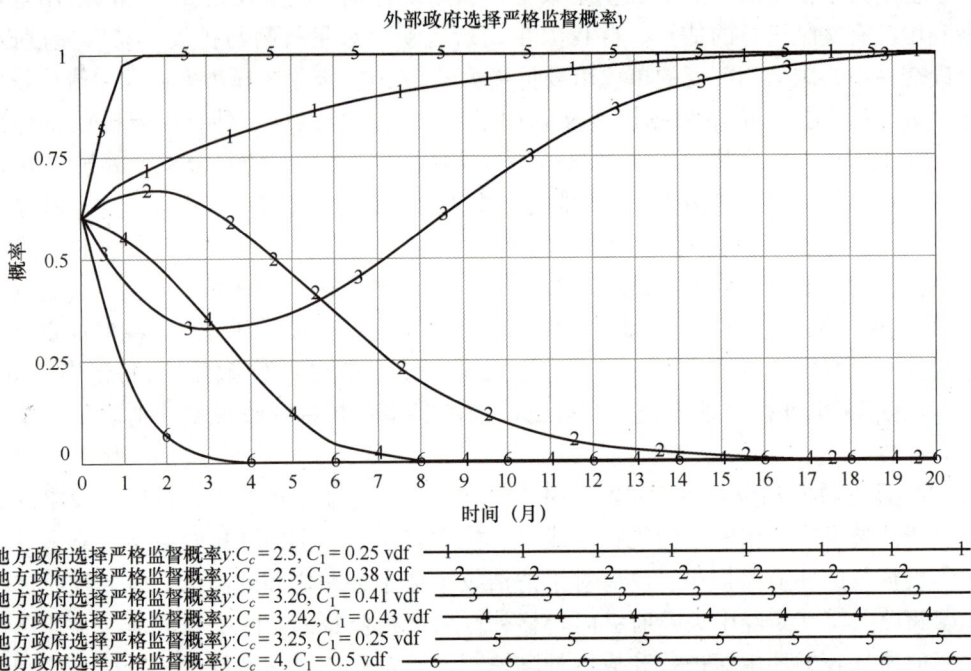

图 8-28　地方政府严格监督企业清洁技术选择系统演化稳定策略

从仿真分析结果可以看出：当清洁技术成本越低时，企业选择绿色转型的概率达到1 所需的时间越短，因此地方政府可以通过加大清洁技术补贴力度来减少企业转型压力，也可以通过提高单位碳交易价格，刺激企业积极进行减排行为，使其意识到清洁技术转型的未来潜在收益，同时企业应积极顺应时代绿色需求，高瞻远瞩，及早认识到与政府合作在未来将会蕴藏巨大的公共收益潜力，谋求清洁技术创新，降低清洁技术成本。当地方政府严格监督实际支付成本越低时，地方政府选择严格监督的概率达到1 的所需的时间越短。由此可见，地方政府可以通过考虑当地企业和环保部门的排污状况与征收标准，制定合理的环境税率等措施来减少部分因严格监督付出的实际成本，使地方政府更快选择严格监督策略。

（3）区域间政府不同减排力度时进行监督程度决策。区域间地方政府在应对不同减排程度时进行严格监督程度选择，仿真结果分别如图 8-29 和图 8-30 所示。

从仿真分析结果可以看出：减排力度越小时，区域间的政府付出减排成本也越少，区域政府选择严格监督的概率达到1 所需的时间越短。中央政府应在加强环保巡视力度的基础上，构建监管评价机制，对于地方政府的严格监督程度进行较为准确的评估，从而制定相应比例的纵向转移补偿额度，降低进行严格监督政府的监管成本。同时完善横向补偿机制和市场机制，因环境污染具有负外部性，故区域间政府减排责任应清晰划分，防止出现"搭便车"行为影响地方政府严格监督的积极性，横向补偿机制和市场机制的紧密结合对于减排力度大且积极进行环保监督的政府起到了良好的激励作用，有利于减排目标的实现。

地方政府进行严格监督概率w

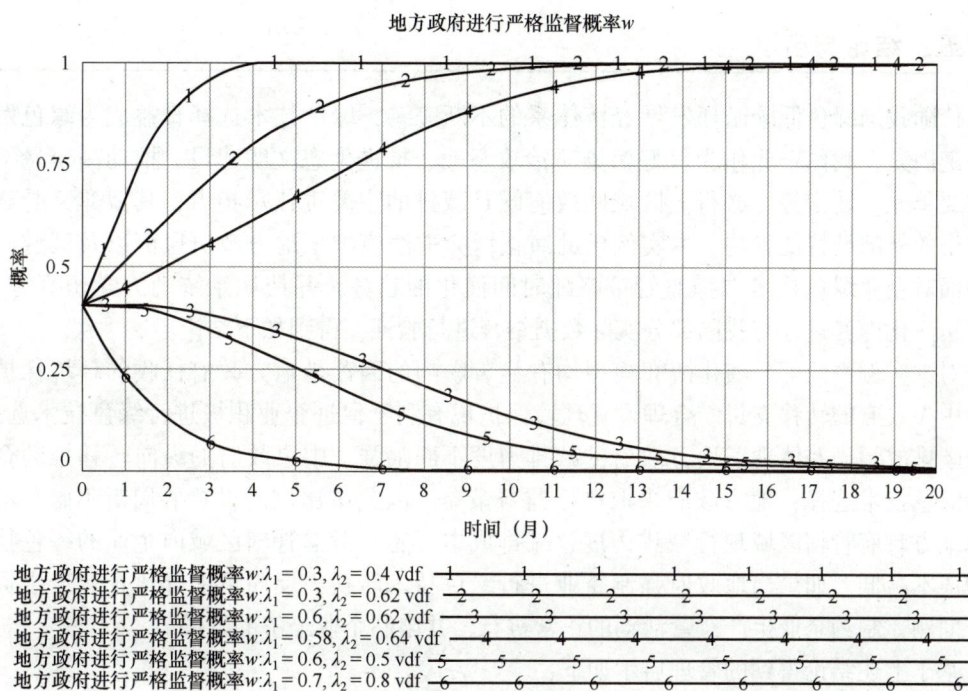

地方政府进行严格监督概率w:$\lambda_1 = 0.3$, $\lambda_2 = 0.4$ vdf	1
地方政府进行严格监督概率w:$\lambda_1 = 0.3$, $\lambda_2 = 0.62$ vdf	2
地方政府进行严格监督概率w:$\lambda_1 = 0.6$, $\lambda_2 = 0.62$ vdf	3
地方政府进行严格监督概率w:$\lambda_1 = 0.58$, $\lambda_2 = 0.64$ vdf	4
地方政府进行严格监督概率w:$\lambda_1 = 0.6$, $\lambda_2 = 0.5$ vdf	5
地方政府进行严格监督概率w:$\lambda_1 = 0.7$, $\lambda_2 = 0.8$ vdf	6

图 8-29 地方政府严格监督企业清洁技术选择系统演化稳定策略

外部政府进行严格监督概率z

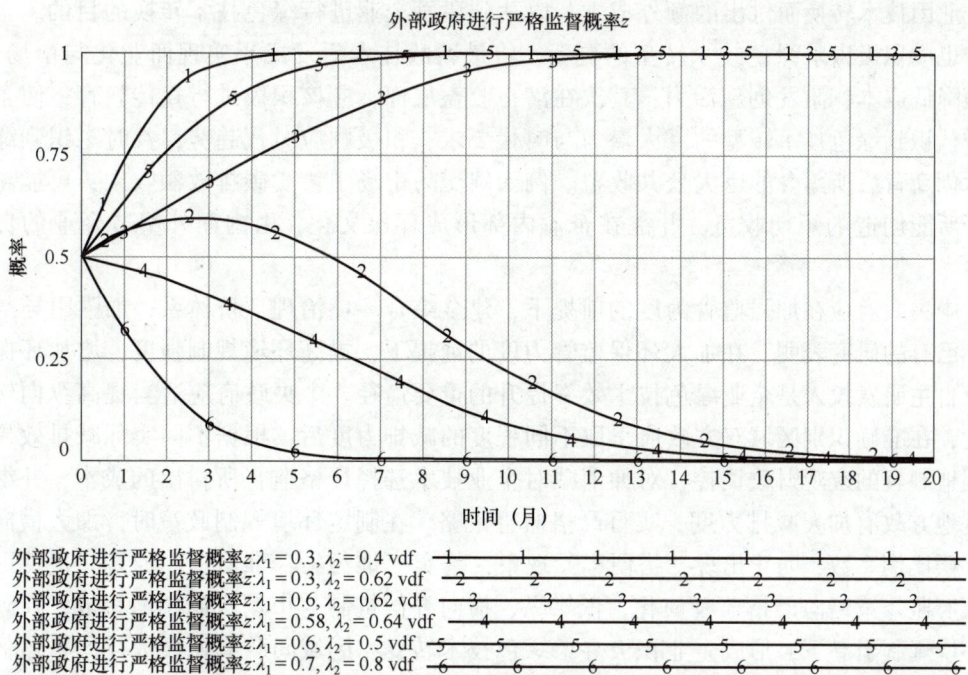

外部政府进行严格监督概率z:$\lambda_1 = 0.3$, $\lambda_2 = 0.4$ vdf	1
外部政府进行严格监督概率z:$\lambda_1 = 0.3$, $\lambda_2 = 0.62$ vdf	2
外部政府进行严格监督概率z:$\lambda_1 = 0.6$, $\lambda_2 = 0.62$ vdf	3
外部政府进行严格监督概率z:$\lambda_1 = 0.58$, $\lambda_2 = 0.64$ vdf	4
外部政府进行严格监督概率z:$\lambda_1 = 0.6$, $\lambda_2 = 0.5$ vdf	5
外部政府进行严格监督概率z:$\lambda_1 = 0.7$, $\lambda_2 = 0.8$ vdf	6

图 8-30 外部政府严格监督企业清洁技术选择系统演化稳定策略

五、结论与启示

伴随我国绿色低碳循环发展经济体系的不断完善，绿色技术选择日益成为绿色发展的关键因素，我国企业作为打好污染防治攻坚战、推进生态文明建设、推动高质量发展的重要单元，转型势在必行。区域间政府既是减排的主要责任承担者，其博弈又受到环境污染的外部性特征影响。本实例借助演化博弈方法模拟了地方政府层面以及区域间政府层面对企业绿色技术选择监管策略随时间演化的趋势，并使用系统动力学仿真方法，将分析演化博弈过程与我国部分实际数据结合进行验证，得到如下结论：

对本实例中两部分演化博弈模型均有显著影响的因素是地方政府征收的环境保护税率和中央政府的转移支付。合理设置环境保护税有利于促进企业积极进行绿色技术选择、抑制碳排放污染并体现了地方政府的减排力度不断加强。中央政府的纵向转移推动企业进行绿色技术选择，地方政府采取严格监督策略。因此该比例的设置要周听不蔽，不仅考虑地方政府管辖区域现行减排力度、减排成本，还要考虑管辖区域内企业的绿色技术转型成本高低。如果当地政府强制企业进行绿色技术转换，反而可能导致企业产生资金周转问题，制约企业生产经营活动的正常进行，并限制企业经济的发展。

基于上述结论得到的管理启示如下：

区域政府应从成本补贴与潜在收益两个角度着手激发企业进行绿色技术转型选择。首先在降低企业绿色技术转型成本层面，地方政府可以通过增加绿色技术成本补贴来减少企业因技术转换而付出的额外成本，以达到激励企业进行绿色技术转换的目的。企业自身也应积极谋求绿色技术转型的更新，将最新的技术研发成果实现商业化与市场化，进而降低成本，激发创新活力；其次在潜在收益层面，应该积极进行宣传教育，使企业充分认识到绿色技术转型的巨大潜力与时代要求，积极顺应时代趋势，及时意识到绿色技术创新背后所蕴含的巨大公共收益。例如碳交易市场中售卖碳排放额收入，可能超其自身所能创造的短期收益，并能在企业内部形成环保文化，由内而外塑造企业的良好形象。

中央政府应在加强监管力度的前提下，建全综合环境治理评价体系，加强引导与激励。已有的研究表明，在加大环保监管力度的前提下，提高环境规制强度、增加环保投入及自主研发投入是企业绿色技术效率提升的重要途径。中央政府应适当提高纵向转移额度，在准确识别区域双方政府采取不同程度的减排力度后，根据不同实际减排效果进行因地制宜的宏观财政调控，对冲消减对企业技术选择严格监督所付出的成本，并继续促进地方政府加大减排力度，实行严格监督策略。在制定环境规制政策时，加大横向转移补偿比例系数，防止出现"搭便车"现象，落实"谁污染，谁治理"原则，促使区域间政府监督策略向严格监督演化，依靠纵、横向补偿机制与市场机制相辅相成，在政府的环境规制引导下，形成企业积极寻求绿色技术转变、区域间政府积极进行严格监督的良好格局。

出台、完善环境治理相关法律法规并推动落实。尤其在制定合理税率方面，综合考量中央政府、区域间政府和企业三方的利益，积极鼓励引导企业向绿色技术转型，推动地方政府进行严格监督。综合上述演化博弈的关键影响因素分析，政府制定合理的环境规制和生态补偿政策是企业向绿色技术转型和建设绿色低碳循环发展经济体系的重要推手，亟待中央政府等出台和完善的法律、法规仍有很多。另外，在推动落实层面，还需要逐步构建完善的信息公开制度、共享机制、监督约束和激励机制以及利益分配机制等作为保障。

思考题

1. 中央政府和地方政府在激励企业选择绿色技术时，分别发挥了什么作用？是怎么发挥作用的？

2. 本实例中的"搭便车"行为有何表现和影响？如何减少这种行为？

3. 说明演化博弈模型和系统动力学模型结合使用的机理和优势。

4. 简要说明对我国经济绿色转型发展中某一具体问题进行系统分析的思路。

实例五　海洋石油后勤基地智能排程系统开发与应用

一、项目背景

1. 国家战略

"十四五"时期，国家战略要突破的八项重点关注前沿领域中，深地深海领域是核心领域之一，其不仅为企业提供了海洋领域的开发利用平台，也是保护我国领海的重要举措。深地深海蕴藏了大量的资源与能源，各国对于海洋资源都非常重视。为保障资源和能源的可持续发展，国家明确提出实施"立足国内，找矿增储"的资源保障战略。

向海洋要石油，是我国能源发展战略的重大举措。但是长期以来，我国对于海洋领域的开发无论是核心的勘探开发技术，还是陆海供应链配套服务管理和关键设备与系统应用，都存在着较大的提升空间，挺进深海领域也存在着许多关键技术亟待突破。中国海油作为该领域重大技术群突破的相关企业，一直以来持续不断加大国内勘探开发力度，增加科技研究力度与提速提效工作，保障国家油气产业链供应链安全，实现企业在新时期的高质量发展。

2. 集团战略

中国海油"十三五"时期在国内油气增储上产、降本增效、科技攻关、数字化转型、深化改革等方面取得了显著成效。"十四五"时期，中国海油认真贯彻"推动能源消费革命、推动能源供给革命、推动能源技术革命、推动能源体制革命"的国家能源安全新战略，开展增储上产"七年行动计划"。而"七年行动计划"的第一年，海上作业平台作业量剧增，作业指标直逼历史峰值水平。作为支持保障海上生产的物流供应基地，各项物流基地的作业量也随之剧增，企业的供应链服务能力和保供压力迎来持续考验。

3. 企业目标定位

中海油能源物流有限公司作为中国海油海上勘探的供应链保障服务企业，是联通陆地与海上的核心要塞。海上的勘探、开发、生产各环节的设备设施供应、物资输送，开采后的能源输送等都需要物流港口基地进行陆海中转。为全力保障海上作业，实现国家能源战略，保障国家经济社会稳定发展，能源物流公司一直致力于通过数字化、自动化、智能化打造海洋石油智能物流基地，以建设匹配国际一流能源企业的供应链基地为企业目标。但在数字化转型的路上，企业发现作为智能港口建设核心的物流任务排程调度问题，还依靠传统的人工经验完成，严重影响了现场作业效率，急需通过数字化手段进行提质增效。

二、现状分析与问题识别

1. 现状分析

中国海油港口作为海上平台的后勤保障基地，与集装箱港口、干散货港口不同，它是极具企业特色的非标作业港口，主要具有作业流程与要素复杂、各环节关联度大、系统协调难度高的特征。

以惠州物流基地为例，该基地是为海上油气田勘探、开发、维修等提供仓储后勤、物流、码头等综合服务的后勤保障基地。基地主要功能涉及船舶停靠、物资装卸、柴油供应、输灰输浆、加水供电。基地具体的作业资源情况见表8-6。

表 8-6　基地作业资源情况汇总

人		机		料		法		环	
班组名称	人数	机具名称	数量(EA)	流通物料	周转量占比	作业线名称	作业量占比	场地名称	量化指标
装卸班组	45人	叉车	69台	MRO物资	15%	装箱集港	25%	基地总面积	100万 m²
仓储班组	39人	拖车	12台	设备备件	5%	装船作业	30%	办公面积	30万 m²
油库班组	26人	吊车	12台	一般危化品	5%	加油作业	5%	现场作业面积	70万 m²
物料班组	11人	门机	4座	工业气瓶	5%	输灰作业	5%	库房	60个 9.8万 m²
堆场班组	57人	高空作业车	1台	化学药剂	5%	接电作业	3%	港岸线长	795 延米[①]
叉车班组	26人			大宗料	35%	供水作业	3%	泊位	9个

（续）

人		机		料		法		环	
班组名称	人数	机具名称	数量（EA）	流通物料	周转量占比	作业线名称	作业量占比	场地名称	量化指标
拖车班组	11 人			管材钢材	30%	解系缆作业	1%	加油泊位	2 个/1~2 号
吊车班组	11 人					放射源出库	1%	装卸船/加水泊位	7 个/3~9 号
门机班组	6 人					放射源入库	1%	输浆泊位	1 个/8 号
码头班组	30 人					卸船作业	14%	输灰泊位	2 个/6~7 号
输灰班组	12 人					移泊作业	12%	堆场总面积	37.2 万 m²
理货班组	2 人							料棚	6 个0.39 万 m²
调度班组	8 人								

① 延米，即长米，适用于不规则的条状计量，如管道长度、边坡长度等。

从作业资源看，现场作业人员 284 余人，涵盖叉车司机、拖车司机、吊车司机、门机司机、工人等各类岗位。这部分人员属于有限资源，每增加一人都会增加此环节的成本。基地目前拥有叉车 69 台、拖车 12 台、吊车 12 台，门机 4 座，高空作业车 1 台。机具作业资源是有限并且互斥的。

从各个作业环节看，机具的使用都能够保持一定的单机作业效率，而且每一个阶段相互平衡，从而促进作业单元及作业系统效率的提升。在实际作业过程中，必须对各种机具设备的作业效率进行考虑，才能对装卸机具进行合理配置，防止在作业各阶段出现效率严重失衡的情况。

从系统协调层面看，海油石油后勤基地由许多条作业单元共同组成基地的生产活动，在有限的资源下，多个作业单元需要共享基地全部生产资源。如果作业系统中不同环节实现配合协调合作，那么装卸生产作业环节能够以最优的效率进行；如果任何一个作业单元的资源配置不妥当，则会造成作业单元装卸作业生产停滞，甚至会对整个基地装卸效率产生影响。

作为海上石油勘探开采的后勤保障基地，中国海油自主拥有的港口更像是供应链上的中间环节。供应链下游连接着四海 400 多个海上作业设施平台；上游对接 8000 多家外部供应商，集中管理着 16 万种物资设备供应。如图 8-31 所示，后勤基地作为中间环节，如何在错综复杂的上下游主体中对复杂任务进行调度，进而提高从陆地到海上的供应链条上各环节的配合度，成为基地建设优化的核心问题。

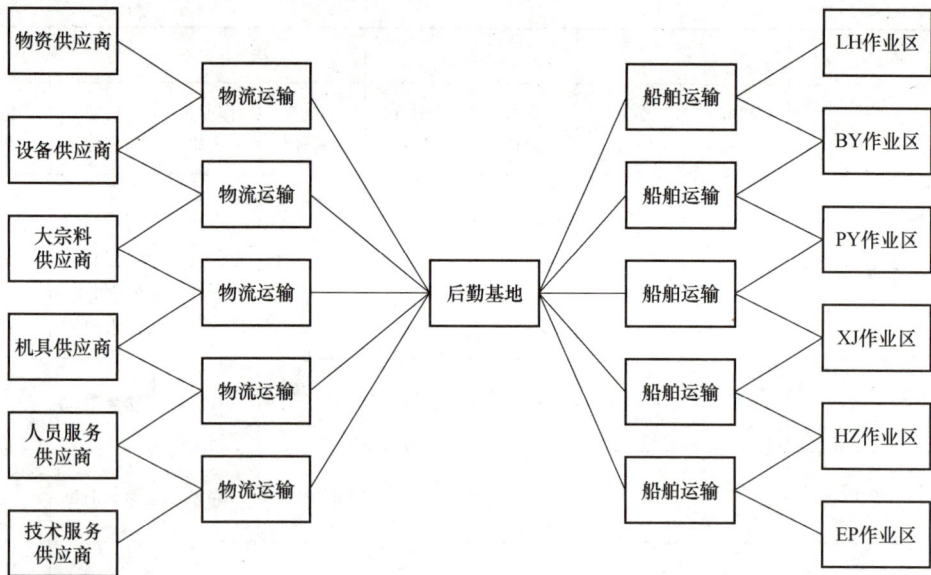

图 8-31　海上石油勘探后勤基地供应链视角

2. 问题识别

在基地调度复杂、作业量剧增的情况下，海洋石油基地的供应链效率面临着极大的考验。随着海上作业量不断上涨，物流基地各项作业量指标也都随之呈现双位数增长态势，整体的作业量创历史新高。过去三年基地作业量情况汇总见表 8-7。按照原来粗放式地大量投入资源来解决问题，已经不能适应现实的要求。

表 8-7　过去三年基地作业量情况汇总

年　　度	装船次数/次	卸船次数/次	靠泊次数/次	装卸量/万 m³	装卸量/万 t	加水量/万 t
2018 年	1000	1030	1541	76.6	26	19.8
2019 年	1140	1205	1860	88.3	33.7	23.9
2020 年	1532	1628	2094	120.6	48.3	30
2020 年较往年同期	上升 34.4%	上升 35.1%	上升 12.6%	上升 36.6%	上升 43.3%	上升 6.1 万 t

在作业量剧增的前提下，从陆地到海上的供应链效率问题凸显。具体表现为：作业高峰时经常需要加班加点进行作业，以保障海上生产需要；现场作业存在延迟率，资源平衡性差。基于人、机、料、法、环五个维度，对现场作业效率影响较大的排程问题进行结构分析，问题分析鱼骨图如图 8-32 所示，在排除不可控的天气因素后，针对剩余三项末端因素列明要因，进行确认，发现的主要问题见表 8-8。通过专业判断与数据判断的验证方法，按确认要求，对要因进行逐项排查，以识别出基地作业调度系统存在的问题。

抽取 2018 年—2020 年惠州基地现场作业历史数据进行分析，发现订单信息获取有 60% 可在 3.5h 内反馈，此项非排程问题的要因；货物信息有 65% 在 3 天前可提供，此项也非要因。而依靠人工排程，输出作业计划的情况达到 95%，在基地作业量增长，但资源有限时，作业各环节的冲突尤为显现，问题随时被放大，带来了效率的滞后与低下。而依靠人工经验排程是造成这些问题的主要因素。

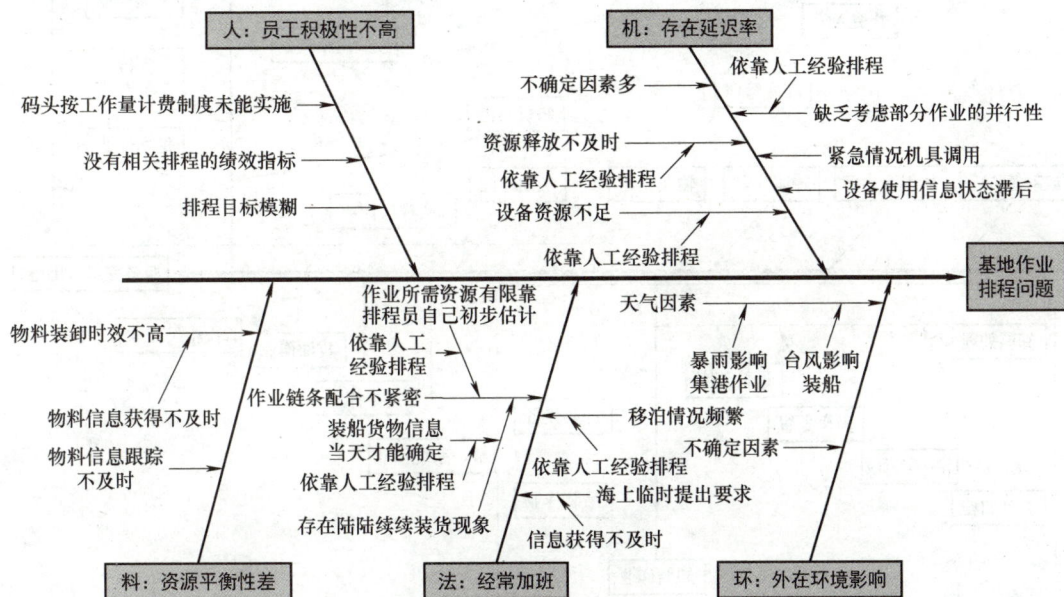

图 8-32　问题分析鱼骨图

表 8-8　要因确认计划表

末端因素	验证方法	确认要求
依靠人工经验排程	专业判断	80%以上的作业计划由人工制定
订单信息获取不及时	数据判断	订单信息反馈时效在 4h/次以内
货物信息获取滞后	数据判断	货物信息获取至少提前 3 天

在复杂的任务调度管理中，依靠人工经验排程调度的模式，现场作业只能在人力范围内尽量减少等待，效率与成本受到较大考验。通过作业线分析框架（见图 8-33）可见，油、灰、浆、水、电等作业线多数依靠管道输送作业，在专有泊位即可完成单线作业服务。而装卸船与物资集港存在多层次作业的节点，需要将有限资源在复杂任务环节进行科学调度。因此，在基地作业中，要因主要影响物资集港与装卸船作业的排程效率。

人力、机具、环境、泊位等资源的投入占比如图 8-34 所示，从中可见：物资集疏港与装卸船作业环节，占人力资源总投入的 74%，占机具资源总投入的 91%，占环境资源总投入的 68%，占泊位资源总投入的 78%。依靠人工经验进行资源分配与调度，已经无法满足工作量剧增的现状，而资源在该环节的投入已到达极限，若需要提高基地的作业效率，只能从机、料、法环节进行合理高效排程优化。

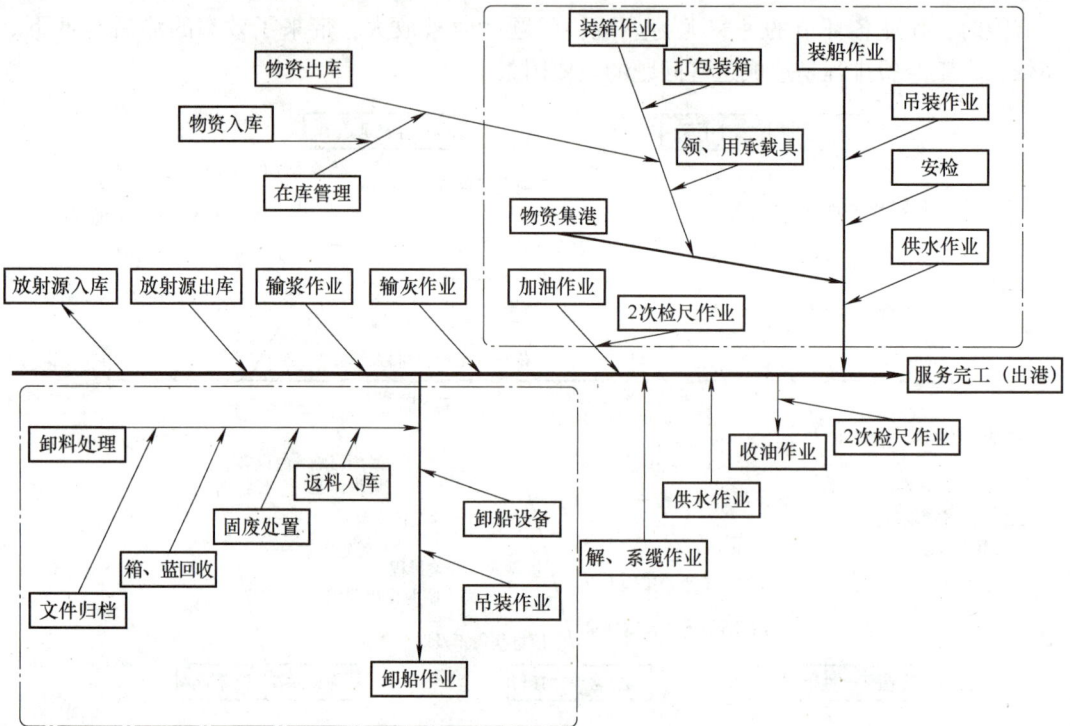

图 8-33 作业线分析框架

3. 改进方向

结合前期分析的现状与问题，进行外部的行业对标。基于海油基地对比张家港港口件杂货码头相关信息分析见表 8-9，张家港港口物资种类少、量大，船舶装货量大，通过应用数字化调度，作业链条管理，作业效率提升 9.6%；而对于海油基地物资种类多，量小，船舶装货量小，协同配合更多的情况下，数字化的应用预期会带来更高的作业效率提升。

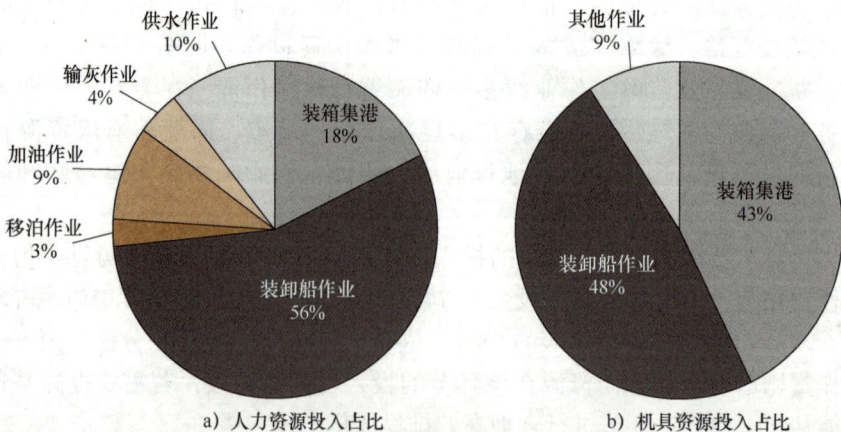

a) 人力资源投入占比

b) 机具资源投入占比

图 8-34 作业线资源投入占比

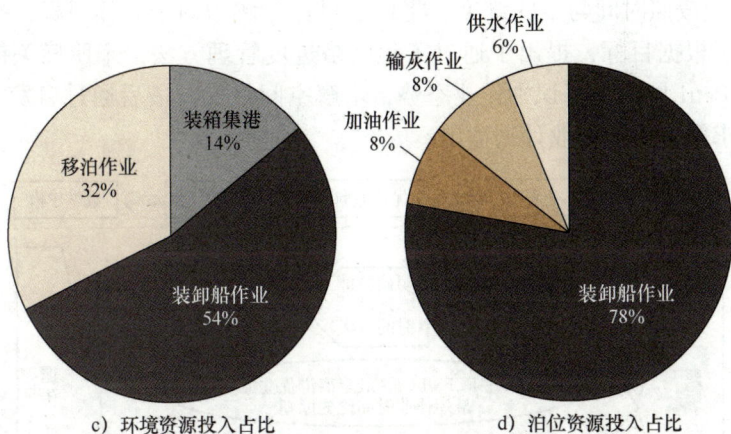

c）环境资源投入占比　　　　　　d）泊位资源投入占比

图 8-34　作业线资源投入占比（续）

表 8-9　海油基地对比张家港港口件杂货码头相关信息分析

港口	类型	货	船	吞吐量	数字化	调度
张家港港口	件杂货	贸易物资； 大批量； 种类少	万吨级船只； 装卸物资单一	6000 万 t	作业链条 数字化	数字化调度
海油基地	件杂货	海上生产用料； 小批量； 种类多	三用工作船； 装卸物资多样	48 万 t	作业链条部分 数字化	依靠人工 经验排程

　　基于数字化转型的基地港口升级是发展转型的方向。从依靠人工经验排程向数字化调度的智能排程研究，是实现中海油智能港口建设的核心，它就像整个基地的智慧大脑，指挥着现场各项数字化作业，在流通的"数据血液"基础上，形成整个智慧港口的中枢神经系统。外部的非标港口调度管理思路的启发非常关键，但由于海油的港口属性特殊，管理的物资也非商业用途，更多的是海上工业设备与设施，因此，需要形成一套因时制宜、因地制宜的基地物流智能排程优化方案。

三、基地物流排程优化方案

　　依靠人工经验的排程方式，对于多路径多目标的任务，会存在识别偏差；各路径上错综复杂的作业状态关系，导致作业逻辑无法有效区分、信息反馈滞后、排程计划需要不断调整优化等问题，使得船舶的作业等待时间出现延迟，基地的资源无法有效利用。一方面，要通过信息化技术与科学系统的排程算法应用，建立数学模型，追求各种要素的空间最优配置，从而提升资源的利用率。另一方面，在资源有效利用的基础上，提升各作业环节的有效衔接，从而在船舶排程中有效缩短船舶服务等待时间，追求时间效率最优。

1. 整体解决方案思路

　　从依靠人工经验排程转向数字化运营的智能排程，是核心目标。整体解决方案思路如图 8-35 所示，按照时间与空间维度，将核心目标分解为两个具体目标，确认了目标实现的基本原则。根据目标，提出了通过工程网络进度管理方法，来明确关键路径求解时间最优；通过 Petri 网模型来识别作业态势，求解空间最优。最后通过启发式算法——遗传算法，计算求解，实现作业计划输出。

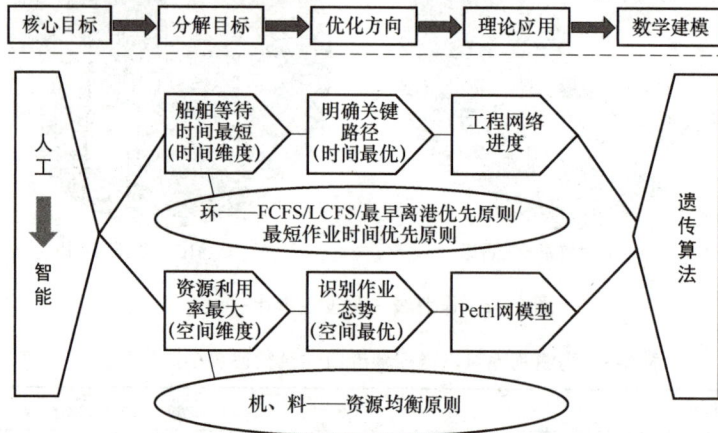

图 8-35　整体解决方案思路

物资集疏港的效率提升，是装卸船作业提效的前提和基础，装卸船作业链条缩短服务时间，是实现整个供应链条服务时效缩短的核心。根据两项研究任务，结合工程管理理论知识，需要明确两个目标实现的作业原则，才能找到解决目标的方法论与关键点。

2. 后勤基地资源利用平衡率最大作业原则

根据项目进度管理中的资源均衡原理理解，作业计划的输出，必须进行资源的平衡，力求做到资源的均衡使用。相当于现场资源计划要小于供应资源限额，并且达到使用量均衡，基于平均数上下浮动，呈现平滑曲线。若资源用量趋于平滑，削低高峰，填平低谷，资源使用的一次性费用就越少，经济效益就越好。对于企业配备的一定量人力和物力来说，如果计划的排程能使得这些人力和物力在整个计划期中每天都能够充分发挥其效能，那么这个计划的资源用量就是均衡的，经济效益也是好的。

3. 船舶靠泊等候时间最短作业原则

船舶在港总停留时间可以作为评价码头服务质量水平的重要标准，对船舶在港平均停泊作业时间进行优化，实际上可以概括为有限码头泊位同时服务多艘船舶的排序问题，基于不同调度场景选择优化排序原则如下：

1）先到先服务原则（FCFS），适用于资源充裕情况，具体按照船舶到港的先后时间进行装卸作业。

2）后到先服务原则（LCFS），适用于应急情况，例如装卸安全防护、抢险救灾物资等。

3）最早离港优先原则，适用于最基本的作业情况，根据每个船舶离港时间顺序，离港时间最早的船舶先进行装卸。

4）最短作业时间优先原则，装卸作业时间最短的排在最前面。

选择以上原则，需要结合实际的各种因素进行具体分析，科学合理地进行选择，才可以实现预定目标，将船舶在港平均停泊作业时间最小化。

4. 作业关键路径分解

基于两大任务的需求，确认了作业原则基准后，就需要对后勤基地作业内容进行结构分解，寻找提高效率、缩短时间的关键路径。基地作业内容关键路径如图 8-36 所示，在关键路径图中，实线表示实工作，虚线表示虚工作，粗实线表示工程网络的关键线路。通过关键路径网络图，可以看出最长路径用时 11.5h，若想压缩关键路径时效，需要明确关键路径上的作业动态关系，在建立动态逻辑模型的基础上，结合现场实时数据采集，进行数学模型构建，并通过算法，实现有效的方案输出。

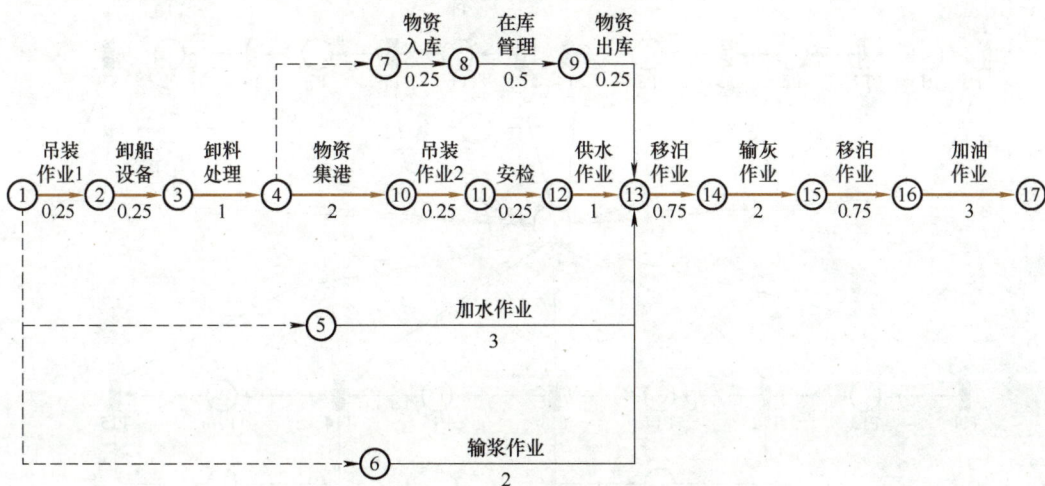

图 8-36 基地作业内容关键路径

第一条路径：1→2→3→4→7→8→9→13→14→15→16→17。

第二条路径：1→2→3→4→10→11→12→13→14→15→16→17。

第三条路径：1→5→13→14→15→16→17。

第四条路径：1→6→13→14→15→16→17。

以上是现场作业的四条路径，计算得出第二条路径总时长为 11.5h，为关键路径。通过缩短关键路径上的时效，便可实现作业时间最短，达到时间最优求解。

5. 基于 Petri 网的基地作业动态过程逻辑关系模型

在明确了作业链条的关键路径后，就需要针对路径上各节点的动态过程逻辑进行分析。在物资集疏港与装卸船作业链条上，串联作业时间线的，是这些环节上的作业态势，只有获取并串联了各作业环节的态势信息，才能通过数学模型和科学算法，实现有效的作业计划输出。因此，在梳理作业关键节点、建立系统层次模型的基础上，需要找出并串联核心作业链条的动态过程逻辑关系。

离散事件动态系统理论 Petri 网方法在计算机系统模型应用上，适用于描述异步的、并发的模型，可以很好地描述每个节点的时序，能有效分析柔性作业链条的动态过程逻辑关系。因此，通过直观的 Petri 网图形表达方式，来构建海油后勤基地作业过程逻辑关系模型，能有效串联关键作业环节的态势关系，为后续智能排程数学建模提供系统实现模型。

根据离散事件动态系统理论的 Petri 网方法，建立描述海油后期基地排程系统动态过程的逻辑关系。其中，库所（圆圈）表示排程系统中每一个资源及其活动的状态，变迁（长方块）是网络中的事件控制点，事件发生可以驱动工作任务流动，其动态行为是由"条件"和"动作"来描述的。智能排程系统的动态模型如图 8-37 所示，动态系统的库所与变迁含义见表 8-10。

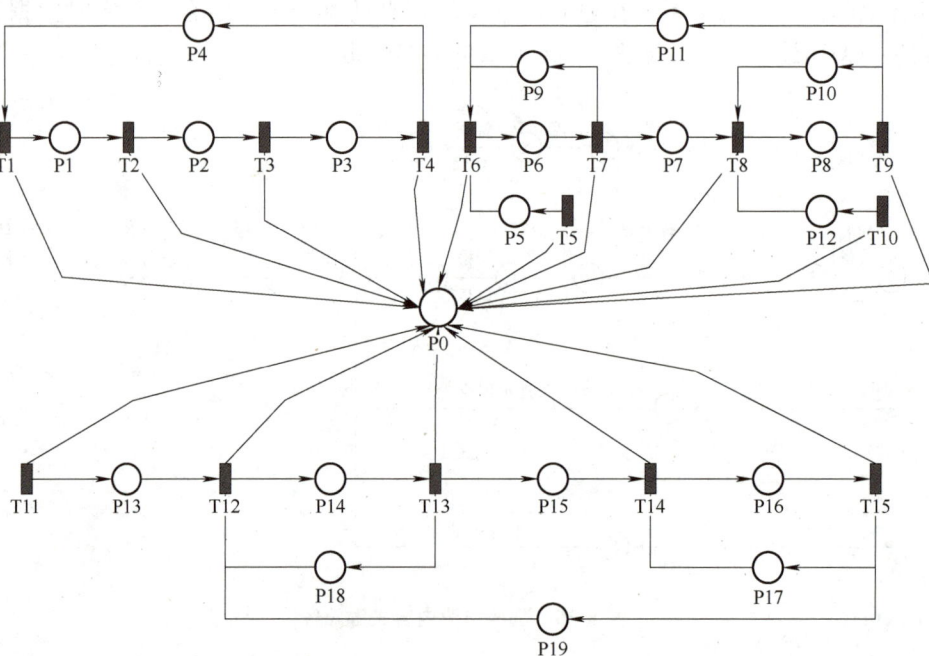

图 8-37　智能排程系统的动态模型

表 8-10　动态系统的库所与变迁含义

库　所	含　义	变　迁	含　义
P1	智能仓库系统工作	T1	出库开始
P2	出口堆场占用	T2	出库结束
P3	装箱系统工作	T3	装箱开始
P4	出口堆场空闲	T4	装箱结束
P5	装箱系统空闲	T5	集货车辆到达
P6	集运系统工作	T6	卸车开始
P7	出港堆场占用	T7	卸车结束
P8	装船系统工作	T8	装船开始
P9	集运系统空闲	T9	装船结束
P10	装船系统空闲	T10	出港船舶到达

（续）

库 所	含 义	变 迁	含 义
P11	出港堆场空闲	T11	进港船舶到达
P12	出港船舶等待	T12	卸船开始
P13	进港船舶等待	T13	卸船结束
P14	卸船系统工作	T14	装车开始
P15	进港堆场占用	T15	装车结束
P16	疏运系统工作		
P17	疏运系统空闲		
P18	卸船系统空闲		
P19	进港堆场空闲		
P0	智能排程系统工作		

分析出关键路径上的作业态势，通过 Petri 网模型，将物资集港、装船卸船作业场景里涉及的位置与转移，建立起动态关系逻辑模型。模型搭建明确了作业节点上各状态的次序，对掌握资源的空间状态逻辑提高了辨识速度与效率，为算法提供了资源配置的空间逻辑基础，有助于寻求资源的空间最优解。

6. 基于智能排程的物流优化方案

若要实现该链条上的智能化，还需要结合现场的数据。通过基地的作业态势感知的海量日志进行关联分析，结合系统模型，实现算法排程输出结果。为保障智能排程系统的有效运行，在作业场景中，本项目定位技术拟采用北斗及差分定位服务对人、机、材进行精准定位；视频数据使用最新智能网络视频监控，利用"电眼电脑"替代"人眼人脑"完成对作业动态记录与识别；通过 5G+NB-IoT 综合组网技术，实现港口作业要素数据采集回传数据中心。智能排程软件系统规划如图 8-38 所示，通过上述基础设施部署，结合智能排程算法模型，实现最终的作业计划输出，然后进行决策。

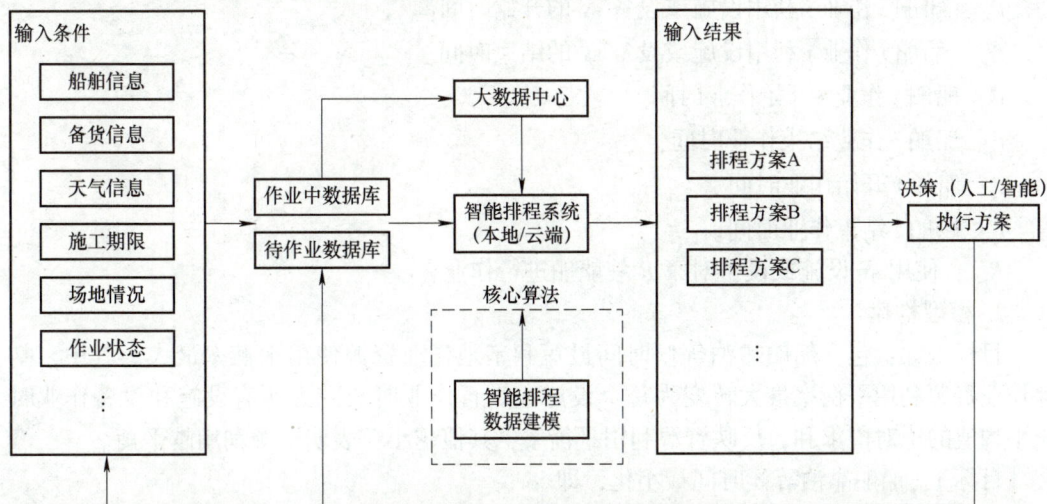

图 8-38 智能排程软件系统规划

279

四、智能排程数学模型构建与求解

根据管理优化理论研究，现将具体排程问题描述为：一个计划周期内，一艘或者多艘船舶靠港后，根据船舶靠港计划和船舶作业网络计划图，结合基地相关资源和人员对所有船舶作业进行排程，实现船舶靠泊等候时间最短和基地资源利用平衡率最大，输出船舶作业计划（包含码头作业和后场作业）、设施设备作业计划和人员作业计划。

1. 模型定义

（1）集合。船舶集合 B；作业集合 S；船舶 b 作业集合 BS_b；泊位集合 G；门机集合 M；拖车集合 T；叉车集合 C；吊车集合 F；作业 s 所需设备种类集合 SV；作业 s 所需设备种类 v 可用设备集合 M_{sv}；加油泊位集合 GB；输浆泊位集合 GC；输灰泊位集合 GD；装卸泊位集合 GE；加水泊位集合 GF。

（2）参数。

Num_{ijsv}：船舶 i 作业 j 需要设备 sv 的数量。

t_{ijsv}：船舶 i 作业 j 使用设备 sv 的时间。

t_i^a：船舶 i 到港时间。

t_i^d：船舶 i 离港时间。

P_i：船舶 i 的网络计划图，包含作业的先后约束关系和作业时间，其中作业时间是由员工提前根据资源情况和船舶订单状况算出的，具体如图 8-36 基地作业内容关键路径图。

t_1：冗余时间 1，应对随机时间。

t_2：冗余时间 2，应对随机时间。

t_3：冗余时间 3，应对随机时间。

（3）变量。

x_{ijsv}：船舶 i 作业 j 使用设施或设备 sv，值为 1，否则值为 0。

t_{ijsv}^s：船舶 i 作业 j 利用设施或设备 sv 的开始时间。

t_{ijsv}^e：船舶 i 作业 j 利用设施或设备 sv 的结束时间。

t_{ij}^s：船舶 i 作业 j 开始作业时间。

t_{ij}^e：船舶 i 作业 j 结束作业时间；

t_i^s：船舶 i 开始作业时间。

t_i^e：船舶 i 结束作业时间。

R_{jsv}：使用 sv 设施或设备对第 R 艘船舶进行作业 j。

2. 模型构建

目标函数：包含船舶靠泊等候时间最短和基地作业资源使用平衡率最大。其中，基地作业资源利用平衡率最大转变为每个设施或设备作业时长减去所有设施和设备作业时长平均值的绝对值求和，反映资源利用平衡率，其值越小，表明资源利用越平衡。

目标 1：船舶靠泊等候时间最小化，即

$$minz_1 = t_i^e - t_i^a$$

目标 2：各资源使用时间减去所有资源平均使用时间绝对值之和的最小化，即

$$\min z_2 = \sum_{sv}\left|(t_{ijsv}^{e}-t_{ijsv}^{s}) - \frac{\sum_{sv}(t_{ijsv}^{e}-t_{ijsv}^{s})}{|G|+|M|+|T|+|C|+|F|}\right|$$

3. 约束条件

在实际作业过程中，码头的作业优先级、作业安全要求、天气变化、设备能力、作业实际内容，都会成为约束条件。现梳理关键约束条件如下：

（1）资源约束。

约束 1：分配给船舶 i 作业 j 的设施和设备 sv 数量为 Num_{ijsv}

$$\sum_{sv} x_{ijsv} = \text{Num}_{ijsv}, \forall i \in B, \forall j \in S$$

约束 2：每台设施和设备在同一时间内不能处理不同船舶的作业，即

$$t_{R_{jsv}jsv}^{e} \leqslant t_{(R+1)_{jsv}jsv}^{s}, \forall j \in S, \forall SV \in M_{sv}$$

（2）作业约束。

约束 3：作业 a 的直接后继作业 b 一定需要晚于作业 a 进行，t_1 为冗余时间，对应随机事件（恶劣天气、设备故障等）导致相邻作业间必要的时间间隔

$$t_{ia}^{e} + t_1 \leqslant t_{ib}^{s}, \forall i \in B, \forall j \in S$$

（3）时间约束。

约束 4：船舶 i 作业 j 在设施或设备 sv 上结束时间等于开始时间加上设施或设备使用时间

$$t_{ijsv}^{e} = t_{ijsv}^{s} + t_{ijsv}, \forall i \in B, \forall j \in S, \forall SV \in M_{sv}$$

约束 5：船舶 i 开始作业时间大于船舶 i 到港时间，t_2 为冗余时间，对应随机事件（恶劣天气等）导致船舶延迟到港情况

$$t_i^{s} \geqslant t_i^{a} + t_2, \forall i \in B$$

约束 6：船舶 i 结束作业时间小于船舶 i 离港时间，t_3 为冗余时间，应对船舶 i 结束作业到船舶离港时间段内的随机事件

$$t_i^{e} + t_3 \leqslant t_i^{d}, \forall i \in B$$

约束 7：船舶 i 开始作业时间等于网络计划图中第一个作业 a 开始作业时间

$$t_i^{s} = t_{iasv}^{s}, \forall i \in B, \forall SV \in M_{sv}$$

约束 8：船舶 i 结束作业时间等于网络计划图中最后一个作业 b 结束作业时间

$$t_i^{e} = t_{ibsv}^{e}, \forall i \in B, \forall SV \in M_{sv}$$

约束 9：船舶 i 作业 j 使用设施或者设备 sv 的开始时间等于船舶 i 作业 j 的开始时间

$$t_{ijsv}^{s} = t_{ij}^{s}, \forall i \in B, \forall j \in S, \forall SV \in M_{sv}$$

约束 10：船舶 i 作业 j 使用设施或者设备 sv 的结束时间等于船舶 i 作业 j 的结束时间

$$t_{ijsv}^{e} = t_{ij}^{e}, \forall i \in B, \forall j \in S, \forall SV \in M_{sv}$$

（4）变量约束。

$$x_{ijsv} \in \{0, 1\}, t_i^{s} \geqslant 0, t_i^{e} \geqslant 0, t_{ijsv}^{s} \geqslant 0, t_{ijsv}^{e} \geqslant 0, t_{ij}^{s} \geqslant 0, t_{ij}^{e} \geqslant 0$$

4. 模型求解

基于现场作业排程的离散属性，在众多应用于解决排程问题的启发式算法中，结合算法框架特征，采用遗传算法进行求解，求解框架如图 8-39 所示。

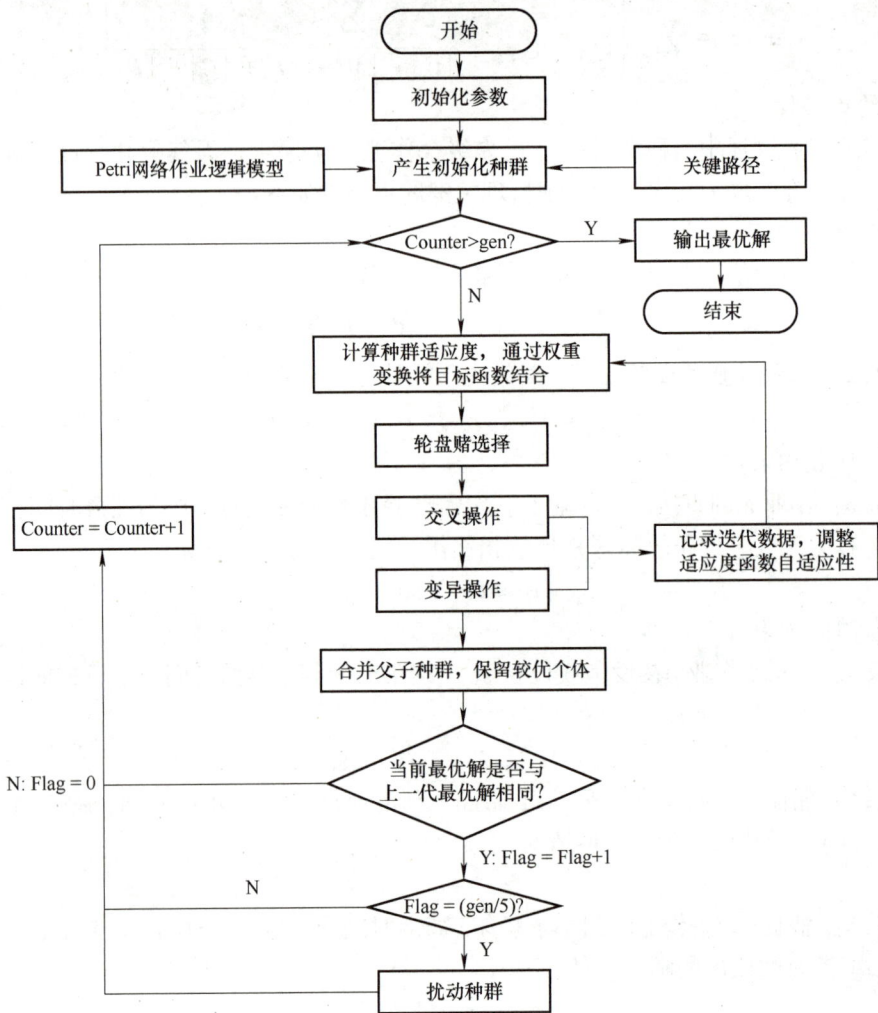

图 8-39　遗传算法求解框架图

具体说明如下：

步骤 1：参数设置。设总迭代次数为 gen；种群规模为 Psize；交叉概率为 P_c；变异概率为 P_m。

步骤 2：产生初始种群。结合关键路径和 Petri 网络作业逻辑模型并基于 NEH 启发式算法产生较高质量的初始解，即 Psize 个染色体。令迭代次数 Counter＝0，扰动指标 Flag＝0。

步骤 3：若满足终止准则（Counter＞gen），则输出最优解；否则，计算种群适应度值，记录当前最优个体 BX。

步骤 4：采用轮盘赌选择法选取 Psize 个染色体进入交叉操作。

步骤 5：根据交叉概率 P_c 选取进行交叉的父，随机选择基于位置的交叉算子，得到子个体。

步骤 6：根据变异概率 P_m 选取进行变异的个体，随机选择染色体中的两点，对两点间的基因片段执行反转操作，得到新的个体。

步骤7：交叉变异操作结束后，合并子代个体与父代个体，组成一个规模为2×Psize的新种群。

步骤8：计算规模为2×Psize的新种群的适应度值，对其进行降序排列。选取适应度值大的染色体个体进入下一代种群，种群规模变为Psize。

步骤9：记录当前代数的最优解，判断当前最优解与上一代最优解是否相同。若相同，则Flag=Flag+1；否则Flag=0。当Flag=（gen/5）时，对种群进行扰动，随机生成（1/3）×Psize个新个体替换种群中适应度值较差的个体，转步骤3。其中部分重要设计过程如下：

（1）染色体编码。采用基于序列的编码方式，当计划期内船舶总数为k，船舶n_i的作业共有m_j时，则染色体长度为$\sum\limits_{i=1}^{k} n_i m_j$，将所有船舶所有作业进行重新编号后，染色体内每个编号分别对应某艘船舶某个作业，编号顺序表示作业先后顺序，染色体编码如图8-40所示。染色体单基因由两部分组成，分别为作业编号和作业所需设施设备集合。

1	3	2	4	5	7	6	10	8	9	14	11	13	12

图8-40　染色体编码

（2）适应度函数设计。模型包含两方面目标，船舶靠泊等候时间最小化和各资源使用时间减去所有资源平均使用时间的绝对值之和最小化，两者都为时间最小化，且两者具有非负性，因此选取权重系数变换法将两个目标结合并作为适应度函数。具体函数如下

$$\text{fitness} = \alpha z_1 + (1 - \alpha) z_2$$

式中　α——两目标重要性的权重值，$\alpha \in [0,1]$。

5. 预期效果

结合算法针对基地作业进行排程研究，输出船舶作业计划图（包含码头作业和后场作业）、设施设备作业计划图和人员作业计划图三者。考虑到人员与设备存在配套关系，主要输出船舶作业计划图（包含码头作业和后场作业）和设施设备作业计划图，分别如图8-41和图8-42所示。

通过对比相关数据，可检验该模型应用的效果。使用2021年上半年对比2020年同期的船舶到港基础信息作为智能排程模型的输入数据，输出结果与历史人工排程的作业安排相对比，将平均靠泊作业时长作为度量指标，实施效果如图8-43所示。

基于算法建模的智能排程输出作业计划，对比人工排程的平均作业时间整体减少了35%，对比历史最优整体提升了9%。根据工程实际实施情况，以年度周期为整体计划，预计同等作业量下每年可减少5%船舶靠泊作业累计总时长，约2900h，按船舶租金每天10万元计算，每年可为客户节省1200万元的船舶租赁费用，带来可观的生产成本减少。有关人员调用、机具使用情况的实施前后对比的具体情况如图8-44所示。

时间

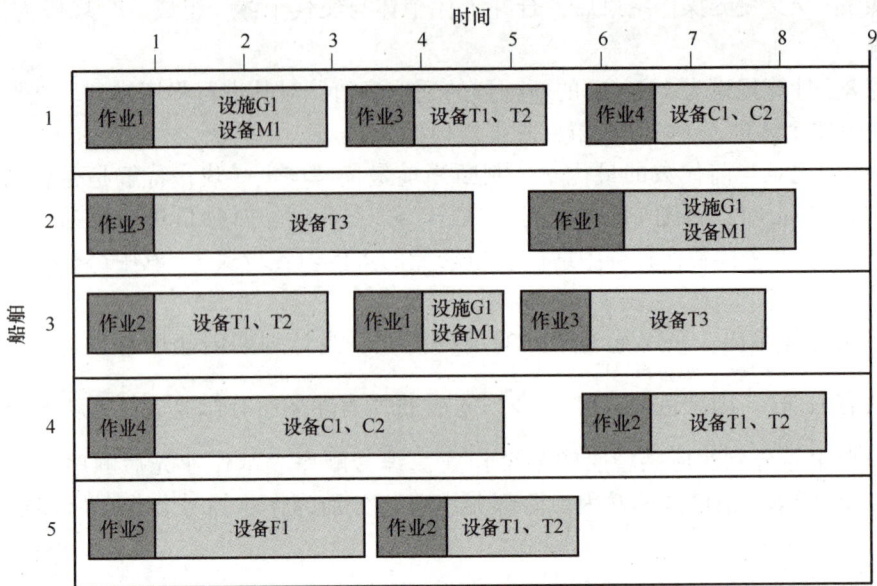

图 8-41　船舶作业计划图

时间

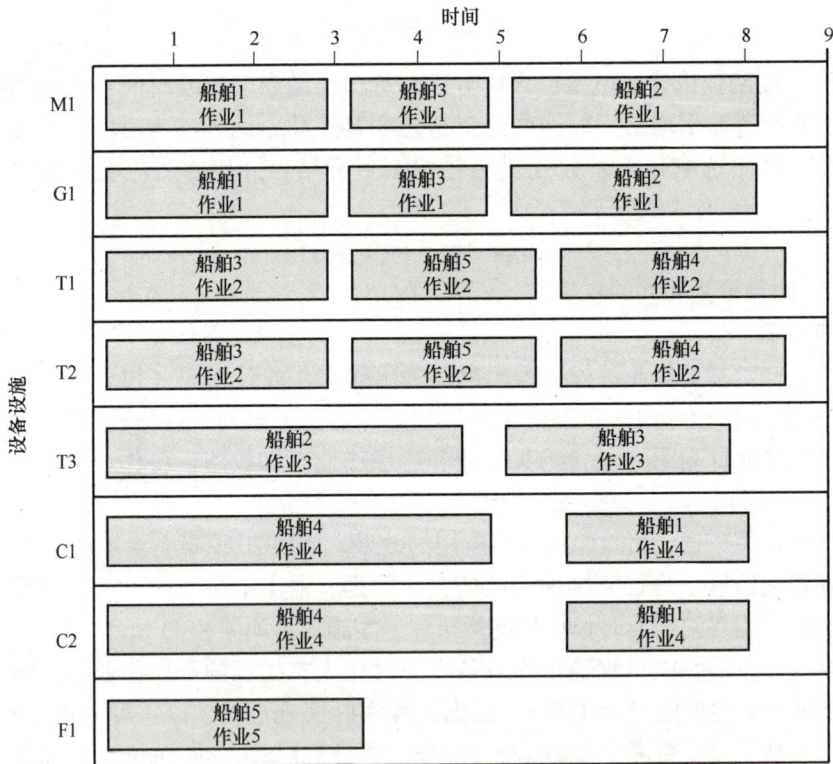

图 8-42　设施设备作业计划图

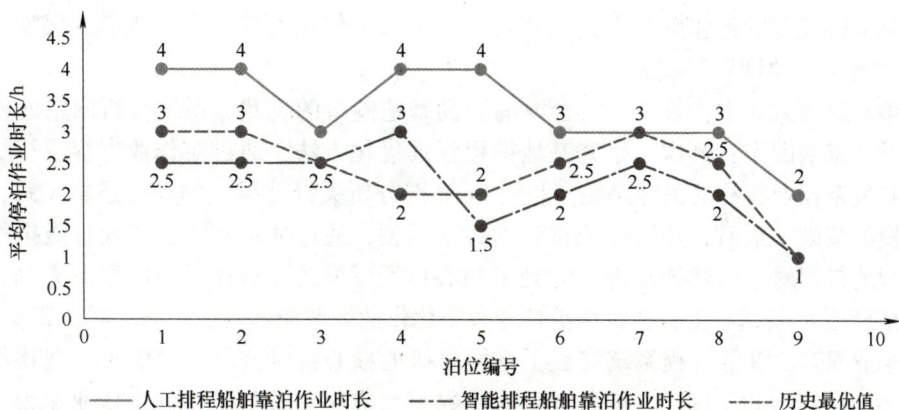

图 8-43　船舶平均靠泊作业时长前后对比

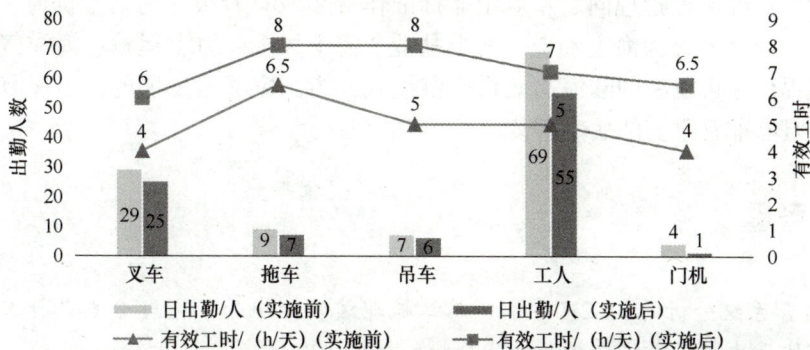

图 8-44　人员与机具实施前后效益对比

通过智能排程建设，对码头作业进行更加科学合理的计划安排，作业环节衔接更加顺畅紧密，减少作业等待时间，避免重复作业，减少工人加班时间，在关键路径上，智能排程的优化效果能将路径最长用时从 11.5h 减少到 9h，时效提升了 21.7%，如图 8-45 所示。

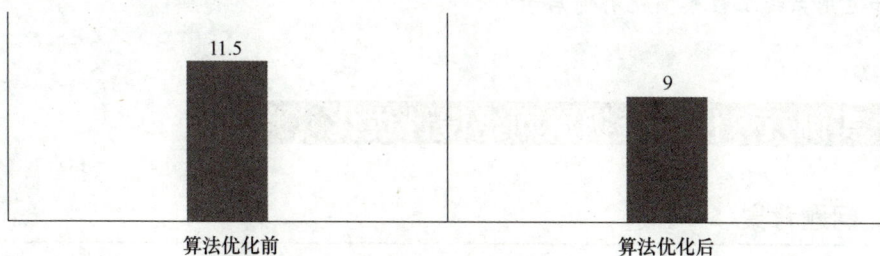

图 8-45　算法优化关键路径时效对比

五、结论

通过解决依靠人工经验排程向智能排程转变的问题，本实例建立了关键路径与 Petri 网动态逻辑关系模型，通过数学建模，算法求解实现作业计划输出，开发了一套从陆地到海上供应链提速的整体解决方案。有效提升了海上作业的物资供应效率，保障了集团公司的"七年行动计划"实施。

在整套解决方案中：首先，结合海油后勤基地港口的现状，系统分析问题的核心与导致问题的末端因素；其次，研究基地排程管理优化方法，通过对作业内容进行结构分解，找到复杂作业流程的关键路径，利用 Petri 网分析关键路径上的动态逻辑关系，奠定数据建模的基础；最后，建立智能排程的数学模型，通过遗传算法，实现智能排程结果输出。智能排程对于构建智能港口起到了核心作用，搭建起智能港口的智慧大脑，在数据"血液流通"的基础上，让智能港口各数字化作业环节能够实现互动互联，高效协同。

就企业而言，智能排程系统突破了系统自研的核心技术问题，摆脱了管理软件长期依赖外部技术的卡脖子困境。就行业而言，数字化应用多数集中在标准作业流程上，非标准作业领域研究较少。而关键路径动态逻辑双线建模的理论方法可以有效解决小、散、长、复杂的非标准流程管理问题，对于非标准作业领域有着很好的借鉴价值。从国家战略层面来看，这套方法为海上渔业、海上盐业、海上风电、海上运输、海洋气象、海洋工程等领域提供了可复制的陆海高效供应链模式，为国家战略发展的深地深海领域开发保驾护航，具有非常重要的战略意义。

思考题

1. 请结合系统分析的 5W2H 方法，总结梳理该实例中的 5W2H 分别是什么？并思考该实例如何体现出初步系统分析和规范分析的整体性？

2. 请分析该系统是"硬"系统还是"软"系统？进行系统分析，应该采用霍尔三维结构模型还是切克兰德方法论？在本实例中，是如何将两种方法论相结合的？为什么要做这种结合？

3. Petri 网属于哪类模型方法？有何特点？在解决本实例问题中发挥了什么作用？

4. 该实例是如何将 Petri 网、智能排程数学模型、遗传算法等模型方法结合使用的？对理解和运用系统工程模型化有何启示？

实例六 供应链物流网络设计优化

一、问题背景

物流是指物品从供应地到接收地的实体流动过程。该过程有机结合运输、储存、装卸搬运、包装、流通加工、配送以及信息处理，从而实现顾客要求。为缩短供需之间时间和空间的距离，必须把功能分工不同、空间上分散的节点连接起来，构筑运输线路，形成具有特定结构的网络。这种由物流过程中相互联系的组织与设施所构成的网络即物流网络，是承载物流运输和发挥物流功能的重要基础。

系统的特定结构决定了系统的特定功能。供应链物流系统的成本（包括运输成本、仓储成本、库存成本、搬运成本等）、效率以及鲁棒性等依赖于其物流网络的设计，决策包括但不限于：生产工厂和中心仓库的选址、规模及数量，各级分销商的选址以及原材料、在制品和成品库在各环节的流动等。

随着工业化进程的不断深入和市场竞争的日益加剧，传统的、分散进行的物流活动已远远不能适应现代经济发展的要求，物流活动的低效率和高成本，已经成为影响经济运行效率和社会再生产顺利进行的制约因素。2020 年我国物流支出超过 14.9 万亿元，占GDP 比重的 14.7%，与发达国家相比具有较大差距。因此，对物流要素进行系统整合，优化资源配置，建立高效的物流网络是经济发展的必然要求。

供应链物流网络设计中的设施选址是企业的重要战略决策，其不仅影响对用户需求的覆盖和响应，而且对企业的运营有着深远影响。W 公司是国内领先的医疗用品生产供应商，主要生产感染控制、伤口护理敷料、成人护理等类别的产品。感染控制类产品又细分为手术室感染控制、服装类防护用品等系列，包含口罩、防护服、隔离衣、医用手套、防护面罩等，广泛应用于传染病控制、预防等领域，因市场的扩大，W 公司已无法满足大量的订单需求，面临扩充产能、物流布局以及成本控制等一系列供应链物流网络重构决策。本实例以 W 公司的供应链物流网络设计为对象，以极小化总物流及选址成本为导向，应用系统分析方法分析问题特征，建立问题的数学模型。围绕算法目标，采用系统工程模型技术设计算法，对算法进行测试，为企业的选址决策提供方法和数值参考依据。

选址问题是供应链物流网络设计的经典问题和难题，在生产、物流运输以及军事领域有着广泛的应用前景。为满足不断增长的市场需求，W 公司面临生产工厂以及中心仓库的选址决策，以及将产品从生产工厂运输到中心仓库、从中心仓库运输到顾客的运输决策。为便于决策分析，采用标准产品以替代各类产品。该问题可抽象为经典的二阶段容量约束选址问题（Two-Stage Capacitated Facility Location Problem，TSCFLP），其层级结构如图 8-46 所示。

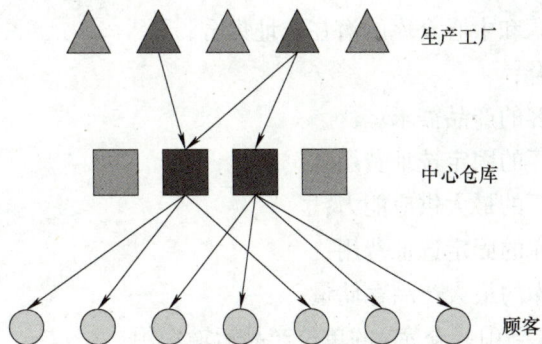

图 8-46　W 公司选址问题的 TSCFLP 层级结构

二、数学模型

TSCFLP 问题旨在得出生产工厂及中心仓库的选址决策，分别在生产工厂及中心仓库的生产能力以及存储能力约束下，优化生产工厂至中心仓库以及中心仓库至顾客的物流配送关系，使得所有的顾客需求得到满足，一个顾客仅由一个中心仓库服务，而总费用（包括生产工厂和中心仓库的选址费用以及运输费用）最低。

遵循问题导向的系统分析基本原则，根据不同的求解目标（最优解或近似最优解）以及问题的规模（大规模或小规模），而选择不同的描述方式（数学规划模型或概念模型）以及优化算法（精确算法或近似算法）。由于选址问题属于战略型决策问题，对企业的长远发展具有重要意义，故本实例以获得问题的全局最优解为目标，特别是针对大规模问题。

定义以下决策变量：若在位置 i 设立生产工厂，那么决策变量 w_i 取值 1；否则，w_i 为 0。若在位置 j 设立中心仓库，那么决策变量 y_j 取值 1；否则，y_j 为 0。如果顾客 k 的需求由在位置 j 所设立的中心仓库满足，那么决策变量 z_{jk} 取值 1；否则，z_{jk} 为 0。TSCFLP 的混合整数规划数学模型如下所示。

$$\min \quad \sum_{i \in I} \mathrm{FP}_i w_i + \sum_{j \in J} \mathrm{FD}_j y_j + \sum_{i \in I} \sum_{j \in J} t_{ij} v_{ij} + \sum_{j \in J} \sum_{k \in K} c_{jk} z_{jk} \qquad (8\text{-}1)$$

$$\text{s. t.} \begin{cases} \sum_{j \in J} v_{ij} \leqslant \mathrm{CP}_i w_i, \ \forall i \in I & (8\text{-}2) \\[2mm] \sum_{k \in K} d_k z_{jk} \leqslant \mathrm{CD}_j y_j, \ \forall j \in J & (8\text{-}3) \\[2mm] \sum_{j \in J} z_{jk} = 1, \ \forall k \in K & (8\text{-}4) \\[2mm] \sum_{i \in I} v_{ij} = \sum_{k \in K} d_k z_{jk}, \ \forall j \in J & (8\text{-}5) \\[2mm] w_i \in \{0,1\}, \ \forall i \in I & (8\text{-}6) \\[2mm] y_j \in \{0,1\}, \ \forall j \in J & (8\text{-}7) \\[2mm] z_{jk} \in \{0,1\}, \ \forall j \in J, \ k \in K & (8\text{-}8) \\[2mm] v_{ij} \geqslant 0, \ \forall i \in I, j \in J & (8\text{-}9) \end{cases}$$

式中　I, J——生产工厂和中心仓库的潜在选址集合；

　　　K——顾客集合；

　　　d_k——每位顾客的产品需求；

　　FP_i——生产工厂的固定选址费用；

　　CP_i——生产工厂的最大供应能力；

　　FD_j——中心仓库的固定选址费用；

　　CD_j——中心仓库的最大产品存储量；

　　　t_{ij}——从工厂 i 到中心仓库 j 的单位产品运输费用；

　　　c_{jk}——顾客 k 的需求由中心仓库 j 满足的运输费用；

　　　v_{ij}——生产工厂 i 运输到中心仓库 j 的产品数量。

目标函数（8-1）极小化总费用，依次包括：生产工厂和中心仓库的设施建立固定费用，以及生产工厂→中心仓库→顾客的运输费用。约束（8-2）和约束（8-3）分别对应于生产工厂及中心仓库的最大供应能力及最大存储能力约束。结合约束（8-7）和约束（8-8），约束（8-4）确保每个顾客的需求必须且仅被一个中心仓库满足。约束（8-5）为中心仓库的流平衡约束，即流入的产品数量应等于流出的产品数量。约束（8-6）~约束（8-9）为变量的取值范围约束。TSCFLP 是经典容量限制工厂选址问题（Capacitated Plant Location Problem，CPLP）和单源容量限制设施选址问题（Single-Source Capacitated Facility Location Problem，SSCFLP）的耦合，而 CPLP 和 SSCFLP 均属于强 NP-hard 问题，因此 TSCFLP 也属于强 NP-hard 问题，且比 CPLP 和 SSCFLP 更为复杂。对于已存在的（非新建）设施，在模型中可增加约束条件，使其对应的选址变量取值为 1。

三、算法设计

算法设计的思路如图 8-47 所示。

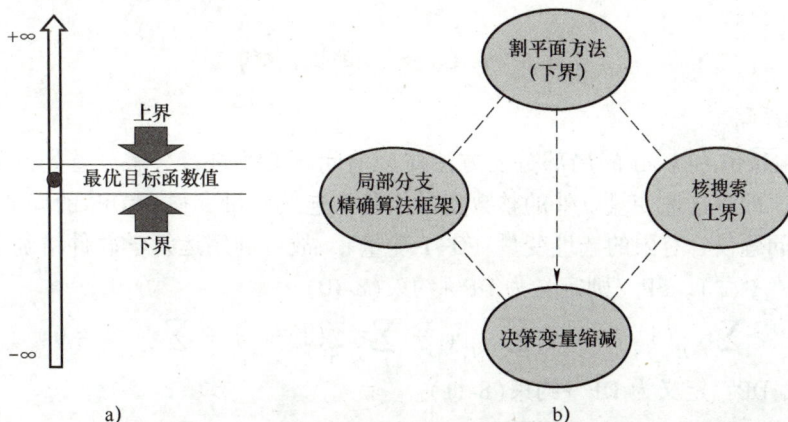

图 8-47　算法设计思路

围绕获得全局最优解的优化目标，采用上界和下界相互逼近的方式逼近最优解，如图 8-47a 所示。下界越大、上界越小对最优解的获得起着重要作用。如图 8-47b 所示，采用割平面方法缩小线性松弛问题的可行域，以提升下界；同时，基于松弛解，采用核搜索（Kernel Search）方法获得高质量的上界。二者联合作用，决定了部分决策变量的最优取值，实现原求解问题规模的缩减。将上述上、下界方法嵌入切割−求解（Cut-and-Solve，CS）的精确的算法框架，探索全部解空间，以获得全局最优解。

1. 总体框架

CS 分支树的基本结构如图 8-48 所示。

在分支树的每一层，将当前的待求解问题分解为两个子问题，稀疏问题（Sparse Problem，SP）和稠密问题（Dense Problem，DP）。将 SP 精确求解，其最优解若存在，则为原问题提供一个上界，移除该 SP。如果 DP 的下界大于或等于当前最好的上界，则 DP 不存在优于当前最好解的可能解，当前最好的可行解即为全局最优解；否则，分解 DP 产生新的 SP 与 DP，重复上述步骤，直至获得原问题的最优解。原问题标记为 DP^0。定义合适规模的 SP，使其能在合理时间内精确求解，CS 因而能有效避免计算过程中出现的内存溢出，增加大规模问题顺利求解的可能性。

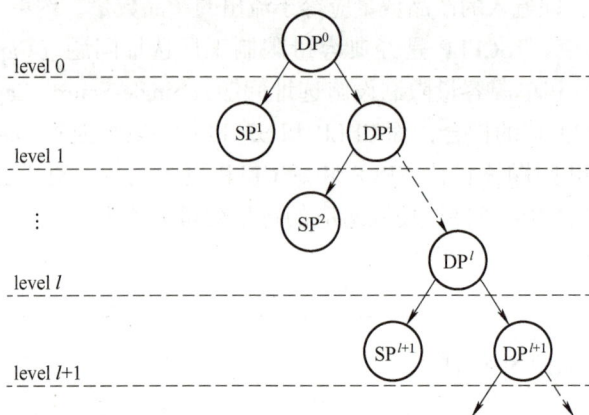

图 8-48　CS 分支树的基本结构

2. 分支策略

采用 Fischetti 和 Lodi 的局部分支方法对当前问题 DP^l 进行分解。首先，采用局部线性松弛方法，即将选址变量以外的整数变量松弛为连续变量，得到 DP^l 的局部松弛问题。由于该松弛问题仅含有限的选址变量（0-1 变量），故可利用运筹学软件精确求解，记最优解为 (w^l, v^l, y^l, z^l)。SP^{l+1} 则定义为 DP^l+约束（8-10）

$$\sum_{i \in I_1^l}(1 - w_i) + \sum_{i \in I_0^l}w_i + \sum_{j \in J_1^l}(1 - y_j) + \sum_{j \in J_0^l}y_i = 0 \tag{8-10}$$

相应地，DP^{l+1} 定义为 DP^l+约束（8-11）

$$\sum_{i \in I_1^l}(1 - w_i) + \sum_{i \in I_0^l}w_i + \sum_{j \in J_1^l}(1 - y_j) + \sum_{j \in J_0^l}y_i \geqslant 1 \tag{8-11}$$

其中　$I_1^l = \{i \in I | w_i^l = 1\}$，$I_0^l = \{i \in I | w_i^l = 0\}$，$J_1^l = \{j \in J | y_j^l = 1\}$，$J_0^l = \{j \in J | y_j^l = 0\}$。

3. 下界

采用割平面方法分解 0-1 背包凸包，以缩小 DP^l 线性松弛问题的解空间，提升下界。该问题可产生的 0-1 背包约束如下：

1）引入互补变量 $\bar{y}_j = 1 - y_j$，约束（8-3）转化为

$$\sum_{k \in K}d_k z_{jk} + s_j\bar{y}_j \leqslant CD_j, \forall j \in J \tag{8-3'}$$

2）工厂的总生产能力应能满足所有顾客的需求，引入互补变量 $\bar{w}_i = 1 - w_i$，得

$$\sum_{i \in I}CP_i\bar{w}_i \leqslant \sum_{i \in I}CP_i - \sum_{k \in K}d_k \tag{8-12}$$

3）仓库的总供应能力应能覆盖所有顾客的需求，得

$$\sum_{j \in J}CD_j\bar{y}_j \leqslant \sum_{j \in J}CD_j - \sum_{k \in K}d_k \tag{8-13}$$

4）线性叠加约束（8-3'），即对任意的 $M \subseteq J$，其中 $|M| \geqslant 2$，得

$$\sum_{j \in M}\sum_{k \in K}d_k z_{jk} + \sum_{j \in M}CD_j\bar{y}_j \leqslant \sum_{j \in M}CD_j \tag{8-14}$$

令 $u_k = \sum_{j \in M}z_{jk}$，则约束（8-14）可转化为

$$\sum_{k \in K}d_k u_k + \sum_{j \in M}CD_j\bar{y}_j \leqslant \sum_{j \in M}CD_j \tag{8-15}$$

考虑单源约束（8-4）以及变量整数性质约束（8-8），u_k 仍为 0-1 变量。

通过观察可知，约束（8-3′）、约束（8-12）、约束（8-13）~约束（8-15）均为 0−1 背包约束，故采用 Cover Inequalities（CIs），Lifted Cover Inequalities（LCIs），Fenchel Cutting Plane（FCP）等有效割平面方法对 0−1 背包凸包进行分解，以强化下界［Kaparis 等（2010）和 Yang 等（2019）］。构建割平面算法时，根据各有效不等式产生的数学复杂度，遵循先易后难的原则组合应用，提升计算效率。

4. 上界

TSCFLP 为多阶段的选址问题，针对 SP 问题的求解，经典文献 Klose（2000）中的二阶段的方法，首先决策顾客−中心仓库的分配关系，再决策生产工厂−中心仓库的产品运输量，此做法忽略了生产工厂−中心仓库物流配送量对顾客−中心仓库的分配关系的影响，因而存在丢失最优解的可能。因此，采用核搜索（Kernel Search，KS）同时决策顾客−中心仓库的分配关系以及生产工厂−中心仓库的产品运输量，弥补经典方法的不足。

针对 TSCFLP，KS 将整数变量划分为互不相交的一个重要变量集合 Kernel 和多个 $Bucket_i$（除 Kernel 以外的变量，按重要度排序，并均分为若干个集合）。在给定的计算时间内，依次求解仅包含 Kernel、一个 $Bucket_i$ 以及所有连续量的原问题的缩减问题（其余 Bucket 中的变量均设为 0），若获得缩减问题的可行解，即为原问题的上界。在该可行解中，若 $Bucket_i$ 中存在变量取非 0 值，则将该变量添加至 Kernel。重复以上步骤，直至遍历所有的 Bucket。

基于上述下界与上界方法，结合切割−求解的算法框架，提出了割平面方法、局部分支以及核搜索的混合算法（Cutting Plane Method，Local Branching and Kernel Search Hybrid Approach，HCLK），具体如下：

Algorithm：HCLK

1	初始化：$l:=0$，$DP^l:=$TSCFLP，$LB:=0$，$Best:=+\infty$（当前最好上界）
2	**while**（LB<Best）
3	运用割平面方法强化 DP^l 的下界
4	将 DP^l 分解为两个互补的子问题 SP^{l+1} 和 DP^{l+1}
5	精确求解 SP^{l+1}。首先，运用核搜索方法求得 SP^{l+1} 近似最优解并更新 Best；其次，利用上、下界尽可能多地固定变量的最优取值；最后，调用求解器求解缩减后的 SP^{l+1} 并更新 Best
6	更新 $l:=l+1$
7	**end while**
8	输出最优解及 Best

四、算例测试

算例测试是验证所提算法有效性的重要手段。本实例研究包括生产工厂的决策，是 Klose（2000）所研究二阶段容量限制选址问题的扩展，因此采用 Klose（2000）中的 120

个标杆算例进行验证。根据不同的仓库总供货能力与总需求比 r_f = 1.5，3.0，5.0，与问题规模（$|I| \times |J| \times |K|$）= 5×10×25，5×25×50，5×25×100，5×50×100，10×50×100，5×25×500，5×50×500 以及 10×50×500 的组合，共 24 组，每组 5 个算例。算例测试符号说明见表 8-11。

表 8-11　算例测试符号说明

Best	最优目标函数值
D_{KS}	SP^l 求解时，核搜索方法获得的上界 UB 与 Best 的误差，（UB−Best）/Best ×10000
Gap_ϕ	在根节点，采用 ϕ 方法获得的下界 LB 与 Best 的误差，（Best−LB）/Best ×10000，ϕ=LP 表示线性松弛方法，ϕ=Cut 表示割平面方法。特别地，ϕ=LRC 表示 Klose（2000）提出的 Lagrangean Relax and Cut 方法的上下界误差；ϕ=Best 表示 LRC 的最优下界与 Best 的误差
T_ϕ	计算的 CPU 时间（秒）。ϕ=KS 表示核搜索方法，ϕ=All 表示整体方法
NSP	HCLK 的平均分支的次数

1. 下界的质量检验

下界结果对比具体见表 8-12。

表 8-12　下界结果对比

$|I| \times |J| \times |K|$	r_f=1.5			r_f=3.0			r_f=5.0		
	Gap_{LP}	Gap_{LRC}	Gap_{Cut}	Gap_{LP}	Gap_{LRC}	Gap_{Cut}	Gap_{LP}	Gap_{LRC}	Gap_{Cut}
5×10×25	405.86	0.00	3.30	331.42	0.00	1.10	437.09	0.00	0.00
5×25×50	148.73	19.53	5.83	238.84	0.00	2.29	332.73	0.00	2.18
5×25×100	109.16	10.55	2.98	164.81	0.00	2.54	261.38	0.00	3.15
5×50×100	102.00	53.33	9.11	100.86	20.93	5.19	125.55	7.07	6.59
10×50×100	85.75	34.87	8.65	115.87	22.48	27.14	215.87	0.00	10.60
5×25×500	48.14	14.43	0.88	76.71	12.16	2.32	37.11	0.28	1.42
5×50×500	29.02	15.85	1.82	64.68	34.48	2.64	70.30	17.26	1.68
10×50×500	28.20	12.83	1.70	115.99	32.70	3.90	157.42	33.11	2.64
平均	119.60	20.17	4.28	151.14	15.34	5.89	204.68	7.21	3.53

表 8-12 中的计算结果表明：割平面方法能有效提升研究问题的下界，显著优于当前文献里最高效的 Lagrangean Relax and Cut 方法（Klose，2000）。

2. 解的质量检验

设置最大计算时间 14h，对比了运筹学软件 CPLEX、Lagrangean Relax and Cut 以及本实例提及的 HCLK。计算结果总结见表 8-13～表 8-15。

表 8-13　r_f=1.5 的算例结果

$|I| \times |J| \times |K|$	CPLEX	LRC	HCLK			
	T_{All}	Gap_{Best}	D_{KS}	T_{KS}	T_{All}	NSP
5×10×25	2.60	0.00	1.39	1.63	1.91	1.2
5×25×50	60.50	19.53	0.00	22.14	24.52	1.2

（续）

$|I|\times|J|\times|K|$	CPLEX	LRC	HCLK			
	T_{All}	Gap_{Best}	D_{KS}	T_{KS}	T_{All}	NSP
5×25×100	146.33	10.55	0.00	62.72	79.10	1.2
5×50×100	11945.04	53.33	2.45	1022.74	2275.94	4.8
10×50×100	16041.09	34.87	0.01	715.53	1518.38	3.2
5×25×500	6841.44	14.43	0.10	1039.02	1122.56	1.6
5×50×500	80412.16	15.85	0.95	3844.39	15691.59	1.2
10×50×500	36053.23	12.83	0.00	4928.89	8740.36	1.6

表8-14 $r_f=3.0$ 的算例结果

$|I|\times|J|\times|K|$	CPLEX	LRC	HCLK			
	T_{All}	Gap_{Best}	D_{KS}	T_{KS}	T_{All}	NSP
5×10×25	0.34	0.00	0.00	0.43	0.54	1.0
5×25×50	58.05	0.00	0.00	21.24	23.23	1.0
5×25×100	33.08	0.00	0.20	26.54	30.35	1.2
5×50×100	1124.79	20.93	0.00	253.96	375.84	1.2
10×50×100	734.02	22.48	2.81	119.96	724.31	4.2
5×25×500	441.83	12.16	0.00	44.97	64.39	1.4
5×50×500	6135.12	34.48	0.00	144.52	454.95	1.4
10×50×500	8586.30	32.70	0.00	192.74	233.78	1.4

表8-15 $r_f=5.0$ 的算例结果

$|I|\times|J|\times|K|$	CPLEX	LRC	HCLK			
	T_{All}	Gap_{Best}	D_{KS}	T_{KS}	T_{All}	NSP
5×10×25	0.39	0.00	0.00	0.75	0.88	1.0
5×25×50	10.25	0.00	0.08	7.32	10.07	1.2
5×25×100	23.94	0.00	0.00	18.87	24.46	1.0
5×50×100	325.13	7.07	0.00	111.26	144.67	1.0
10×50×100	81.47	0.00	1.25	28.23	39.00	1.2
5×25×500	27.02	0.28	0.00	21.44	25.36	1.0
5×50×500	525.84	17.26	0.00	115.30	135.16	1.0
10×50×500	4441.36	33.11	0.00	152.51	195.17	1.2

计算结果表明，核搜索方法能在极短的时间内获得高质量的可行解，其解的质量显著优于LRC，对整体HCLK起加速作用，达到预期目的。HCLK获得了全部算例的最优解，CPLEX精确求解了113个算例，但其计算时间远高于HCLK，特别是大规模算例。HCLK在解的质量和计算时间上展现出了较高的优势。

五、小结

选址决策对企业实现其经营战略和目标具有重大意义。选址的好坏直接影响企业的生产成本、服务时间以及服务质量，影响企业的利润和市场竞争力。针对 W 公司的选址决策问题，采用系统分析方法，确立优化目标，构建二阶段选址问题的数学模型，通过对决策变量影响关系以及约束形式的分析，针对性地提出优化算法。数值实验证明了算法的有效性，且优于目前文献里的标杆算法，为企业解决类似的供应链网络设计问题提供理论指导、模型、方法和决策依据。

思考题

1. 数学模型的构建过程是如何体现问题导向的系统分析原则的？

2. 围绕大规模问题精确求解目标，所选择的切割–求解算法框架具有的优势和劣势是什么？

3. 在算法设计过程中，各算法选择的依据是什么？有效解决了什么问题？不同算法的组合是如何实现求解目标的？

4. 选址决策还有哪些常用的系统模型方法？各有何特点？

实例七　基于复杂系统结构的城镇基础设施防灾减灾分析

一、问题背景

随着我国城市化和工业化进程加快，城市生态环境和资源承载力面临严峻挑战，非传统安全领域的隐蔽性、耦合性、衍生性所导致的危机叠加效应和扩散效应进一步显现，如郑州"7·20"特大暴雨、长沙自建房坍塌等重大突发事件，暴露出当前我国城市在统筹发展与安全、常态减灾与非常态救灾、风险防控与应急处突能力等方面的不平衡问题。城市基础设施作为维系城市系统运作的重要枢纽，同时也是灾害风险演化的关键载体，其抗毁性的高低直接关乎防灾减灾救灾效果并影响城市整体韧性水平。然而由于致灾因子的突发性、不确定性、复杂性等特征，一旦发生极易导致次生、衍生风险，表现为多链交织的网络演化模式且共同作用于基础设施系统。此外，电力、通信、交通等基础设施系统间的相互依赖程度高、耦合作用机理复杂，受到扰动后极易发生级联失效、升级失效以及同因失效等严重后果，这些因素加大了灾害管理部门对于灾害风险的预防和响应难度。

网络的抗毁性（Invulnerability）是指网络拓扑结构的可靠性，衡量的是破坏一个系统的难度，即系统在遭到针对性的蓄意攻击或随机攻击时网络仍能保持连通且稳定工作的能力。自 ALBERT R 提出以网络中关键节点失效引起的网络性能变化来衡量网络抗毁性后，网络抗毁性研究便形成两条主要分支：①基于图论的网络结构抗毁性研究，除了网络自然连通度等基本的测度指标外，社团结构与权重因素也被纳入网络级联抗毁性的考量；②以通信网络、交通网络、建筑网络等物理基础设施网络为对象，探讨遭遇恐怖袭击等蓄意攻击或自然灾害等随机攻击后，节点或边的失效对物理网络效能的影响。由于现代技术增加了系统之间的依赖性，故障可能会超出单个基础设施系统的界限而在不同的系统间进行传播，导致故障风险急剧增加。因此，对于基础设施网络研究也由单一系统逐渐向耦合系统过渡，目前已有对于电力–天然气、交通–电力等基础设施系统的鲁棒性及韧性评估研究。然而，基础设施网络抗毁性研究仍存在以下不足：

（1）涉及主体单一。在实际灾害风险情境下，组织往往会进行事前的风险防范和基础设施的保护及修复，灾害风险发生时也会对关键基础设施采取相应的应急响应措施，这意味着仅考虑组织协同、致灾因子演化、基础设施耦合的其中一种同质网络并不能满足基础设施网络抗毁性研究实际。亟须将实际灾害发生及演化过程涉及的基础设施系统、组织系统、风险因素等之间的联动响应和相互作用纳入研究考量。

（2）缺乏针对自然灾害独特性的研究。一方面，不同于恐怖袭击的主动性、突发性与群体性，自然灾害具有历史数据等先验知识，其并非蓄意攻击，但也不是毫无规律的完全随机；另一方面，以往考虑事前保护少，事后修复多，而事前保护具有"上工治未病""防患于未然"的重大意义。

二、理论及概念

对真实系统的刻画，人们一直用复杂网络来进行描述。复杂网络由众多"节点"和一些连接两个节点的"边"构成，其中实际系统中的各种个体可以用节点来表示，两个节点间的某种特定关系可以用连接的边来表示。然而，现实中的复杂系统往往由许多网络耦合交织形成，如交通网络、物流网络等，学者发现常规网络难以有效刻画复杂系统的结构与其内在逻辑关系，"超网络"便应运而生，超网络的研究标志着网络研究的新阶段。

1. 超图理论

1973 年 Berge 提出并研究了超图理论的基本概念和基本性质。之后，超图理论被逐渐完善。近年来，超图理论被广泛应用于超网络的研究中，并在超网络的建模、动力学性质及应用等方面获得了一些重要的成果。超图是图的重要扩展和推广，其不同于一般图论之处在于：普通图中的每条边只连接两个节点，然而超图中的边能够包括两个以上的节点，能够反映多个节点之间存在的关系，因此超图中的边被称为超边。

超图的定义：设 $V = \{v_1, v_2, \cdots, v_n\}$ 是一个有限集。如果 $E_i \neq \phi (i = 1, 2, \cdots, m)$，$\cup_{i=1}^{m} E_i = V$，那么二元关系 $H = (V, E)$ 称作一个超图。$V = \{v_1, v_2, \cdots, v_n\}$ 是超图的节点集，$E = \{E_1, E_2, \cdots, E_m\}$ 是超图的超边集。V 的元素 $v_1, v_2, \cdots, v_n$ 称作超图的节点或顶点，集合 $E_i = \{v_{i1}, v_{i2}, \cdots, v_{ij}\} (i = 1, 2, \cdots, m; j = 1, 2, \cdots n)$，称作超图的超边。超图示例如图 8-49 所示。

2. 超网络理论

很早以前，在计算机系统、遗传学等领域，就有学者使用"超网络"一词来泛指节点众多、网络中含有网络的系统，特别是将互联网认为是超网络。Sheffi 最早使用"超网络"概念于运输系统，其利用超网络表示交通网络路线选择的联合模型。2002 年，Nagurney 进一步明确了超网络的含义，把高于而又超于现存网络（"above and beyond" existing networks）的网络称为"超网络"。2008 年，王志平和王众托出版了《超网络理论及其应用》，推动和引导国内超网络研究的开展。目前，对于超网络的研究主要从超网络两种不同的定义展开：一种是基于超图的超网络（Hypernetwork），即用超图来定义超网络；另一种是基于网络的超网络（Supernetwork），即多个单一网络相互耦合形成的多层超网络，也称为"网络中的网络"。

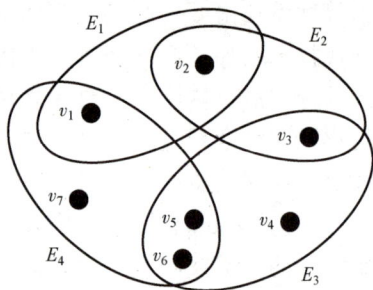

图 8-49　超图示例

（1）**基于超图的超网络**。Estrada 扩展了以超图表示复杂网络的子图中心性和聚类的概念，并称超网络为 Hypernetwork，其主要以超图理论为基础，通过简化层次结构，使得节点间的联系能够清晰表达。由于节点的异质性以及节点数量的复杂性，学者使用二部图对网络特性进行研究时，其结果会产生歧义。Estrada 等提出了竞争二部图和基于超图的竞争超网络，如图 8-50a 和图 8-50b 所示。图 8-50b 基于超图的竞争超网络能够更好地描述和表示各节点间的耦合作用关系，节点以及超边的信息也得以清晰显示。

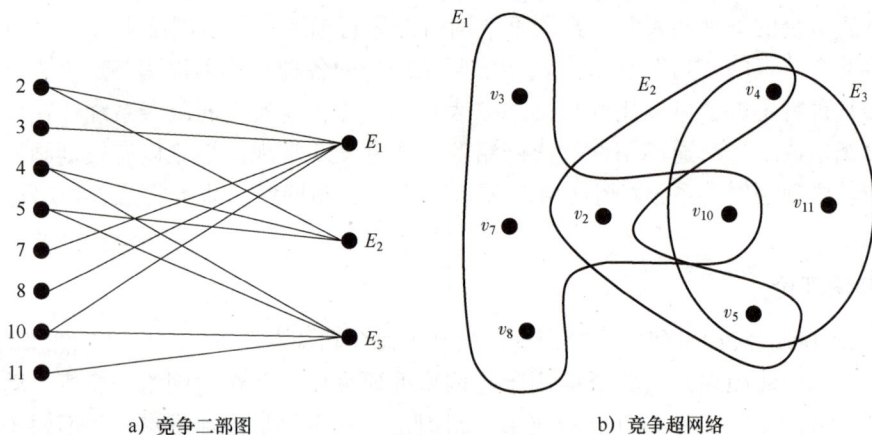

a）竞争二部图　　　　　　　　　　b）竞争超网络

图 8-50　竞争二部图和竞争超网络

（2）**基于网络的超网络**。一方面聚焦于超网络中各子网之间关系的研究，另一方面则是网络与外界环境的交互性研究。研究总体上侧重于现实网络多级、多层、多维的复杂特性，将整体超网络视为多个单层网络构成的集合，每层子网络具有不同功能和属性，而各层子网络间存在复杂的耦合作用关系。一些复杂网络特征，如有向和无向网络、有权和无权网络等也被纳入考量，适用于解决具有多层次网络的建模问题，为分析大规模系统各组成部分之间的关系提供了新方法。

三、基础设施超网络模型构建及仿真流程

在灾害演化及应对过程中，主要涉及致灾因子、基础设施、应急组织三个重要主体，然而由于基础设施规模大、致灾因子种类多，加之二者间相互耦合及演化机理复杂，往往需要应急组织进行协同管理，其本质是打破资源间的各种壁垒，通过对资源的协调和整合，使资源发挥最大效用。通常，应急组织的防灾减灾策略可分为两种：①防控致灾因子，降低其发生概率、减少次生灾害；②防护基础设施，提升承灾体抗毁性。此外，主体间的联系还包括：致灾因子直接作用于基础设施网络，其可能导致一定程度的故障甚至级联失效。基于以上分析，研究构建由组织网络、风险网络、基础设施网络三种子网络构成的超网络模型，如图 8-51 所示。

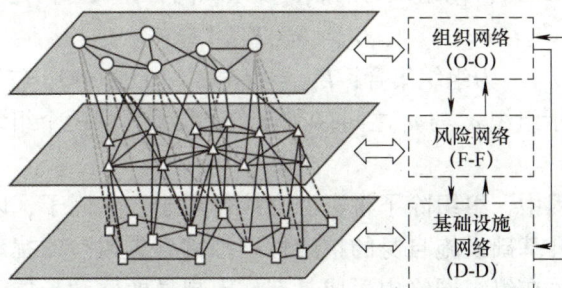

图 8-51　基础设施超网络模型

本实例的基本假设如下：

1）由于灾害后果的严重程度由致灾因子的危险性和承灾体的脆弱性共同决定，假设应急组织拥有风险控制和基础设施保护两类资源，前者通常作用于管控潜在的致灾因子，后者则主要用于基础设施日常维护修复，以降低承灾体脆弱性。

2）假设组织网络的协同能力具体表现为相互协同的组织子群内部分别按照致灾因子发生概率和各基础设施节点风险值大小进行资源的协调分配。子群的协同效能越高，意味着该子群能够按照上述规则有效分配的资源量越多，剩余资源则会被随机分配给相应的致灾因子或基础设施。

3）假设各网络间仅考虑组织对风险的防控、组织对基础设施的保护和风险演化对基础设施的影响三类超边，不考虑其反向影响。

4）各组织管控的风险与基础设施节点由政策文件及应急预案等确定，各灾害风险发生的概率和相互关系可由灾害历史资料统计得到。

在具体分析中，对基础设施超网络模型中的相关概念做如下定义：

1）基础设施保护是指灾害管理部门对于基础设施进行日常维护修复，以提升其面临重大灾害风险时的抗毁性。

2）随机策略包含随机保护策略与随机风险控制策略。前者是指对于基础设施的事前维护，后者是指对于潜在致灾因子进行管控。随机意味着由于灾害管理部门间缺乏相互协作和信息沟通，灾害防治力量过于分散，所以各组织相对独立地随机分配资源。

3）协同策略是指协同保护策略与协同风险控制策略。与随机策略不同的是，协同意味着灾害管理部门间相互合作，共享信息以确定关键基础设施及致灾因子，并统一调配基础设施保护资源和风险控制资源，提升防灾减灾效果。

4）无风险控制策略。该策略意味着组织的风险控制资源无法作用于相应风险节点，任由其风险演化。

基于上述假设和概念定义，本实例的超网络模型构建包括子网络模型构建和超边模型构建。前者具体为组织网络、风险网络和基础设施网络各子网络内部的关系构建；后者则为组织网络到风险网络的映射、组织网络到基础设施网络的映射和风险网络到基础设施网络的映射。

1. 子网络模型构建

（1）**组织网络（O-O）**。以组织为节点，以组织间合作关系构建无向边。模型表示为

$$G_o = (O, E_{o-o})$$

其中，$O = \{o_1, o_2, \cdots, o_a\}$，为组织集合；$E_{o-o} = \{(o_i, o_j) \mid o_i, o_j \in O\}$（$i, j = 1, 2, \cdots, a$），为边的集合，边 (o_i, o_j) 表示组织 o_i 与 o_j 之间存在合作或联系，即两个组织参与同一突发事件的响应处置。

在应急管理全过程中，组织除了将资源直接作用于致灾因子，以减少风险发生的概率外，还可以通过提升基础设施自身的抗毁性以抵御各类风险的扰动。不同组织间往往存在着协同联动关系，在组织网络中形成具有一定规模的联动子群，以共同防控风险和保护设施。

（2）**风险网络（F-F）**。风险网络以致灾因子为节点，以因子间的风险联系为边，记为

$$G_f = (F, E_{f-f})$$

其中，$F = \{f_1, f_2, \cdots, f_m\}$，为节点集合；$E_{f-f} = \{(f_i, f_j) \mid f_i, f_j \in F\}$（$i, j = 1, 2, \cdots, m$），为边的集合，$(f_i, f_j)$ 表示两个致灾因子间存在风险联系，即风险 f_i 与 f_j 存在耦合关系，或可能共同作用而诱发灾害；致灾因子节点 f_i 的风险发生概率记为 P_{f_i}。

（3）**基础设施网络（D-D）**。基础设施网络主要考虑水、电、天然气、运输系统、通信系统等关键基础设施系统。以基础设施为节点，以基础设施间的物理联系为边构建基础设施网络，简称为 D-D 网络。可以表示为

$$G_d = (D, E_{d-d})$$

其中，$D = \{d_1, d_2, \cdots, d_x\}$，为基础设施集合；$E_{d-d} = \{(d_i, d_j) \mid d_i, d_j \in D\}$（$i, j = 1, 2, \cdots, x$），为边的集合，$(d_i, d_j)$ 表示两个基础设施系统间存在物理联系。

在灾害领域，风险通常被定义为一定概率性灾害造成的损失或破坏，故各基础设施节点的风险值 R_{d_i} 用下式表示

$$R_{d_i} = W_{d_i} P_{d_i} (i = 1, 2, \cdots, x) \tag{8-16}$$

式中　W_{d_i}——基础设施 d_i 失效可能造成的最大直接损失，即该节点失效后基础设施网络效能的减少量；

　　　P_{d_i}——基础设施节点 d_i 的失效概率。

本实例选择网络效率作为超网络中基础设施网络效能的测度函数。根据相似权网络效率的定义可得

$$E_{\text{glob}} = \frac{1}{N(N-1)} \sum_{i \neq j} e_{ij} = \frac{1}{N(N-1)} \sum_{i \neq j} d_{ij}^s \qquad (8\text{-}17)$$

$$W_{d_i} = E_{\text{glob}} - E'_{\text{glob}} \qquad (8\text{-}18)$$

式中　e_{ij}——局部网络效率；

d_{ij}^s——相似权网络中两点的最短距离；

E'_{glob}——基础设施 d_i 失效后，即该节点与其他节点不连通后的整体网络效率。

此外，在非连通网络中，规定 $\lim\limits_{d_{ij}^s \to \infty} e_{ij} \to 0$，但这两点的路径长度实则为无穷大。

本实例旨在分析不同策略对于基础设施网络抗毁性的作用的差异，并排除随机模拟组织干预对抗毁性结果造成的波动，故整体网络风险值统计采用常用的基础设施节点风险均值，即

$$R = \frac{1}{N} \sum_{i=1}^{x} R_{d_i} \qquad (8\text{-}19)$$

2. 超边模型构建及保护策略

由于关联的传递性，各网络间理论上可以有六种关联关系。但考虑到实际情境的适用性，本实例仅考虑三种直接映射关系。

（1）**组织网络到风险网络的映射**。根据组织职责划分及应急预案规定，一个组织可能会对多个致灾因子进行防控，将组织 o_a 负责防控的所有致灾因子的集合记为

$$Fo_a = \{f_j | f_j \in F, \theta(o_a, f_j) = 1\}$$

其中，$\theta(o_a, f_j) = 1$ 表示组织 o_a 与致灾因子 f_j 间存在联系。同时，由于组织间的协同作用，这些组织间形成了不同规模的子群，记为 U_{O-Fk}。该子群将共同防治多个致灾因子。

组织网络与风险网络间的作用关系表现为组织将资源直接作用于致灾因子，以减少该风险发生的概率。组织协同能力具体表现为相互协同的组织子群内部按照致灾因子发生概率进行资源的协调分配，以提升风险防治效率。本实例假设对于不能有效分配的资源进行随机分配，记为 Z_F。因此，每个致灾因子节点分配到的资源量 Z_{f_i} 为防控该节点的各协同子群与各孤立组织节点所分配的资源之和，可表示为

$$Z_{f_i} = \sum_{k=0}^{n_1} \frac{P_{f_i}}{P_{U_{O-Fk}}} Z_{Fk} + \sum_{S_a=0}^{a_1} Z_{FS_a} \qquad (8\text{-}20)$$

式中　P_{f_i}——子群 U_{O-Fk} 中风险节点 f_i 发生的概率；

$P_{U_{O-Fk}}$——子群 U_{O-Fk} 管控的所有节点的风险概率之和；

Z_{Fk}——该子群资源总量；

Z_{FS_a}——孤立组织节点随机分配的风险防控资源数量；

n_1——对该致灾因子节点进行风险防控的组织协同子群的数量；

a_1——防控该致灾因子节点的孤立组织的数量。

在组织资源 Z_{f_i} 的作用下，风险发生的概率 P'_{f_i} 会相应降低，由于组织资源与风险发生之间的负相关关系较为复杂，故采用反比例关系对其进行简化，即

$$P'_{f_i} = \frac{1}{Z_{f_i}} P_{f_i} \tag{8-21}$$

（2）**组织网络到基础设施网络的映射**。这意味着组织对关键基础设施进行维护以提升其在灾害中的抗毁性，各组织维护的基础设施集合可表示为

$$Do_a = \{d_i | \ d_i \in D, \ \theta(o_a, \ d_i) = 1\}$$

其中，$\theta(o_a, d_i) = 1$ 表示组织 o_a 与基础设施 d_i 存在联系。

由于基础设施系统的复杂性，往往需要组织间进行协同合作，将这些具有协同关系的子群记为 U_{O-Dy}。子群内部根据各基础设施风险值大小配置资源，假设每个组织用于基础设施维护的资源量记为 Z_D，则各基础设施节点 d_i 得到的资源为

$$Z_{d_i} = \sum_{y=0}^{n_2} \frac{R_{d_i}}{R_{U_{O-Dy}}} Z_{Dy} + \sum_{S_a=0}^{a_2} Z_{DS_a} \tag{8-22}$$

式中　R_{d_i}——子群 U_{O-Dy} 中基础设施 d_i 的风险值；

　　　$R_{U_{O-Dy}}$——子群 U_{O-Dy} 所维护的基础设施总体风险；

　　　Z_{Dy}——该子群用于维护基础设施的资源总量；

　　　Z_{DS_a}——孤立组织节点随机分配的基础设施维护资源数量；

　　　n_2——对该基础设施节点进行保护的组织协同子群的数量；

　　　a_2——保护该基础设施节点的孤立组织节点的数量。

在组织干预 Z_{d_i} 的作用下，基础设施节点风险值 R'_{d_i} 会相应降低，由于组织干预与基础设施风险之间存在着各种复杂的负相关关系，可将二者关系简化为

$$R'_{d_i} = \frac{1}{Z_{d_i}} R_{d_i} \tag{8-23}$$

（3）**风险网络到基础设施网络的映射**。除了组织对于基础设施的积极影响外，基础设施节点 d_i 还受到相应致灾因子发生概率 P_{f_j} 的影响。本实例参照事故树相关理论，将 d_i 与 P_{f_j} 的函数关系表达如下

$$P_{d_i} = 1 - \prod_{j=1}^{m} (1 - P_{f_j} \delta_{f_j \rightarrow d_i}) \tag{8-24}$$

式中　$\delta_{f_j \rightarrow d_i}$——布尔变量，$\delta_{f_j \rightarrow d_i} = 1$ 表示风险与基础设施间存在诱发关系，$\delta_{f_j \rightarrow d_i} = 0$ 表示二者间不存在诱发关系。

此外，基础设施节点失效概率 P'_{d_i} 可能受多个致灾因子影响，但并不是所有致灾因子节点都受组织干预，故经组织干预风险后的基础设施节点失效概率 P'_{d_i} 可表达为

$$P'_{d_i} = 1 - \prod_{j=1}^{m} (1 - P_{f_j} \delta_{f \rightarrow d_i})(1 - P'_{f_j} \delta_{f \rightarrow d_i}) \quad (i = 1, 2, 3, \cdots, x) \tag{8-25}$$

故基础设施整体网络的风险值 R' 的表达式为

$$R' = \frac{1}{N} \left(\sum_{i'=0}^{\eta} \frac{W_{d_{i'}} P'_{d_{i'}}}{Z_{d_{i'}}} + \sum_{i'=0}^{\eta} \frac{W_{d_{i'}} P_{d_{i'}}}{Z_{d_{i'}}} + \sum_{i=0}^{x-\eta} W_{d_i} P'_{d_i} + \sum_{i=0}^{x-\eta} W_{d_i} P_{d_i} \right) \tag{8-26}$$

式中　　η——采取保护措施的基础设施节点数量；

$\sum\limits_{i'=0}^{\eta} \dfrac{W_{d_{i'}}P'_{d_{i'}}}{Z_{d_{i'}}}$ ——基础设施节点有组织保护且相关风险被组织干预的基础设施节点风险值；

$\sum\limits_{i'=0}^{\eta} \dfrac{W_{d_{i'}}P_{d_{i'}}}{Z_{d_{i'}}}$ ——基础设施节点有组织保护但相关风险未被组织干预的基础设施节点风险值；

$\sum\limits_{i=0}^{x-\eta} W_{d_i}P'_{d_i}$ ——基础设施节点无组织保护但相关风险被组织干预的基础设施节点风险值；

$\sum\limits_{i=0}^{x-\eta} W_{d_i}P_{d_i}$ ——基础设施节点无组织保护且相关风险未被组织干预的基础设施节点风险值。

基于以上映射关系，可在 G_o、G_f、G_d 三层子网之间添加边，实现各子网之间的关联，形成一个包含三种异质类型节点的超网络模型。建模过程可形式化表示为：令 $o_a \in O$、$f_m \in F$、$d_x \in D$ 分别表示 O-O 子网、F-F 子网和 D-D 子网的任一节点，布尔变量 $\theta(o_a, f_m)$、$\theta(o_a, d_x)$、$\theta(f_m, d_x)$ 分别表示不同类型节点之间是否存在映射关系，当取值为 1 时表示存在映射关系，当取值为 0 时则表示不存在映射关系。

3. 基础设施超网络模型形式化表示

基于以上子网络建模及超边建模，可构建基础设施超网络模型（以下简称 OFD 模型），其形式化表示为

$$\begin{aligned} OFD &= f(G_o,\ G_f,\ G_d) = G_o + G_f + G_d + E_{o-f} + E_{o-d} + E_{f-d} \\ &= (O,\ F,\ D,\ E_{o-f},\ E_{o-d},\ E_{f-d}) \end{aligned} \tag{8-27}$$

其中，$E_{o-f} = \{(o_a, f_m)\,|\,\theta(o_a, f_m) = 1\}$，表示 O 类节点与 F 类节点之间边的集合，即组织到风险的映射；$E_{o-d} = \{(o_a, d_x)\,|\,\theta(o_a, d_x) = 1\}$，表示 O 类节点与 D 类节点之间边的集合，即组织到基础设施的映射；$E_{f-d} = \{(f_m, d_x)\,|\,\theta(f_m, d_x) = 1\}$，表示 F 类节点与 D 类节点之间边的集合，即风险到基础设施的映射。

综上，该 OFD 模型是三种子网络的聚合，包含了三种异质类型的节点、三种异质类型的边及子网络内部同质类型的边，能够有效刻画灾害风险防控过程中的泛在关联、层级形态、多维结构以及多粒度属性。

4. 基础设施超网络抗毁性仿真流程

利用软件 MATLAB 进行基础设施超网络抗毁性模拟，具体流程如图 8-52 所示。

（1）输入超网络基本信息。

（2）选择不同策略路径。根据图 8-52 中三个判断条件选择不同的策略组合。

（3）更新基础设施节点的失效概率。若风险控制策略的判断结果为"是"，则判断是否存在组织协同，然后分别按照各自的资源分配策略，由式（8-21）计算组织控制后新的风险概率 P'_{f_i}。进而由式（8-24）、式（8-25）计算经组织干预风险后基础设施节点失效概率 P'_{d_i}。

（4）确定基础设施节点的风险值。根据不同的基础设施保护策略，计算其相应的资源分配数量，进而由式（8-16）~式（8-18）和式（8-23）确定各基础设施节点的风险值。

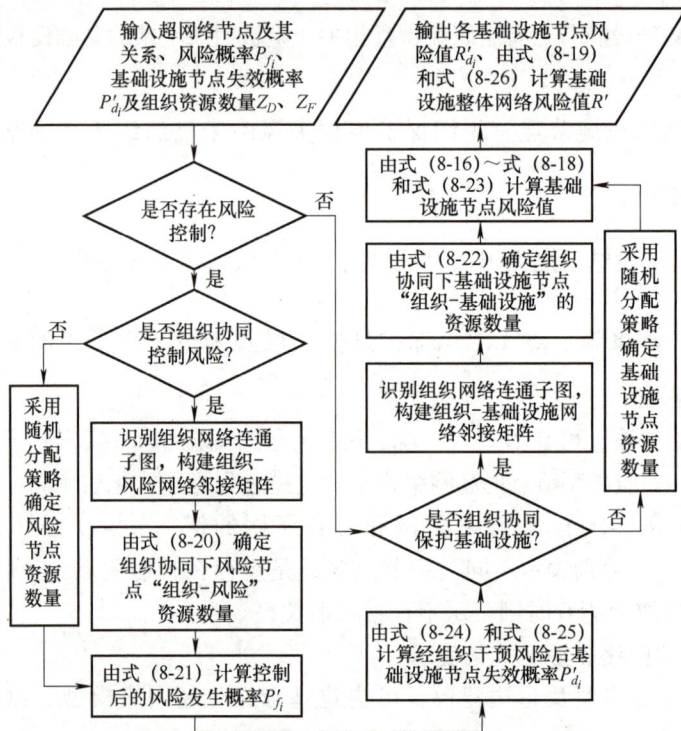

图 8-52　基础设施超网络抗毁性模拟流程

（5）结果输出。输出不同策略下，各基础设施节点的风险值 R'_{d_i} 和基础设施整体网络的风险值 R'，以比较上述不同策略对于基础设施网络抗毁性的作用效果。

四、实例分析

1. 案例选择与数据获取

（1）**案例选择**。本实例以 2008 年汶川地震为例构建超网络，探讨基础设施网络保护。原因如下：①此次地震诱发的次生、衍生事件多，包括堰塞湖、泥石流、洪水等多种灾害风险；②受损的基础设施范围广，含通信、水利、交通、住房与工业等关键基础设施；③涉及的应急组织数量庞大，涵盖应急协调联动的常见组织。此外，对于汶川地震的研究数据完备，成果丰富，网络间耦合作用及其子网络内部结构关系容易获取，基于此所构建的基础设施超网络具有真实性及现实意义。

（2）**数据获取**。数据收集与处理主要运用网络分析方法（Network Analysis），具体为基于文本的多信源混合方法，来源于四个方面：中华人民共和国中央人民政府网站、四川省人民政府网站以及汶川县政府网站等政府官方网站；中国红十字会、中华慈善总会、壹基金和中华思源工程扶贫基金会等非政府官方网站；新华网、人民网等权威性传统新闻门户网站；新浪、腾讯和搜狐等微博新媒体平台。进一步梳理、分析得到实例所涉及的应急组织、致灾因子、基础设施及其各子网络内部节点间的影响关系，其基础设施网络节点说明见表 8-16。此外，应急组织间的协同关系以及组织管控的灾害风险和基础设施系统，通过分析相关应急预案和组织自身职能提炼获取。构建的汶川地震的超网络模型如图 8-53 所示。

表 8-16　基础设施网络节点说明

节点编号	基础设施名称	说明
1	电力设施	包括配电、传输和发电等子系统
2	电信设施	包括电缆、蜂窝、互联网、固定电话和媒体等子系统
3	交通设施	包括航空旅行、公路、加油站、公共交通、铁路、水路和港口设施等子系统
4	公共事业	包括供水、污水处理、环卫、输油、天然气等子系统
5	建筑设施	包括空调、电梯和管道系统等子系统
6	商业设施	包括计算机系统、酒店、保险、博彩、制造、海事、矿山、餐饮和零售等子系统
7	紧急服务	包括救护、消防、警察和避难所等子系统
8	金融系统	包括银行、证券交易所等子系统
9	食品供应	包括食品分配、储存、准备和生产
10	政府设施	包括办公室和服务子系统
11	医疗保健	包括医院和公共卫生子系统

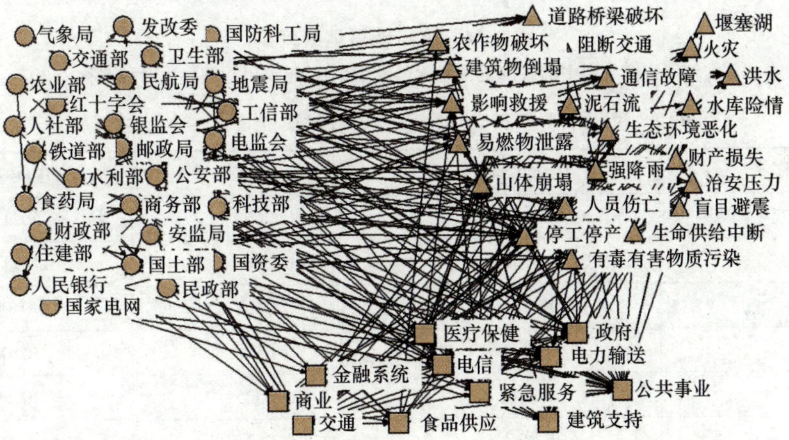

图 8-53　汶川地震的超网络模型

2. 超网络分析

（1）**组织网络分析**。分析得到汶川地震应急救援组织的合作网络如图 8-54 所示，进一步采用社会网络分析方法计算不同组织中心性，结果见表 8-17。"中心性"是社会网络分析的研究重点之一，侧重从"关系"角度出发对组织的权力进行定量化研究。分析表 8-17 中的数据发现：度中心性排名靠前的组织为发改委、农业部、财政部和住建部，即这些组织与较多的组织直接关联，且这些组织在汶川地震灾害救援过程中发挥着保障民众衣食住行等基本生活水平的重要作用。然而度中心性是一种局部衡量，其只考虑了节点的直接连接数量。为了进一步确定最佳的应急协同网络协调组织，需要引入中间中心性进行全局度量，它衡量的是组织对资源的控制程度。发改委、农业部、银监会、地震局等组织在整个网络中表现出较强的权力输出、信息传递和资源调度能力，它们在整个汶川地震合作网络中发挥着协调的主体作用，这可能与其本身的机构属性和拥有较多的应急资源有关。这也意味着在实际灾害救援过程中，为提升救援效率，应该将较多的人、财、物资、信息等资源配置给这些核心组织。

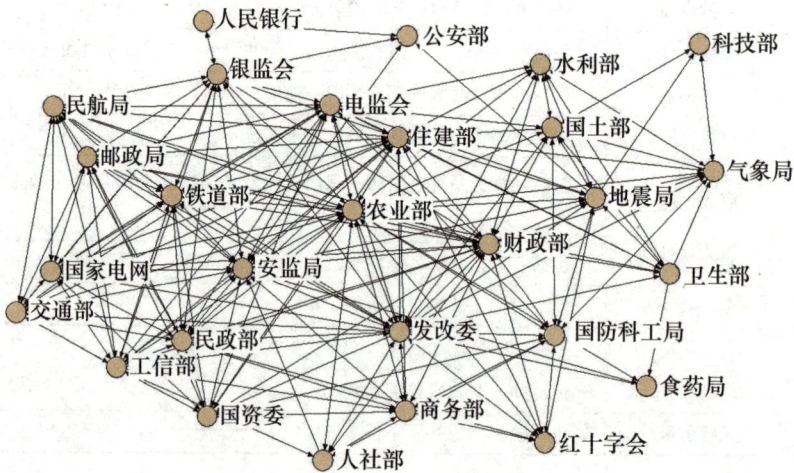

图 8-54 汶川地震组织网络

注：本实例组织网络图中的政府机构名称仍沿用 2008 年汶川地震发生时的名称。

表 8-17 汶川地震组织网络中心性计算结果（按度中心性排序）

排序	组织名称	度中心性	中间中心性
1	发改委	0.0663	0.1422
2	农业部	0.0663	0.1422
3	财政部	0.0608	0.0980
4	住建部	0.0580	0.0812
5	安监局	0.0525	0.0944
6	电监会	0.0525	0.0537
7	工信部	0.0442	0.0155
8	民政部	0.0442	0.0153
9	银监会	0.0414	0.1184
10	国资委	0.0387	0.0094
11	邮政局	0.0387	0.0015
12	国家电网	0.0387	0.0015
13	铁道部	0.0387	0.0015
14	地震局	0.0387	0.1035

（续）

排序	组织名称	度中心性	中间中心性
15	交通部	0.0359	0.0011
16	民航局	0.0359	0.0004
17	商务部	0.0304	0.0075
18	国防科工局	0.0304	0.0167
19	国土部	0.0304	0.0327
20	气象局	0.0276	0.0272
21	卫生部	0.0276	0.0110
22	水利部	0.0249	0.0005
23	红十字会	0.0221	0.0030
24	人社部	0.0193	0.0012
25	食药局	0.0110	0.0007
26	公安部	0.0110	0.0200
27	科技部	0.0083	0.0000
28	人民银行	0.0055	0.0000

（2）**风险网络评估**。通过分析收集到的相关数据，得到汶川地震引发的主要灾害及其演化关系，如图 8-55 所示。以洪水灾害为例，研究基于自然灾害风险"四因子"理论，即危险性、暴露性、脆弱性与防灾减灾能力，运用 AHP 法对洪水风险概率进行评估，具体步骤如下：

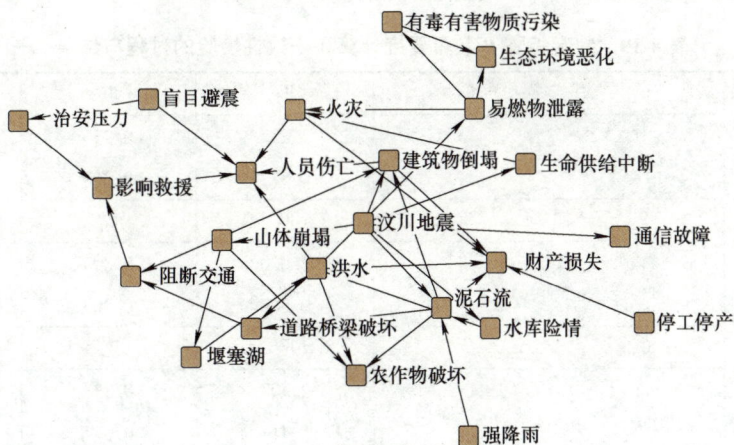

图 8-55　汶川地震风险灾害网络

步骤一：建立洪水风险的递阶结构（如图 8-56 所示）。

步骤二：建立各阶层的判断矩阵 A，并进行一致性检验。判断矩阵及重要度计算和一致性检验的过程与结果见表 8-18、表 8-19，平均随机一致性指标取值见表 5-12。

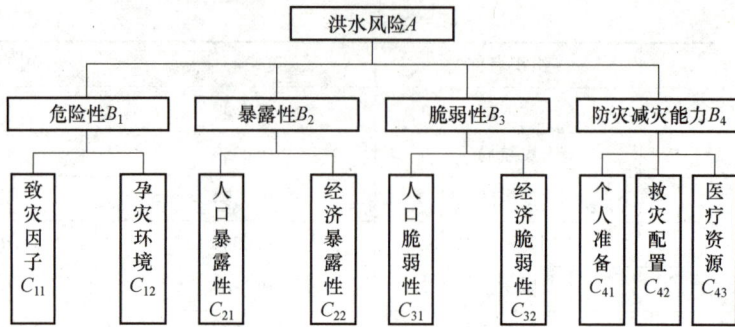

图 8-56　洪水风险的递阶结构

表 8-18　判断矩阵 A 及重要度计算和一致性检验的过程与结果

A	B_1	B_2	B_3	B_4	W_i	W_i^0	λ_{mi}
B_1	1	4	3	2	2.213	0.482	4.152
B_2	1/4	1	2	1	0.841	0.183	4.125
B_3	1/3	1/2	1	1/2	0.537	0.117	4.086
B_4	1/2	1	2	1	1.000	0.218	4.022

$$\lambda_{\max} \approx \frac{1}{4} \times (4.152 + 4.125 + 4.086 + 4.022) = 4.096$$

$$\text{C. I.} = \frac{\lambda_{\max} - n}{n - 1} = \frac{4.096 - 4}{4 - 1} = 0.032$$

$$\text{C. R.} = \frac{\text{C. I.}}{\text{R. I.}} = \frac{0.032}{0.890} = 0.036 < 0.1$$

表 8-19　判断矩阵 B 及重要度计算和一致性检验的过程与结果

B_1	C_{11}	C_{12}		W_i	W_i^0	λ_{mi}
C_{11}	1	3		1.732	0.750	2.000
C_{12}	1/3	1		0.577	0.250	2.000
B_2	C_{21}	C_{22}		W_i	W_i^0	λ_{mi}
C_{21}	1	4		2.000	0.800	2.000
C_{22}	1/4	1		0.500	0.200	2.000
B_3	C_{31}	C_{32}		W_i	W_i^0	λ_{mi}
C_{31}	1	1/2		0.707	0.333	2.000
C_{32}	2	1		1.414	0.667	2.000
B_4	C_{41}	C_{42}	C_{43}	W_i	W_i^0	λ_{mi}
C_{41}	1	1/3	1/2	0.550	0.157	3.054
C_{42}	3	1	3	2.080	0.594	3.054
C_{43}	2	1/3	1	0.874	0.249	3.054

上述过程表明所构造的判断矩阵，一致性检验均通过。

步骤三：求解各指标相对于上层指标的归一化相对重要度向量 $\boldsymbol{W}^0$，其值即为 $\boldsymbol{W}_i^0$，见表 8-18 和表 8-19。

步骤四：风险发生概率计算。最终洪水灾害风险发生概率是指致灾因子和孕灾环境的危险性、承灾体的暴露性和脆弱性以及防灾减灾能力四个方面的综合函数。一般认为，致灾因子和孕灾环境的危险性（B_1）、承灾体的暴露性（B_2）和脆弱性（B_3）与洪水灾害风险成正比，而防灾减灾能力（B_4）则与洪水灾害风险成反比，故可将洪水灾害风险发生概率定义为

$$P_{f_i} = \sqrt{\frac{B_1 \times B_2 \times B_3}{B_4}} = \sqrt{\frac{0.482 \times 0.183 \times 0.117}{0.218}} = 0.218$$

依据以上步骤，同理可得风险网络中其他灾害节点的风险概率。

（3）**组织网络到风险网络的映射**。为保证表述的清晰简明，按照上述模型构建过程，进一步绘制组织网络到风险网络的映射如图 8-57 所示，其展现了组织网络和风险网络的内部及其子网间的结构关系，其中组织网络中格式相同的组织意味着其相互协同构成了组织子群，其内部按照致灾因子发生概率进行资源的协调分配，以提升风险防治效率。组织网络到基础设施网络、风险网络到基础设施网络的映射关系同理。

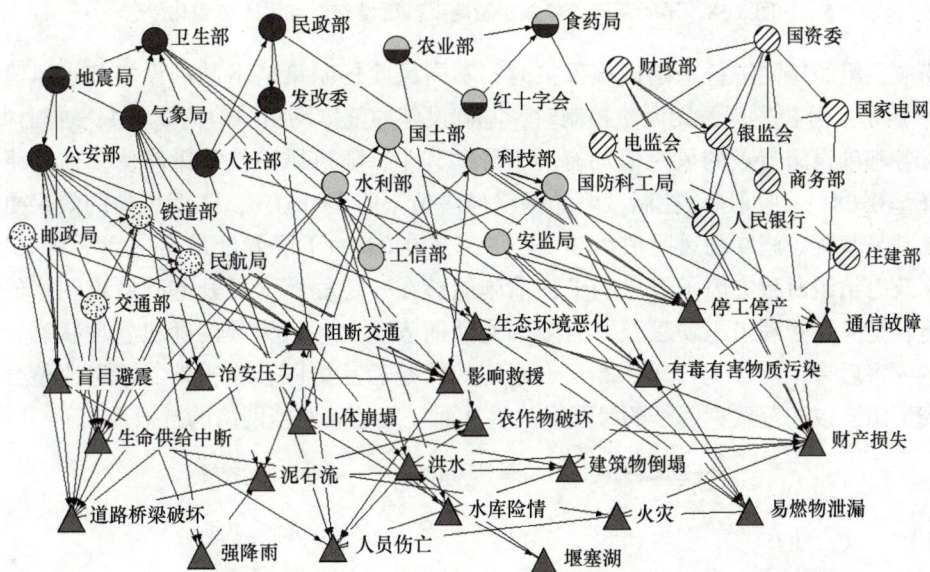

图 8-57　组织网络到风险网络映射

3. 模拟结果分析

利用软件 MATLAB 对基础设施网络抗毁性进行模拟的起步阶段，输入的超网络模型初始参数见表 8-20。

表 8-20　模型参数初始化设置

模型参数	P_1	W_{d_i}	Z_F	Z_D
初始参数	1	2	10	10

图 8-58 表示在没有风险控制的情况下，应急组织分别对基础设施进行随机保护和协同保护时，各基础设施节点的风险值。对比发现，相较于随机保护，协同保护策略下的各基础设施节点风险值均较低，并且其整体网络风险由 0.323 下降至 0.111。这表明组织间的协同能够更有效地降低基础设施网络风险，通过提前对网络中的关键节点进行保护，能够提升基础设施网络面临重大自然灾害时的抗毁性。

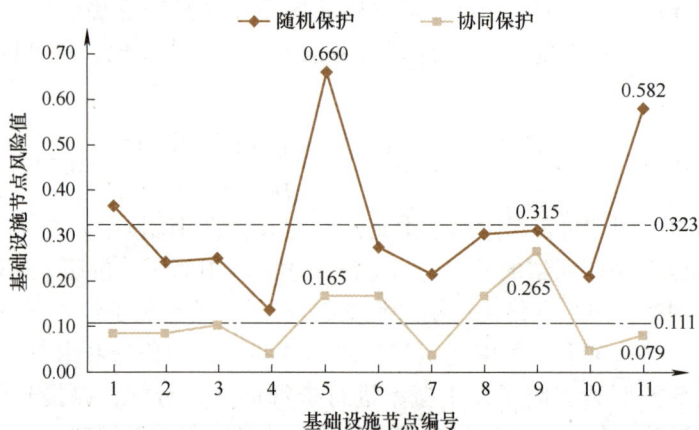

图 8-58　不同基础设施保护策略下基础设施节点风险值变化

当应急组织协同进行基础设施保护时，不同风险控制策略下基础设施节点风险值如图 8-59 所示。分析发现，无风险控制时，基础设施的整体网络风险为 0.111；进行风险控制后，各基础设施节点的风险值均有所下降。其中，随机风险控制策略使整体网络风险值下降至 0.081；协同风险控制策略的网络风险值下降至 0.030，降低风险的效果更为显著，尤其是基础设施 9 的风险值由 0.265 下降至 0.098，下降幅度最高达到了 0.167。这表明，政府组织对致灾因子节点的干预措施能够在一定程度上提升基础设施网络的抗毁性，但若是应急管理组织缺乏及时有效的沟通而表现出各自为政的随机管理状态，可能出现的灾害后果依然较为严重；相反，组织间若是相互协同合作，则能够迅速整合并高效分配资源，以防范致灾因子的级联风险，从而提升基础设施网络的抗毁性。

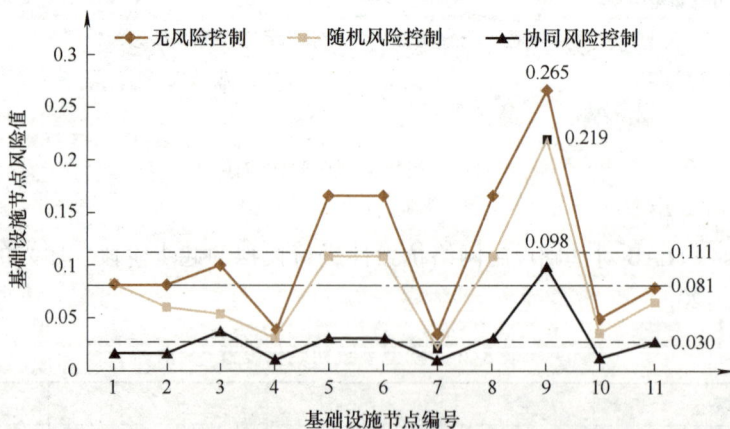

图 8-59　不同风险控制策略下基础设施节点风险值变化

图 8-60 为不同组织协同策略对于基础设施网络节点风险值的影响，其中无组织协同是指组织对于基础设施与致灾因子节点均进行随机干预，此时基础设施整体网络风险为 0.154；仅协同进行风险控制或是仅协同保护基础设施时，网络风险值分别为 0.074、0.081，两种策略并无明显差异。若组织间协同进行关键基础设施保护和灾害节点风险防控，其整体网络风险降至最低，为 0.030，并且最高风险的基础设施 11 的风险值由 0.438 下降至 0.029，风险值次之的基础设施 5 也由原来的 0.407 变为 0.031，表明该协同策略使其资源得以高效利用，对于基础设施网络抗毁性的提升效果最为显著。

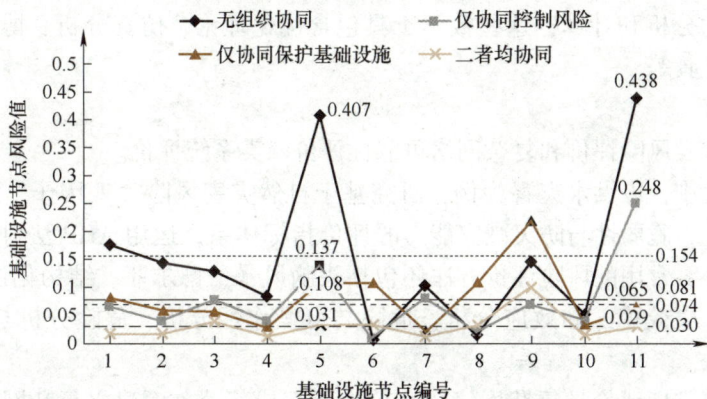

图 8-60　不同组织协同策略下基础设施网络节点风险值变化

五、总结与扩展

超网络作为复杂系统结构研究的重要理论工具，有利于更加深入刻画现实网络的复杂特性。本实例基于灾害演化过程，运用超图理论并且考虑到各子网的网络结构和网络间超边的关联关系，建立了同时包含风险、组织和基础设施的超网络模型，并以 2008 年汶川地震为例对模型的有效性进行检验。具体分析了灾害演进过程中不同的基础设施保护、风险控制与组织协同策略对于基础设施网络抗毁性的影响。结果表明，组织对于风险控制和基础设施保护进行有的放矢的协同管理，可以有效提升基础设施网络面临重大自然灾害时的抗毁性。此外，本实例有助于进一步从多层多级特征、多目标准则以及网络嵌套性方面认识基础设施网络的抗毁性，以提高组织的应急管理效率。

1. 超网络应用

由于超网络在表示复杂网络的多层多级特征、多目标准则性、网络嵌套性等方面具有极大优势，因而被国内外学者广泛应用于供应链、生物系统、互联网、知识网络、交通网络等研究领域。通过实例不难发现，超网络往往具备以下特征：

（1）网络嵌套着网络，或者网络中包含着网络。

（2）多层特征。例如，上述案例中所包含的风险层、组织层和基础设施层；交通运输网含有物理层、业务层和管理层等。层内和层间都有连接。

（3）多级特征。例如，灾害应急网络中的组织包含中央、省级、市级、县级等级别；企业的信息网络中有部门、公司、总部等级别。同级和级间都有连接。

（4）流量的多维特征。例如，生物超网络分为物质和能量的流动。

（5）多属性或多准则特征。例如，城市出行不仅有路径选择，而且有方式（驾车、公交、步行）的选择，运输网络需要同时考虑时间、成本、安全、舒适等方面。

（6）存在拥塞性。运输超网络和计算机超网络等有拥塞性，信息网络也存在拥堵问题。

（7）有时全局优化和个体优化存在冲突，需要协调。

超网络的构架为研究网络之间的相互作用和影响提供了工具。超网络模型可用来描述和表示网络之间的相互作用和影响，也可以用一些数学工具对网络上的流量、时间等变量进行定量的分析和计算，这些数学工具包含优化理论、仿真分析、博弈论、变分不等式、可视化工具等。

2. 系统评价

本实例中涉及风险评价和复杂网络可靠性评价两类系统评价。

在风险评价中，以洪水灾害为例，研究基于自然灾害风险"四因子"理论，构建含危险性、暴露性、脆弱性与防灾减灾能力的评价指标体系，运用 AHP 法对洪水风险概率进行评估。此外，常用的风险评价方法还包括头脑风暴、德尔菲、结构化访谈、检查表、预先危险分析、失效模式和效应分析、危险与可操作性分析、危险分析与关键控制点、风险矩阵等方法。

复杂网络可靠性评价是复杂网络研究的重要组成部分，而建立复杂网络可靠性的评价指标，需要综合考虑影响复杂网络可靠性的各种因素，包括内部因素、外部因素、拓扑结构和网络同步等。现实网络（如通信网络、交通网）的可靠性指标主要包括抗毁性、生存性和有效性等，具体通过最大集团尺寸和子集团平均最短路径、全网效能、连通系数、平均最短路径、平均聚集系数、介数、耦合矩阵特征值等指标来实现评估。

在超网络中，单个节点往往并非某个简单个体，而是意味着一个复杂系统。因此，复杂网络节点重要性评价成为一项重大课题，具有重要的实用价值。尤其是在各种现实网络中，可以有针对性地分析其性质，然后制定正确的策略和措施。例如，在实例所示的灾害风险网络中，通过识别掌握资源、信息的关键节点，可以有效匹配物资、控制和传播信息，提升救援效率。目前，国内外学者从不同角度提出了多种评价指标，如度数、介数、接近中心性、拉普拉斯算子中心性等。但值得注意的是，在复杂网络中，节点的重要性往往与网络的整体结构相关，很难用单一指标准确判定节点的重要程度。即便采用了多指标进行综合评价，指标选取时的理论依据和应用时指标间的关联信息往往会被忽略。

思考题

1. 请分析说明超网络模型与其他网络模型方法的关系及异同点。

2. 请查阅相关资料，尝试回答怎样建立超网络概念模型、结构模型和数学模型。请举例加以说明。

3. 系统仿真在超网络分析中起何作用？

4. 请尝试归纳总结超网络的应用领域，并分别举例说明。

实例八　SHSW煤矿精益管理系统实施

一、项目背景、思路和步骤

本实例引用的项目采用系统工程思想、精益管理理论和方法，通过调研、访谈、问卷、研讨等多种方式，从SHSW煤矿2011年的实际状况出发，进行全方位、全过程诊断，找出全矿管理的"瓶颈"和精益化突破口。以6S管理为抓手，在系统诊断的基础上，对各个管理环节加以改善和提高，高层次、高目标、系统化实现全矿精益生产运营及精益管理。

（一）项目背景

煤炭工业在我国能源工业和国民经济中占有十分重要的地位。我国能源资源的特点是富煤贫油，相对于石油和天然气，煤炭在我国既具有储量优势，又具有成本优势，因此煤炭是我国战略上最安全和最可靠的能源。2011年我国经济社会保持较快发展，国内煤炭需求保持适度增长。

SH（神华）集团是国内最大的煤炭生产商，有60个生产煤矿，煤炭产能超过4亿t/年。SH集团拥有5条自有铁路线，铁路运力足以满足整个集团的矿产产能。SW（上湾）煤矿是SH集团下属SD（神东）煤炭集团主力生产矿井之一，井田面积61.8km²，地质储量12.3亿t，可采储量8.3亿t，核定生产能力为1400万t/年。

面对煤炭需求增长的外部环境，SW煤矿需要提高设备利用率，进行精益生产。具体背景有四点：

（1）主观要求：转变发展方式的迫切需要。作为煤炭能源型企业更应该加快能源生产和利用方式变革，坚持科学发展观的指导思想，加速生产方式由粗放型生产管理方式向精益管理的转变。

（2）客观要求：SH集团、SD煤炭集团发展战略要求。SH集团的发展战略要求为"科学发展，再造神华，五年经济总量再翻番，建设具有国际竞争力的世界一流煤炭综合能源企业"。SD煤炭集团的发展战略要求为"提高四化五型发展水平，建设世界一流煤炭企业"。

（3）自身要求：创一流品质矿井，走精益管理之路。SW煤矿是典型的高产、高效矿井，常年处于高位运营状态，要想实现效率、效益、产能的再提升，必须向管理要效益。

（4）责任使命：标杆引领，树立典范。SW煤矿快速响应的生产组织方式及经验需要总结和传承；全体员工"艰苦奋斗、开拓进取、争创一流"的企业精神需要传承和发扬；中层管理干部"不折不扣、勇于担当"的精神需要发扬光大。

（二）项目思路和原则

深层次挖掘和应用现有信息化系统，以标准作业流程、检修流程为基础，整合历史积淀的和成熟员工的生产管理、生产技术经验，以系统工程相关理论为指导，构建一套完善的高产、高效精益管理体系，切实提高设备利用率，增产提效。

基于 SW 煤矿现状，系统整合设备、人力等现有资源，通过"6S 管理"全面推行精益管理，使得"本安体系"建设、质量标准化等融为一体。充分利用"本质安全管理体系""MES""EAM"等现有管理手段和先进理念，系统实施精益管理，设计精益管理架构，形成一套完善的精益管理体系。在推行过程中不断改进及提高，充分挖潜，在少投资甚至不投资的情况下实现高产高效。遵循以下四项原则：

（1）基础性。全员参与，立足基层，从基础做起。

（2）规范性。尊重规律，建立标准流程、标准作业、标准参数。

（3）人本性。尊重人性，注重交流沟通，充分发挥人的作用。

（4）创新性。问题导向，不断暴露问题并持续改善，创造性地解决问题。

（三）项目阶段

整个项目大致分三阶段进行。

第一阶段：调研诊断。本阶段开展覆盖 SW 煤矿的全部高层、中层和基层骨干人员的大范围访谈、问卷调研和资料信息的搜集提取工作，借助 MES、EAM 系统，通过深入掌握 SW 煤矿的生产运营实际，依据精益管理的本质要求，采取"问题导向"的基本思路，综合运用工业工程相关研究方法，与 SW 煤矿一道，分析、辨识 SW 煤矿发展过程中存在的制约瓶颈，并在评估的基础上进行结构化整合，形成 SW 煤矿精益管理提升的整体改进框架。在诊断工作开展的同时，针对 SW 煤矿的特点，分部门、分层次定制、实施 SW 煤矿人员精益管理培训方案。

第二阶段：全面推进。本阶段在前述系统诊断的基础上，坚持"点面结合"的基本原则，采取"点"突破，"面"推进的项目开展模式，就生产指挥、设备运行、矿务工程、信息系统、成本管控、精益文化六大关键领域现存问题作为突破重点，遵循双方共同达成的解决思路，运用系统工程基础理论、约束理论等理论工具，以定性与定量分析相结合，措施与实际相结合的方式，分别形成基于系统提升的六大专项解决方案，从而在全局层面突破关键瓶颈，初步奠定 SW 煤矿精益化管理的基础。

与此同时，针对 SW 煤矿的实际情况，以全面推行 6S 管理为抓手和切入点，从 6S 管理推行专业化的角度，结合 SW 煤矿全面提升精益管理水平的需要及其基本改进框架，拟定 6S 管理总体实施规划，按照实施准备、样板打造、全面展开、改善提升四个阶段，将实施 6S 管理与上述关键领域改善解决方案的落实有机结合，形成高效的实践模式。在此基础上，由项目组编制 SW 煤矿精益管理体系文档作为载体，借助文件化、制度化手段对该模式予以固化。

第三阶段：总结提高。针对全面推进过程中各部门之间出现的不匹配问题，进行有效的系统协调。项目组进行系统性总结，改进规范性文件，以利推广应用。

二、系统实施内容及结果

（一）精心筹备、深入调研

立足项目总体研究框架，以全面了解 SW 煤矿生产运作为目标，围绕生产组织、设备运行、信息系统、成本管理、矿务工程、企业文化六个重点领域，采用多种方法，全方位、立体式开展调研工作。

调研工作主要采用资料研读、访谈调研、问卷调研和会议研讨手段有针对性地进行。

（1）**资料研读**。认真研读 SH 集团、SD 煤炭集团和 SW 煤矿的发展规划、领导讲话、工作总结、会议纪要、制度流程以及煤炭行业资料 300 多份。

（2）**访谈调研**。采用多人座谈、单独访谈等形式，共访谈 SW 煤矿 60 多名工作人员，全面覆盖矿领导班子、业务部门主管、生产单位管理人员和核心员工。

（3）**问卷调研**。围绕 SW 煤矿精益管理，全面、系统地设计问卷，发放问卷 400 余份，覆盖 SW 煤矿 75% 以上正式员工，基层以上管理人员全部参与。

（4）**会议研讨**。召开项目研讨会 10 余次，通过会议研讨进一步明确和深化对 SW 煤矿精益管理的认识。

（二）系统诊断、全员培训

1. 系统诊断

在前期调研掌握大量信息的基础上，对 SW 煤矿的精益管理进行系统诊断，总结经验，分析不足，提出优化思路，为下一步方案设计与实施工作夯实基础。管理诊断按如下思路展开：

第一步，总结 SW 煤矿发展成功因素。

SW 煤矿作为 SD 煤炭集团的主力生产矿井，创造了多项世界纪录，取得了傲人的成绩，因此，对 SW 煤矿 25 年的发展进行系统总结很有必要，梳理 SW 煤矿发展脉络，以明确 SW 煤矿目前所处的发展地位和时代使命。

首先，回顾、梳理和总结 SW 煤矿 25 年发展历程，将 SW 煤矿划分为开发建设、产能扩充、高产稳产、效能提升四个阶段。梳理每一阶段的重大事件、发展特点和发展成果。

其次，从企业精神、科技领先、管理先进、人本和谐四个方面总结 SW 煤矿 25 年发展的成功关键因素。

第二步，总结 SW 煤矿以往管理成功经验。

在 SW 煤矿发展的成功关键因素分析中发现，SW 煤矿在发展过程中与时俱进，创新企业管理，针对不同时期内外环境采取相适应的管理方式，并随着环境的变化适时转变，持续优化，始终保持企业管理的先进性，促进 SW 煤矿稳中求进。同时，对 SW 煤矿管理的研究也是本项目的出发点和落脚点。

因此，聚焦管理，从效果、保障、基础、意识四个层面总结 SW 煤矿精益管理已经积累的宝贵经验：生产组织精准，设备运行精良；制度体系精细，数据信息精确；人员技能精通，矿区环境精美；文化建设精实，创新意识精进。

第三步，分析制约 SW 煤矿精益管理全面推进的关键因素。

从精益管理"持续消灭浪费，不断创造价值"的思想出发，围绕 SW 煤矿"高产""高效"目标，审视生产运作情况。根据生产运作中关键因素性质的不同，以"刚性"和"柔性"为两条主线。"刚性"从生产组织、矿务工程、设备运行、信息系统入手，"柔性"从人力资源、班组建设、企业文化入手，从问题表象逐层深入剖析，找到制约 SW 煤矿精益管理水平进一步提升的突破口。

第四步，提出 SW 煤矿精益管理的优化思路。

首先，汲取 SW 煤矿管理的成功经验，针对制约 SW 煤矿精益管理全面提升的关键瓶颈，构建 SW 煤矿 TPCI 人本精益管理模式，进而形成 SW 煤矿精益管理全面提升的系统解决思路。同时，通过构建管理模型，形成可推广模式，便于学习和推广。

其次，从 SW 煤矿 TPCI 人本精益管理模式的各要素出发，形成具有丰富内涵的 SW 煤矿"九化"：目标精细化、组织精准化、信息数字化、设备自动化、体系标准化、队伍专业化、环境舒适化、文化人本化、创新常态化。

"九化"即 SW 煤矿 TPCI 人本精益管理模式的外在特征，又是 SW 煤矿在这九个方面需要达到的目标，同时还指明了 SW 煤矿在这九个方面的工作重点和优化方向。

最后，以"九化"为主体，搭建 SW 煤矿精益管理体系框架，为后续体系的进一步完善指明了方向。

2. 全员培训

通过诊断工作的开展，针对 SW 煤矿的特点，分部门、分层次制订、实施人员精益管理培训方案。培训对象覆盖 SW 煤矿的所有在册员工。

为了不影响生产，还应对培训时间进行精心安排。

具体培训内容包括三个方面：①精益生产方式；②精益化的实现途径；③系统分析思路与方法。

（三）重点突破、全面推进

在重点突破、全面推进的过程中，坚持"点面结合"的基本原则，采取"点"突破，"面"推进的项目开展模式，把生产指挥、设备运行、矿务工程、信息系统、成本管控、精益文化六大关键领域现存问题作为突破重点，面上从优化所有工作流程、强化全矿班组建设、全面推进 6S 管理入手。遵循双方共同达成的解决思路，运用系统工程基础理论、约束理论等理论工具，以定性与定量分析相结合，措施与实际相结合的方式，分别形成基于系统提升的六大专项解决方案，从而在全局层面突破关键瓶颈，初步奠定精益管理基础。本步骤模式如图 8-61 所示。

1. 六项重点突破

（1）**生产指挥系统精准化**。项目实施前，SW 煤矿以经验式的管理配以经验式的作业。老员工调离会导致岗位技能、岗位责任和生产组织意识等受到很大冲击，一些好的生产经验没有得到总结传承；区队检修组织以经验为主，与信息化系统脱节，没有将检修工作与先前投入运行的设备运行及效能管理系统（MES）、资产管理

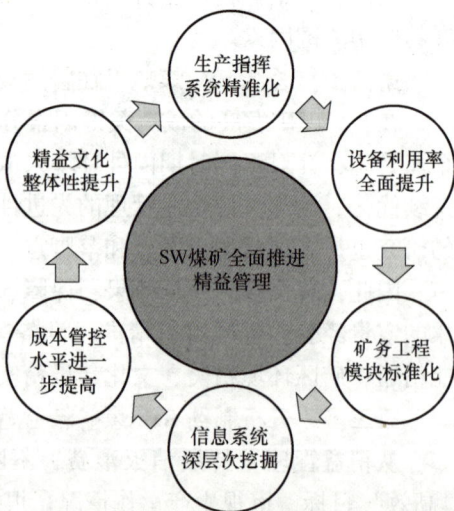

图 8-61 重点突破，全面推进模式

（EAM）系统等信息化系统进行有机整合。

生产指挥系统精准化一方面是精确标准化生产管理流程，以减少指挥不当导致的停机，加快设备应急维修指挥速度。设备应急维修流程精准化的目的是减少抢修时间。应急维修属于应对突发故障时采取的修理行为，属于被动修理。通过应急维修流程的标准化，可以实现遇到突发状况时，现场管理人员能够明确自己应该做什么来解决突发状况。另一方面是使现场组织精准可视。要想实现安全高效生产，就必须对各生产要素（人、机、料、法、环、信）进行合理配置和优化组合，及时排除各类隐患，能够对现场出现的问题快速反应，及时解决。项目组制定了针对性管理措施，明确了各岗位标准化工作职责和具体的负责范围，做到每个区域、每件物品都有责任人和达标标准，生产过程中实现动态达标。可视化管理是用眼睛观察的管理，利用一些手段和工具作为信息载体，将生产现场的所有状态以简单明了的方式表现出来，使人能够快速反应。

（2）**设备利用率全面提升**。每台生产设备都有自己的最大理论产能，要实现这一产能必须保证没有任何干扰。SW 煤矿的状况是设备维护时间多，影响了机器的开动时间，影响了生产效率，降低了产量。

项目组通过优化计划维修时间、缩短非计划维修时间、提高性能开动率等措施提高设备的综合利用率（OEE）。

1）优化计划维修时间。精益化前每年花在计划维修上的时间是例行维护的 1460h 和定期维护的 366h，这些时间占总日历时间 8760h 的 20.84%。影响计划维修时间的因素主要：日常维修工作量大，每天在计划维修时间内需要完成的工作多，很多任务都等到停机时来处理；维修工的工作效率参差不齐，效率低的维修工延长了整个计划维修的时间。

项目组提出以下改进措施：针对维修量大的情况，对计划维修作业并行安排；针对维修效率低的情况，制订了标准化快速维修的方案。

SW 煤矿通过实行柔性检修组织、加大并行作业、提高维修效率等措施，计划维修时间（例行维护时间和定期维护时间）月均节约 28.03h。

2）缩短非计划维修时间。SW 煤矿全年用于非计划维修的时间约为 933h，大约占总日历时间的 10.65%，主要用于维修采煤机、三机、主运及相关机电设备。

项目组采取了以下改进措施：①规范操作，避免造成故障，使得流程、参数标准化，操作规范化。标准化作业是给操作者一个详细的、连续性最好的工作指导。②加强点检管理，状态受控。完善点检制度，形成点检体系；细化点检标准；规范点检操作。③加快故障响应，缩短故障处理时间。超前准备，完善备品备件管理，加强调度；快速判断，一般故障自主检修，较大故障及时汇报；快速更换或维修，按标准作业，处变不惊，合理分工，明确职责。

3）提高性能开动率。2011 年，SW 煤矿性能开动率仅为 65.25%。影响性能开动率的内因和外因有：原煤仓限制，地理环境因素，关键路径设备故障，调度员的沟通协调问题，因人员换班、采煤机换刀等过程导致的传送带空载。改进措施为：①在 1~2 部机头之前增加缓冲煤仓，当采煤机速度较快的时候可以暂时将煤存储在缓冲煤仓中，当采煤机速度较慢的时候可以从缓冲煤仓中输出煤，保证主运传送带的煤量平稳，从而提高采煤量。②调整传送带开机顺序。将原来的逆煤流方向开机改为从中间传送带开始开机，这样可以减少提前开机的空载时间，总开机时间从 30min 缩短为 8min。

一系列措施的实施使 SW 煤矿的设备综合利用率得到了显著提高，OEE 从 41.8% 提升到了 50.31%。

（3）**矿务工程模块标准化**。矿务工程在 SW 煤矿的整体成本结构中所占的比例约为 5%，在八项主要成本中位居第二。在 SW 煤矿的整个生产价值链中，矿务工程的作用是相当大的，工程延期等现象直接影响到 SW 煤矿生产的正常进行。本项目实施之前，SW 煤矿在施工进度和成本控制方面不够完善，影响后续生产和成本节约，这种影响主要表现在三个方面：项目延期较多，经常出现窝工、返工现象，矿务工程成本高。

针对以上问题，项目组采取了以下措施：

1）矿务工程项目化管理。把各种系统、方法和人员结合在一起，在规定的时间、预算和质量目标范围内完成矿务工程的各项工作，对矿务工程的整体进行阶段化管理、量化管理。

2）矿务工程模块化。把 SW 煤矿工程项目的各工作岗位上人员所积累的技术、经验、数据通过文件的方式加以保存，据此制定相应的工作标准并分发到煤矿各部门。有了模块化，可以用最少的时间应对复杂变化的外部需求。

3）矿务工程标准化。目的是技术储备，提高效率，把教育训练做得更好、更持久。

以上措施减少了矿务工程的费用支出，提高了煤炭回收率，年产量增加 10 万 t；减少了工程实施过程中的窝工、返工现象，降低了矿务工程总成本。

（4）**信息系统深层次挖掘**。在煤炭行业，信息化代表着先进的生产力，SW 煤矿通过运用信息化管理系统有效促进了生产力的发展，取得了一定的成绩。SW 煤矿信息化管理系统主要包括 MES、EAM 系统和自动化排水系统。

1）**MES 的改进**。通过将设备在线监测与 MES 进行整合，确保设备能维持最大效能。通过 MES 对调度效果进行评价，对优势进行固化，对不足进行改进，逐步提高 SW 煤矿生产调度的水平。通过 MES 对日常生产状态的记录，找出最佳实践，进行提炼和总结，将隐性的调度经验转化成显性的知识，供学习和改进。

2）**EAM 系统的改进**。对现有工单的准确性进行校正，剔除存在问题和错误的工单。将评估结果良好的标准工单放入知识管理系统。通过知识管理系统的建立，避免因人员流失造成的知识和技能损失，通过知识学习和共享帮助新员工快速成长和发展。

3）**自动化排水系统的改进**。SW 煤矿的排水巷道总计约有 71km，随着巷道的不断延伸，常规的排水已不能满足 SW 煤矿的发展要求。通过分析影响排水系统的因素，项目组制订了自动化排水的总体方案，从对移动变电站开停的监测、对水仓水位的监测、对水泵开停的监测、对水泵开关状态的监测和人员配置的优化五个功能模块实现了自动化排水监测系统。改进后，排水人员从过去的 86 人减为 32 人，排水人员从过去的每 1000m 安排 1 人，变为盘区开车巡检排水形式。

（5）**成本管控水平进一步提高**。以更新成本管理观念、树立成本经营思想为前提，以物质鼓励和精神鼓励并行的制度保障体系为保证，充分调动全体员工参与到成本控制的全过程中来。项目组采取了以下措施：依托班组核算体系，实现材料有效管控；积极采用新技术，创新管理，增产减员降耗；全资产管控；备品备件精益管理；电力精细管控。

通过以上措施，2012 年 SW 煤矿成本项目中材料费下降 4.97%、矿务工程费下降 4.95%、电费下降 8%、修理费下降 10%。

（6）**精益文化整体性提升**。遵循 PDCA 循环原则，以文化内容切合 SW 煤矿生产经营实际、体现精益思想、建设手段确保文化有效落地为重点，设计精益文化方案。

精益文化建设改变了原来企业文化不系统、不全面的状况，使 SW 煤矿文化理念系统化、凝练化，并形成书面材料供全员学习；传播了 SW 煤矿精益管理模式，使全员对精益管理有了更加系统、科学的认识；也有助于提升 SW 煤矿企业形象，成为 SW 煤矿向外界宣传、推广的有力工具。

2. 三项全面推进

（1）**优化所有作业流程**。为了使精益管理工作做到规范化、标准化，项目组组织梳理了全矿所有的作业流程，对所有的工艺流程、管理事务流程、检修流程等进行了优化。优化中主要使用了 5W1H 分析法，对每项活动从目的、原因、时间、人员、方法上进行提问，根据答案弄清楚问题所在，并进一步探讨改进方案。5W1H 实施细则见表 8-21。

表 8-21　5W1H 实施细则

项　目	现 状 如 何	为什么
对象（What）	操作什么	为什么操作
目的（Why）	什么目的	为什么是这种目的
场地（Where）	在哪里操作	为什么在那里操作
时间和程序（When）	何时操作	为什么在那时操作
作业员（Who）	谁来操作	为什么那人来操作
手段（How）	怎么操作	为什么那么操作

（2）**强化全矿班组建设**。在前期诊断中发现，SW 煤矿人力资源管理提升空间较大。岗位分析工作不够系统，岗位说明书仅是对岗位职责的说明，缺少岗位任职资格、工作条件、上下级关系、关键指标等内容的规定，这不利于人员的招聘、培训、考核等相关人力资源工作的有效开展。基于此，项目组对 SW 煤矿岗位说明书进行优化，并设计了能力素质模型，极大地强化了人力资源基础环节。

（3）**全面推行 6S 管理**。

整理：全面统计现场物品，制定"要"物与"不要"物区分标准，对"不要"物进行清理。

整顿：开展"洗澡"活动，舍弃"不要"物、腾出空间，将污垢予以清除；按照"三定"（定点、定容、定量）原则，规范物品储存。

清扫：明确了清扫标准、清扫区域、责任人；调查顽固问题的来源、产生原因，并积极寻找解决对策，使得 6S 管理能够彻底消除日常工作的问题死角。

清洁：定期检查前 3S 执行状况：是否有不必要的物品、物品是否得到合理放置、每天是否安排扫除工作、工作结束时是否安排整理工作，并将整理、整顿、清扫深入开展，使其制度化、公开化、透明化。

素养：持续坚持推行 6S 管理；健全 6S 各项制度，如例会制度、学习制度、奖励制度、合理化建议制度等，使 6S 管理制度化；班前班后会进行 6S 宣贯，开展 6S 竞赛等活动深化 6S 管理。

安全：在 6S 管理开展中，结合煤矿安全工作需要，将安全贯穿于 6S 管理的具体活动之中，使注重安全随着 6S 管理的开展习惯化、制度化。

全面推行 6S 管理以后，矿区环境明显改善，工作效率明显提升，6S 管理得以制度化、规范化并习惯化，同时通过培训也提高了矿方人员 6S 管理的水平。

三、总体成效和系统实施经验

（一）总体成效

1. 直接成效

（1）综采单产（小时割煤量）显著提高。通过关键路径设备 OEE 的提升及综采精益生产组织的有效实施，2012 年综采单产达到 2250t/h，较 2011 年提升了 10.5%。

（2）矿务工程明显改善。通过矿务工程模块标准化工作的建立与实施，工程延期天数逐渐缩短，使矿务工程成本得到有效控制，由原来的 6.38 元/t 降低到 5.74 元/t。

（3）机电故障逐步减少。通过标准化作业流程、快速响应机制及机电精益运行保障的实施，机电设备故障率逐渐下降。2012 年 1 月—6 月，SW 煤矿故障率为 2.03%，同比下降 1.95%。

（4）完全成本有所下降。在剔除吨煤增加税费及作业面扩大因素的情况下，2012 年上半年完全成本与 2011 年同比下降了 1.9 元/t。

总体上，在确保安全、成本得到有效控制，用工人数减少的情况下，煤矿生产能力利用率由 76.4% 提高到 82.3%。基于 2011 年 SW 煤矿商品煤产量 1387 万 t，每年多产 107 万 t 商品煤。按 220 元/t 的利润计算，每年增利 23540 万元。

（5）若在 SH 集团 60 个煤矿均推广应用成功，每年可增利 140 多亿元。

2. 间接成效

（1）固化了模式，提升了 SW 煤矿生产运营水平。构建了精益管理模式，围绕精益管理模式中的“九化”，29 个要素，形成精益管理体系，系统提升了生产运营水平。

（2）培养了人才，全面提高了 SW 煤矿员工的素质。本项目的实施和人员的培训，使得人员获得了独立精益化作业的能力；锻炼了队伍，使队伍更有凝聚力和战斗力；全员在提高效率、降低能耗、提升素质方面的意识得到增强。

（3）获得了经验，为其他煤矿精益化开辟了道路。为在 SH 集团的其他煤矿企业实施精益管理提供了实践和试点的经验，为 SD 煤炭集团乃至 SH 集团全面开展精益管理提供了基础，获得了经验。

（二）系统实施经验

（1）明确目标、构建组织，是精益管理开展的前提。项目的顺利推进与成功，离不开集团和煤矿领导的支持。SW 煤矿在全面开展精益化工作前，明确了精益管理的目标，确保精益管理的针对性、有效性。成立强有力的精益化领导机构和专业小组，保证全程工作的有序开展。

（2）理论实践有机结合，是精益管理实施的核心。源于制造业的精益管理方式，要想应用于煤炭行业和某一具体企业，必须符合行业特征和企业特点，进行适当的取舍。SW 煤矿以精益管理理论为指导，结合自身实际，系统构建了 SW 煤矿精益管理模式，制订了系统的精益化实施方案，保证了精益管理的可操作性和适用性。

（3）科学计划、合理组织，是精益管理实施的保障。SW 煤矿在精益化方案实施过程中，结合生产实际，采取整体推进和重点突破相结合的方式，分阶段、有步骤地扎实推进，通过系统宣贯、培训工作，使精益管理推行保障有力。

（4）干部职工高效执行，是精益管理实施的根本。精益管理的成功推行离不开 SW 煤矿工作人员严谨的组织性和较高的执行力，全体员工的积极参与和配合，使推行方案能够落到实处。

（5）系统思考、持续改善，是精益管理实施的途径。精益管理是追求尽善尽美的过程，持续改善就是不断地自我否定、自我提升，这种精益意识的养成不是一蹴而就的，需要长期的坚持不懈。

四、结束语

传统能源企业提质增效是系统工程和系统管理基本而经典的问题之一。本实例从企业管理的实际需要出发，围绕生产精益化目标，在系统分析的过程中和基础上，立足系统实施、系统管理、系统改善，突出系统工作流程和实用化方法运用，从而形成系统工程工作的完整链条和实际成效。

思考题

1. 简要分析说明系统工程、系统分析、系统实施、系统管理的关系，以及系统实施、系统管理在系统工程中的地位和作用。

2. 相较系统设计和建立，系统（精益化）改进有何特点及要求？

3. 为什么要"重点突破，全面推进"？如何准确找到"重点"？

4. 5W1H 法、6S 管理等实用化方法是如何体现系统思想和系统工程方法论要求的？

参 考 文 献

[1] 钱学森，等. 论系统工程：增订本 ［M］. 长沙：湖南科学技术出版社，1987.

[2] 许国志. 系统科学与工程研究 ［M］. 2版. 上海：上海科技教育出版社，2000.

[3] 汪应洛. 系统工程理论、方法与应用 ［M］. 2版. 北京：高等教育出版社，1997.

[4] 汪应洛. 系统工程学 ［M］. 3版. 北京：高等教育出版社，2007.

[5] 汪应洛. 系统工程简明教程 ［M］. 4版. 北京：高等教育出版社，2017.

[6] 汪应洛. 企业管理系统工程 ［M］. 北京：中央广播电视大学出版社，1993.

[7] 中国大百科全书总编辑委员会. 中国大百科全书：自动控制与系统工程卷 ［M］. 北京：中国大百科全书出版社，1991.

[8] 夏绍伟，等. 系统工程概论 ［M］. 北京：清华大学出版社，1995.

[9] SAGE A P. Systems Engineering ［M］. New York：John Wiley & Sons，1992.

[10] WILSON B. Systems：Concepts, Methodologies, and Applications ［M］. 2nd ed. New York：John Wiley & Sons，1990.

[11] 运筹学教材编写组. 运筹学 ［M］. 北京：清华大学出版社，1998.

[12] 魏权龄. 评价相对有效性的DEA方法 ［M］. 北京：中国人民大学出版社，1988.

[13] 焦宝聪，陈兰平. 博弈论 ［M］. 北京：首都师范大学出版社，2013.

[14] 谢识予. 经济博弈论 ［M］. 上海：复旦大学出版社，2002.

[15] 施锡铨. 合作博弈引论 ［M］. 北京：北京大学出版社，2012.

[16] FRASER N M，HIPEL K W. Conflict Analysis：Models and Resolutions ［M］. New York：North-Holland，1984.

[17] 殷瑞钰，李伯聪，汪应洛，等. 工程方法论 ［M］. 北京：高等教育出版社，2017.

[18] 殷瑞钰，李伯聪，栾恩杰，等. 工程知识论 ［M］. 北京：高等教育出版社，2020.